高等职业教育规划教材

单片机原理及接口技术项目教程

张筱云　李淑萍　主编

苏州大学出版社

图书在版编目(CIP)数据

单片机原理及接口技术项目教程/张筱云,李淑萍主编.—苏州:苏州大学出版社,2012.8(2024.7重印)
高等职业教育规划教材
ISBN 978-7-5672-0162-0

Ⅰ.①单… Ⅱ.①张… ②李… Ⅲ.①单片微型计算机—基础理论—高等职业教育—教材②单片微型计算机—接口技术—高等职业教育—教材 Ⅳ.①TP368.1

中国版本图书馆 CIP 数据核字(2012)第 183568 号

单片机原理及接口技术项目教程
张筱云　李淑萍　主编
责任编辑　周建兰

苏州大学出版社出版发行
(地址:苏州市十梓街1号　邮编:215006)
广东虎彩云印刷有限公司印装
(地址:东莞市虎门镇黄村社区厚虎路20号C幢一楼　邮编:523898)

开本 787 mm×1 092 mm　1/16　印张 23.5　字数 581 千
2012 年 8 月第 1 版　2024 年 7 月第 9 次修订印刷
ISBN 978-7-5672-0162-0　定价:59.00 元

若有印装错误,本社负责调换
苏州大学出版社营销部　电话:0512-67481020
苏州大学出版社网址　http://www.sudapress.com
苏州大学出版社邮箱　sdcbs@suda.edu.cn

《单片机原理及接口技术项目教程》编委会

主　编　张筱云　李淑萍
副主编　陶国正　张　劲
编　委　邓建平　耿永刚　朱　健
　　　　吴文亮　杨　敏　邢　娟

Preface 前言

单片机课程是工科电类专业一门很重要的专业核心课,它把数电知识、模电知识、汇编语言编程知识、C 语言编程知识、微型计算机知识、通信技术知识等综合在一起,属于学术性、综合性、实践性、工程性很强的一门课程。

修订后的教材秉承了"理论够用、突出实践"和"先做再学,边做边学"的原则,通过"项目导入,任务引领",在教材的内容与结构上做了增删与调整。教材遵循学生的认知规律,强调内容组织的可操作性和实践性。教学不再采用灌输的方式,而采用边学边做边练的方式,充分调动学生的学习积极性,发挥学生的主观能动性。此次教材修订主要体现在两个方面,一是对原版中部分表述不够准确或贴切的文字进行了文字方面的修改,对各单元训练项目的源程序予以优化。二是结合当前人工智能时代对智能化产品的需求,将原版本中单元 8 的内容做了较大的调整,删除了单片机的选型和自己动手做开发板两节内容,增加了单片机的步进电机控制器和万年历两个单片机综合项目,增加了典型时钟芯片 DS1302 和步进电机相关的知识介绍。

本教材按单片机知识体系结构划分为 8 个单元,分别是单片机系统设计概述、单片机内部结构和工作原理、单片机指令系统及汇编语言程序设计、单片机内部资源的应用、单片机系统扩展接口电路设计、单片机键盘与显示器接口电路设计、单片机 A/D 与 D/A 接口电路设计以及单片机应用系统开发与设计,涵盖的理论知识较全面。修订后的教材中单元 1 ~ 单元 7 的基础性的训练项目依然使用汇编语言编程,但同时为了提高学生的自学能力,拓宽其学习空间,同时改善程序的可读性和可移植性,单元 8 的新增应用案例中采用了高级语言 C 语言编写,以供具有 C 语言程序设计基础的学生学习和参考。

全书以任务为载体,将知识点均匀分布到各项目中,学生在理解任务要求的基础上,只需按照任务实施给定的步骤进行设计,遇到问题在老师的指导下学习或自学本任务对应的相关知识点。使学生能够快速入门,每完成一个任务都会带给学生极大的成就感,从而激发学生强烈的求知欲。而随着任务构建越来越复杂,学生的实际应用能力也越来越高,学生进入企业后一旦需要从事单片机设计,很快就可以上手。

本教材在项目的选择上,充分考虑到各学校教学设备的状况,具有实验材料易得、易制,知识内容由浅入深、由易到难,实用性强等特点。在任务实施过程中先经过软件调试平台 Keil μVision3 调试,再在硬件仿真平台 PROTEUS ISIS 上根据仿真结果验证该任务软硬件的正确性,最后让学生在硬件电路上仿真或下载到硬件电路中调试验证结果。硬件电路既可以使用万能实验板自制,也可以在已有的实验模板上完成。

本教材的特点是深入浅出，实用性强，对进行单片机系统设计、研究和维护的广大读者有较大的实用价值。本书既可作为电子相关专业学生的单片机教学用书，也适合作相关专业的高校教师和从事单片机应用研究人员和工程技术人员的参考书。

本次修订的教材为 2020 年江苏高校"青蓝工程"优秀教学团队建设项目和 2019 年江苏省高等教育教改研究立项课题（2019JSJG094）的建设成果。

在本次修订教材的过程中编者参阅了许多同行专家们的论著文献，参考了部分网络资料，同时也得到了合作企业和科研院所的帮助，在此一并真诚致谢！限于编者的学识水平和实践经验，书中一定有很多疏漏和错误，敬请使用本书的读者批评指正！

编　者
2020 年 5 月 20 日

Contents 目录

单元1 单片机系统设计概述 (001)

【学习目标】 (001)
【技能(知识)点】 (001)
1.1 单片机概述——初识单片机 (001)
    1.1.1 单片机的定义及其特点 (001)
    1.1.2 单片机的发展历史 (002)
    1.1.3 单片机的发展趋势 (003)
    1.1.4 单片机的应用领域 (004)
    1.1.5 单片机的主要系列与区别 (004)
1.2 单片机开发系统概述——掌握单片机开发工具 (007)
    1.2.1 单片机开发系统概述 (007)
    1.2.2 软件开发工具 Keil μVision3 简介 (008)
    1.2.3 Keil μVision3 的使用方法 (008)
    1.2.4 仿真开发工具 PROTEUS ISIS 简介 (019)
    1.2.5 PROTEUS ISIS 的使用方法 (021)
    1.2.6 目标代码下载与调试方法 (023)
1.3 单片机应用系统设计——让单片机动起来 (025)
    1.3.1 单片机应用系统的组成 (025)
    1.3.2 单片机应用系统的设计原则 (026)
    1.3.3 单片机应用系统的设计方法 (027)
    1.3.4 单片机应用系统的调试方法 (029)
    1.3.5 项目1——单个信号灯控制器设计 (030)
【单元小结】 (034)
【巩固与提高】 (034)

单元2 单片机内部结构和工作原理 (036)

【学习目标】 (036)

【技能(知识)点】……………………………………………………………………………(036)
2.1 单片机的硬件结构——简易彩灯控制器硬件设计……………………………(036)
    2.1.1 单片机的功能特点………………………………………………………(036)
    2.1.2 单片机的内部结构………………………………………………………(037)
    2.1.3 单片机的引脚概述………………………………………………………(039)
    2.1.4 最小系统硬件电路结构…………………………………………………(041)
    2.1.5 单片机的工作时序………………………………………………………(043)
    2.1.6 并行I/O端口……………………………………………………………(044)
    2.1.7 发光二极管的基本知识…………………………………………………(047)
    2.1.8 按键的基本知识…………………………………………………………(048)
    2.1.9 项目2——简易彩灯控制器硬件设计…………………………………(048)
2.2 单片机的存储器结构——简易彩灯控制器软件设计……………………………(050)
    2.2.1 AT89S51单片机存储器的组织形式……………………………………(050)
    2.2.2 程序存储器(ROM)………………………………………………………(051)
    2.2.3 片内数据存储器(片内RAM)……………………………………………(052)
    2.2.4 片外数据存储器(片外RAM)……………………………………………(058)
    2.2.5 项目3——简易彩灯控制器软件设计…………………………………(058)
【单元小结】…………………………………………………………………………………(061)
【巩固与提高】………………………………………………………………………………(062)

单元3 单片机指令系统及汇编语言程序设计……………………………………(064)

【学习目标】…………………………………………………………………………………(064)
【技能(知识)点】……………………………………………………………………………(064)
3.1 单片机顺序结构程序设计——简易加法运算器设计……………………………(065)
    3.1.1 程序设计的基本概念……………………………………………………(065)
    3.1.2 MCS-51单片机指令系统概述…………………………………………(067)
    3.1.3 寻址方式…………………………………………………………………(068)
    3.1.4 数据传送类指令(29条)…………………………………………………(072)
    3.1.5 算术运算类指令(24条)…………………………………………………(078)
    3.1.6 顺序结构程序设计………………………………………………………(082)
    3.1.7 项目4——简易加法运算器设计………………………………………(083)
3.2 单片机分支结构程序设计——多路信号灯控制器设计…………………………(086)
    3.2.1 控制转移类指令(17条)…………………………………………………(086)
    3.2.2 位操作类指令(17条)……………………………………………………(091)
    3.2.3 分支结构程序设计………………………………………………………(094)
    3.2.4 项目5——多路信号灯控制器设计……………………………………(096)
3.3 单片机循环结构程序设计——跑马灯控制器设计………………………………(100)
    3.3.1 逻辑运算类指令(24条)…………………………………………………(100)
    3.3.2 循环结构程序设计………………………………………………………(102)

3.3.3　项目6——跑马灯控制器设计 …………………………………………… (106)
　3.4　单片机查表程序设计——LED数码管显示器设计 …………………………… (110)
　　　3.4.1　LED数码管结构与工作原理 ……………………………………………… (110)
　　　3.4.2　常用伪指令 …………………………………………………………………… (111)
　　　3.4.3　查表程序设计 ………………………………………………………………… (113)
　　　3.4.4　项目7——LED数码管显示器设计 ……………………………………… (114)
　3.5　单片机子程序设计——简单交通灯控制器设计 ……………………………… (118)
　　　3.5.1　子程序设计 …………………………………………………………………… (118)
　　　3.5.2　常用子程序 …………………………………………………………………… (120)
　　　3.5.3　项目8——简单交通灯控制器设计 ……………………………………… (122)
　【单元小结】 …………………………………………………………………………………… (130)
　【巩固与提高】 ………………………………………………………………………………… (130)

单元4　单片机内部资源的应用 …………………………………………………………… (138)

　【学习目标】 …………………………………………………………………………………… (138)
　【技能(知识)点】 ……………………………………………………………………………… (138)
　4.1　单片机中断系统——带应急信号处理的交通灯控制器设计 ………………… (138)
　　　4.1.1　中断的概述 …………………………………………………………………… (138)
　　　4.1.2　中断系统结构与控制 ………………………………………………………… (139)
　　　4.1.3　中断处理过程 ………………………………………………………………… (143)
　　　4.1.4　中断系统的应用 ……………………………………………………………… (145)
　　　4.1.5　项目9——带应急信号处理的交通灯控制器设计 …………………… (146)
　4.2　单片机定时/计数器——定时器应用设计 ……………………………………… (153)
　　　4.2.1　定时/计数器的结构和工作原理 …………………………………………… (153)
　　　4.2.2　定时/计数器的控制 ………………………………………………………… (155)
　　　4.2.3　定时/计数器的初始化 ……………………………………………………… (156)
　　　4.2.4　定时/计数器的工作方式 …………………………………………………… (156)
　　　4.2.5　定时/计数器的应用 ………………………………………………………… (159)
　　　4.2.6　项目10——电子秒表设计 ………………………………………………… (161)
　　　4.2.7　项目11——音乐播放器设计 ……………………………………………… (166)
　　　4.2.8　项目12——简易频率计设计 ……………………………………………… (174)
　　　4.2.9　项目13——脉宽调制(PWM)器设计 …………………………………… (178)
　4.3　单片机串行通信——串行通信应用设计 ……………………………………… (182)
　　　4.3.1　串行通信的基本知识 ………………………………………………………… (182)
　　　4.3.2　MCS-51单片机的串口及控制寄存器 …………………………………… (187)
　　　4.3.3　串行口的工作方式 …………………………………………………………… (188)
　　　4.3.4　串行通信的波特率 …………………………………………………………… (189)
　　　4.3.5　串行口的初始化 ……………………………………………………………… (190)
　　　4.3.6　项目14——单片机双机通信设计 ………………………………………… (191)

4.3.7　项目15——PC机与单片机通信设计 …………………………………（196）
【单元小结】 ………………………………………………………………………………（201）
【巩固与提高】 ……………………………………………………………………………（203）

单元5　单片机系统扩展接口电路设计 ……………………………………………（205）

【学习目标】 ………………………………………………………………………………（205）
【技能(知识)点】 …………………………………………………………………………（205）
5.1　单片机系统扩展——存储器扩展电路设计 ………………………………………（205）
　　5.1.1　MCS-51单片机系统扩展 ……………………………………………（205）
　　5.1.2　单片机系统的片选方法 ………………………………………………（209）
　　5.1.3　程序存储器 ……………………………………………………………（211）
　　5.1.4　程序存储器的扩展原理 ………………………………………………（214）
　　5.1.5　数据存储器 ……………………………………………………………（218）
　　5.1.6　数据存储器的扩展原理 ………………………………………………（220）
　　5.1.7　项目16——存储器扩展电路设计 ……………………………………（221）
5.2　单片机I/O端口扩展——I/O接口电路设计 ……………………………………（227）
　　5.2.1　单片机并行I/O接口概述 ……………………………………………（227）
　　5.2.2　用TTL或CMOS芯片扩展并行I/O接口原理 ……………………（228）
　　5.2.3　用串行口扩展并行I/O接口原理 ……………………………………（231）
　　5.2.4　用可编程芯片扩展并行I/O接口原理 ………………………………（234）
　　5.2.5　项目17——并行I/O接口扩展电路设计 ……………………………（241）
【单元小结】 ………………………………………………………………………………（246）
【巩固与提高】 ……………………………………………………………………………（248）

单元6　单片机键盘与显示器接口电路设计 ………………………………………（249）

【学习目标】 ………………………………………………………………………………（249）
【技能(知识)点】 …………………………………………………………………………（249）
6.1　单片机LED显示接口——简易电子钟设计 ………………………………………（250）
　　6.1.1　LED显示器的结构与原理 ……………………………………………（250）
　　6.1.2　LED显示器的显示方式 ………………………………………………（250）
　　6.1.3　MCS-51单片机与LED显示器的接口设计 …………………………（251）
　　6.1.4　项目18——简易电子钟设计 …………………………………………（255）
6.2　单片机键盘接口——多功能数字电子钟设计 ……………………………………（265）
　　6.2.1　键盘的结构和工作原理 ………………………………………………（265）
　　6.2.2　MCS-51单片机与键盘的接口设计 …………………………………（267）
　　6.2.3　项目19——多功能数字电子钟设计 …………………………………（271）
【单元小结】 ………………………………………………………………………………（285）
【巩固与提高】 ……………………………………………………………………………（286）

单元 7　单片机 A/D 与 D/A 接口电路设计 (287)

【学习目标】 (287)
【技能(知识)点】 (287)
7.1　单片机 A/D 转换接口——电压报警器设计 (287)
　　7.1.1　A/D 转换芯片的结构与工作原理 (287)
　　7.1.2　MCS-51 单片机与 ADC0809 的接口设计 (290)
　　7.1.3　项目 20——电压报警器设计 (294)
7.2　单片机 D/A 转换接口——简易波形发生器设计 (302)
　　7.2.1　D/A 转换芯片的结构与工作原理 (302)
　　7.2.2　MCS-51 单片机与 DAC0832 的接口设计 (305)
　　7.2.3　项目 21——简易波形发生器设计 (308)
【单元小结】 (319)
【巩固与提高】 (320)

单元 8　单片机应用系统开发与设计 (321)

【学习目标】 (321)
【技能(知识)点】 (321)
8.1　单片机应用系统设计案例——数字温度报警器 (321)
　　8.1.1　数字温度报警器的结构设计 (321)
　　8.1.2　数字温度报警器的硬件设计 (322)
　　8.1.3　数字温度报警器的软件设计 (327)
　　8.1.4　数字温度报警器的虚拟仿真 (331)
8.2　单片机应用系统设计案例——步进电机控制器 (333)
　　8.2.1　步进电机控制器的结构设计 (333)
　　8.2.2　步进电机控制器的硬件设计 (333)
　　8.2.3　步进电机控制器的软件设计 (339)
　　8.2.4　步进电机控制器的虚拟仿真 (344)
8.3　单片机应用系统设计案例——万年历 (345)
　　8.3.1　万年历的结构设计 (345)
　　8.3.2　万年历的硬件设计 (345)
　　8.3.3　万年历的软件设计 (348)
　　8.3.4　万年历的虚拟仿真 (356)

附录 A　MCS-51 系列单片机指令表 (357)
附录 B　ASCII 码字符表 (363)

参考文献 (364)

单元 1 单片机系统设计概述

学习目标

- 通过 1.1 的学习,了解单片机的基本定义及发展史;了解单片机的应用领域和发展趋势;了解 MCS-51 系列单片机的特点及分类。
- 通过 1.2 的学习,了解单片机系统开发工具的使用方法。
- 通过 1.3 的学习,了解单片机系统构建;掌握单片机最小系统硬件构架,对单片机系统开发调试步骤有个初步的认识。

技能(知识)点

- 了解 MCS-51 系列单片机的特点及分类。
- 能掌握单片机系统开发环境和操作步骤。
- 能掌握单片机系统开发调试步骤。

1.1 单片机概述——初识单片机

1.1.1 单片机的定义及其特点

单片机是单片微型计算机(Single Chip Microcomputer)的简称,是指将中央处理器(CPU)、数据存储器(RAM)、程序存储器(ROM、EPROM、EEPROM 或 Flash)、并行 I/O、串行 I/O、定时/计数器、中断控制、系统时钟及系统总线等单元集成在一块半导体芯片上,构成一个完整的计算机系统。与通用的计算机不同,单片机的指令功能是按照工业控制的要求设计的,因此它又被称为微控制器(Micro Controller Unit)。随着集成电路技术的发展,单片机片内集成的功能越来越强大,并朝着 SoC(片上系统)方向发展。

近几年单片机以其体积微小、价格低廉、可靠性高,广泛应用于工业控制系统、数据采集系统、智能化仪器仪表、通信设备及日常消费类产品等。单片机技术开发和应用水平已成为衡量一个国家工业化发展水平的标志之一。

(1)单片机与通用微型计算机相比,在硬件结构、指令设置上均有其独到之处,主要特点如下:

- 单片机中的存储器 ROM 和 RAM 是严格分工的。ROM 为程序存储器,用于存放程序、常数及数据表格;而 RAM 则为数据存储器,用做工作区及存放变量。
- 采用面向控制的指令系统。为满足控制的需要,单片机的逻辑控制能力要优于同等级别的CPU，运行速度较高，具有很强的位处理能力。
- 单片机的I/O引脚通常是多功能的。例如，通用I/O引脚可以用做外部中断、PPG（可编程脉冲发生器）的输出口或A/D输入的模拟输入口等。
- 系统功能齐全，扩展性强，与许多通用的微机接口芯片兼容，给应用系统的设计和生产带来了极大的方便。
- 单片机应用是通用的。单片机主要作控制器使用，但功能上是通用的，可以像一般微处理器那样广泛地应用于各个领域。

（2）单片机作为单片微控制器芯片，从器件方面来讲，具有如下特点：
- 体积小：基本功能部件即可满足常规要求。
- 可靠性高：总线大多在内部，易采取电磁屏蔽。
- 功能强：实时响应速度快，I/O接口可直接操作。
- 使用方便：硬件设计规范简单，提供多种开发工具。
- 性价比高：芯片便宜，集成度高，电路板小，接插件少。
- 易产品化：设计开发研制周期短。

1.1.2 单片机的发展历史

单片机作为微型计算机的一个重要分支，应用面很广，发展很快。自单片机诞生至今，已发展为上百种系列的近千个机种。它的产生与发展和微处理器的产生与发展大体同步，如果将8位单片机的推出作为起点，那么单片机的发展历史大致可分为以下几个阶段：

1. 第一阶段（1976—1978）

初级单片机发展阶段。以Intel公司MCS-48为代表。MCS-48的推出是在工控领域的探索，参与这一探索的公司还有Motorola、Zilog等，都取得了满意的效果。

2. 第二阶段（1978—1982）

单片机的普及阶段。Intel公司在MCS-48基础上推出了完善的、典型的单片机系列MCS-51。它在以下几个方面奠定了典型的通用总线型单片机系列结构：

（1）完善的外部总线。MCS-51设置了经典的8位单片机的总线结构，包括8位数据总线、16位地址总线、控制总线及具有多机控制通信功能的串行通信接口。

（2）CPU外围功能单元的集中管理模式。

（3）体现工控特性的位地址空间及位操作方式。

（4）指令系统趋于丰富和完善，并且增加了许多突出控制功能的指令。

3. 第三阶段（1982—1990）

8位单片机的巩固发展及16位单片机的推出阶段，也是单片机向微控制器发展的阶段。Intel公司推出的MCS-96系列单片机，将一些用于测控系统的模数转换器、程序运行监视器等纳入片中，体现了单片机的微控制器特征。随着MCS-51系列的广泛应用，许多电器厂商竞相使用80C51为内核，将许多测控系统中使用的电路技术、接口技术、多通道A/D转换部件、可靠性技术等应用到单片机中，增强了外围电路功能，强化了智能控制器的特征。

4. 第四阶段（1990—）

微控制器的全面发展阶段。随着单片机在各个领域全面、深入的发展和应用，出现了高速、大寻址范围、强运算能力的8位/16位/32位通用型单片机，以及小型廉价的专用型单片机。

1.1.3 单片机的发展趋势

目前,单片机正朝着高性能和多品种方向发展,今后单片机的发展趋势将进一步向 CMOS 化、低功耗、小体积、大容量、高性能、低价格和外围电路内装化等几个方面发展。下面是单片机的主要发展趋势。

1. CMOS 化

CMOS 电路的特点是低功耗、高密度、低速度、低价格。采用双极性半导体工艺的 TTL 电路速度快,但功耗和芯片面积较大。因为单片机芯片多数采用 CMOS(金属栅氧化物)半导体工艺生产。随着技术和工艺水平的提高,又出现了 HMOS(高密度、高速度 MOS)、CHMOS 工艺。CHMOS 是 CMOS 和 HMOS 工艺的结合。因而,在单片机领域 CMOS 正在逐渐取代 TTL 电路。

2. 低功耗化

单片机的功耗已从毫安级降到微安级以下,使用电压在 3~6V 之间,完全适应电池工作。低功耗化的效应不仅功耗低,而且带来了产品高可靠性、高抗干扰能力以及产品便携化。

3. 低电压化

几乎所有的单片机都有 WAIT、STOP 等省电运行方式。允许使用的电压范围越来越宽,一般在 3~6V 范围内工作。低电压供电的单片机电源下限已可达 1~2V。目前 0.8V 供电的单片机已经问世。

4. 低噪声与高可靠性

为提高单片机的抗电磁干扰能力,使产品能适应恶劣的工作环境,满足电磁兼容性方面更高标准的要求,各单片机厂家在单片机内部电路中都采取了新的技术措施。

5. 大容量化

以往单片机内的 ROM 为 1~4KB,RAM 为 64~128B。但在需要复杂控制的场合,该存储容量是不够的,必须进行外界扩充。为了适应这种领域的要求,须运用新的工艺,使片内存储器大容量化。目前,单片机内 ROM 最大可达 64KB,RAM 最大为 2KB。

6. 高性能化

主要是指进一步改进 CPU 的性能,加快指令运算的速度和提高系统控制的可靠性。采用精简指令集(RISC)结构和流水线,可以大幅度提高运行速度。现指令速度最高已达 100MIPS(Million Instruction Per Second,即兆指每秒),并加强了位处理功能、中断定时控制功能。这类单片机的运算速度比标准的单片机高出 10 倍以上。由于这类单片机有极高的指令速度,就可用软件模拟其 I/O 功能,由此引入虚拟外设的新概念。

7. 小容量、低价格化

与上述相反,以 4 位、8 位机为中心的小容量、低价格化也是其发展方向之一。这类单片机的用途是把以往用数字逻辑集成电路的控制电路单片机化,可广泛用于家电产品。

8. 外围电路内装化

这也是单片机发展的主要方向。随着集成度的不断提高,有可能把众多的各种外围功能器件集成在片内。除了一般必须具有的 CPU、ROM、RAM、定时/计数器等以外,片内集成的部件还有模/数转换器、数/模转换器、DMA 控制器、声音发生器、监视定时器、液晶显示驱动器、彩色电视机和录像机用的锁相电路等。

9. 串行扩展技术

在很长一段时间里,通用型单片机通过三总线结构扩展外围器件成为单片机应用的主流结构。随着低价位 OTP(One Time Programmable)及各种类型片内程序存储器的发展,加之外围电路接口不断进入片内,推动了单片机"单片"应用结构的发展。特别是 I^2C、SPI 等串行总线的引入,可以使单片机的引脚设计更少,单片机系统结构更加简化及规范化。

1.1.4　单片机的应用领域

单片机按其应用领域划分主要有以下5个方面。

1. 智能化仪器仪表

如智能电度表、智能流量计等。单片机用于仪器仪表中,使之走向了智能化和微型化,扩大了仪器仪表功能,提高了测量精度和测量的可靠性。

2. 实时工业控制

单片机可以构成各种工业测控系统、数据采集系统,如数控机床、汽车安全技术检测系统、工业机器人、过程控制等。

3. 网络与通信

利用单片机的通信接口,可方便地进行多机通信,也可组成网络系统,如单片机控制的无线遥控系统。

4. 家用电器

如全自动洗衣机、自动控温冰箱、空调机等。单片机用于家用电器,使其应用更简捷、方便,产品更能满足用户的高层次要求。

5. 计算机智能终端

如计算机键盘、打印机等。单片机用于计算机智能终端,使之能够脱离主机而独立工作,尽量少占用主机时间,从而提高主机的计算速度和处理能力。

1.1.5　单片机的主要系列与区别

单片机种类繁多,目前主要有 MCS-51 系列、AVR 系列和 PIC 系列等。根据目前的普及率,本书在以后的项目中都选用 MCS-51 系列单片机作范例,当然也可以选择其他系列单片机。各种单片机的基本工作原理类似,对外部电路的驱动原理是一样的,但不同系列单片机芯片的内部架构和指令是不同的,在使用时需要注意区别。

单片机按 CPU 的处理能力分类,目前有4位、8位、16位、32位,位数越高的单片机在数据处理能力和指令系统方面就越强。8位单片机由于内部构造简单、体积小、成本低廉,在一些较简单的控制器中应用很广,即便到了21世纪,在单片机应用中,仍占有相当的份额。

1. MCS-51 系列单片机

这一系列的单片机都使用了 Intel 公司的内核技术,它们是 MCS-51 的兼容机,软件兼容、开发工具兼容、引脚也兼容,它们都支持同一编程环境 Keil μVision 3,因此可把它们归为同一类型。各公司相应的一些主流产品主要有:Intel 公司的 MCS-51 系列单片机、Atmel 公司的 AT89 系列单片机、Philips 公司的 80C51 系列单片机、Winbond(华邦)公司的单片机、STC 公司 STC89 系列单片机、SST 公司 SST89 系列单片机。

尽管各类 MCS-51 的兼容单片机很多,但目前使用最为广泛的应属 MCS-51 系列单片机和 AT89 系列单片机,它们比较适合初学者的需要。

(1) MCS-51 系列单片机。

MCS-51 系列单片机又分为 51 和 52 两个子系列,并以芯片型号的最末位作为标志。其中 51 子系列是基本型,而 52 子系列则属增强型。与 51 子系列相比,52 子系列增强的功能如下:

- 片内 ROM 从 4KB 增加到 8KB。
- 片内 RAM 从 128 增加到 256。
- 定时器从 2 个增加到 3 个。
- 中断源从 5 个增加到 6 个。

(2) AT89 系列单片机。

美国 Atmel 公司将闪速存储器与 MCS-51 控制器相结合,开发生产了新型的 8 位单片机——AT89 系列单片机。AT89 系列单片机不但具有一般 MCS-51 单片机的所有特性,而且拥有一些独特的优点,使 8 位单片机更具有生命力。

AT89 系列单片机是一种低功耗、高性能的 8 位 CMOS 微处理器芯片,片内带有闪速可编程可擦写只读存储器 FEPROM(Flash Erasable Programmable ROM)。FEPROM 既具有静态 RAM 的速度和可擦写性,又能像 EEPROM 那样掉电后保留所写数据,因此大大方便了用户。兼容 MCS-51 系列单片机有很多种,常用的 AT89 系列单片机选型表如表 1-1 所示。

表 1-1 Atmel 51 单片机选型表

Devices	Flash /KB	IAP	ISP	EEPROM /KB	RAM /B	F_{max} /MHz	Vcc /V	I/O Pins	UART	16-bit Timers	WDT	SPI
AT89C51	4	—	—	—	128	24	5±20%	32	1	2	—	—
AT89C52	8	—	—	—	256	24	5±20%	32	1	3	—	—
AT89C2051	2	—	—	—	128	24	2.7~6.0	15	1	2	—	—
AT89C4051	4	—	—	—	128	24	2.7~6.0	15	1	2	—	—
AT89S51	4	—	Yes	—	128	33	4.0~5.5	32	1	2	Yes	—
AT89S52	8	—	Yes	—	256	33	4.0~5.5	32	1	3	Yes	—
AT89S8253	12	—	Yes	2	256	24	2.7~5.5	32	1	3	Yes	Yes
AT89C51ED2	64	UART	API	2	2048	60	2.7~5.5	32	1	3	Yes	Yes
AT89C51RD2	64	UART	API	—	2048	60	2.7~5.5	32	1	3	Yes	Yes

2. AVR 系列单片机

AVR 系列单片机也是 Atmel 公司的产品,主要有 Attiny 系列、AT90 系列和 Atmega 系列,分别对应 AVR 中的低档、中档和高档单片机。现在 AT90 单片机有的已经转型为 Atmega 系列和 Attiny 系列,AVR 单片机最大的特点是精简指令型单片机,执行速度在相同的振荡频率下是 8 位 MCU 中最快的一种单片机。

AVR 单片机其显著的特点为高性能、高速度、低功耗。它取消机器周期,以时钟周期为指令周期,实行流水作业。AVR 单片机指令以字为单位,且大部分指令都为单周期指令。而单周期既可执行本指令功能,又可同时完成下一条指令的读取。通用寄存器一共有 32 个 (R0~R31),前 16 个寄存器(R0~R15)都不能直接与立即数打交道,因而通用性有所下降。

而在 51 系列中,它所有的通用寄存器均可以直接与立即数打交道,显然要优于前者。

AVR 系列没有类似累加器 A 的结构,它主要通过 R16～R31 寄存器来实现 A 的功能。在 AVR 中,没有像 51 系列的数据指针 DPTR,而是由 X(由 R26、R27 组成)、Y(由 R28、R29 组成)、Z(由 R30、R31 组成)三个 16 位的寄存器来完成数据指针的功能(相当于有三组 DPTR),而且还能将 X、Y 所指的地址单片的内容先装入,后地址增 1;或地址先减 1,后装地址单元的内容。

在 51 系列中,所有的逻辑运算都必须在 A 中进行,而 AVR 却可以在任两个寄存器之间进行,比 51 系列强。AVR 的专用寄存器集中在 00H～3FH 地址区间,无需像 PIC 那样得先进行选存储体的过程,使用起来比 PIC 方便。

AVR 的 I/O 脚类似 PIC,它也有用来控制输入或输出的方向寄存器,在输出状态下,高电平输出的电流在 10mA 左右,低电平吸入电流为 20mA。虽不如 PIC,但比 51 系列强。

综合来看,AVR 与 51、PIC 单片机相比具有一系列的优点,主要体现在以下几个方面:

(1)在相同的系统时钟下 AVR 运行速度最快。

(2)芯片内置的 Flash、EEPROM、SRAM 容量较大,都支持在 ISP 在线编程(烧写),入门费用非常少。

(3)片内集成多种频率的 RC 振荡器、上电自动复位、看门狗、启动延时等功能,零外围电路可以工作,使得电路设计变得非常简单。

(4)每个 I/O 口都可以设置方向,作输出口使用时以推挽驱动的方式输出很强的高、低电平,作输入口使用时 I/O 口可以是高阻抗或者带上拉电阻。

(5)片内具有丰富实用的资源,如 A/D、D/A、丰富的中断源、SPI、I^2C、USART、TWI 通信口、PWM 等。

(6)片内采用了先进的数据加密技术,大大提高了破解的难度。

(7)片内 Flash 空间大、品种多,引脚少的有 8 脚,多的有 64 脚等各种封装。

(8)部分芯片的引脚兼容 51 系列,代换容易,如 ATtiny2313 兼容 AT89C2051(PDIP-20 脚)、ATmega8515/162 兼容 AT89S51(PDIP-40 脚)等。

3. PIC 系列单片机

PIC 系列单片机是 Microchip 公司的产品,它也是一种精简指令型的单片机,指令数量比较少,中档的 PIC 系列仅仅有 35 条指令而已,低档的仅有 33 条指令。但是如果使用汇编语言编写 PIC 单片机的程序有一个致命的弱点就是 PIC 中低档单片机里有一个翻页的概念,编写程序比较麻烦。

PIC 单片机 CPU 采用 RISC 结构,分别有 33、35、58 条指令(视单片机的级别而定),属精简指令集。而 51 系列有 111 条指令,AVR 单片机有 118 条指令,都比前者复杂。采用 Haryard 双总线结构,运行速度快(指令周期约 160～200ns),它能使程序存储器的访问和数据存储器的访问并行处理,这种指令流水线结构,在一个周期内完成两部分工作,一是执行指令,二是从程序存储器取出下一条指令,这样总的来看每条指令只需一个周期(个别除外),这也是高效率运行的原因之一。此外,它还具有工作电压低、功耗低、驱动能力强等特点。

PIC 系列单片机的 I/O 口是双向的,其输出电路为 CMOS 互补推挽输出电路。I/O 脚增加了用于设置输入或输出状态的方向寄存器,从而解决了 51 系列 I/O 脚为高电平时同为输入和输出的状态。当置位 1 时为输入状态,且不管该脚呈高电平或低电平,对外均呈高阻状态;置位 0 时为输出状态,不管该脚为何种电平,均呈低阻状态,有相当的驱动能力,低电平吸入电流达 25mA，高电平输出电流可达 20mA。相对于 51 系列而言，这是一个很大的优点，它可以直接驱动数码管显示且外电路简单。它的 A/D 为 10 位，能满足精度要求。具有在线调试及编程功能。

PIC 系列单片机的专用寄存器并不像 51 系列那样都集中在一个固定的地址区间内 (80 ~ FFH)，而是分散在四个地址区间内，即存储体 0(Bank0:00 ~ 7FH)、存储体 1(Bank1: 80 ~ FFH)、存储体 2(Bank2:100 ~ 17FH)、存储体 3(Bank3:180 ~ 1FFH)。只有 5 个专用寄存器 PCL、STATUS、FSR、PCLATH、INTCON 在 4 个存储体内同时出现。在编程过程中，少不了要与专用寄存器打交道，得反复地选择对应的存储体，也即对状态寄存器 STATUS 的第 6 位(RPI)和第 5 位(RPO)置位或清零。这多少给编程带来了一些麻烦。对于上述的单片机，它的位指令操作通常限制在存储体 0 区间(00 ~ 7FH)。数据的传送和逻辑运算基本上都得通过工作寄存器 w (相当于 51 系列的累加器 A)来进行，而 51 系列的还可以通过寄存器相互之间直接传送(如 MOV 30H,20H：将寄存器 20H 的内容直接传送至寄存器 30H 中)，因而 PIC 单片机的瓶颈现象比 51 系列还要严重，这在编程中很有感受。

综合来说，PIC 单片机应该说有以下三个主要特点：

(1) 总线结构：MCS-51 单片机的总线结构是冯·诺依曼型，计算机在同一个存储空间取指令和数据，两者不能同时进行；而 PIC 单片机的总线结构是哈佛结构，指令和数据空间是完全分开的，一个用于指令，一个用于数据，由于可以对程序和数据同时进行访问，所以提高了数据吞吐率。正因为在 PIC 单片机中采用了哈佛双总线结构，所以与常见的微控制器不同的一点是：程序和数据总线可以采用不同的宽度。数据总线都是 8 位的，但指令总线位数分别为 12、14、16 位。

(2) 流水线结构：MCS-51 单片机的取指和执行采用单指令流水线结构，即取一条指令，执行完后再取下一条指令；而 PIC 的取指和执行采用双指令流水线结构，当一条指令被执行时，允许下一条指令同时被取出，这样就实现了单周期指令。

(3) 寄存器组：PIC 单片机的所有寄存器，包括 I/O 口、定时器和程序计数器等都采用 RAM 结构形式，而且都只需要一个指令周期就可以完成访问和操作；而 MCS-51 单片机需要两个或两个以上的周期才能改变寄存器的内容。

1.2 单片机开发系统概述——掌握单片机开发工具

1.2.1 单片机开发系统概述

由于单片机的软硬件资源有限，单片机系统本身不能实现自我开发。要进行系统开发，实现单片机应用系统的软、硬件设计，必须使用专门的单片机开发系统，因此，单片机开发系统是单片机系统开发调试的工具。

单片机开发系统的类型：

(1) 微型机开发系统(Microcomputer Development System，简称 MDS)。

(2) 在线仿真器(In-Circuit Emulation，简称 ICE)和在线调试器(In-Circuit Debugger，简称 ICD)。

(3) 软件开发模拟仿真器(Keil μVision3 和 PROTEUS ISIS 等)。

1.2.2 软件开发工具 Keil μVision3 简介

Keil μVision3 是一个优秀的软件集成开发环境,它支持众多不一样公司的 MCS-51 架构的芯片。μVision3 IDE 基于 Windows 的开发平台,包含一个高效的编辑器、一个项目管理器和一个 MAKE 工具。利用本工具可以用来编译 C 源代码,汇编源程序,连接和重定位目标文件和库文件,创建 HEX 文件调试目标程序。

Keil μVision3 通过以下特性加速嵌入式系统的开发过程。
- 全功能的源代码编辑器。
- 器件库用来配置开发工具设置。
- 项目管理器用来创建和维护项目。
- 集成的 MAKE 工具可以汇编、编译和连接用户的嵌入式应用。
- 所有开发工具的设置都是对话框形式。
- 有真正的源代码级的对 CPU 和外围器件的调试器。
- 高级 GDI AGDI 接口用来在目标硬件上进行软件调试以及和 Monitor-51 进行通信。
- 与开发工具手册、器件数据手册和用户指南有直接的链接。

1.2.3 Keil μVision3 的使用方法

1. 启动 Keil μVision3

双击桌面上的 Keil μVision3 图标,如图 1-1 所示,或者单击屏幕左下方的"开始"→"程序"→"Keil μVision3",出现如图 1-2 所示屏幕,表明进入 Keil μVision3 集成环境。

2. 工作界面

图 1-1 Keil μVision3 启动图标

Keil μVision3 界面提供一个菜单和一个工具条(可以快速选择命令按钮)以及源代码的显示窗口、对话框和信息显示。Keil μVision3 的工作界面如图 1-3 所示。

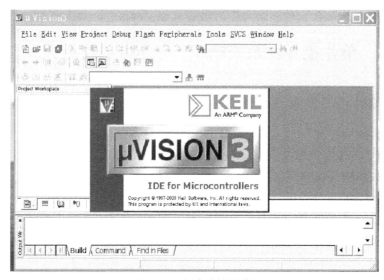

图 1-2 启动时的屏幕

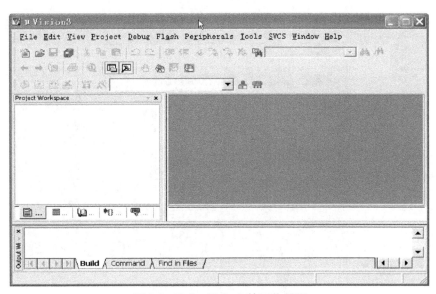

图 1-3　Keil μVision3 的工作界面

3. 建立项目

单击"Project"菜单，在弹出的下拉式菜单中选择"New Project"，如图 1-4 所示。接着弹出一个标准 Windows 文件对话窗口，如图 1-5 所示，在"文件名"中输入您的第一个程序项目名称，这里我们用"Disp_LED"，不必照搬，只要符合 Windows 文件规则的文件名都行。"保存"后的文件扩展名为 uv2，这是 Keil μVision3 项目文件扩展名，以后可以直接单击此文件打开先前所做的项目。

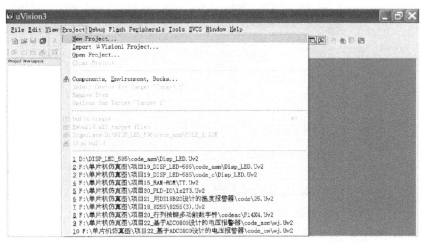

图 1-4　选择"New Project"命令

图 1-5　项目文件保存窗口

4. 选择所要的单片机

这里我们选择常用的 Atmel 公司的 AT89S51，此时屏幕如图 1-6 和图 1-7 所示。完成上面步骤后，项目文件就建立成功了，此时屏幕如图 1-8 所示。下面我们就可以开始创建程序文件了。

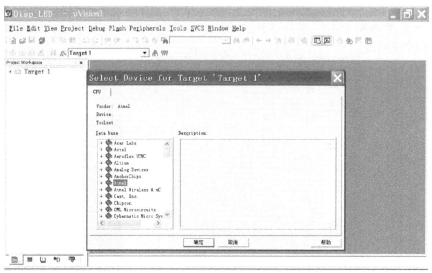

图 1-6　选取 Atmel 公司菜单

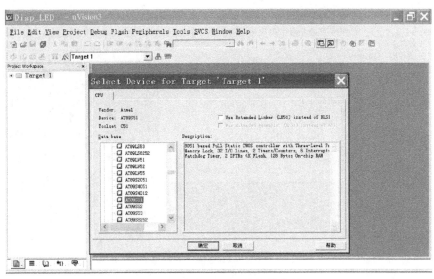

图 1-7　选取 AT89S51 芯片菜单

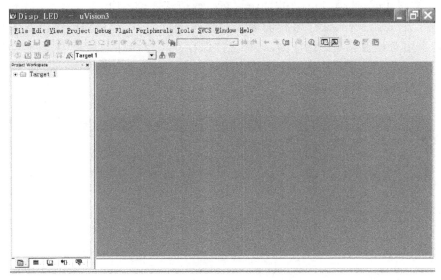

图 1-8　项目文件建立成功窗口

5. 创建或修改程序

首先我们要在项目中创建新的程序文件或加入一个已存在的程序文件。在这里我们还是以一个程序为例介绍如何打开一个程序和如何加到您的第一个项目中。单击图 1-8 中"File"→"Open"命令,打开一个旧文件或按快捷键 <Ctrl> + <O> 或工具栏中的工具按钮,就会打开一个已存在的程序文件文字编辑窗口等待我们编辑程序。此时屏幕如图 1-9 所示。完成上面步骤后,即可进行程序文件的编辑。

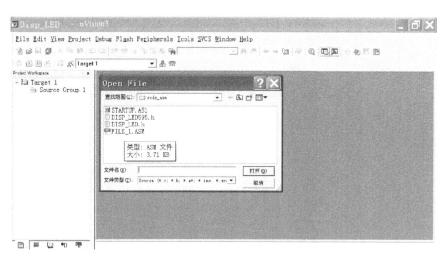

图 1-9　选择一个已存在的程序文件

6. 保存程序

当程序编写完成,选择"File"→"Save"命令,或按快捷键 < Ctrl > + < S > 或相关工具按钮进行保存。若是新文件,保存时我们需要对程序进行命名,若是用汇编语言编写后缀应为. asm,若是用 C 语言编写后缀应为. c,将文件保存在项目所在的目录中,这时会发现程序单词有了不同的颜色,说明 Keil 的语法检查生效了。此时屏幕如图 1-10 所示。完成上面步骤后,即可进行程序文件的加载了。

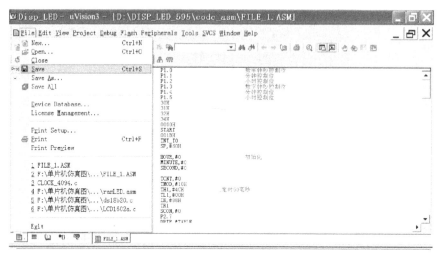

图 1-10　保存成功的程序文件

7. 将程序加载到项目中

如图 1-11 所示,在屏幕左边的 Source Group 1 文件夹图标上右击鼠标,弹出快捷菜单,选择其中某一命令,可执行相关操作。这里选中"Add Files to Group 'Source Group 1'",弹出如图 1-12 所示的对话框,选择刚刚保存的文件,按"Add"按钮,关闭对话框,程序文件已加到项目中了。这时在 Source Group 1 文件夹图标左边出现了一个小" + "号,表示文件组中有了文件,点击它可以展开查看到源程序文件已被我们加入到了项目中。图 1-13 为已加入项目中的文件组。

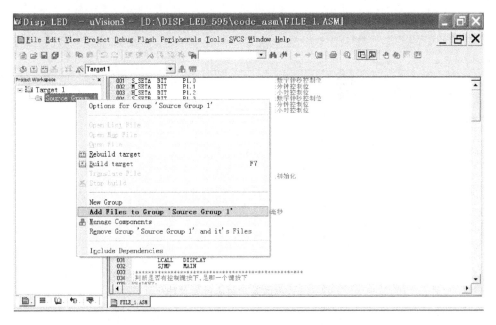

图 1-11 把文件加入项目文件组的菜单

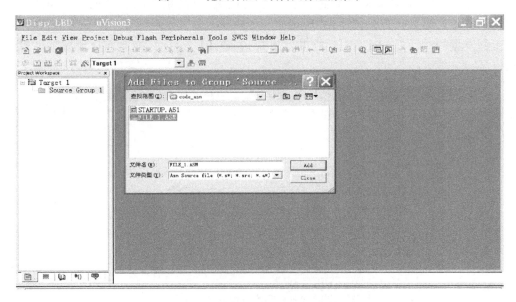

图 1-12 选择文件加入项目文件组

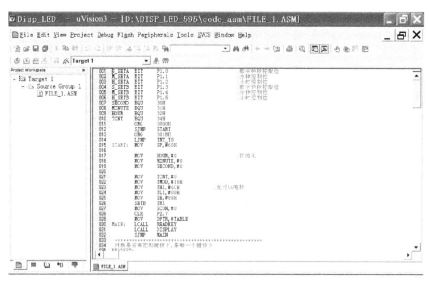

图 1-13 已加入项目中的文件组

8. 项目工程设置

工程建立好以后,还要对工程进行进一步的设置,以满足要求。首先单击左边 Project 窗口的 Target 1,然后执行菜单命令"Project"→"Option for Target 'Target1'"(图 1-14),即出现对工程设置的对话框。这个对话框非常复杂,共有 10 个页面,绝大部分设置项取默认值就可以了。

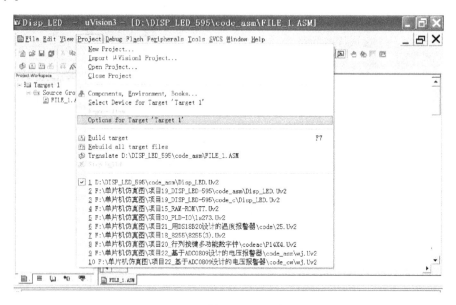

图 1-14 选择工程设置菜单

(1)"Target"标签。

在对话框中单击"Target"标签,如图 1-15 所示。

- Xtal(MHz)——晶振频率值。

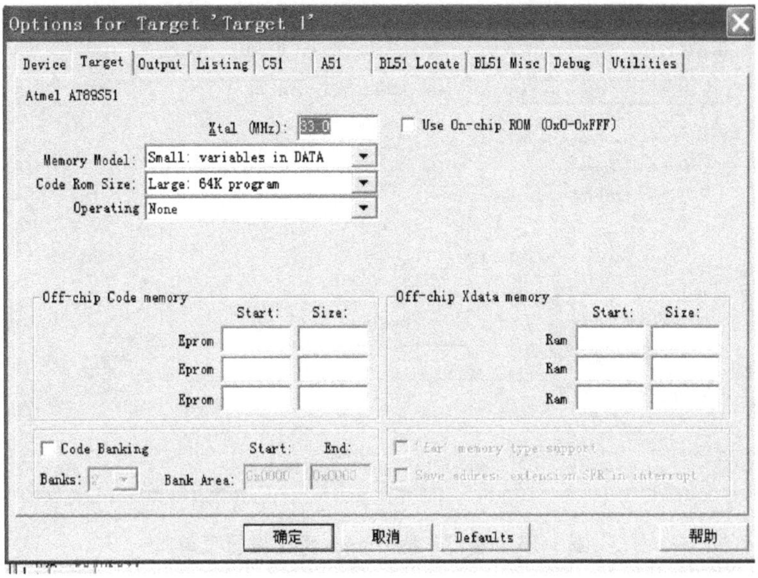

图 1-15 项目工程 Target 页面设置菜单

默认值是所选目标 CPU 的最高可用频率值，可根据需要进行设置。该数值与最终产生的目标代码无关，仅用于软件模拟调试时显示程序执行时间。正确设置该数值可使显示时间与实际所用时间一致，一般将其设置成与你的硬件所用晶振频率相同，如果没必要了解程序执行的时间，也可以不设。

- Memory Model——选择编译模式（存储器模式）。

Small：所有变量都在单片机内部 RAM 中。

Compact：可以使用一页外部扩展 RAM。

Large：可以使用全部外部扩展 RAM。

- Code Rom Size——用于设置 ROM 空间的使用。

Small 模式：只适用低于 2KB 的程序空间。

Compact 模式：单个函数的代码量不能超过 2KB，整个程序可以使用 64KB 程序空间。

Large 模式：可用全部 64KB 空间。

- Operating——操作系统选择项。

Keil 提供了两种操作系统：RTX-51 Tiny 和 RTX-51 Full，通常我们不使用任何操作系统，即使用该项的默认值：None（不使用任何操作系统）。

- Off-chip Code memory——用以确定系统扩展 ROM 的地址范围。

- Off chip Xdata memory——用于确定系统扩展 RAM 的地址范围，这些选择项必须根据所用硬件来决定，如果是最小应用系统，不进行任何扩展，均不需重新选择，按默认值设置即可。

(2)"Output"标签。

在对话框中选择"Output"标签，如图 1-16 所示。

- Select Folder for Objects——选择最终的目标文件所在的文件夹，默认是与工程文件在同一个文件夹中，一般不需要更改。

图 1-16　项目工程 Output 页面设置菜单

● Name of Executable——用于指定最终生成的目标文件的名字,默认与工程的名字相同,一般不需要更改。

● Debug Information——将会产生调试信息。这些信息用于调试,如果需要对程序进行调试,应当选中该项。

● Browse Information——产生浏览信息。该信息可以通过执行菜单命令"View"→"Browse"来查看,这里取默认值。

● Create Hex File——用于生成可执行代码文件。可以用编程器写入单片机芯片的 HEX 格式文件,文件的扩展名为.HEX。其他选默认值即可。

9. 编译和连接

配置目标选项窗口完成后,我们再来看图 1-17 编译菜单,各编译按钮功能如下:

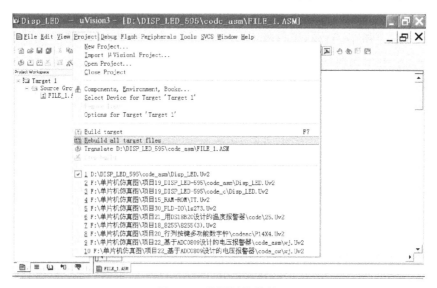

图 1-17　编译链接菜单

（1）Build target：编译当前项目，如果先前编译过一次之后文件没有做编辑改动，这时再点击是不会重新编译的。

（2）Rebuild all target files：重新编译，每单击一次均会再次编译链接一次，不管程序是否有改动。

在图1-18所示的信息输出窗口中可以看到编译的错误信息和使用的系统资源情况等。

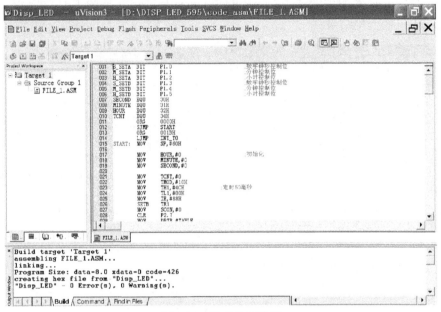

图1-18 信息输出窗口

10. 软件模拟调试的设置与调试

（1）执行"Project"→"Options for Target 'Target1'"，弹出相应的对话框，单击"Debug"标签，选中"Use Simulator"，按图1-19选择软件模拟调试。

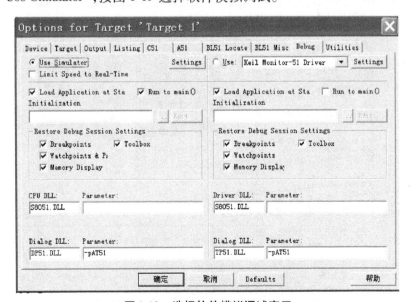

图1-19 选择软件模拟调试窗口

(2) 执行"Project"→"Build target",编译、连接项目。若无语法错误,方能进行调试。

(3) 单击开启/关闭调试模式的按钮,或执行菜单"Debug"→"Start/Stop Debug Session",或按快捷键 <Ctrl> + <F5>,进入软件模拟调试,按"Peripherals"菜单的各项即可进行调试。如 I/O Ports,可选 Port 0、Port 1、Port 2、Port 3,显示 P0、P1、P2、P3 口的变化,见图 1-20"Peripherals"菜单的"I/O Ports"。

(4) 选择"View"菜单中的选项"Periodic Window Updata",见图 1-21,可动态观察显示 P0、P1、P2、P3 口的变化结果。

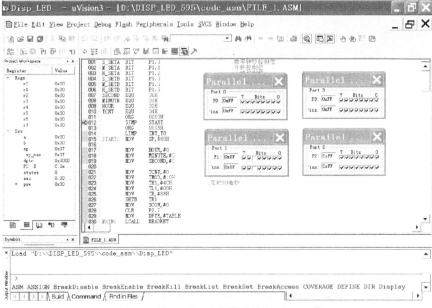

图 1-20 "Peripherals"菜单的"I/O Ports"

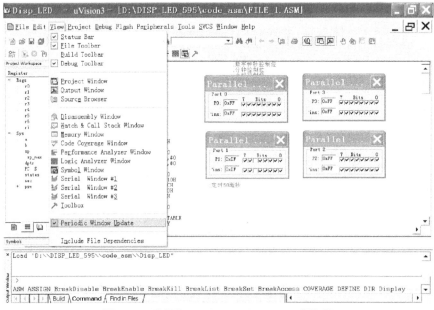

图 1-21 选择"Periodic Window Updata"选项

11. 外部硬件仿真连接调试

（1）单击"Project"→"Options for Target 'Target1'"选项或者单击工具栏上的"Option for Target"标签 ，弹出对应对话框，单击"Debug"标签。选中"Use"，选择硬件仿真调试。

（2）再单击"Settings"按钮，设置通信接口。设置好的情形如图 1-22 所示，单击"OK"按钮即可。最后将工程编译，进入调试状态并运行。

1.2.4 仿真开发工具 PROTEUS ISIS 简介

PROTEUS ISIS 是英国 Labcenter Electronics 公司开发的电路分析与实物仿真集成开发环境。它运行于 Windows 操作系统上，基于 PROTEUS 的单片机虚拟开发环境有效地将理论与实验联系起来，可以仿真、分析（SPICE）各种模拟器件和集成电路，该软件

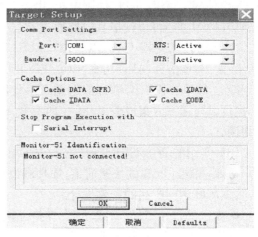

图 1-22　设置仿真通信

从 1989 年出现到现在已经有十多年的历史，在全球广泛使用。

1. PROTEUS 软件的性能特点

（1）智能原理图设计。
- 丰富的器件库：超过 8000 种元器件，可方便地创建新元件。
- 智能的器件搜索：通过模糊搜索可以快速定位所需要的器件。
- 智能化的连线功能：自动连线功能使连接导线简单快捷，大大缩短绘图时间。
- 支持总线结构：使用总线器件和总线布线使电路设计简明清晰。
- 可输出高质量图纸：通过个性化设置，可以生成印刷质量的 BMP 图纸，可以方便地供 Word、PowerPoint 等多种文档使用。

（2）完善的仿真功能。
- ProSPICE 混合仿真：基于工业标准 SPICE3F5，实现数字/模拟电路的混合仿真。
- 超过 6000 个仿真器件：可以通过内部原型或使用厂家的 SPICE 文件自行设计仿真器件，Labcenter 也在不断地发布新的仿真器件，还可导入第三方发布的仿真器件。
- 多样的激励源：包括直流、正弦、脉冲、分段线性脉冲、音频（使用 wav 文件）、指数信号、单频 FM、数字时钟和码流，还支持文件形式的信号输入。
- 丰富的虚拟仪器：13 种虚拟仪器，面板操作逼真，如示波器、逻辑分析仪、信号发生器、直流电压/电流表、交流电压/电流表、数字图形发生器、频率计/计数器、逻辑探头、虚拟终端、SPI 调试器、I2C 调试器等。
- 生动的仿真显示：用色点显示引脚的数字电平，导线以不同颜色表示其对地电压大小，结合动态器件（如电机、显示器件、按钮）的使用可以使仿真更加直观、生动。
- 高级图形仿真功能：基于图标的分析可以精确分析电路的多项指标，包括工作点、瞬态特性、频率特性、传输特性、噪声、失真、傅立叶频谱分析等，还可以进行一致性分析。
- 独特的单片机协同仿真功能：支持主流的 CPU 类型，如 ARM7、8051/51、AVR、

PIC10/12、PIC16/18、HC11、BasicStamp 等，CPU 类型随着版本升级还在继续增加（需要购买 Proteus VSM 并需要指定具体的处理器类型模型）。

◇ 支持通用外设模型，如字符 LCD 模块、图形 LCD 模块、LED 点阵、LED 七段显示模块、键盘/按键、直流/步进/伺服电机、RS232 虚拟终端、电子温度计等，其 COMPIM（COM 口物理接口模型）还可以使仿真电路通过 PC 机串口和外部电路实现双向异步串行通信。

◇ 实时仿真支持 UART/USART/EUSART 仿真、中断仿真、SPI/I2C 仿真、MSSP 仿真、PSP 仿真、RTC 仿真、ADC 仿真、CCP/ECCP 仿真。

◇ 支持单片机汇编语言的编辑/编译/源码级仿真，内带 8051、AVR、PIC 的汇编编译器，也可以与第三方集成编译环境（如 IAR、Keil 和 Hitech）结合，进行高级语言的源码级仿真和调试。

（3）实用的 PCB 设计平台（需要购买相应的 PROTEUS PCB design 软件）。

● 原理图到 PCB 的快速通道：原理图设计完成后，一键便可进入 ARES 的 PCB 设计环境，实现从概念到产品的完整设计。

● 先进的自动布局/布线功能：支持无网格自动布线或人工布线，利用引脚交换/门交换可以使 PCB 设计更为合理。

● 完整的 PCB 设计功能：最多可设计 16 个铜箔层、2 个丝印层、4 个机械层（含板边），灵活的布线策略供用户设置，自动设计规则检查。

● 多种输出格式的支持：可以输出多种格式文件，包括 Gerber 文件的导入或导出，便于与其他 PCB 设计工具的互转（如 protel）以及 PCB 板的设计和加工。

2. PROTEUS 软件的优点

（1）内容全面。

实验的内容包括软件部分的汇编、C51 等语言的调试过程，也包括硬件接口电路中的大部分类型。对同一类功能的接口电路，可以采用不同的硬件来搭建完成，因此采用 PROTEUS 仿真软件进行实验教学，克服了用单片机实验板教学中硬件电路固定、不能更改、实验内容固定等方面的局限性，可以扩展学习的思路和提高学习兴趣。

（2）硬件投入少，经济优势明显。

对于传统的采用单片机实验板的教学实验，由于硬件电路的固定，也就将单片机的 CPU 和具体的接口电路固定了下来。PROTEUS 所提供的元件库中，大部分可以直接用于接口电路的搭建，同时该软件所提供的仪表，不管在质量还是数量上，都是可靠和经济的。

（3）可自行实验，锻炼解决实际工程问题的能力。

对单片机控制技术或智能仪表的研究和学习，如果采用传统的实验箱学习，需要购置的设备比较多，增加了学习和研究的投入。采用仿真软件后，学习的投入变得比较小，而实际工程问题的研究，也可以先在软件环境中模拟通过，再进行硬件的投入，这样处理，不仅省时省力，也可以节省因方案不正确所造成的硬件投入的浪费。

（4）实验过程中损耗小，基本没有元器件的损耗问题。

在传统的实验学习过程中，都涉及因操作不当而造成的元器件和仪器仪表的损毁，也涉及仪器仪表等工作时所造成的能源消耗。采用 PROTEUS 仿真软件进行的实验教学，则不存在上述问题，其在实验的过程中是比较安全的。

（5）与工程实践最为接近，可以了解实际问题的解决过程。

在进行大实验时,可以具体地在 PROTEUS 中做一个工程项目,并将其最后移植到一个具体的硬件电路中,以利于对工程实践过程的了解和学习。

(6) 大量的范例,可供学习参考处理。

在设计系统时,存在对已有资源的借鉴和引用处理,而该仿真系统所提供的较多的比较完善的系统设计方法和设计范例,可供学习参考和借鉴。同时也可以在原设计上进行修改处理。

(7) 协作能力的培养和锻炼。

一个比较大的工程设计项目,是由一个开发小组协作完成的。了解和把握别人设计意图和思维模式,是团结协作的基础。在 PROTEUS 中进行仿真实验时,所涉及的内容并不全是独立设计完成的,因此对于锻炼团结协作意识很有好处。

1.2.5 PROTEUS ISIS 的使用方法

1. PROTEUS ISIS 的启动

双击桌面上的 ISIS 7 Professional 图标或者单击屏幕左下方的"开始"→"程序"→"PROTEUS 7 Professional"→"ISIS 7 Professional",出现如图 1-23 所示的屏幕,表明进入 PROTEUS ISIS 集成环境。

图 1-23　启动时的屏幕

注意:低版本的 PROTEUS 鼠标的基本操作与我们的一般操作习惯则刚好相反,在 PROTEUS 中的原理图编辑区中它的选中目标元件是右键,所以刚开始的时候有些不习惯,但是使用一段时间后大家就会习惯。

2. PROTEUS ISIS 界面简介

安装完 PROTEUS 后,运行 ISIS 7 Professional,会出现如图 1-24 所示的窗口界面。

PROTEUS ISIS 的工作界面是一种标准的 Windows 界面,包括:标题栏、主菜单、标准工具栏、绘图工具栏、状态栏、对象选择按钮、预览对象方位控制按钮、仿真进程控制按钮、预览窗口、对象选择器窗口、图形编辑窗口。

3. PROTEUS ISIS 电路载入

鉴于篇幅的限制,硬件电路原理图的设计在此不作介绍,请参考相关书籍。

以打开一个已存在的设计电路为例,进入 PROTEUS 的 ISIS,执行"File"→"Load

Design",在指定的文件夹下找到 xxx.dsn 硬件电路,装入硬件。

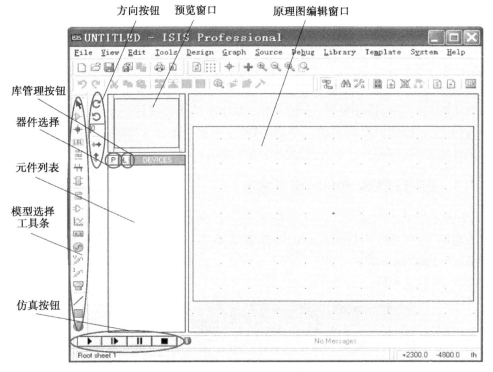

图 1-24 PROTEUS ISIS 的工作界面

4. PROTEUS 的设置

右击单片机芯片 AT89S51,再左击 AT89S51,装入 XXX.hex 软件,如图 1-25 所示。

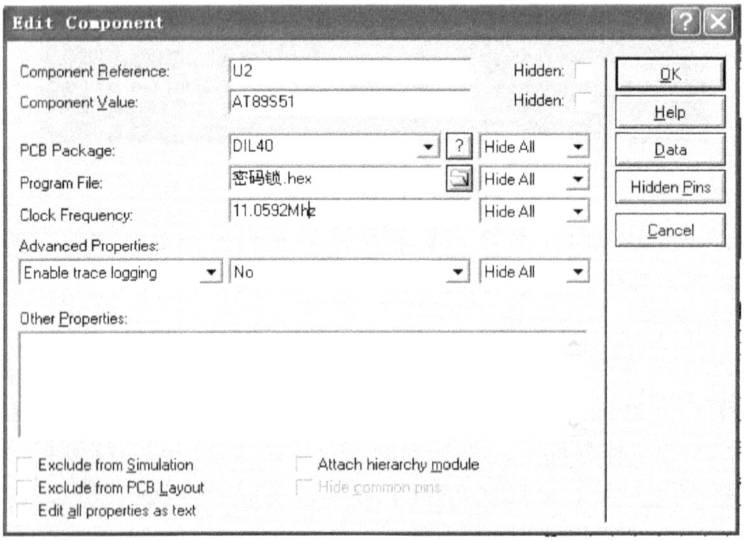

图 1-25 装入 XXX.hex 软件

在 Program File 中单击 出现文件浏览对话框,找到 XXX.hex 文件,单击"确定",完成添加文件,在"Clock Frequency"中把频率改为与硬件时钟频率一致,如 11.0592MHz,单击

"OK"退出。

5. PROTEUS 仿真调试

单击仿真运行开始按钮▶，或执行"Debug"菜单中的"Start/Stop Debug Session"，单击"1"，进行硬件模拟调试。我们能清楚地观察到每一个引脚的电平变化，红色代表高电平，蓝色代表低电平，灰色代表不确定电平(floating)。运行时，通过"Debug"菜单的相应命令仿真程序和查看相关资源及电路的运行情况。

与"Debug"菜单的相应命令对应的按钮为 ，各按钮的功能如下：

(1) 连续运行，会退出单步调试状态。
(2) 单步运行，遇到子函数会直接跳过。
(3) 单步运行，遇到子函数会进入其内部。
(4) 跳出当前函数，当用 进入到函数内部，使用它会立即退出该函数返回上一级函数，可见它应该与 配合使用。
(5) 运行到鼠标所在行。
(6) 添加或删除断点，设置了断点后的程序会停在断点处。

6. PROTEUS ISIS 的退出

在主窗口中选取菜单项"File"→"Exit"("文件"→"退出")，屏幕中央出现提问框，询问用户是否想关闭 PROTEUS ISIS，单击"OK"按钮，即可关闭 PROTEUS ISIS。如果当前电路图修改后尚未存盘，在提问框出现前还会询问用户是否存盘。

1.2.6 目标代码下载与调试方法

1. 仿真调试方法

目标代码下载调试环境通常有软件仿真和硬件仿真两种。

● **软件仿真**：主要是使用计算机软件，如 Labcenter Electronics 的 PROTEUS ISIS 来模拟运行实际的单片机运行，因此仿真与硬件无关的系统具有一定的优点。用户不需要搭建硬件电路就可以对程序进行验证，特别适合于偏重算法的程序。软件仿真的缺点是无法完全仿真与硬件相关的部分，因此最终还要通过硬件仿真来完成最终的设计。

● **硬件仿真**：使用附加的硬件来替代用户系统的单片机并完成单片机全部或大部分的功能，使用了附加硬件后用户就可以对程序的运行进行控制，如单步、全速、查看资源、断点等。硬件仿真是开发过程中所必需的。

仿真器就是通过仿真头用软件来代替在目标板上的 51 芯片，关键是不用反复的烧写，不满意可以随时修改，在调试时可以进行单步、步入、步越、断点、执行到光标处等一系列调试手段，并可以执行到程序的任一位置，查看变量等，调试极为方便，其详细使用方法可通过所购买的仿真器厂商提供，缺点是开发成本比较高。单片机仿真系统调试连接如图 1-26 所示。

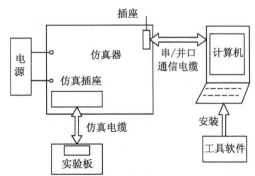

图 1-26 单片机仿真系统调试连接

2. 程序下载运行方法

程序下载通常有三种方法。

(1) 编程器烧录。

用编程器是把编译好的文件烧写到 MCU 芯片上去,验证其功能,调试中需要频繁地插拔芯片。一般编程器都有相应的编程器软件配合使用。

(2) ISP 在系统编程。

ISP(In-System Programming)在系统编程,是指电路板上的空白器件可以编程写入最终用户代码,而不需要从电路板上取下器件,已经编程的器件也可以用 ISP 方式擦除或再编程,ISP 下载方式的优点是可以在线编程,直接把程序下载到单片机目标版上,特别适合做实验的用户,无须频繁地插拔芯片,省时省力。ISP 技术是未来的发展方向。

将下载头的相关引脚引入目标板,即可方便快速地对目标板在系统编程。89S5x 系列单片机具有在系统编程(即 ISP)Flash 存储器,使得其下载线电路简单,且可实现并行或者串行模式的在线编程。

89S5x 的 Flash 在线编程技术的详细介绍可参考相关文档。下载头与目标单片机管脚连接图如图 1-27 所示,下载插座管脚图如图 1-28 所示。

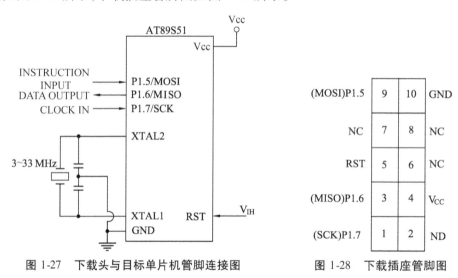

图 1-27　下载头与目标单片机管脚连接图　　图 1-28　下载插座管脚图

注意:

① ISP 在线编程只能提供给具有 ISP 功能的芯片,如 89C5x 就不可使用,其只能在并行模式下,且所需引脚多,信号复杂,下载线电路繁琐。因此用 89C5x 的设计者只能用专业编程器下载程序。

② 设计电路板时目标单片机的 ISP 相关管脚最好专门供 ISP 使用,不要设计其他功能。

③ 如果复位电路由 RC 电路组成,则 RST 管脚可以直接相连接,同时提醒您为了 MCU 的安全电容不能过大,建议取值 1μF,最好不要超过 10μF。

(3) IAP 在应用中编程。

IAP(In Application Programming),即在应用中编程。顾名思义,就是在系统运行的过程中动态编程,对程序执行代码的动态修改。

IAP 技术应用于单片机系统的数据存储和在线升级。例如,在程序运行工程中产生 4KB 数据表,为了避免占用 SRAM 空间,用户可以使用 IAP 技术将此表写入片内 Flash。又如用户在开发完一个系统后要增加新的软件功能,可以使用 IAP 技术在线升级程序,避免重新拆装设备。注意,不是所有的单片机都具有该功能。

1.3 单片机应用系统设计——让单片机动起来

1.3.1 单片机应用系统的组成

以单片机为主控制器构成的各种嵌入式应用系统统称为单片机应用系统。一个完整的单片机应用系统包括满足对象要求的全部硬件电路和应用软件。硬件是组成单片机系统的物理实体,是应用系统的基础,硬件部分包括扩展的存储器、键盘、显示、前向通道、后向通道、控制接口电路以及相关芯片的外围电路等。软件是对硬件使用和管理的程序,在硬件的基础上对其资源进行合理调配和使用,软件的功能就是指挥单片机按预定的

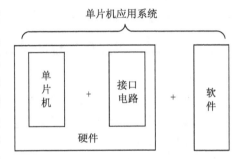

图 1-29 单片机应用系统的组成

功能要求进行操作的程序。对于一个单片机系统只有系统的软、硬件紧密配合,协调一致,才能完成应用系统所要求的任务,二者相互依赖,缺一不可,这样才能构成高性能的单片机应用系统。单片机应用系统的组成如图 1-29 所示。

1. 硬件组成

单片机硬件组成如图 1-30 所示。主要有:

(1) 微处理器(CPU)。

① 寄存器阵列:通用寄存器、专用寄存器。

② 运算器:累加器、暂存寄存器、标志寄存器、算术逻辑单元。

③ 控制器:程序计数器 PC、指令寄存器、指令译码器、定时和控制逻辑电路。

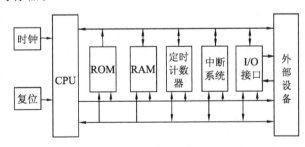

图 1-30 单片机硬件的组成

(2) 总线。

① 数据总线。

② 地址总线。

③ 控制总线。

(3) 存储器。

① RAM。

特点:读写速度快,可随机写入或读出,读写方便;电源断电后,存储信息丢失。

作用:存放各种运行中的数据。

② ROM。

特点：信息写入后，能长期保存，不会因断电而丢失。
作用：存放固定程序和表格数据。

（4）输入/输出设备及其接口电路。

① 输入设备。

② 输出设备。

③ I/O 接口电路。

输入/输出设备一般不能与 CPU 直接相连，而是通过某种电路完成寻址、数据缓冲、输入/输出控制、功率驱动、A/D、D/A 等功能，这种电路称为 I/O 接口电路。

2. 软件组成

单片机软件程序设计语言可分为三类：机器语言、汇编语言和高级语言。

1.3.2 单片机应用系统的设计原则

1. 高可靠性

高可靠性是单片机系统应用的前提，在系统设计的每一个环节，都应该将可靠性作为首要的设计准则。提高系统的可靠性通常从以下几个方面考虑：

（1）使用可靠性高的元器件。

（2）采用双机系统。

（3）设计电路板时布线和接地要合理，严格安装硬件设备及电路。

（4）对供电电源采用抗干扰措施。

（5）输入/输出通道抗干扰措施。

（6）进行软硬件滤波。

（7）系统自诊断功能。

单片机应用系统在满足使用功能的前提下，应具有较高的可靠性。这是因为一旦系统出现故障，必将造成整个生产过程的混乱和失控，从而产生严重的后果。因此，对可靠性的考虑应贯穿于单片机应用系统的整个设计过程。

2. 操作维护方便

在系统的软硬件设计时，应从普通人的角度考虑操作和维护方便，尽量减少对操作人员专用知识的要求，以利于系统的推广。因此在设计时，要尽可能减少人机交互接口，多采用操作内置或简化的方法。同时系统应配有现场故障诊断程序，一旦发生故障能保证有效地对故障进行定位，以便进行维修。

3. 高性价比

单片机除体积小、功耗低等特点外，最大的优势在于高性能价格比。一个单片机应用系统能否被广泛使用，性价比是其中一个关键因素。因此，在设计时除了保持高性能外，还应尽可能降低成本，如简化外围硬件电路，在系统性能和速度允许的情况下尽可能用软件功能取代硬件功能等。为了使系统具有良好的市场竞争能力，在提高系统性能指标的同时，还要优化系统设计，采用硬件软化提高系统的性能价格比。

4. 设计周期短

只有缩短设计周期，才能有效地降低设计费用，充分发挥新系统的技术优势，及早占领市场，并具有一定的竞争力。

1.3.3 单片机应用系统的设计方法

单片机控制系统的开发是一个综合运用知识的过程,其开发步骤一般可分为六个步骤:拟制设计任务书、系统总体设计、硬件设计与调试、软件设计与调试、样机功能联调与性能测试、工艺文件编制。

这几个设计阶段并不是相互独立的,它们之间相辅相成、联系紧密,在设计过程中应综合考虑、相互协调、各阶段交叉进行。单片机系统设计研制的基本过程如图 1-31 所示。

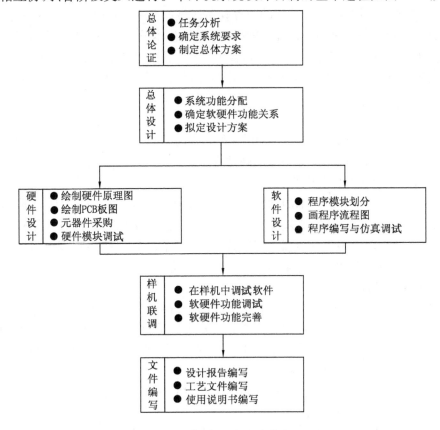

图 1-31　系统设计研制的基本过程

1. 拟制设计任务书

在设计一个实际的单片机应用系统时,设计者首先应对系统的任务、控制对象、硬件资源和工作环境作出周密的调查研究,必要时还要勘察工业现场,进行系统试验,明确各项指标的要求。例如,对被控对象的调节精度、跟踪速度、可靠性等级,各种待测参数的形式和根据被控对象的动态行为寻找必需的测控点等。在此基础上,设计者还需组织有关专家对系统的技术性能、技术指标和可行性作出论证,并在分析研究基础上对设计目标、系统功能、处理方案、控制速度、输入/输出速度、存储容量、地址分配、I/O 接口和出错处理等给出符合实际的明确定义,以拟制出完整无缺的设计任务书。

2. 系统总体设计

总体方案设计是在设计任务书的基础上进行的,也是一个能影响单片机应用系统功能指标的至关重要的问题。设计中最重要的问题是：一要根据系统的目标、复杂程度、可靠性、精度和速度要求来选择一种性价比合理的单片机机型。二要慎重选购传感器。因为工业控制系统中所用的各类传感器至今还是影响系统性能的重要瓶颈。一个设计合理的工业测控系统常因传感器精度和环境条件制约而达不到预定设计指标。

在总体设计方案过程中，设计者必须对所选各部分电路、元器件和各实测点传感器进行综合比较，这种比较应在局部试验的基础上进行。研制大型工业测控系统往往是多方协作和联合攻关的，因此总体方案中应当大致规定出接口电路地址、监控程序结构、用户程序要求、上下位机的通信协议、系统软件的内存驻留区域以及采样信号的缓冲区域等。

系统总体设计是单片机系统设计的前提，合理的总体设计是系统成败的关键。总体设计的关键在于对系统功能和性能的认识和合理分析，系统单片机及关键芯片的选型，系统基本结构的确立和软、硬件功能的划分。芯片的选择主要考虑的因素为容量、速度、接口数量、综合功能等。

3. 硬件设计与调试

硬件设计的任务是根据总体设计给出的系统结构框图，逐个设计每一个功能单元的详细电路原理图，最后综合成为一个完整的硬件系统。

硬件电路设计包含两部分内容：

（1）系统扩展，即单片机内部的功能单元，如ROM、RAM、I/O、定时/计数器、中断系统等不能满足应用系统的要求时，必须在片外进行扩展，选择适当的芯片，设计相应的电路。

（2）系统配置，即按照系统功能要求配置外围设备，如键盘、显示器、打印机、A/D和D/A转换器等，要设计合适的接口电路。

4. 软件设计与调试

软件是单片机应用系统中的一个重要组成部分，在单片机应用系统研制过程中，软件设计部分工作量是最大的，也是最困难的任务。一般计算机应用系统的软件包括系统软件和用户软件，而单片机应用系统中的软件只有用户软件，即应用系统软件。软件设计的关键是确定软件应完成的任务及选择相应的软件结构。

软件设计通常分为系统定义、软件结构设计和程序设计三个步骤。

5. 样机功能联调与性能测试

单片机应用系统的总体调试是系统开发的重要环节。当完成了单片机应用系统的硬件设计、软件设计和硬件组装后，便可进入单片机应用系统调试阶段。系统调试的目的是要查出用户系统中硬件设计与软件设计中存在的错误及可能出现的不协调问题，以便修改设计，最终使用户系统能正确可靠地工作。

6. 文件编制

文件不仅是设计工作的结果，而且是以后使用、维修以及进一步再设计的依据。因此，一定要精心编写、描述清楚，使数据及资料齐全。

文件应包括：设计任务书（任务描述、设计的指导思想及方案论证）、性能测定及现场使用报告与说明、使用指南、软件资料（流程图、子程序使用说明、地址分配、程序清单）、硬件资料（电路原理图、元件布置图及接线图、接插件引脚图、线路板图、注意事项）等。

1.3.4 单片机应用系统的调试方法

1. 硬件调试方法

单片机系统的硬件调试和软件调试是不能完全分开的,许多硬件错误是在软件调试中发现和被纠正的。但通常是先排除明显的硬件故障以后,再和软件结合起来调试。

（1）查找明显的硬件故障。

● 逻辑错误：样机硬件的逻辑错误是由于设计错误和加工过程中的工艺性错误所造成的。这类错误包括错线、开路、短路,其中短路是最常见也是最难于排除的故障。单片机系统的体积往往要求很小,印刷板的布线密度很高,由于工艺原因经常造成引线与引线之间的短路。开路常常是由于金属化孔不好,或接插件接触不良所造成的。

● 元器件失效：元器件失效的原因有两个方面：一是元器件本身损坏或性能差,诸如电阻、电容的型号参数选择不正确,集成电路损坏,或速度、功耗等技术参数不合格等；二是组装错误造成的元器件失效,诸如电容、二极管、三极管的极性错误,集成块安装方向颠倒等。

● 可靠性问题：系统不可靠的因素很多,如金属化孔、开关或插件的接触不良所造成的时好时坏；内部和外部的干扰；电源滤波电路不完善；器件负载超过额定值造成的逻辑不稳定；地线电阻大；电源质量差,电网干扰大等。

● 电源故障：若样机中存在着电源故障,则加电后将造成元器件损失,因此应特别引起注意。电源故障包括：电压数值不符合设计要求或超出器件工作电源正常值,电源极性错误,或电源之间的错误,或电源质量指标不合格（包括稳定性、纹波等技术指标）。

（2）静态调试。

在样机加电之前,先用万用表等工具,根据硬件逻辑设计图仔细检查样机线路的正确性,核对元器件的型号、规格和安装是否符合要求。应特别注意电源系统检查,以防止电源的短路和极性错误,并重点检查系统是否存在信号线相互短路。

（3）动态调试。

加电后检查各插件上引脚的电位,仔细测量各电平是否正常,尤其应注意 CPU 插座的各点电位,若有高压,联机仿真器调试时,将会损坏仿真器的器件。

2. 软件调试方法

在基本上排除了目标样机的硬件故障以后,就可以进入软硬件综合调试阶段,这个阶段的任务主要是排除软件错误,也解决硬件的遗留问题。软件调试可以一个模块一个模块地进行。下面我们对常见故障进行分析。

● 程序跳转错误：这种错误的现象是程序运行不到指定的地方,或发生死循环,通常是由于错用了指令或设错了标号引起的。

● 程序计算错误：对于计算程序,经过反复测试后,才能验证它的正确性。计算类子程序错误可归为两类：一类是计算方法错误,这是一种根本性错误,必须通过重新设计算法和编制程序来纠正；另一类是编码错误,是由于错误指令造成的,这种错误可以通过修改局部程序来纠正。

● 输入/输出错误：这类错误包括数据传送出错,外围设备失控,没有响应外部中断等。这类错误通常也是固定性的,而且硬件错误和软件错误常常交织在一起。

● 动态错误：用单拍、断点仿真运行命令,一般只能测试目标系统的静态性能,目标系统的动态性能要用全速仿真命令来测试,这时应选目标机中的晶振电路工作。

系统的动态性能范围很广,如控制系统的实时响应速度,显示器的亮度,定时器的精度,波形发生器的频率,CPU 对某个中断请求的响应速度等。若动态性能没有达到系统设计指标,有的是由于元器件速度不够造成的,更多的是由于多个任务之间的关系处理不恰当引起的,调试时应从两方面来考虑。

● 上电复位电路错误:联机调试是排除硬件和软件一切错误的保障,将程序固化到 EPROM 插入样机后,能正常地运行,此时联机仿真告一段落。一般情况下,插上 CPU,目标系统便研制完成。个别情况下,脱机以后目标机工作不正常,这主要是由上电复位电路故障造成的。脱机加电后,若没有初始复位,则系统不会正常运行。这种错误联机时是无法测试出来的,因为单 CPU 仿真器,上电后由仿真器中的复位电路复位。

3. 总体联调方法

根据调试环境不同,系统联调又分为模拟调试与现场调试。各种调试所起的作用是不同的,它们所处的时间段也不一样,不过它们的目的都是为了查出用户系统中存在的错误或缺陷及可能出现的不协调问题,以便修改设计,最终使用户系统能正确可靠地工作。

系统联调中,程序设计的正确性是最为重要的但也是难度最大的。一种最简单和原始的开发流程是:编写程序→烧写芯片→验证功能,这种方法对于简单的小系统是可以对付的,但在大系统中使用这种方法则是完全不可能的,必须要用单片机仿真系统调试。

1.3.5 项目1——单个信号灯控制器设计

1. 任务描述

信号灯在工厂企业、交通运输业、商业、学校等各个行业应用非常广泛,信号灯有各种各样的类型,其用途也各不相同。信号灯不同的颜色、不同的形状、不同的亮暗规律等都表示不同的含义,因此,对信号灯的控制尤为重要。信号灯的控制有多种方式,如机械开关控制方式、电气开关控制方式、数字逻辑电路控制方式、可编程逻辑器件 PLD 控制方式、单片机控制方式等。其中,应用单片机对信号灯控制,具有控制电路简单、控制灵活、操作方便等一系列优点,应用非常广泛。

本项目是用单片机设计一个单个信号灯控制器,要求:单片机接一个发光二极管(LED)L1 和一个独立按键 S1,发光二极管显示按键的状态。即按下 S1 时,L1 点亮;松开 S1 时,L1 灭。

2. 总体设计

本项目的设计需要硬件与软件两大部分协调完成。系统硬件电路以 AT89S51 单片机控制器为核心,包括单片机最小系统硬件电路、按键电路和 LED 信号灯电路几个部分。系统结构如图 1-32 所示。软件部分主要实现对按键的状态判断及 LED 灯的亮灭控制。

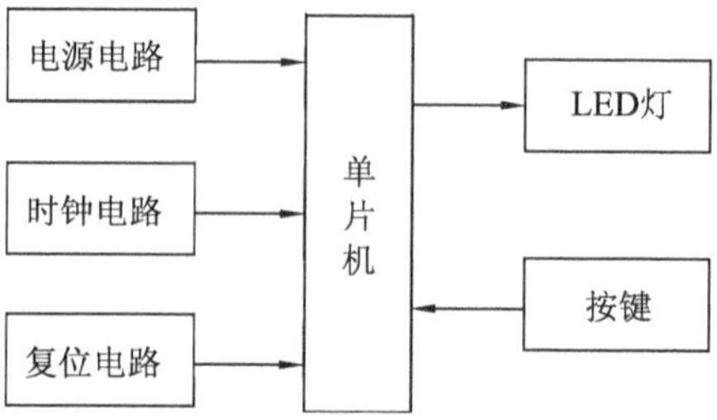

图 1-32 单个信号灯控制器的系统结构图

3. 硬件设计

单个信号灯控制器的硬件电路如图 1-33 所示。

实现该任务的硬件电路中包含的主要元器件为:AT89S51 1 片、78L05 1 个、按键 1 个、LED 灯 1 个、12MHz 晶振 1 个、电阻和电容等若干。

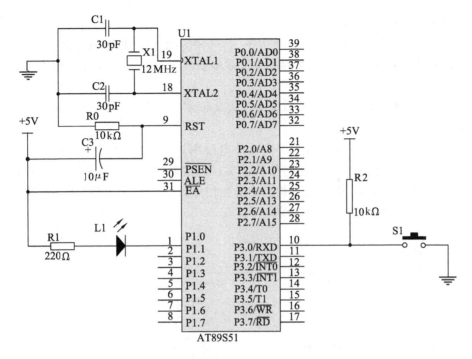

图 1-33　单个信号灯控制器硬件电路原理图

P3.0 口作为输入口使用,将按键 S1 接至 P3.0。按键在没有按下时,输入引脚上保持为高电平。当按键按下时,单片机的输入引脚被接地。其中 10kΩ 的电阻 R2 为上拉电阻。

选择 P1.0 作为输出口使用,将 LED 灯 L1 接至 P1.0。R1 为其限流电阻,其参数选择为 220Ω。当 P1.0 输出低电平时灯亮,当 P1.0 输出高电平时灯灭。

整个系统工作时,单片机读取按键的状态,并将按键的状态送 LED 显示。

4. 软件设计

(1) 软件流程图如图 1-34 所示。
(2) 汇编源程序如下:

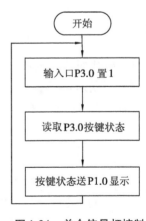

图 1-34　单个信号灯控制
软件流程图

```
        ORG     0000H  ⎫
        LJMP    START  ⎬ ;程序入口处理
        ORG     0030H  ⎭
START:
        SETB    P3.0        ;将 P3.0 置为高电平,做输入口
                            ;准备
        MOV     C,P3.0      ;读取 P3.0 所接按键的状态
        MOV     P1.0,C      ;按键状态送到 P1.0 显示
        LJMP    START       ;跳回 START 处,实现循环
        END                 ;程序结束
```

5. 虚拟仿真与调试

(1) 打开 PROTEUS ISIS 软件,装载本项目的硬件图。
(2) 将 Keil μVision3 软件开发环境下编译生成的 HEX 文件装载到 PROTEUS 虚拟仿

真硬件电路中 AT89S51 芯片里。

（3）启动仿真运行后，在"Debug"菜单下，打开相应的部件，仔细观察运行结果，如果有不完全符合设计要求的情况，调整源程序并重复步骤(1)、(2)，直至完全符合本项目提出的各项设计要求为止。

特别说明：在后续各项目中，虚拟仿真与调试的方法和步骤均同此项目，在以后项目中不再赘述。

单个信号灯控制器的 PROTEUS 仿真硬件电路图如图 1-35 所示。在 Keil μVision3 与 PROTEUS 环境下完成信号灯控制器的仿真调试。观察调试结果如下：当按下 S1 时，灯 L1 点亮，松开后灯 L1 灭；P3.0 接的按键状态确实在相应的 LED 灯上得到反映，可以确定 P3.0 起输入口的作用，P1.0 起到了输出口的作用。

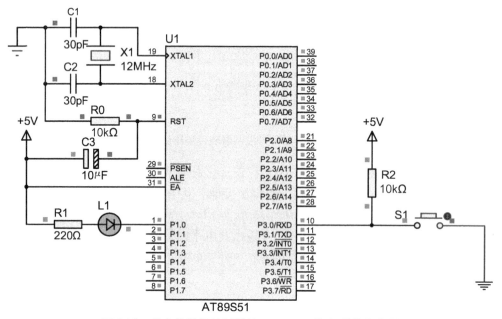

图 1-35　单个信号灯控制器的 PROTEUS 仿真硬件电路图

6. 硬件制作与调试

（1）元器件采购。

采购清单见表 1-2。

表 1-2　元器件清单

序号	器件名称	规格	数量	序号	器件名称	规格	数量
1	单片机	AT89S51	1	6	电阻	220Ω	1
2	电解电容	10μF	1	7	轻触按键	8.5×8.5	1
3	瓷介电容	30pF	2	8	发光二极管	Φ5	1
4	晶振	12MHz	1	9	印制板	PCB	1
5	电阻	10kΩ	2	10	集成电路插座	DIP40	1

（2）硬件制作。

对照元器件表,检查所有元器件的规格、型号有无错误,如有及时纠正。检查硬件 PCB 版图是否符合设计要求,如不符合要求不要焊接,特别注意焊盘的大小,太小可手工加大,但要特别注意焊盘。按电子组装工艺焊接要求焊接电路板。

（3）调试方法与步骤。

① 电路板静态检查。

对照元器件表,检查所需元器件的规格、型号有无错误。对照原理图仔细检查有无错线、短路、断路等故障。需要重点关注单片机最小系统的构建是否正确,包括晶振的选择,各电阻、电容的大小及类型的选择。还需要关注有极性的器件——LED 及电解电容等的极性有无接错、AT89S51 芯片有无插反等。轻触按键四个脚的接法是否正确、有无短接。还应特别注意检查电源系统,以防止电源短路和极性错误,并重点检查系统信号线是否存在相互之间短路。

本项目还需重点关注发光二极管是否由 P1.0 控制,而按键是否连接至 P3.0 脚。

② 电路板通电检查。

检查电源电压的幅值和极性无误后给电路板通电。加电后检查各插件上引脚的电位,一般先检查 Vcc 与 GND 之间的电位,若在 4.8~5V 之间属正常。若有高压,调试时会使应用系统中的集成块发热损坏。

③ 程序在线仿真。

（没有仿真器的用户此步骤可以不做）

将生成的目标文件（HEX 文件）装载到单片机开发系统的仿真 RAM 中。运行程序,观察到如下结果:按下按键 S1,则发光二极管点亮;松开按键后该灯灭。

也可采用单步运行（Step）、设置断点等方法调试程序,观察每一条指令运行后电路板上交通灯的状态变化。若与功能不符,建议检查程序,修改功能。

④ 程序装载。

确认仿真结果正确后,将生成的 HEX 文件通过 ISP 在线编程或编程器直接烧写到单片机中。若使用编程器烧写,再反复烧写拔插芯片可将写好程序的 AT89S51 芯片插入电路板的相应位置（注意芯片的槽口）,接上电源启动运行,观察结果。

若通过 ISP 在线编程,只要将 ISP 电缆和目标板的 ISP 接口连接后,就可以不拔下单片机芯片直接对实验板内部程序进行下载更新,彻底告别以前用普通编程器反复烧写拔插芯片的烦恼。程序下载完成后自动运行,具有所见即所得的特点,效率较高。本项目中采用的单片机 AT89S51 具有在线编程（ISP）的功能,通常采用在线编程。

⑤ 结果分析。

程序正常运行后观察运行结果是否与仿真结果一致。调试结果若不符合设计的要求,对硬件电路和软件进行检查重复调试。

⑥ 硬件调试注意事项。

● 在系统硬件调试时会发现通电后电路板不工作,首先用示波器检查 ALE 脚及 XTAL2 脚是否有波形输出（也可以用万用表测量这两个脚对地电压,约电源电压一半左右即表示有振荡信号）。若没有波形输出,需要检查单片机最小系统接线是否正确。单片机最小系统必须满足基本的硬件条件系统才能正常工作,尤其是使用单片机芯片内部的程序存储器时,EA脚一定要接高电平。

● 在硬件调试时可能会出现 LED 不亮,检查 LED 的极性是否接反、限流电阻的选择是否合适、电路是否虚焊以及 LED 是否损坏。

● 在硬件调试时可能出现按键不起作用,检查按键接线是否正确、电阻选择是否合适及电路是否虚焊。

● 若选择 ISP 在线编程,在使用下载头之前,必须检查目标板电源是否短路,以及各 ISP 相关引脚是否接错。ISP 下载头部分的应用属于单片机应用中较高级的范围,如果用户没有应用过,那么请在充分了解 ISP 相关资料后再动手实验。

特别说明:在后续各项目中,硬件制作和调试方法与步骤均同此项目,在以后项目中不再赘述,仅对每个项目中电路板静态检查和通电检查中调试注意事项加以强调。

7. 能力拓展

将 LED 灯接至 P2.1,按键 S1 接至 P2.6,依然实现 LED 灯显示按键的控制要求。

 单元小结

单片机技术的学习必须从单片机项目开发入门,首先要了解单片机开发环境,掌握单片机开发工具的使用方法和单片机开发的重要步骤。

Keil μVision3 IDE 是一个基于 Windows 的开发平台,包含一个高效的编辑器、一个项目管理器和一个 MAKE 工具。利用本工具可以编译 C 源代码,汇编源程序,连接和重定位目标文件和库文件,创建 HEX 文件调试你的目标程序。

PROTEUS ISIS 是目前最好的模拟单片机外围器件的工具,可以仿真 51 系列、AVR、PIC 等常用的 MCU 及其外围电路(如 RAM、ROM、键盘、马达、LED、LCD、AD/DA、部分 SPI 器件、部分 I^2C 器件等)。当然,软件仿真精度有限,而且不可能所有的器件都找得到相应的仿真模型,用开发板和仿真器当然是最好选择,但会花费大量的财力、物力、人力,在学习单片机的初级阶段,如果自己动手用 PROTEUS 模拟做 LCD、LED、AD/DA、直流马达、SPI、I^2C、键盘等小实验,可快速提高学习兴趣和进度。

采用 PROTEUS 仿真软件进行虚拟单片机实验,具有涉及的实验实习内容全面、硬件投入少、可自行实验、实验过程中损耗小、与工程实践最为接近等优点。

单片机控制系统开发的六个设计阶段并不是相互独立的,它们之间相辅相成、联系紧密,在设计过程中应综合考虑、相互协调、各阶段交叉进行。

 巩固与提高

1. 什么叫单片机?其主要特点有哪些?
2. 单片机与一般微型计算机相比较有哪些区别?有哪些特点?
3. 当前单片机的主要产品系列有哪些?各有何特点?

4. 试简述单片机的发展趋势。
5. 试简述单片机的应用领域。
6. 简述单片机开发系统的类型,并比较其区别。
7. 试说明软件开发工具 Keil μVision3 的操作步骤。
8. 试简述硬件虚拟仿真电路开发工具 PROTEUS 软件的性能特点。
9. 试说明 PROTEUS 软件的使用方法。
10. 试比较软件仿真和硬件仿真的区别。
11. 简述单片机应用系统的组成部分。
12. 简述单片机应用系统的设计原则、方法和步骤。
13. 常用的单片机应用系统设计方法有哪些?
14. 设计单片机应用系统时,硬件设计和软件设计主要包含哪些内容?
15. 简述单片机应用系统的调试方法和步骤。
16. 单片机主要应用在哪些工业控制领域?
17. 为什么说单片机有较高的性价比和抗干扰能力?

单元 2 　单片机内部结构和工作原理

学习目标

- 通过 2.1 的学习,掌握 AT89S51 单片机的内部结构、外部引脚及其功能特点;掌握单片机并行 I/O 口的功能特点及控制方法。
- 通过 2.2 的学习,掌握单片机的存储器资源及分配情况;掌握部分特殊功能寄存器的功能;了解单片机的时序概念。

技能(知识)点

- 能掌握单片机最小系统硬件构建。
- 能在单片机的并行 I/O 端口上正确连接发光二极管和独立按键。
- 能灵活运用单片机的内部存储器和部分特殊功能寄存器。
- 进一步熟悉单片机应用系统软硬件设计的基本方法,建立单片机系统设计的概念。

2.1 　单片机的硬件结构——简易彩灯控制器硬件设计

单片机种类繁多,目前主要有 51 系列、AVR 系列和 PIC 系列。在大部分的工控或测控设备中,8 位的 MCS-51 系列单片机能够满足大部分的控制要求。而 89S51 又是目前应用最为广泛的 51 系列兼容单片机中的代表产品。下面就以 Atmel 公司的 AT89S51 为例来介绍单片机的内部结构。

2.1.1 　单片机的功能特点

AT89S51 单片机是美国 Atmel 公司生产的低功耗、高性能的 CMOS 结构的 8 位单片机,片内带有 4KB 的 Flash 只读存储器,该 Flash 存储器既可以在线编程(ISP),也适用于常规编程器编程。该单片机芯片采用 Atmel 高密度非易失存储器制造技术制造,与工业标准的 MCS-51 系列单片机的指令系统和输出管脚相兼容,并且将多功能 8 位 CPU 和 Flash 存储器组合在单个芯片中。因而,AT89S51 作为一种高效的微控制器,为很多智能仪器和嵌入式控制系统提供了一种灵活性高且价廉的方案。

此外,AT89S51 单片机具有可降至 0Hz 的静态逻辑操作,并支持两种软件可选的节电工作模式——空闲模式和掉电模式。空闲模式下停止 CPU 的工作,而 RAM、定时/计数器、串行口和中断系统等可继续工作。掉电模式下,RAM 内容被保存,振荡器停止工作并禁止其他所有部件工作直到下一个硬件复位。

AT89S51 主要功能特点如下：
- 与 MCS-51 指令兼容。
- 4KB 在线可编程（ISP）的 Flash 存储器。
- 寿命：1000 次写/擦循环。
- 4.0～5.5V 的工作电压范围。
- 全静态工作模式：0～33MHz。
- 三级持续加密锁。
- 128B 内部 RAM。
- 三级程序存储器锁定。
- 32 位可编程并行 I/O 线。
- 2 个 16 位定时/计数器。
- 5 个中断源，两个中断优先级。
- 全双工的异步串行口，即 UART。
- 低功耗的闲置和掉电模式。
- 中断可从空闲模式唤醒系统。
- 看门狗（WDT）及双数据指针。
- 片内振荡器和时钟电路。
- 掉电标志和快速编程特性。
- 灵活的 ISP 在线编程。

2.1.2 单片机的内部结构

AT89S51 单片机的组成如图 2-1 所示，内部结构如图 2-2 所示。

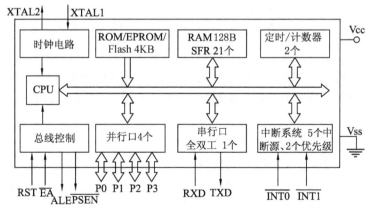

图 2-1 AT89S51 单片机组成框图

AT89S51 主要包含以下功能部件：8 位 CPU；128B 内部数据存储器 RAM，21 个特殊功能寄存器；4KB（4096 个单元）的在线可编程 Flash 片内程序存储器 Flash ROM；4 个 8 位并行输入/输出口（即 I/O 口）P0、P1、P2、P3 口；1 个可编程全双工的异步串行口；2 个 16 位定时/计数器；5 个中断源、2 个中断优先级；时钟电路，振荡频率 f_{osc} 在 0～33MHz。

以上各部分由8位内部总线连接起来,并通过各端口与机外沟通。其中总线分为三类:数据总线、地址总线和控制总线。单片机的基本结构仍然是通用CPU加上外围芯片的结构模式,但在功能单元控制上均采用了特殊功能寄存器(21个专用寄存器SFR)的集中控制方法,完成对定时器、串行口、中断逻辑的控制。

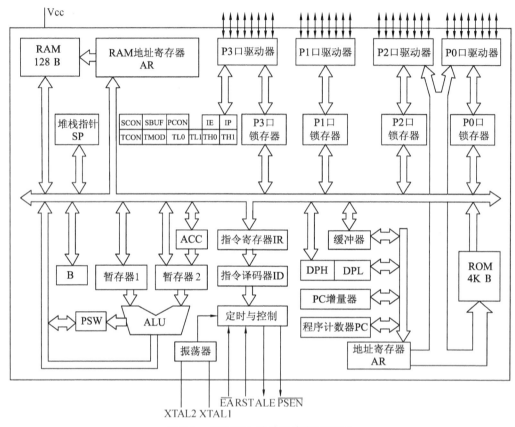

图2-2　AT89S51单片机内部结构图

1. 中央处理器CPU(8位)

CPU是核心部件,包括运算器和控制器。CPU的功能是产生各种控制信号,控制存储器、输入/输出端口的数据传送、算术与逻辑运算以及位操作处理。AT89S51的CPU能处理8位二进制数或代码。

(1) 控制器。

控制器是发布操作命令的机构,是指挥中心。它对来自存储器的指令进行译码,通过定时控制电路在指定的时刻发出各种操作所需的控制命令,以使各部分协调工作,完成指令所规定的功能。主要由程序计数器PC、指令寄存器、指令译码器、地址指针DPTR、堆栈指针SP、定时控制和条件转移逻辑电路组成。程序计数器PC为二进制16位专用寄存器,用来存放下一条将要执行的指令的地址,具有自动加1的功能。指令寄存器用于暂存待执行的指令,等待译码。指令译码器对指令寄存器的指令进行译码,将指令转变为执行此指令所需的电信号。DPTR为16位寄存器,是专用于存放16位地址的,该地址可以是片内、外ROM,也可以是片内、外RAM的。SP是8位寄存器,属于堆栈指针。

(2) 运算器。

运算器主要完成算术运算(加减乘除、加1、减1、BCD加法的十进制调整)、逻辑运算(与、或、异或、清0、求反)、移位操作(左右移位)。它以8位的算术/逻辑运算部件ALU (Architecher Logic Unit)为核心,与通过内部总线挂在其周围的暂存器、累加器ACC、程序状态字PSW、BCD码运算调整电路、通用寄存器B、专用寄存器和布尔处理机(图中未画出)组成了整个运算器的逻辑电路。ALU由加法器和其他逻辑部件组成,可以对半字节、字节等数据进行算术和逻辑运算。累加器ACC,简称A,是CPU中最繁忙的寄存器,所有的算术运算和大部分的逻辑运算都是通过A来完成的,它用于存放操作数或运算结果。B寄存器主要用于乘除操作。布尔处理机则是专门用来对位进行操作的部分,如置位、清0、取反、转移、传送和逻辑运算。

2. 内部数据存储器(内部RAM)

AT89S51单片机中共有256个RAM单元,但其中后128个单元被21个特殊功能寄存器占用,能作为一般寄存器供用户使用的只是前128个单元,用于存放可读写的数据、运算的中间结果或用户定义的字形表。因此通常所说的内部数据存储器就是指前128个单元,简称内部RAM。

3. 内部程序存储器(内部ROM)

AT89S51单片机共有4KB的Flash ROM,用于存放程序、原始数据或表格,因此称之为程序存储器,简称内部ROM。

4. 定时/计数器

AT89S51单片机共有两个16位的定时/计数器,以实现定时或计数功能,并以其定时或计数结果对计算机进行控制。

5. 并行I/O口

AT89S51单片机共有四个8位的并行I/O口(P0、P1、P2、P3),以实现数据的并行输入/输出。在项目1中我们就使用了P1口的P1.0和P3口的P3.0这两根I/O口线,通过P1.0连接1个LED灯,通过P3.0连接1个独立按键。

6. 串行口

AT89S51单片机有1个异步的全双工的串行口,以实现单片机和其他设备之间的串行数据传送。该串行口功能较强,既可作为全双工异步通信收发器使用,也可作为同步移位器使用。

7. 中断控制系统

AT89S51单片机的中断功能较强,以满足控制应用的需要。共有5个中断源,即外中断2个、定时/计数中断2个、串行中断1个。全部中断分为高级和低级共两个中断优先级别。

8. 时钟电路

AT89S51单片机的内部有时钟电路,用于产生整个单片机运行的时序脉冲,但石英晶体和微调电容需外接。

2.1.3 单片机的引脚概述

单片机的封装形式常见的有两种,一种是双列直插式(DIP)封装,另一种是方形封装。在本教材所列举的项目中,我们采用的AT89S51是标准的40引脚双列直插式集成电路芯片,引脚排列参见图2-3。由于AT89S51是高性能的单片机,同时受到引脚数目的限制,所以有部分引脚具有第二功能。AT89S51的引脚与其他51系列单片机的引脚兼容,只是个别引脚定义不同。

1. 电源引脚

主电源引脚 GND(20 脚)和 Vcc(40 脚)。

GND:接地。

Vcc:主电源 +5V。

2. 外接晶振引脚

XTAL1(19 脚)和 XTAL2(18 脚)用于外接晶振。与单片机内部的放大器一起构成一个振荡电路,用于为单片机工作提供时钟信号。

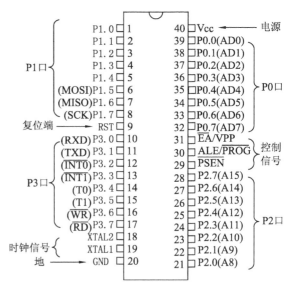

图 2-3 AT89S51 单片机的引脚图

3. 复位引脚

RST(9 脚):只要该引脚产生两个机器周期的高电平就可以完成单片机复位。

4. I/O 引脚

AT89S51 单片机有 4 个 8 位并行的 I/O 口,分别是 P0、P1、P2、P3,共包含 32 个 I/O 引脚,每一个引脚都可以单独编程控制。

- P0 口:8 位双向 I/O 口,引脚名称为 P0.0~P0.7(39 脚至 32 脚)。
- P1 口:8 位准双向 I/O 口,引脚名称为 P1.0~P1.7(1 脚至 8 脚)。
- P2 口:8 位准双向 I/O 口,引脚名称为 P2.0~P2.7(21 脚至 28 脚)。
- P3 口:8 位准双向 I/O 口,引脚名称为 P3.0~P3.7(10 脚至 17 脚)。

其中,P1.5~P1.7 和 P3 口的 8 个引脚具有第二功能。P1.5~P1.7 的第二功能用于在线编程(ISP),P3 口的第二功能用于特殊信号输入/输出和控制信号,具体介绍见 2.1.6。

这 4 个 I/O 口在功能上各有特点。在单片机不进行并行扩展时,4 个 I/O 口均可作为双向 I/O 口使用,可用于连接外设,如 LED 灯、喇叭、开关等。在单片机有并行扩展任务时,P0 口专用于分时传送低 8 位地址信号和 8 位数据信号(即 AD0~AD7),P2 口专用于传送高 8 位地址信号(即 A8~A15)。P3 口则可根据需要使用第二功能。

5. 存储器访问控制引脚

$\overline{EA}$/VPP(31 脚),该引脚为复用引脚,功能如下:

- $\overline{EA}$ 功能:单片机正常工作时,该脚为内外 ROM 选择端。用户编写的程序可以存放于单片机内部的程序存储器中,也可以放在单片机外部的程序存储器中,到底使用内部程序存储器还是外部程序存储器,则由 $\overline{EA}$/VPP 引脚接的电平决定。当 $\overline{EA}$/VPP 引脚接 +5V 时,CPU 可访问内部程序存储器;当 $\overline{EA}$/VPP 接地时,CPU 只访问外部程序存储器。
- VPP 功能:在 Flash ROM 编程期间,由此接编程电源。

6. 外部存储器控制信号引脚

有 ALE/$\overline{\text{PROG}}$(30 脚)、$\overline{\text{PSEN}}$(29 脚)。

(1) ALE/$\overline{\text{PROG}}$引脚：该引脚也为复用引脚，功能如下：

● ALE 功能：地址锁存功能。

在单片机访问片外扩展的存储器时，因为 P0 口用于分时传送低 8 位地址和数据信号，那么如何区分 P0 口传送的是地址信号还是数据信号就由 ALE 引脚的信号决定。ALE 信号有效时，P0 口传送的是 8 位地址信号；当 ALE 信号无效时，P0 口传送的是 8 位数据信号。

在平时不访问片外扩展的存储器，即不执行 MOVX、MOVC 类指令时，ALE 端以不变的频率周期输出正脉冲信号，此频率为振荡器频率的 1/6。因此它也可用做对外部输出的脉冲或用于定时目的。

● $\overline{\text{PROG}}$功能：在 Flash ROM 编程期间，由此接编程脉冲。

(2) $\overline{\text{PSEN}}$引脚：外部 ROM 的读选通引脚。

用以产生访问外部 ROM 时的读选通信号。当对外部 ROM 取指令时，会自动在该脚输出一个负脉冲，其他情况均为高电平。$\overline{\text{PSEN}}$在每个机器周期有效两次。

注意：以上两个引脚理解比较困难，它们只在将来系统扩展时才用，在后边单元中会详细解释，对于初学者，此时无需过多关注。

2.1.4 最小系统硬件电路结构

AT89S51 单片机最小硬件结构主要包含 4 个组成部分，即晶振电路、复位电路、电源电路和 EA 脚电路。AT89S51 单片机最小控制系统结构如图 2-4 所示。

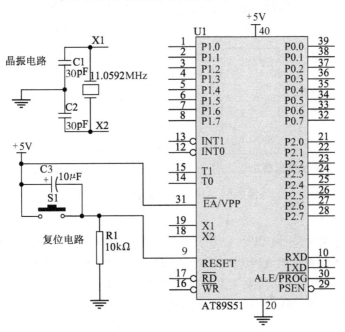

图 2-4 AT89S51 单片机最小控制系统结构

1. 晶振电路

晶振电路也叫时钟电路，用于产生单片机工作的时钟信号。而单片机的工作过程是：

取一条指令,译码,微操作;再取一条指令,译码,微操作……各指令的微操作在时间上有严格的次序,这种微操作的时间次序就称为时序。因此,单片机的时序就是CPU在执行指令时所需控制信号的时间顺序。单片机的时钟信号用来为芯片内部各种微操作提供时间基准,如图2-5所示。

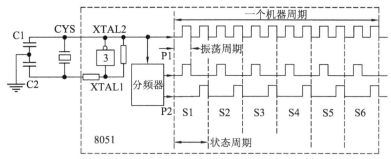

图2-5　AT89S51单片机的时钟信号

AT89S51单片机的时钟产生方式分为内部振荡方式和外部时钟方式两种方式。如图2-6(a)所示为内部振荡方式,利用单片机内部的反向放大器构成振荡电路,在XTAL1(振荡器输入端)、XTAL2(振荡器输出端)的引脚上外接定时元件,内部振荡器产生自激振荡。C1、C2的取值通常为30pF左右。晶振通常可选12MHz或11.0592MHz。如图2-6(b)所示为外部时钟方式,是把外部已有的时钟信号引入到单片机内。此方式常用于多片单片机同时工作,以便与各单片机同步。一般要求外部信号高电平的持续时间大于20ns,且为频率低于12MHz的方波。应注意的是,外部时钟要由XTAL2引脚引入,由于此引脚的电平与TTL不兼容,应接一个5.1kΩ的上拉电阻。XTAL1引脚应接地。

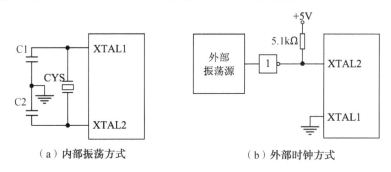

(a) 内部振荡方式　　　　　　　　(b) 外部时钟方式

图2-6　AT89S51的时钟产生方式

2. 复位电路

复位就是使中央处理器(CPU)以及其他功能部件都恢复到一个确定的初始状态,并从这个状态开始工作。单片机在开机时或在工作中因干扰而使程序失控或工作中程序处于某种死循环状态等情况下都需要复位。AT89S51单片机的复位靠外部电路实现,信号由RESET(RST)引脚输入,高电平有效,在振荡器工作时,只要保持RST引脚高电平两个机器周期,单片机即复位。

(1) 复位状态。

复位后,PC程序计数器的内容为0000H,即复位后将从程序存储器的0000H单元读取第一条指令码。其他特殊功能寄存器的复位状态见表2-1。

表 2-1 MCS-51 单片机复位状态表

寄存器	复位状态	寄存器	复位状态	寄存器	复位状态
PC	0000H	TCON	00H	IP	XXX00000
ACC	00H	TMOD	00H	IE	0XX00000
B	00H	TH0	00H	SBUF	XXXXXXXX
SP	07H	TH1	00H	SCON	00H
PSW	00H	TL0	00H	PCON	0XXX0000
DPTR	0000H	TL1	00H	P0～P3	FFH

（2）复位电路。

复位电路一般有上电复位、手动复位和自动复位电路三种，如图 2-7 所示。

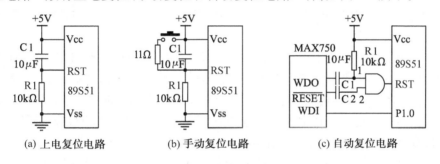

(a) 上电复位电路　　(b) 手动复位电路　　(c) 自动复位电路

图 2-7 单片机复位电路

3. $\overline{EA}$ 脚电路

不用外部 ROM 时 $\overline{EA}$ 脚接高电平，要用到外部 ROM 时接低电平。接高电平时，先读内部 ROM 再读外部 ROM；接低电平时，读外部 ROM。

2.1.5 单片机的工作时序

微型计算机的 CPU 实际上是一个复杂的同步时序电路，所有工作都是在时钟信号下进行的。系统时钟就像计算机的心脏，一切工作都在它的控制下有节奏地进行。AT89S51 单片机每执行一条指令，CPU 的控制器都要发出一系列特定的控制信号，这些控制信号在时间上的相互关系问题就是 CPU 的时序。AT89S51 单片机的时序图可参看图 2-5。时序是用定时单位来说明的。单片机的时序定时单位共有四个，从小到大依次是：时钟周期、状态周期、机器周期、指令周期。

● 时钟周期：也叫振荡周期，是计算机中最基本的时间单位。它是振荡器频率的倒数。例如，时钟频率为 6MHz，则时钟周期为 166.7ns。它为最小的时序单位。

● 状态周期：振荡频率经单片机内的二分频器分频后提供给片内 CPU 的时钟周期。即一个状态周期可分为 P1、P2 两拍。每一拍为 1 个时钟周期。所以，1 个状态周期 = 2 个时钟周期。

● 机器周期：完成一个规定动作所需的时间，是计算机执行一种基本操作所用的时间。对于 51 系列单片机：

1 个机器周期 = 6 个状态周期 = 12 个时钟周期
● 指令周期:执行一条指令所需要的时间。不同的指令,所用的机器周期数也不同。

4 种时序单位中,时钟周期和机器周期是单片机内计算其他时间值(例如,波特率、定时器的定时时间等)的基本时序单位。下面是单片机外接晶振频率 12MHz 时的各种时序单位的大小:

$$时钟周期 = \frac{1}{f_{osc}} = \frac{1}{12}\mu s = 0.0833\mu s,\ 状态周期 = \frac{2}{f_{osc}} = \frac{2}{12}\mu s = 0.167\mu s$$

$$机器周期 = \frac{12}{f_{osc}} = \frac{12}{12}\mu s = 1\mu s,\ 指令周期 = (1 \sim 4)机器周期 = (1 \sim 4)\mu s$$

2.1.6 并行 I/O 端口

AT89S51 单片机有 4 个 8 位并行双向 I/O 口,即 P0、P1、P2、P3,共 32 根 I/O 线,在单片机中,主要承担着和单片机外部设备打交道的任务,此外,P0 口和 P2 口在并行扩展时还作为总线口使用。P3 口还有第二功能。

这 4 个并行端口 P0、P1、P2、P3 口既有相同部分,也有各自的特点和功能。其中,P1、P2 和 P3 为准双向口,P0 口则为双向三态输入/输出口。图 2-8 是并行端口的位结构图。每个端口皆有 8 位,图中只画出其中一位。由图可见,每个 I/O 端口都由一个 8 位数据锁存器和一个 8 位数据缓冲器组成。其中 8 位数据锁存器与端口号 P0、P1、P2、P3 同名,属于 21 个特殊功能寄存器中的 4 个,用于存放需要输出的数据;8 个数据缓冲器用于对端口引脚上输入数据进行缓冲,但不能锁存,因此各引脚上的数据必须保持到 CPU 把它读走。下面分别介绍每个端口的特点和操作。

1. P0 口

P0 口是使用广泛、最繁忙的端口。由图 2-8(a)可见,P0 口由锁存器、输入缓冲器、切换开关 MUX 与相应控制电路、输出驱动电路 T1 和 T2 组成,是双向、三态、数据地址分时使用的总线 I/O 口。若不使用外部存储器时,P0 口可当做一个通用的 I/O 口使用。若要扩展外部存储器,这时 P0 口是地址/数据总线。

(1) 作 I/O 口。

作 I/O 口使用时,多路开关向下,接通 $\overline{Q}$(控制信号为 0),场效应管 T1 截止。P0 口作输出时,内部总线若为"1",$\overline{Q}$ 为"0",T2 栅极为"0",T2 截止,输出端 P0.x 为"1";内部总线若为"0",$\overline{Q}$ 为"1",T2 栅极为"1",T2 导通,P0.x 端为"0"。P0 口作输入时,必须先执行 SETB P0.x 或 MOV P0,#0FFH 指令将锁存器置 1(Q = 1,$\overline{Q}$ = 0),T2 截止,否则 P0.x 引脚就会被嵌位在低电平。输入信号经由引脚 P0.x 到读引脚三态门再到内部总线。

此外,在这里还要特别说明,单片机对 P0~P3 口的输入上还有如下约定:首先是读锁存器的内容,进行处理后再写到锁存器中,这种操作称之为"读—修改—写操作",像 JBC (逻辑判断)、CPL(取反)、INC(递增)、DEC(递减)、ANL(与逻辑)和 ORL(逻辑或)指令均属于这类操作。

(2) 在访问外部扩展存储器时,多路开关向上(控制信号为"1"),与门锁定。若作地址/数据总线使用,地址信号为"1",经非门,T2 栅极为"0",T2 截止,引脚 P0.x 为"1";若地址信号为"0",经非门,T2 栅极为"1",T2 导通,引脚 P0.x 为"0"。

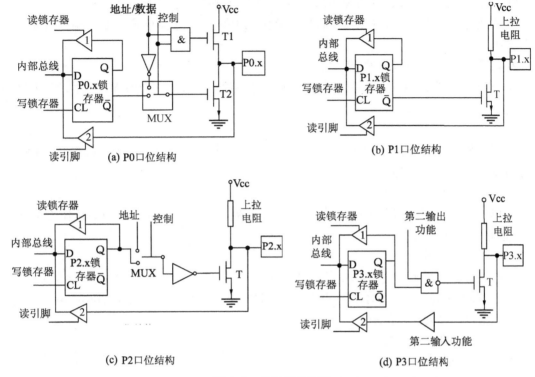

图 2-8　并行口结构图

在访问外部存储器时,P0 口输出低 8 位地址后,变为数据总线,读指令码,在此期间,控制信号为"0",多路开关向下,接到 $\overline{Q}$ 端,CPU 自动将 FFH 写入 P0 口锁存器,T2 截止,读引脚通过三态门将指令码读到内部总线。

总之,P0 口具有以下特点:

- 为 8 位漏极开路型双向三态输入/输出端口。
- 作为通用 I/O 口时,需外接上拉电阻。
- 作为输入口使用时,首先需要将口线置为高电平"1",才能正确读取该端口所连接的外部数据。
- P0 口可驱动 8 个 LSTTL,其他端口只可以驱动 4 个 LSTTL。
- 在访问外部扩展存储器时,P0 口身兼两职,既可作为地址总线低 8 位(AB0~AB7)使用,也可作为数据总线(DB0~DB7)使用,即它是分时复用的低 8 位地址总线和数据总线,作为地址/数据总线使用时,不需外接上拉电阻。

2. P1 口

从图 2-8(b)可以看出,P1 口没有多路开关,P0 口的 T1 管用内部上拉电阻代替。因此,P1 口是准双向静态 I/O 口。和 P0 口一样,输入时有读锁存器和读引脚之分。在输入时(如果不是置位状态),必须选用 SETB P1.x 或 MOV P1,#0FFH,将口线置为高,才能正确读入外部数据。

总之,P1 口具有以下特点:

- 为准双向输入/输出端口。

- 内部有上拉电阻,所以实现输出功能时,不需要外接上拉电阻。
- 作为输入口使用时,首先需要将口线置为高电平"1",才能正确读取该端口所连接的外部数据。
- P1 口可驱动 4 个 LSTTL 负载。
- 进行在线编程(ISP)时,其中的 P1.5 当做 MOSI 用,P1.6 当做 MISO 用,P1.7 当做 SCK 用。

3. P2 口

从图 2-8(c)可以看出,P2 口有多路开关,驱动电路有内部上拉电阻,兼有 P0 口和 P1 口的特点,是个动态准双向口。

(1) 作 I/O 口。

若单片机不扩展外部存储器,或扩展外部存储器,但不超过 256B 时,P2 口作为 I/O 口使用,这时多路开关向下。

(2) 作高 8 位地址。

若扩展外部存储器超过 256B,则 P2 口不能作 I/O 口,只能作执行 MOVX 指令 16 位地址的高 8 位,即 A8~A15,这时多路开关向上,P2R0、P2R1 表示 16 位地址,R0 或 R1 内容为低 8 位地址,P2 口为高 8 位地址。

总之,P2 口具有以下特点:
- 为准双向输入/输出端口。
- P2 口内部有上拉电阻,所以实现输出功能时,不需要外接上拉电阻。
- 作为输入口使用时,首先需要将口线置为高电平"1",才能正确读取该端口所连接的外部数据。
- P2 口可驱动 4 个 LSTTL。
- 在访问外部扩展存储器时,可作为地址总线高 8 位(AB8~AB15)使用。

4. P3 口

从图 2-8(d)可以看出,P3 口是个双功能静态双向 I/O 口。它除了有作为 I/O 口使用的第一功能外,还具有第二功能。P3 口的第一功能和 P1 口一样。P3 口的第二功能各管脚定义如表 2-2 所示。

表 2-2 P3 口引脚第二功能

引脚	功能	说 明	引脚	功能	说 明
P3.0	RXD	串行接收	P3.4	T0	定时/计数器 0 计数输入
P3.1	TXD	串行发送	P3.5	T1	定时/计数器 1 计数输入
P3.2	$\overline{INT0}$	外部中断口 0 输入	P3.6	$\overline{WR}$	写信号输出
P3.3	$\overline{INT1}$	外部中断口 1 输入	P3.7	$\overline{RD}$	读信号输出

为适应引脚的第二功能的需要,在结构上增加了第二功能控制逻辑,在真正的应用电路中,第二功能显得更为重要。由于第二功能信号有输入/输出两种情况,下面我们分别加以说明。

对于第二功能为输出的引脚,当做 I/O 口使用时,第二功能信号线应保持高电平,与非门开通,以维持从锁存器到输出口数据输出通路畅通无阻。而当做第二功能口线使用时,该位的锁存器置高电平,使与非门对第二功能信号的输出是畅通的,从而实现第二功能信号的输出。对于第二功能为输入的信号引脚,在口线上的输入通路增设了一个缓冲器,输入的第二功能信号即从这个缓冲器的输出端取得。而作为 I/O 口线输入端时,取自三态缓冲器的输出端。这样,不管是作为输入口使用还是作为第二功能信号输入,输出电路中的锁存器输出和第二功能输出信号线均应置"1"。

总之,P3 口具有以下特点:
- 为准双向输入/输出端口。
- 作为输入口使用时,首先需要将口线置为高电平"1",才能正确读取该端口所连接的外部数据。
- P2 口内部有上拉电阻,所以实现输出功能时,不需要外接上拉电阻。
- P3 口可驱动 4 个 LSTTL。
- 做第二功能使用。

2.1.7 发光二极管的基本知识

发光二极管(Light-Emitting Diode,简称为 LED),是能直接将电能转变成光能的发光显示器材。由于其体积小,耗电低,常被用做微型计算机与数字电路的输出装置,用以显示信号状态。随着 LED 技术的发展,现在的 LED 灯可以显示红色、绿色、黄色、蓝色与白色。亮度很高的 LED 甚至取代了传统的灯泡,成为交通灯的发光器件。超大的电视屏幕也可以由大量 LED 集结形成,汽车的尾灯也开始流行使用 LED。

发光二极管的外形图与符号如图 2-9 所示。发光二极管具有单向导电性。当外加反向偏压,二极管截止不发光;当外加正向偏压,二极管导通,因流过正向电流而发光。不过它的正向导通电压大约为 1.7V 左右(比普通二极管大),同时发光的亮度随通过的正向电流增大而增强,但其寿命会随着亮度的增加而缩短。所以,一般发光二极管的工作电流在 10~20mA 为宜。因此,在与单片机的某一输出引脚连接时,为了保证发光二极管和单片机能够安全工作,在连接发光二极管的电路中需要考虑限流电阻。发光二极管与单片机的连接示意图如图 2-10 所示。D1 为发光二极管,电阻 R1 为限流电阻。关于限流电阻的参数选择:当输出引脚输出低电平时,输出端电压接近 0V,LED 灯单向导通,导通压降约 1.7V,则 R1 两端电压为 3.3V 左右,若希望流过 LED 的电流为 15mA,则限流电阻 R1 应该为 $\frac{3.3}{15}$kΩ = 220Ω。若想再让灯亮一点,可适当减小 R1 阻值即可,电阻越小,LED 越亮。R1 一般选择在 200~470Ω 左右。

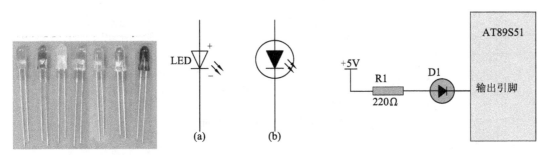

图 2-9　发光二极管的外形图及符号　　　　图 2-10　发光二极管与单片机的连接示意图

2.1.8 按键的基本知识

开关是数字电路中最基本的输入设备,按键开关(Button)是开关的一种,它的特点是具有自动恢复(弹回)功能。当我们按下按键时其中的接点接通(或断开),手松开后接点恢复为断开(或接通)。在电子电路方面,最常用的按键开关就是轻触开关(Tact Switch),其实物与符号如图 2-11 所示。虽然这类按键有四个引脚,但实际上只有一对接点。电子电路或微型计算机使用的按键开关的尺寸多为 8mm、10mm、12mm 等。

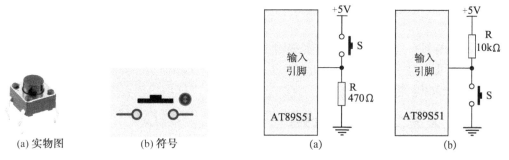

图 2-11 按键的实物图及符号   图 2-12 按键与单片机的连接示意图

要将按键作为数字电路或微型计算机的输入来使用时,通常会接一个电阻到 5V 电源或地,常用接法有两种,如图 2-12(a)、(b)所示。图 2-12(a)所示按键平时为开路状态,其中 470Ω 的电阻连接到地,使输入引脚上保持为低电平,即输入为 0;当按键按下时,单片机的输入引脚经开关被接至电源 +5V,即输入为 1。图 2-12(b)所示按键平时也为开路状态,其中 10kΩ 的电阻连接到 5V 电源,使输入引脚上保持为高电平,即输入为 1;当按键按下时,单片机的输入引脚被接地,即输入为 0。

2.1.9 项目 2——简易彩灯控制器硬件设计

1. 任务描述

彩灯控制器在我们日常生活中有重要的运用,如广告牌的设计和节日彩灯的设计都能运用到它的原理。

本项目用单片机设计简易彩灯控制器,要求:单片机外接 8 个发光二极管 L1~L8,这 8 个发光二极管按照设定的花样变换显示,每个花样运行的时间为 1s。设定的花样顺序如图 2-13 所示。

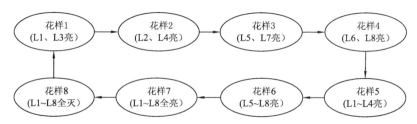

图 2-13 简易彩灯控制器花样图

2. 总体设计

本项目的设计需要硬件与软件两大部分协调完成。系统硬件电路以 AT89S51 单片机控制器为核心，主要包括单片机最小系统硬件电路和 LED 信号灯电路两个部分。彩灯花样的循环显示则需要软件编程实现。在该项目的程序编写中，我们采用下面的方法，即把所有花样状态所需要的数据做成表格存放在单片机的某个存储空间，然后在程序中依次调用各花样状态数据送端口显示，从而实现预设花样的循环显示。1s 的时间由延时子程序实现。系统结构图如图 2-14 所示。

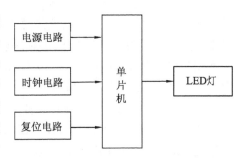

图 2-14　简易彩灯控制器系统结构图

3. 硬件设计

实现该任务的硬件电路中包含的主要元器件为：AT89S51 1 片、78L05 1 个、LED 灯 8 个、12MHz 晶振 1 个、电阻和电容等若干。系统硬件电路的原理图如图 2-15 所示。

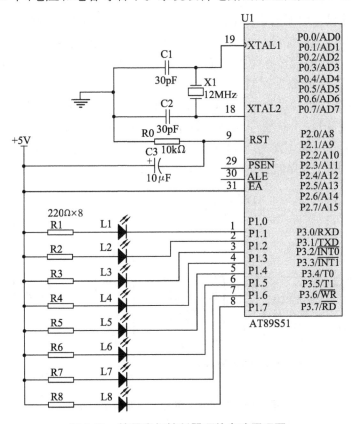

图 2-15　简易彩灯控制器硬件电路原理图

单片机最小系统硬件电路是单片机工作的必备电路，主要包括电源电路、时钟电路、复位电路和 $\overline{EA}$ 电路。在此，时钟电路采用内部振荡方式构成，其中晶振选用 12MHz，并联谐振电容选用 30pF 电容。电源部分采用 220V 市电经变压整流滤波后用 78L05 稳压得到标准 5V 电源，用于给电路提供工作电压(注：在此电路中没有画出，实际上系统默认接入 +5V 电源)。复位电路采用上电自动复位形式,选择 10μF 的电解电容作为充放电电容,电阻选择 10kΩ。31 脚$\overline{EA}$直接接至+5V,选择片内程序存储器作为用户程序的存储空间。在后续各项目中,除非特殊说明,所有的最小系统硬件电路与本项目相同。

本项目中选择 P1.0~P1.7 作为输出口使用,分别接 8 个 LED 灯,R1~R8 为限流电阻,其阻值选择为 220Ω,以保证 LED 灯正常点亮。

本项目中,我们只要控制 P1 口各位的电平状态,就可以控制 8 个 LED 的亮与灭。例如,P1=01010101B=55H,则 L2、L4、L6、L8 这 4 个 LED 灯亮,L1、L3、L5、L7 这 4 个 LED 灯灭。反之,使 P1=10101010B=AAH,则 L1、L3、L5、L7 这 4 个 LED 灯亮,L2、L4、L6、L8 这 4 个 LED 灯灭。同样,其他灯的变换花样也可以列出。

2.2 单片机的存储器结构——简易彩灯控制器软件设计

2.2.1 AT89S51 单片机存储器的组织形式

AT89S51 单片机存储器的组织形式与常见的微型计算机的配置方法不同,属哈佛结构,它将程序存储器和数据存储器分开,各有自己的寻址方式、控制信号和功能。所以,在地址空间上允许重叠。例如,程序存储器的地址空间中有 0000H 这个单元,片内数据存储器也有 0000H 这个单元,片外数据存储器中还有 0000H 这个单元。程序存储器用来存放程序、表格及常数,系统程序运行过程中不可以修改其中的数据。数据存储器通常用来存放运行中所需要的常数或变量,系统程序运行过程中可以修改其中的数据。在单片机中,不管是内部 RAM 还是内部 ROM 均以字节(BYTE)为单位,每个字节包含 8 位,每一位可容纳一位二进制数 1 或 0。单片机存储器空间配置图如图 2-16 所示。

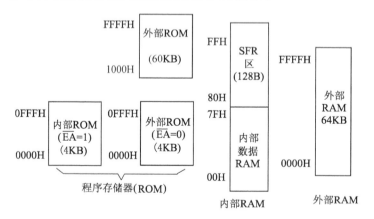

图 2-16 AT89S51 单片机存储器配置图

单片机的存储空间可以从不同角度分类,从物理地址空间看,它有 4 个存储器空间:片内程序存储器(片内 ROM)、片外程序存储器(片外 ROM)、片内数据存储器(片内 RAM)、片外数据存储器(片外 RAM)。

从逻辑上或从使用的角度看,它有三个存储器地址空间:64KB 的程序存储器(ROM),包括片内 ROM 和片外 ROM,二者统一编址;256B(包括特殊功能寄存器—SFR)的片内数据存储器(片内 RAM);64KB 的片外数据存储器(片外 RAM)。

CPU 访问这三个不同的存储空间时,由于访问的工作方式与使用的指令不同,所以不会混淆,具体区别如下:

- ROM 空间:用 MOVC 指令实现只读功能。用$\overline{PSEN}$控制信号选通读外部 ROM。
- 片内 RAM(包括特殊功能寄存器)空间:用 MOV 指令实现读写功能操作。
- 片外 RAM 空间:用 MOVX 指令实现读写功能操作。用$\overline{RD}$信号选通读外部 RAM,用$\overline{WR}$信号选通写外部 RAM。

关于存储器编址的几个注意事项:

- 存储器由很多个存储单元组成,每个存储单元可以存放一个 8 位二进制数,即一个字节(1 字节 = 8 位,即 1Byte = 8bit),所以存储单元的个数就是字节数。
- 存储器中存储单元的个数称为存储容量(用 N 表示),各个存储单元的区别在于地址不同,各存储单元的编址与存储器的地址线的条数有关(地址线条数用 n 表示),其间关系是 $N = 2^n$。
- 存储器地址范围的确定:在确定地址线根数的前提下,存储器单元的地址范围为:最小地址全为 0,最大地址全为 1,即 $\underbrace{000\cdots000}_{n}B \sim \underbrace{111\cdots111}_{n}B$。

2.2.2 程序存储器(ROM)

程序存储器用来存放编制好的始终保留的固定程序和表格常数。由于在单片机工作过程中程序不可随意修改,故程序存储器为只读存储器。程序存储器分为片内 ROM 和片外 ROM 两大部分,二者统一编址。程序存储器以程序计数器 PC 作为地址指针,通过 16 位地址总线,寻址空间为 64KB,寻址范围为 0000H ~ FFFFH,程序存储器的配置如图 2-17 所示。访问指令用 MOVC 指令。用控制信号$\overline{PSEN}$选通读外部 ROM。

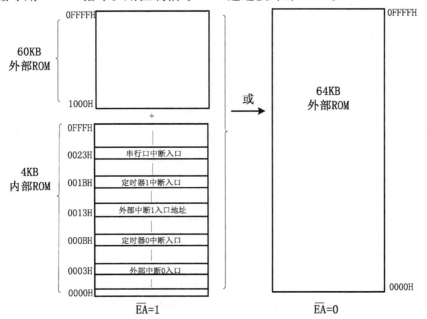

图 2-17 MCS-51 单片机程序存储器配置图

AT89S51 具有 4KB 的内置 Flash 可在线编程的程序存储器。对于这样的内部已经有 4KB 程序存储器的芯片,其程序存储器的配置可以有两种形式:

● 当 $\overline{EA}$ 引脚 =1 时,程序存储器的 64KB 空间的组成是:内部 4KB(地址范围:0000H~0FFFH)+外部 60KB(地址范围:1000H~FFFFH)。即 CPU 访问该空间时,当访问地址在 0000H~0FFFH 范围内时,PC 指向 4KB 的片内 ROM 区域;当访问的地址大于 0FFFH 时,自动转向外部 ROM 区域。

● 当引脚 $\overline{EA}$ =0 时,程序存储器的 64KB 的空间全部由片外 ROM 承担,片内 ROM 形同虚设。CPU 直接访问片外 ROM,从片外 ROM 空间读取程序。

程序存储器的操作完全由程序计数器 PC 控制,程序计数器 PC(Program Counter)是一个 16 位的计数器,具有自动加 1 功能,它的作用是控制程序的执行顺序。PC 的内容为将要执行指令的地址,寻址范围达 64KB。PC 本身没有地址,是不可寻址的。因此用户无法对它进行读写。但可以通过转移、调用、返回等指令改变其内容,以实现程序的转移。

单片机复位后程序计数器 PC 的内容为 0000H,所以系统将从 0000H 单元开始执行程序,0000H 是系统的起始地址。而用户程序原则上可以存放在 64K 空间的任意位置,只需要编程时用伪指令"ORG 程序存放地址"进行确定。这样就出现了下面的问题,一方面单片机复位后从 0000H 地址开始执行程序,而用户程序又不是从 0000H 单元开始存放,在这种情况下,用户在编程时应在 0000H 单元中存放一条无条件转移指令 LJMP、AJMP 或 SJMP,让 CPU 直接去执行用户程序。具体处理方法是在程序入口处编写以下指令:

```
        ORG 0000H       ;复位后,CPU 执行的第一条指令的地址
        LJMP START      ;无条件跳转指令,跳转至用户程序存放的起始地址
        ORG 0030H       ;用户程序存放的起始地址
START:  ……             ;用户程序
        ……
```

此外,在该程序存储器空间中还有几个特殊单元是系统的专用单元,固定作为单片机中断服务程序的入口地址,用户不可以随意占用。但是由于下面专用入口地址之间的存储空间有限,因此在编程时,通常在这些入口地址开始的两三个地址单元中放入一条转移类指令,以使程序转到指定的程序存储器区域中执行。这几个固定地址如表 2-3 所示。

表 2-3 AT89S51 单片机的中断入口地址表

入口地址	说　明	入口地址	说　明
0003H	外部中断 INT0 的中断入口地址	001BH	定时器中断 T1 的中断入口地址
000BH	定时器中断 T0 的中断入口地址	0023H	串行口中断服务的中断入口地址
0013H	外部中断 INT1 的中断入口地址		

2.2.3 片内数据存储器(片内 RAM)

数据存储器用来存放运算的中间结果、标志位以及数据的暂存和缓冲。AT89S51 单片机的片内数据存储器共有 256 个数据存储单元,即 256B,地址范围为 00H~FFH。按其功能可分为两个区:00H~7FH 单元组成的低 128B 的内部数据 RAM 区和 80H~FFH 单元组成

的高 128B 的特殊功能寄存器区。

1. 片内 RAM 低 128B 数据存储区

片内 RAM 中低 128B 空间可以分成三个区:工作寄存器区、位寻址区及数据缓冲区,片内数据存储器的配置如图 2-18 所示。访问片内数据存储器空间用 MOV 类指令。

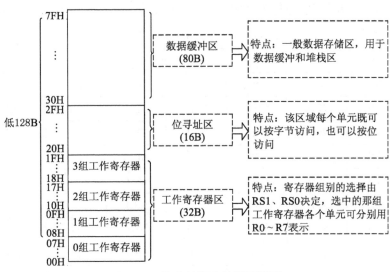

图 2-18 片内数据存储器配置图

(1) 工作寄存器区(00H~1FH)。

寄存器常用于存放操作数及中间结果等,由于它们的功能及使用不作预先规定,因此称之为通用寄存器,也叫工作寄存器。工作寄存器区共包含 32 个单元,地址范围为 00H~1FH。这 32 个单元被平均分成 4 组,每组包含 8 个寄存器。四组工作寄存器的组别号分别为:0 组、1 组、2 组和 3 组。每个寄存器均为 8 位,在同一组内,各个寄存器都以 R0~R7 作为寄存单元编号。

在任一时刻,CPU 只能使用其中的一组寄存器,并且把正在使用的那组寄存器称为当前寄存器组。到底哪一组寄存器是当前寄存器,需要由程序状态字寄存器 PSW 中 RS0 和 RS1 两位的状态组合来决定。其中,RS0 是 PSW 的第 3 位(PSW.3)的位名称,RS1 是 PSW 的第 4 位(PSW.4)的位名称。RS0 与 RS1 的状态与工作寄存器及 RAM 地址的对应关系见表 2-4。如果不对工作寄存器组别进行选择,则系统默认当前工作寄存器为 0 组工作寄存器。

表 2-4 工作寄存器区的选择与地址对照表

选择工作寄存器组别的位		工作寄存器组	R0~R7 所占单元地址
RS1(PSW.4)	RS0(PSW.3)		
0	0	0 组	00H~07H
0	1	1 组	08H~0FH
1	0	2 组	10H~17H
1	1	3 组	18H~1FH

工作寄存器为 CPU 提供了就近数据存储的便利,有利于提高单片机的运算速度。此外,使用工作寄存器还能提高程序编制的灵活性,因此在单片机的应用编程中应充分利用

这些寄存器,以简化程序设计,提高程序运行速度。

（2）位寻址区。

内部 RAM 的 20H～2FH 单元,既可作为一般 RAM 单元使用,进行字节操作,也可以对单元中每一位进行位操作,因此把该区称为位寻址区。位寻址区共有 16 个单元,每个单元 8 位,共计 16×8=128 位,位地址为 00H～7FH。表 2-5 所示为位寻址区的位地址表。

表 2-5 位寻址区的位地址分配表

字节地址	位地址							
	D7	D6	D5	D4	D3	D2	D1	D0
2FH	7FH	7EH	7DH	7CH	7BH	7AH	79H	78H
2EH	77H	76H	75H	74H	73H	72H	71H	70H
2DH	6FH	6EH	6DH	6CH	6BH	6AH	69H	68H
2CH	67H	66H	65H	64H	63H	62H	61H	60H
2BH	5FH	5EH	5DH	5CH	5BH	5AH	59H	58H
2AH	57H	56H	55H	54H	53H	52H	51H	50H
29H	4FH	4EH	4DH	4CH	4BH	4AH	49H	48H
28H	47H	46H	45H	44H	43H	42H	41H	40H
27H	3FH	3EH	3DH	3CH	3BH	3AH	39H	38H
26H	37H	36H	35H	34H	33H	32H	31H	30H
25H	2FH	2EH	2DH	2CH	2BH	2AH	29H	28H
24H	27H	26H	25H	24H	23H	22H	21H	20H
23H	1FH	1EH	1DH	1CH	1BH	1AH	19H	18H
22H	17H	16H	15H	14H	13H	12H	11H	10H
21H	0FH	0EH	0DH	0CH	0BH	0AH	09H	08H
20H	07H	06H	05H	04H	03H	02H	01H	00H

在单片机的一般 RAM 单元只有字节地址,操作时只能 8 位整体操作,不能按位单独操作。只有位寻址区的各个单元不但有字节地址,而且字节中的每个位都有位地址,所以 CPU 能直接操作这些位,执行如置"1"、清"0"、求"反"、转移、传送和逻辑等操作。我们常称单片机具有布尔处理功能,布尔处理的存储空间指的就是这些位寻址区,当然可位寻址单元除了此区间外,AT89S51 在特殊功能寄存器区还离散地分布了 83 位。

特别需要注意的是,位地址 00H～7FH 与片内 RAM 字节地址 00H～7FH 编址相同,且均由 16 进制表示,但是 CPU 不会搞错,因为单片机的指令系统有位操作指令和字节操作指令之分,在位操作指令中的地址是位地址,在字节操作指令中的地址则是字节地址。例如,位操作指令 SETB 20H 就是让位地址为 20H（即字节地址为 24H 的第 0 位）的那个位置 1。而字节操作指令 MOV 20H,#0FFH 就是让字节地址为 20H 的这个单元的 8 个位均置为 1。

（3）数据缓冲区。

片内 RAM 中地址为 30H~7FH 的 80 个单元是数据缓冲区，它们用于存放各种数据、中间结果和作堆栈区使用，该区域没有什么特别限制。

2. 特殊功能寄存器区（SFR）

内部 RAM 的高 128 单元是供给专用寄存器使用的，其单元地址为 80H~FFH，每个单元 8 位。因这些寄存器的功能已作专门规定，故称之为专用寄存器或特殊功能寄存器（Special Function Register，简称 SFR）。特殊功能寄存器一般用于存放相应功能部件的控制命令、状态和数据。它可以反映单片机的运行状态，系统很多功能也是通过特殊功能寄存器来定义和控制程序执行的。AT89S51 单片机有 21 个特殊功能寄存器，每个特殊功能寄存器占有一个 RAM 单元，它们被离散地分布在片内 RAM 的 80H~FFH 地址中，不为 SFR 占用的 RAM 单元实际上并不存在，访问它们也是没有意义的。表 2-6 是特殊功能寄存器分布一览表。

表 2-6 特殊功能寄存器一览表和 SFR 中的位地址分布情况表（* 表示可以位寻址）

SFR 名称	SFR 符号	\multicolumn{7}{c	}{SFR 中的位地址（16 进制）}	SFR 字节地址
		D7	D6	D5	D4	D3	D2	D1	D0	
*B 寄存器	B	F7H	F6H	F5H	F4H	F3H	F2H	F1H	F0H	F0H
*累加器 A	ACC	E7H	E6H	E5H	E4H	E3H	E2H	E1H	E0H	E0H
		ACC.7	ACC.6	ACC.5	ACC.4	ACC.3	ACC.2	ACC.1	ACC.0	
*程序状态字寄存器	PSW	D7H	D6H	D5H	D4H	D3H	D2H	D1H	D0H	D0H
		CY	AC	F0	RS1	RS0	OV	F1	P	
		PSW.7	PSW.6	PSW.5	PSW.4	PSW.3	PSW.2	PSW.1	PSW.0	
*中断优先级控制器	IP	—	—	—	BCH	BBH	BAH	B9H	B8H	B8H
		—	—	—	PS	PT1	PX1	PT0	PX0	
*I/O 端口 3	P3	B7H	B6H	B5H	B4H	B3H	B2H	B1H	B0H	B0H
		P3.7	P3.6	P3.5	P3.4	P3.3	P3.2	P3.1	P3.0	
*中断允许控制寄存器	IE	AFH	—	—	ACH	ABH	AAH	A9H	A8H	A8H
		EA			ES	ET1	EX1	ET0	EX0	
*I/O 端口 2	P2	A7H	A6H	A5H	A4H	A3H	A2H	A1H	A0H	A0H
		P2.7	P2.6	P2.5	P2.4	P2.3	P2.2	P2.1	P2.0	
串行数据缓冲器	SBUF									99H
*串行控制寄存器	SCON	9FH	9EH	9DH	9CH	9BH	9AH	99H	98H	98H
		SM0	SM1	SM2	REN	TB8	RB8	TI	RI	
*I/O 端口 1	P1	97H	96H	95H	94H	93H	92H	91H	90H	90H
		P1.7	P1.6	P1.5	P1.4	P1.3	P1.2	P1.1	P1.0	
定时/计数器 1（高字节）	TH1									8DH
定时/计数器 0（高字节）	TH0									8CH

续表

SFR 名称	SFR 符号	SFR 中的位地址（16 进制）								SFR 字节地址
		D7	D6	D5	D4	D3	D2	D1	D0	
定时/计数器1(低字节)	TL1									8BH
定时/计数器0(低字节)	TL0									8AH
定时/计数器方式选择	TMOD	GATE	C/T	M1	M0	GATE	C/T	M1	M0	89H
*定时/计数器控制寄存器	TCON	8FH	8EH	8DH	8CH	8BH	8AH	89H	88H	88H
		TF1	TR1	TF0	TR0	IE1	IT1	IE0	IT0	
电源控制及波特率选择	PCON									87H
数据指针(高字节)	DPH									83H
数据指针(低字节)	DPL									82H
堆栈指针	SP									81H
*I/O 端口 0	P0	87H	86H	85H	84H	83H	82H	81H	80H	80H
		P0.7	P0.6	P0.5	P0.4	P0.3	P0.2	P0.1	P0.0	

在 SFR 中，可以位寻址的寄存器有 11 个，共有位地址 88 个，其中 5 个未用，其余 83 个位地址离散地分布于 80H～FFH 范围内。在表 2-6 中带 * 的特殊功能寄存器是可以位寻址的，它们的字节地址均可被 8 整除。

在 21 个 SFR 中，地址的表示方法有两种：一种是使用物理地址，如累加器 A 用 E0H、B 寄存器用 F0H、RS0（PSW.3）用 D3H 等；另一种是采用表 2-6 中的寄存器标号，如累加器 A 要用 ACC、B 寄存器用 B、PSW.3 用 RS0 等。这两种表示方法中，采用后一种方法比较普遍，因为它们便于记忆。下面对其主要的寄存器作一些简单的介绍，其余部分将在后续单元中叙述。

（1）累加器 ACC(E0H)：简称为 A。累加器为 8 位寄存器，是最常用的特殊功能寄存器，其功能较多，地位重要。大部分单操作数指令的一个操作数取自累加器，很多双操作数指令中的一个操作数也取自累加器。加、减、乘、除法运算的指令，运算结果都存放于累加器 A 或寄存器 B 中。大部分的数据操作都会通过累加器 A 进行，它像一个数据运输中转站，在数据传送过程中，任何两个不能直接实现传送数据的单元之间，通过累加器 A 中转，都能送达目的地。

（2）寄存器 B(F0H)：专用于乘、除指令。也可作为普通 RAM 单元使用。

乘法指令：操作数来自 A 和 B，积存放在寄存器对 AB 中。

除法指令：被除数来自 A，除数来自 B，商存于 A，余数存于 B。

（3）程序状态字 PSW(D0H)：存放运算结果的一些特征。8 位寄存器，地址为 D0H，可位寻址。

每位的含义如下：

D7	D6	D5	D4	D3	D2	D1	D0
CY	AC	F0	RS1	RS0	OV	F1	P
进、借位	辅助进、借位	用户定义	寄存器组选择		溢出	用户定义	奇/偶

- CY:PSW.7,进位标志,简称为 C。
  ◇ 最近一次操作结果最高位有进位或借位时,由硬件置位。
  ◇ 也可由软件置位或清除。
  ◇ 在布尔处理机中作为位累加器使用。
- AC：PSW.6,辅助进位标志。
  ◇ 反映两个 8 位数运算,低 4 位有没有半进位,即低 4 位相加(减)有否进(借)位。
  ◇ 也可由软件置位或清除。
  ◇ 用于 BCD 码调整时的判断位。
- F0:PSW.5,用户软件标志。提供给用户定义的一个状态标志,可用软件置位或清 0,控制程序的流向。
- RS1 和 RS0:PSW.4 和 PSW.3,工作寄存器区选择控制位,可由软件设置,如表 2-4 所示。

例如,MOV PSW,#08H 或 SETB PSW.3;CLR PSW.4,则可选中第一组 00~07H 的 8 个单元作为当前工作寄存器 R0~R7。

- OV:PSW.2,溢出标志。运算结果超出 8 位二进制(带符号)数所能表示的范围(即在 −128~+127 之外)时,硬件将该位置 1,否则清 0。
  ◇ 作有符号数加减法运算时:$OV = C_{6y} \oplus C_{7y}$。例如,+84+105 为正溢出。
  ◇ 两个无符号数相乘超过 255 时 OV=1。
  ◇ 除法指令 DIV 也影响 OV,当除数为 0 时,OV 为 1。
- F1:PSW.1 用户软件标志。提供给用户定义的一个状态标志,可用软件置位或清 0,控制程序的流向。
- P:PSW.0 奇偶标志。如累加器 A 中 1 的个数是奇数,P 置 1。

(4)数据指针 DPTR:16 位的特殊功能寄存器 DPH(83H)、DPL(82H)。

当 CPU 访问外部 RAM 时,DPTR 作间接地址寄存器用;当 CPU 访问外部 ROM 时,DPTR 作基址寄存器用。

(5)端口 P0~P3(80H、90H、A0H、B0H):I/O 端口的锁存器。系统复位后,P0~P3 口为 FFH,是 4 个 I/O 并行端口映射入 SFR 中的寄存器。通过对该寄存器的读写实现从相应 I/O 口的输入/输出。例如,

  MOV A,P1 ;将 P1 口的状态输入到累加器 A
  MOV P2,A ;将累加器 A 的值输出到 P2 口

(6)堆栈指针 SP(81H):8 位专用寄存器,它指出堆栈顶部在片内 RAM 中的位置。下面详细介绍单片机的堆栈。

- 堆栈的作用:堆栈的设置主要是用来解决多级中断、子程序调用等问题,可以用来保护现场,寄存中间结果,并为主、子程序的转换提供有力的依托。
- 堆栈的特点:堆栈区是在内部 RAM 中开辟的一块数据存储区,原则上可以设在 RAM 区的 00H~7FH,但通常设在数据缓冲区即 30H~7FH。该区一端固定,一端活动,活动端称为栈顶,固定端称为栈底。且数据只允许从活动端进出。数据存取的原则遵循"先进后出"的原则,且设计为向上生成式(即从低地址向高地址增加),即随着数据的不断送入堆栈,栈顶地址不断增大。堆栈最深 128B。

- 堆栈的确定：堆栈存储器的位置是由 SP 给定的。SP 堆栈指针寄存器内所装的数据永远是栈顶地址，即栈顶是随着 SP 的变化而变化的。但是若堆栈中空无数据时，栈顶和栈底重合，即此时 SP 中是栈底地址。堆栈中的数据存放越多，栈顶地址比栈底地址也就越大。SP 的内容一旦确定，就意味着栈顶的确定。SP 总是指向栈顶中最上面的那个数据。系统复位后，SP 的初始值为 07H，使得堆栈实际上是从 08H 开始的。但我们从 RAM 的结构分布中可知，08H～1FH 隶属工作寄存器区 1～3，若编程时需要用到这些数据单元，必须对堆栈指针 SP 进行初始化，以防使用的工作寄存器与堆栈区冲突。
- 堆栈的操作：将一个字节压入堆栈称作进栈，将一个字节从栈顶弹出称为出栈。堆栈的操作有两种方法：其一是自动方式，即在中断服务程序响应或子程序调用（执行 ACALL 或 LCALL 指令）时，返回地址自动进栈。当需要返回执行主程序（即执行 RET 或 RETI 指令）时，返回的地址自动交给 PC，以保证程序从断点处继续执行，这种方式是不需要编程人员干预的。第二种方式是人工指令方式，使用专有的堆栈操作指令进行进出栈操作，也只有两条指令：进栈为 PUSH 指令，出栈为 POP 指令。

2.2.4 片外数据存储器（片外 RAM）

单片机具有扩展外部数据存储器和 I/O 口的能力。扩展出的片外数据存储器主要用于存放数据和运算结果等。一般情况下，只有在片内 RAM 不够用的情况下，才需要外接 RAM。外部数据存储器可扩展大到 64KB，寻址范围为 0000H～FFFFH。读写片外 RAM 用 MOVX 指令，寻址方式采用间接寻址，R0、R1 和 DPTR 都可以作间址寄存器。控制信号采用 P3 口的 $\overline{RD}$（读）和 $\overline{WR}$（写）。

2.2.5 项目 3——简易彩灯控制器软件设计

1. 软件设计分析

项目 2 中的 8 个花样对应的数据如表 2-7 所示。

表 2-7 简易彩灯

P1.7	P1.6	P1.5	P1.4	P1.3	P1.2	P1.1	P1.0	16 进制表示	灯的状态
L8	L7	L6	L5	L4	L3	L2	L1		
1	1	1	1	1	0	1	0	FAH	花样1（L1、L3 亮）
1	1	1	1	0	1	0	1	F5H	花样2（L2、L4 亮）
1	0	1	0	1	1	1	1	AFH	花样3（L5、L7 亮）
0	1	0	1	1	1	1	1	5FH	花样4（L6、L8 亮）
1	1	1	1	0	0	0	0	F0H	花样5（L1～L4 亮）
0	0	0	0	1	1	1	1	0FH	花样6（L5～L8 亮）
0	0	0	0	0	0	0	0	00H	花样7（L1～L8 全亮）
1	1	1	1	1	1	1	1	FFH	花样8（L1～L8 全灭）

2. 软件设计

软件设计中，将灯的 8 个花样对应的数据以表格形式存储于程序存储器中。系统工作时，单片机以1s的时间间隔不断地从程序存储器中读取数据，然后送P1口显示，则P1口上8只LED会呈现彩灯的效果。

（1）软件流程图如图2-19所示。

（2）汇编源程序如下：

```
        //主程序
        ORG     0000H
        LJMP    START           ;程序入口处理
        ORG     0040H
START:
        MOV     SP,#60H         ;设置堆栈
        MOV     DPTR,#TABLE     ;表首地址确定
        MOV     R5,#0           ;花样1数据表格指针
SS:     MOV     A,R5
```

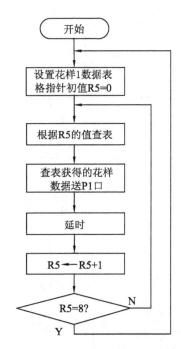

图2-19 简易彩灯控制器软件流程图

```
        MOVC    A,@A+DPTR       ;查表，获取要显示的花样数据
        MOV     P1,A            ;将花样数据送P1口显示
        LCALL   DELAY           ;调用延时1s的子程序，实现花样维持时间
        INC     R5              ;修改花样数据的表格指针，指向下一个花样
        CJNE    R5,#8,SS        ;判断8个花样是否显示结束
        MOV     R5,#0           ;8个花样显示结束后花样数据表格指针归0
        SJMP    SS              ;8个花样显示结束后重新开始
;延时子程序(约1s):
DELAY:  MOV     R0,#10
```

```
DELAY1: MOV    R1,#200
DELAY2: MOV    R2,#250
        DJNZ   R2,$
        DJNZ   R1,DELAY2
        DJNZ   R0,DELAY1
        RET            ;{{{[(2*250)+1+2]*200}+1+2}*10+1}*12/f=1.00604s
TABLE： DB     0FAH,0F5H,0AFH,5FH,0F0H,0FH,00H,0FFH
                       ;LED 灯变换的花样数据表格
        END
```

3. 虚拟仿真与调试

简易彩灯控制器的 PROTEUS 仿真硬件电路图如图 2-20 所示。在 Keil μVision3 与 PROTEUS 环境下完成简易彩灯控制器的仿真调试。观察调试结果如下：单片机上电后，P1 口外接的 8 个发光二极管 L1~L8 按照设定的花样变换显示，每个花样运行的时间为 1s。

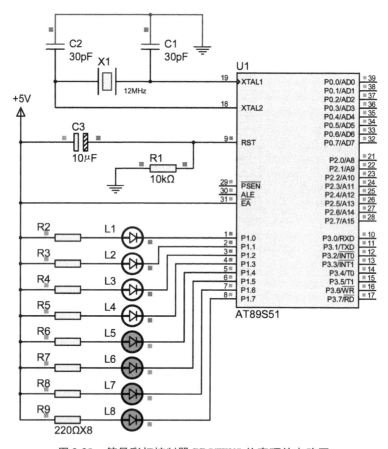

图 2-20　简易彩灯控制器 PROTEUS 仿真硬件电路图

4. 硬件制作与调试

（1）元器件清单。

本项目采购清单见表 2-8。

表 2-8　元器件清单

序号	器件名称	规格	数量	序号	器件名称	规格	数量
1	单片机	AT89S51	1	6	电阻	220Ω	8
2	电解电容	10μF	1	7	发光二极管	Φ5	8
3	瓷介电容	30pF	2	8	印制板	PCB	1
4	晶振	12MHz	1	9	集成电路插座	DIP40	1
5	电阻	10kΩ	1				

（2）调试注意事项。

① 静态调试要点。

本项目重点关注 8 个 LED 的阴极是否分别接 P1 口各引脚，阳极是否通过限流电阻接 +5V，限流电阻的选择是否正确。

② 动态调试要点。

在系统硬件调试时会发现通电后电路板不工作，首先用示波器检查 ALE 脚及 XTAL2 脚是否有波形输出。若没有波形输出，需要检查单片机最小系统接线是否正确。

在硬件调试时可能会出现个别 LED 不亮，检查 LED 的极性是否接反、限流电阻的选择是否合适、电路是否虚焊以及 LED 是否损坏。

5. 能力拓展

若改变灯的显示花样如图 2-21 所示，该如何实现？

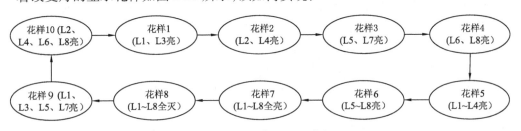

图 2-21　LED 灯显示示意图

　单元小结

单片机最小系统设计过程中，硬件系统是单片机应用系统设计的重要组成部分。单片机的硬件系统包括单片机的组成、结构、引脚功能及端口连接。本单元详细介绍 AT89S51 单片机芯片的硬件结构及工作特性。

● AT89S51 单片机由一个 8 位 CPU、一个片内振荡器及时钟电路、4KB Flash ROM、128B 片内 RAM、21 个特殊功能寄存器、两个 16 位定时/计数器、4 个 8 位并行 I/O 口、1 个串行输入/输出口和 5 个中断源等电路组成。该芯片共有 40 个引脚，除了电源、地、两个时钟输入/输出脚以及 32 个 I/O 引脚外，还有 4 个控制类引脚：ALE/PROG（低 8 位地址锁存允许）、$\overline{PSEN}$（片外 ROM 读选通）、RST（复位）、$\overline{EA}$/VPP（内外 ROM

选择)。

● 单片机执行的程序及程序执行中的所有数据均需要存放在指定的空间,AT89S51 单片机的存储器有片内数据存储器和片内程序存储器两类。片内数据存储器 256B,分为低 128B 的片内 RAM 区和高 128B 的特殊功能寄存器区,低 128B 的片内 RAM 又可分为工作寄存器区(00H~1FH)、位寻址区(20H~2FH)和数据缓冲器(30H~7FH)。累加器 A、程序状态寄存器 PSW、堆栈指针 SP、数据存储器地址指针 DPTR、程序存储器地址指针 PC,均有着特殊的用途和功能。

● 单片机有四个 8 位的并行 I/O 口,用于连接单片机与外设。单元中的 LED 灯和按键与单片机的连接均通过 I/O 口。这四个并行 I/O 口在结构和特性上基本相同。当片外扩展 RAM 和 ROM 时,P0 口分时传送低 8 位地址和 8 位数据,P2 口传送高 8 位地址,P3 口常用于第二功能,通常情况下只有 P1 口用做一般的输入/输出引脚。

● 指挥单片机有条不紊工作的是时钟脉冲,执行指令均按一定的时序操作。我们必须掌握时钟周期、状态周期、机器周期、指令周期的概念。单片机工作必须满足基本的硬件条件,包括复位电路、时钟电路及电源电路。需掌握时钟电路以及复位条件、复位电路、复位后的状态。

 巩固与提高

1. 综述 AT89S51 单片机的大致功能特点。
2. AT89S51 单片机内部包含哪些主要功能部件? 它们的作用是什么?
3. 综述 AT89S51 单片机各引脚的作用,并试行分类。
4. 什么是 CPU? 简述单片机 CPU 的功能与特点。
5. 程序计数器的符号是什么? AT89S51 单片机的程序计数器有几位? 它的位置在哪里? 它起什么作用?
6. 程序状态字寄存器 PSW 的作用是什么? 常用状态标志有哪些位? 作用是什么?
7. 何谓时钟周期、机器周期、指令周期? AT89S51 单片机若采用 8MHz 晶振,试计算其时钟周期和机器周期。
8. AT89S51 单片机的存储器结构有什么特点? 程序存储器和数据存储器有何不同?
9. 综述 AT89S51 单片机的存储器配置情况。各类存储器编址与访问的规律是怎样的?
10. 单片机片外 RAM 与片外 ROM 使用相同的地址,是否会出现总线竞争(读错或写错对象)? 为什么?
11. $\overline{EA}$ 引脚的作用是什么? 在下列三种情况下,$\overline{EA}$ 引脚各应接何种电平?
(1) 只有片内 ROM;
(2) 有片内 ROM 和片外 ROM;
(3) 有片内 ROM 和片外 ROM,片外 ROM 所存为运行程序。
12. AT89S51 单片机片内 RAM 可分为几个区? 各区的主要作用是什么?
13. AT89S51 单片机的工作寄存器区包含多少个工作寄存器? 如何分组? 开机复位后,CPU 使用的是哪组工作寄存器? 它们的地址是多少? CPU 如何确定和改变当前工作寄存器组？

14．绘图示出 AT89S51 单片机的各可寻址位，并统计共有多少个可寻址位。

15．位地址 7CH 和字节地址 7CH 有何区别？位地址 7CH 具体在内存中什么位置？

16．AT89S51 单片机有多少个特殊功能寄存器？分布在何地址范围？可位寻址的特殊功能寄存器有多少个？

17．什么是堆栈？堆栈有何作用？在堆栈中存取数据时的原则是什么？SP 是什么寄存器？它的内容表示什么？

18．在程序设计时，有时为什么要对堆栈指针 SP 重新赋值？如果 CPU 在操作中要使用 0、1 两组工作寄存器，SP 应该多大？

19．AT89S51 单片机的 4 个并行的 I/O 口的作用是什么？该单片机在并行扩展时，其片外三总线是如何分配的？

20．AT89S51 单片机中 4 个 I/O 端口在结构上有何异同？P0 口做输出口时，有什么要求？

21．请画出 AT89S51 单片机的最小系统硬件电路。

22．复位的作用是什么？有几种复位方法？复位后单片机的状态如何？

23．单片机复位后，CPU 从程序存储器的哪个单元开始执行程序？

24．单片机应用系统中的硬件与软件是什么关系？软件如何实现对硬件的控制？

25．观察大街上的霓虹灯的显示方式，思考如何编程实现各种显示方式。

单元 3 单片机指令系统及汇编语言程序设计

学习目标

- 通过 3.1 的学习,了解单片机程序设计的基本概念,了解 MCS-51 单片机的指令系统和寻址方式,理解并掌握数据传送类指令和算术运算类指令的功能,掌握顺序结构程序的设计方法。掌握汇编语言源程序的书写格式,初步养成良好的书写源程序的习惯。
- 通过 3.2 的学习,掌握位操作类指令和控制转移类指令的功能,掌握分支结构程序的设计方法,理解并掌握单片机对按键状态的判别方法。
- 通过 3.3 的学习,掌握逻辑运算类指令的功能特点,掌握循环结构程序的设计方法,掌握延时程序的编写及时间计算的方法。
- 通过 3.4 的学习,掌握单片机查表指令的功能,理解 MCS-51 单片机伪指令的功能,掌握查表程序的设计方法,了解 LED 数码管的结构和工作原理,掌握单片机控制单一 LED 数码管的方法。
- 通过 3.5 的学习,掌握子程序的编写及主程序和子程序间的转换方法,掌握模块化结构程序的设计方法。

技能(知识)点

- 能根据要求正确选择指令,并且能判断指令书写的正确性,且能改正,会查阅指令表。
- 通过对任务的分析,能找出解决问题的方法,编写算法,绘制程序流程图。
- 能根据任务要求选择合适的程序结构,编写顺序结构、分支结构、循环结构、子程序结构及使用查表方法的程序。
- 能在程序设计中合理地分配单片机内部的存储器资源。
- 能正确地将单片机和各类开关、LED 灯和数码管等简单外设连接,并能够进行相应的程序设计,具有初步的单片机控制系统的设计和开发能力。
- 能完成单片机控制基础项目的设计、制作、调试和运行。

3.1 单片机顺序结构程序设计——简易加法运算器设计

3.1.1 程序设计的基本概念

1. 指令、指令系统与程序的基本概念

指令是计算机用于控制各功能部件完成某一指定动作的命令。指令不同,各功能部件所完成的动作也不一样,指令的功能也不相同。一条指令只能完成有限的功能,为使计算机完成一个较为复杂的功能就需要用一系列指令。

指令系统是该计算机所能执行的全部指令的集合。指令系统是微型计算机核心部件CPU的重要性能指标,是进行CPU内部电路设计的基础,也是计算机应用工作者共同关心的问题。指令系统是由计算机厂商定义的,不同类型的CPU有着不同的指令系统。指令系统功能的强弱反映计算机智能的高低。

程序就是一系列有序指令的集合,是指人们按照自己的思维逻辑,使计算机按照一定的规律进行各种操作,以实现某种特定的控制功能。计算机执行不同的程序就可完成不同的任务。编制程序的过程就叫程序设计。计算机执行程序后则能完成相应的任务。

程序设计就是根据提出的任务要求,将解题步骤、算法采用编程语言编制成程序的过程。程序设计不但技巧性较高,而且具有软、硬件结合的特点,关系到单片机应用系统的特性和运行效率。为能编制出高质量和功能强的实用程序,必须从一个个程序模块的学习开始,并通过熟读多练,逐步掌握程序设计的方法和技巧。

2. 程序设计语言

一台计算机只有硬件电路是不能工作的,还需要有相应的软件的配合,才可以发挥作用。软件设计就是编写程序。对单片机而言,程序设计的语言主要有:机器语言、汇编语言和高级语言。本书中,我们主要采用汇编语言进行编程。下面先简单介绍三种编程语言。

(1)机器语言。

机器语言是一种能为计算机直接识别和执行的机器级语言。通常,机器语言有两种表示形式,一种是二进制形式,一种是十六进制形式,如表3-1所示。机器语言的二进制形式由二进制代码"0"和"1"构成,可以直接存放在计算机存储器内;十六进制形式由 0~F 共16个数字符号组成,是人们通常采用的一种形式,它输入计算机后由监控程序翻译成二进制形式,以供机器直接执行。机器语言不易为人们识别和读写,用机器语言编写程序具有难编写、难读懂、难查错和难交流等缺点。因此,人们通常不用它进行程序设计。

表3-1 机器语言和汇编语言的形式

地址	机器语言		汇编语言形式
	二进制形式	十六进制形式	
2000H	0111010000000101B	7405H	START:MOV A,#05H
2002H	0010010000001010B	240AH	ADD A,#0AH

续表

地址	机器语言		汇编语言形式
	二进制形式	十六进制形式	
2004H	1111010100100000B	F520H	MOV 20H,A
2006H	1000000011111110B	80FEH	SJMP $

（2）汇编语言。

汇编语言是人们用来替代机器语言进行程序设计的一种语言,由助记符、保留字和伪指令等组成,很容易为人们所识别、记忆和读写,故有时也称为符号语言,如表3-1所示。采用汇编语言编写的程序称为汇编语言源程序,该程序不能为计算机直接执行,所以,还需要将该源程序翻译成计算机能识别的机器语言程序(即目标代码),这个转换过程叫做汇编过程。转换的方法有两种:手工汇编和机器汇编。

手工汇编:用户自己将编写的汇编语言源程序通过查表等方法,将汇编形式的指令转换为机器码的方法。

机器汇编:由计算机软件完成从汇编源程序到机器码的转换,称为机器汇编。用于机器汇编的软件叫做汇编程序。

汇编语言并不独立于具体机器,是一种非常通用的低级程序设计而言,采用汇编语言编程,用户可以直接操作到单片机内部的工作寄存器和片内RAM单元,能把数据的处理过程表述得非常具体和翔实。因此,汇编语言程序设计可以在空间和时间上充分发掘微型计算机的潜力,是一种经久不衰广泛用于编写实时控制程序的计算机语言。

（3）高级语言。

高级语言是面向过程和问题并能独立于机器的通用程序设计语言,是一种接近人们自然语言和常用数学表达式的计算机语言,如C、BASIC等。因此,人们在利用高级语言编程时可以不去了解机器内部结构而把主要精力集中于掌握语言的语法规则和程序的结构设计方面。它易学、易懂且通用性强,易于在不同类型的计算机间移植。采用高级语言编写的程序是不能被机器直接执行的,但可以被解释程序或编译程序等编译,编译成目标代码才能被CPU执行。

综上所述,三种语言均有各自的特点。在目前单片机的开发过程中,经常采用C语言和汇编语言共同完成编写程序。为深入了解单片机本教材均采用汇编语言编程。

3. 汇编语言程序结构

（1）汇编语言的指令类型。

MCS-51单片机汇编语言包含两类不同性质的指令。

① 基本指令:即指令系统中的指令。它们都是机器能执行的指令,每一条指令都有对应的机器码。MCS-51单片机的基本指令有111条。

② 伪指令:汇编时用于控制汇编的指令。它们都是机器不执行的指令,无机器码。

（2）汇编语言的基本结构形式。

汇编语言的基本结构形式主要有4种,即顺序结构、分支结构、循环结构和子程序结构。

● 顺序结构程序:顺序结构程序又称简单结构程序,是汇编语言程序设计中最基本、最单纯的程序,在整个程序设计中所占比例最大,是程序设计的基础。程序按顺序一条一条地执行指令,程序流向不变。
- 分支结构程序:分支结构程序是根据条件进行判断决定程序的执行,满足条件就转移,不满足条件就按顺序执行。
- 循环结构程序:循环结构程序是把需要多次重复执行的某段程序,利用条件转移指令反复转向执行,可减少整个程序的长度,优化程序结构。
- 子程序结构程序:子程序结构程序是指完成某一确定任务并能被其他程序反复调用的程序段。使用子程序可以减少整个程序的长度,实现模块化程序结构。

3.1.2 MCS-51 单片机指令系统概述

1. MCS-51 单片机指令系统的分类

MCS-51 单片机的指令系统共有 111 条指令,可以实现 51 种基本操作。指令系统的分类按照分类的标准不同而不同。

按照指令所占的存储空间分,可分为单字节指令(49 条)、双字节指令(45 条)和三字节指令(17 条),指令字节越少,执行越快。

一条指令执行所需的时间称为指令周期,用占用的机器周期数表示。按照指令执行的时间来分,111 条指令又可分为单周期指令(64 条)、双周期指令(45 条)、四周期指令(2 条)。

按照指令的功能来分,111 条指令可分成五类:数据传送类(29 条)、算术运算类(24 条)、逻辑运算类(24 条)、程序转移类(17 条)、位操作类(17 条)。

2. 指令格式

指令格式为:[标号:]操作码(助记符)[操作数];[注释]
其中[ ]表示可选项。

- 标号:指令的符号地址。一般用于一段功能程序的识别标记或控制转移地址。

标号一般是由以字母开头的字母数字串组成,但不能使用指令助记符、伪指令、特殊功能寄存器名、位定义名和指令系统中已经有定义的符号,如"#""@"" +"等,长度为 1~8 个字符。

- 操作码:表示指令的功能。

操作码是指令的必需部分,是指令的核心,用助记符表示,助记符一般用描述指令功能的英文单词的缩写表示。例如,CLR 即 CLEAR(清除)的缩写,表示该指令的功能是清 0。

- 操作数:操作的对象。

◇ 指令中操作数的表示可以是参加操作的数据,也可以是参加操作的数据的地址(包括数据所在的寄存器名),还可以是参加操作的数据的地址的地址以及其他信息。

◇ 操作数可用二进制、十进制或十六进制表示。

◇ 操作数的个数依指令的不同而不同,可以有 0~3 个。操作数之间用逗号分隔。

- 注释:指令功能或程序段的说明,便于程序的阅读和维护。

注意:以字母开头的地址或数据前面要加 0,以区别于标号和标识符。

3. 指令系统中符号的说明

指令系统中符号的说明如表 3-2 所示。

表 3-2　指令系统中的符号说明

符 号	说　　明
Rn	当前选中的工作寄存器区的 8 个工作寄存器 R0～R7(用 Rn 表示,n＝0～7)
Ri	当前选中的工作寄存器区的 2 个工作寄存器 R0、R1,可作间址寄存器@Ri(i＝0,1)
direct	8 位内部数据存储器单元的地址,它可以表示内部 RAM 的 00H～FFH 范围
#data	8 位立即数
#data16	16 位立即数
addr16	16 位的目的地址。用于 LCALL、LJMP 指令中,地址范围为 0～64KB
addr11	11 位的目的地址。用于 ACALL、AJMP 指令中。目的地址必须存放在与下一条指令第一个字节同一个 2KB 程序存储器地址范围内
rel	8 位带符号的偏移量,用于 SJMP 和所有的条件转移指令中。偏移字节相对于下一条指令的第一个字节计算,在 -128～+127 范围内取值
DPTR	为数据指针,可用做 16 位地址寄存器
bit	内部 RAM 或 SFR 中的直接寻址位
ACC	累加器 A
B	专用寄存器,用于 MUL、DIV 指令
C	进位标志 CY 或位累加器
@	为间址寄存器和基址寄存器的前缀
/	对该位取反
(X)	片内 RAM 的直接地址 X 或寄存器 X 的内容
((X))	以地址单元或寄存器 X 中的内容为地址的单元中的内容
$	当前指令的地址
→	数据传输的方向
←→	数据交换操作
∧	逻辑"与"
∨	逻辑"或"
⊕	逻辑"异或"

3.1.3　寻址方式

CPU 执行指令时,一般分为两个步骤:一是到指定地点取指令的机器码,二是通过对该指令的译码,再到指定的地址取操作数。前者是对指令的寻址,后者为对操作数的寻址。由于指令寻址很有规律(靠 PC 及其自动加 1 来寻址),而操作数可以是具体的数据(立即数),也可以被存放在寄存器或存储单元中;存储单元的地址可以直接提供,也可以间接提供,这样就形成了不同的寻址方式。计算机的寻址方式越多样、越灵活,计算机的功能就越强,编程也越方便。寻址方式就是寻找操作数的方式。

在 MCS-51 单片机中,操作数的存放范围是很大的,可以放在片外 ROM/RAM 中,也可以放在片内 ROM/RAM 以及特殊功能寄存器 SFR 中。为了适应这一操作数范围内的寻址,MCS-51 的指令系统共使用了 7 种寻址方式,它们是:立即寻址、直接寻址、寄存器寻址、寄存器间接寻址、基址加变址寻址、相对寻址及位寻址。下面分别加以介绍。

1. 立即寻址

立即寻址是指令中直接含有所需寻址的操作数,操作数是一个具体的数据,称为立即数,立即数可以是二进制 8 位,也可以是二进制 16 位,分别由#data 或#data16 表示。"#"是立即数的前缀符。例如:

  MOV A,#50H   ;将立即数 #50H 送入累加器 A 中

这是一条双字节指令,机器码为"74H 50H",第二操作数的寻址方式为立即寻址。该指令的执行过程如图 3-1(a)所示。例如:

  MOV DPTR,#1234H   ;将 16 位立即数 #1234H 送入数据指针 DPTR 中

这是一条三字节指令,机器码是"90H 12H 34H"。第二操作数的寻址方式也使用立即寻址,指令的执行过程如图 3-1(b)所示。例如:

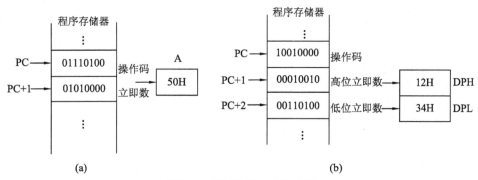

图 3-1　立即寻址方式示意图

2. 直接寻址

直接寻址是指令中直接给出操作数所在存储单元的地址,可用符号"direct"表示指令中的直接地址。直接寻址方式中直接地址所在的地址空间有以下两种:

(1) 内部数据存储区(00H～7FH)。

例如,MOV A,50H,将片内 RAM 50H 单元中的内容送入累加器 A。

第二操作数为直接寻址,50H 为直接地址。这是一条双字节指令,机器码是"E5H 50H",指令的执行过程见图 3-2。

(2) 特殊功能寄存器区(80H～FFH)。

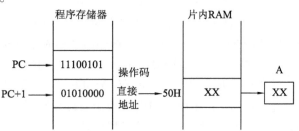

图 3-2　直接寻址方式示意图

特殊功能寄存器 SFR 只能用直接寻址方式访问。当直接寻址某个 SFR 时,直接地址可以用它的单元地址,也可以使用它的寄存器符号。以上两种表示方式,对应的机器码是唯一的。使用后者可以增强程序的可读性。例如:

    MOV   A,0D0H
    MOV   A,PSW

以上两条指令功能完全相同,都是将寄存器 PSW 的内容送到累加器 A 中,前一条指令中第二个操作数采用 PSW 寄存器的单元地址表示;后一条指令中则直接用 PSW 寄存器的名称来表示。但汇编后的机器码是完全一样的,均为两个字节:"E5H D0H"。

3. 寄存器寻址

寄存器寻址是指令中指定将某个寄存器的内容作为操作数,这类寄存器包括工作寄存器 R0 ~ R7、A、DPTR 等。例如:

    INC   R4   ;将当前工作寄存器 R4 的内容加 1

这是一条单字节指令,机器码是"0CH",指令中的操作数使用寄存器寻址方式。指令的执行过程如图 3-3 所示,图中指令的机器码表示为 00001rrr,其中的 rrr 与工作寄存器的编号有关,如本例中用到了 R4,则 rrr = 100,指令执行时,会根据当前 PSW 寄存器中 RS1、RS0 的状态确定当前工作寄存器区,同时再根据机器码中 rrr 的值,确定所要访问的是哪一个工作寄存器,最后找到这个工作寄存器所在的单元,将其中的内容加 1。

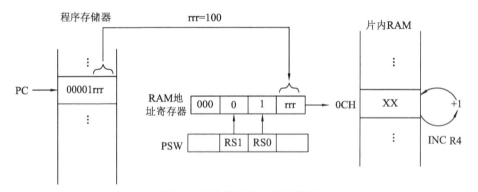

图 3-3 寄存器寻址方式示意图

4. 寄存器间接寻址

寄存器间接寻址是指令中指定将某一寄存器的内容作为操作数的地址,特别要注意的是,存放在寄存器中的内容不是操作数,而是操作数所在的存储单元的地址。

利用寄存器间接寻址可访问片内 RAM 和片外 RAM 单元中的内容。访问片内 RAM 中的数据时,只能使用寄存器 R0、R1 间接寻址;而访问片外 RAM 中的数据时,可使用 R0、R1 或 DPTR 间接寻址。此时,这些寄存器被用做地址指针,前面要加前缀符"@"。例如:

    MOV   A,@ R0   ;(A)←((R0))

该指令为单字节指令,机器码为"E6H",指令中第二操作数为间接寻址。假设 R0 中的内容是 40H,而 40H 单元的内容为 55H,则指令的功能是:以 R0 寄存器的内容 40H 为单元地址,把该单元中的内容 55H 送累加器 A,执行过程见图 3-4。

5. 变址寻址

变址寻址是以 16 位寄存器(PC 或 DPTR)的内容作为基址,以累加器 A 的内容作为偏移量,将两者进行相加得到的和作为操作数地址,变址寻址只能对程序存储器进行寻址,它可以分为两类:

(1) 以 PC 的当前值为基址。

例如:

  MOVC A,@A+PC ;(PC)←(PC)+1,(A)←((A)+(PC))

图 3-4　寄存器间接寻址

这是一条单字节指令,第二操作数为变址寻址。PC 的当前值是从程序存储器中取出该条指令后的 PC 值,它等于该条指令首字节地址加指令的字节数,上述指令的功能是:先使 PC 加 1,然后与累加器的内容相加,形成操作数的地址。

(2) 以 DPTR 的内容为基址。

例如:

  MOVC A,@A+DPTR ;(A)←((A)+(DPTR))

下面这段程序是将程序存储器 ROM 中 3005H 单元的内容读入累加器 A 中:

  MOV DPTR,#3000H ;(DPTR)←#3000H
  MOV A,#05H ;(A)←#05H
  MOVC A,@A+DPTR ;(A)←(3005H)

指令的执行过程见图 3-5。

6. 相对寻址

相对寻址主要用于转移指令,它是把指令中给出的相对地址偏移量 rel 与 PC 当前值相加,得到程序转移的目标地址。即

  目标地址 = PC 当前值 + rel

也即

  目的地址 = 源地址 + 转移指令字节数 + 偏移量

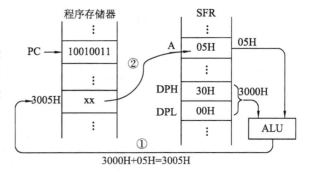

图 3-5　变址寻址方式示意图

rel 是一个带符号的 8 位二进制补码,其取值范围为 -128 ~ +127。指令中含有操作数 rel 的转移指令均为相对转移指令,采用的都是相对寻址方式。

例如,在地址 1068H 处有一条相对转移指令:

1068H: SJMP 30H ;(PC)←(PC)+2+rel

该指令为双字节指令,操作码为"80H 30H"。PC 的当前值 = 1068H + 2 = 106AH,把它与偏移量 30H 相加,就形成了程序转移的目标地址 109AH(向后跳转)。其执行过程如图 3-6 所示。

相对寻址方式只适合对程序存储器的访问。

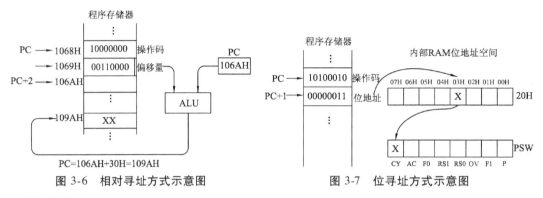

图 3-6 相对寻址方式示意图　　　　图 3-7 位寻址方式示意图

7. 位寻址

位寻址是对片内 RAM 和特殊功能寄存器中的可位寻址的位进行操作的寻址方式。这种寻址方式也属于直接寻址方式,因此与直接寻址方式的执行过程基本相同,但参与操作的数据是 1 位而不是 8 位。它借助于进位 CY 作为位寻址的操作累加器。

指令中直接给出位操作数的地址,这种寻址方式称为位寻址。位寻址只能出现在位操作指令中。指令中的位地址可用符号"bit"表示。例如:

　　MOV　C,03H　　　　　　　　;C←(03H)

源操作数采用位寻址方式,指令的功能是将位地址 03H 的内容送到进位标志 CY 中。指令的执行过程如图 3-7 所示。

注意:MOV 20H,C 与 MOV A,20H 两条语句的区别:前者是位寻址;后者是字节直接寻址。

寻址方式与存储器结构有很密切的关系,在使用中要注意哪一类存储器适合于用哪一类寻址方式,如表 3-3 所示。

表 3-3 寻址方式小结

寻址方式	使用的变量及符号	访问的空间
立即寻址	#	程序存储器
寄存器寻址	Rn、A、B、C、DPTR	Rn、A、B、C、DPTR
寄存器间接寻址	@ Ri	片内 RAM 低 128B,片外 RAM
	@ DPTR	片外 RAM
直接寻址	direct	片内 RAM 低 128B,SFR
基址加变址寻址	@ A + PC	程序存储器
	@ A + DPTR	程序存储器
相对寻址	PC + 偏移量	程序存储器 256B 范围内
位寻址	bit	片内 RAM 的位寻址区的位和 SFR 中可以位寻址的位

3.1.4 数据传送类指令(29 条)

在计算机工作过程中,数据传送是最基本的操作。按照操作方式把传送指令分为三种：

（1）数据单向传送，助记符为 MOV、MOVX、MOVC。

（2）数据交换，助记符为 XCH、XCHD、SWAP。

（3）堆栈操作，助记符为 PUSH、POP。

MCS-51 单片机的数据传送指令十分丰富，给程序设计带来了很大的方便。传送类指令除了以 A 为目的操作数的指令会影响 PSW 中的 P 标志外，一般不影响标志位。下面我们分类介绍这类指令。

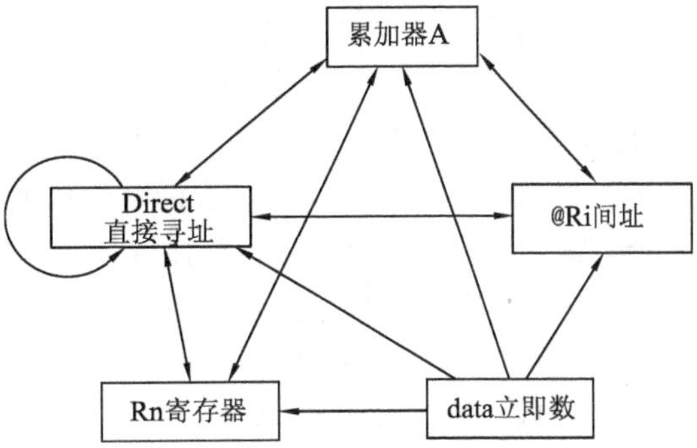

图 3-8 片内 RAM 数据传送示意图

1. 片内 RAM 的数据传送指令（16 条）

这类指令的助记符为 MOV。

指令格式：MOV　目标操作数，源操作数

说明：这类指令的功能是将源操作数送至目标操作数，指令执行后源操作数不变，目标操作数变为源操作数。数据传输形式如图 3-8 所示。指令如表 3-4 所示。

表 3-4　片内 RAM 的数据传送类指令

类　型	指令格式	指令功能
以累加器 A 为目的地址	MOV A,#data	(A)←#data
	MOV A,direct	(A)←(direct)
	MOV A,Rn	(A)←(Rn)
	MOV A,@Ri	(A)←((Ri))
以寄存器 Rn 为目的地址	MOV Rn,#data	(Rn)←#data
	MOV Rn,direct	(Rn)←(direct)
	MOV Rn,A	(Rn)←(A)
以直接地址为目的地址	MOV direct,A	(direct)←(A)
	MOV direct,Rn	(direct)←(Rn)
	MOV direct1,direct2	(direct1)←(direct2)
	MOV direct,@Ri	(direct)←((Ri))
	MOV direct,#data	(direct)←#data
以寄存器间接地址为目的地址	MOV @Ri,A	((Ri))←(A)
	MOV @Ri,direct	((Ri))←(direct)
	MOV @Ri,#data	((Ri))←#data
以 DPTR 为目的地址的 16 位数据传送指令	MOV DPTR,#data16	(DPH)=#dataH (DPL)=#dataL

使用说明:

(1) 以累加器 A 为目的地址的这组指令的功能是把源操作数送入累加器 A 中。源操作数的寻址方式分别为寄存器寻址、直接寻址、寄存器间接寻址和立即寻址方式。机器码中 i 的值取决于@Ri 的下标(i=0 或 1)。

(2) 以 Rn 为目的地址的这组指令的功能是把源操作数送入工作寄存器中。源操作数的寻址方式分别为寄存器寻址、直接寻址和立即寻址方式。

例如,设(50H)=30H,执行指令:

  MOV R0,#50H
  MOV A,@R0

执行结果是:

(R0)=50H,(A)=30H,(50H)=30H

(3) 以直接地址为目的地址的这组指令的功能是将源操作数送入直接地址所指的存储单元中。源操作数的寻址方式分别为寄存器寻址、寄存器间接寻址、直接寻址和立即寻址方式。例如,MOV 30H,50H 指令的功能是将片内 RAM 50H 单元的内容送到片内 RAM 地址为 30H 的单元中。

(4) 以寄存器间接地址为目的地址的这组指令的功能是把源操作数送入 R0 或 R1 为间接寻址的片内 RAM 单元中。源操作数的寻址方式分别为寄存器寻址、直接寻址和立即寻址方式。

该组指令中目的操作数是寄存器间接寻址方式,可在片内 RAM 的 00H~7FH 范围内寻址,寄存器间接寻址是不能对 SFR 区进行访问的,这是对 8051、8031、8751 等芯片而言的。对增强型单片机芯片如 8052、8032 和 8752 等具有与 SFR 区地址重叠的高 128 个单元(80~FFH)的片内 RAM,该高 128 个单元只能采用寄存器间接寻址方式进行读写操作。

(5) 以 DPTR 为目的地址的 16 位指令的功能是把一个 16 位立即数送入 DPTR 寄存器,立即数的高 8 位送 DPH,立即数的低 8 位送 DPL。

例 3-1 已知片内 RAM 中(R1)=32H,(30H)=AAH,(31H)=BBH,(32H)=CCH。求下列指令执行后累加器 A、50H、R6、32H 和 P1 口的内容。

  MOV A,30H   ;(A)←(30H)
  MOV 50H,A   ;(50H)←(A)
  MOV R6,31H   ;(R6)←(31H)
  MOV @R1,30H   ;((R1))←(30H)
  MOV P1,32H   ;(P1)←(32H)

执行后,(A)=AAH,(50H)=AAH,(R6)=BBH,(32H)=AAH,(P1)=AAH。

2. 片外 RAM 的数据传送指令(4 条)

访问片内 RAM 用 MOV 指令,访问片外 RAM 用 MOVX 指令。对片外 RAM 的读写操作,只能用寄存器间接寻址方式,R0、R1 或 DPTR 可作间接寻址的寄存器。此类指令实际上是片外 RAM 与累加器 A 之间的传送指令。指令格式如下:

  MOVX 目标操作数,源操作数

说明:将源操作数送至目标操作数,指令执行后源操作数不变,目标操作数变为源操作数。该类指令均可影响 PSW 的 P 标志位。该类指令如表 3-5 所示。

表 3-5 片外 RAM 的数据传送类指令

类型	指令格式	指令功能	类型	指令格式	指令功能
读外部 RAM	MOVX A,@Ri	(A)←((P2)+(Ri))	写外部 RAM	MOVX @Ri,A	((P2)+(Ri))←(A)
	MOVX A,@DPTR	(A)←((DPTR))		MOVX @DPTR,A	((DPTR))←(A)

使用说明：

（1）使用 DPTR 间接寻址的指令时,要先将访问的片外 RAM 单元的地址送入 DPTR,然后再用上述指令来实现数据的传送。

例 3-2　将片外 RAM 1000H 单元中的内容送到片外 RAM 的 2000H 单元。

  MOV DPTR,#1000H ;(DPTR)← #1000H
  MOVX A,@DPTR   ;(A)←((DPTR))
  MOV DPTR,#2000H ;(DPTR)← #2000H
  MOVX @DPTR,A   ;((DPTR))←(A)

在两个片外 RAM 单元之间是不能直接进行数据的传送的,必须经过片内的累加器 A 来间接地传送。由于 DPTR 是 16 位的地址指针,因此可寻址 64KB 的外部 RAM。

（2）使用 R0 和 R1 间接寻址的指令时,要先将外部 RAM 的单元地址送入 Ri（R0 或 R1),由于 Ri 只能存入 8 位地址,因此用它对外部 RAM 间接寻址只能限于 256 个单元。由 P2 口输出外部 RAM 的高 8 位地址（也称页地址),而由 Ri 提供低 8 位地址（进行页内寻址,每 256 个单元为 1 页),则可共同寻址 64KB 范围。P0 口作分时复用的总线。（读时 P3.7 引脚输出有效的 $\overline{RD}$ 信号,写时 P3.6 引脚输出有效的 $\overline{WR}$ 信号）

例 3-3　将累加器 A 的内容送到外部 RAM 的 3050H 单元。

  MOV P2,#30H   ;(P2)← #30H,得到页地址
  MOV R0,#50H   ;(R0)← #50H,得到页内地址
  MOVX @R0,A   ;(3050H)←(A)

例 3-4　将片内 RAM 中 30H 单元的内容送到片外 RAM 的 3000H 单元。

  MOV A,30H   ;(A)←(30H)
  MOV DPTR,#3000H ;(DPTR)← #3000H
  MOVX @DPTR,A   ;(DPTR)←(A)

3. 程序存储器 ROM 的数据传送指令（2 条）

指令格式：

  MOVC 目标操作数,源操作数

说明：将源操作数送至目标操作数,指令执行后源操作数不变,目标操作数变为源操作数。这类指令只有两条,如表 3-6 所示。

表 3-6 ROM 的数据传送类指令

类　型	指令格式	指令功能
PC 为基址	MOVC A,@A+PC	(A)←((PC)+(A))
DPTR 为基址	MOVC A,@A+DPTR	(A)←((DPTR)+(A))

使用说明:此类指令功能是把程序存储器中源操作数的内容送入累加器 A。程序存储器中除了存放程序之外,还会放一些表格数据,这组指令用于到程序存储器中查表格数据,并将它送入累加器 A,所以也称它们为查表指令。

MOVC A,@A+PC 和 MOVC A,@A+DPTR 的区别是指令的源操作数为变址寻址方式,前一条指令以 PC 作为基址寄存器,A 为变址寄存器,PC 的当前值与 A 中的内容相加得到 16 位地址,将该地址所指的程序存储单元的内容送到累加器 A,查表的范围是相对当前 PC 值以后的 256B 的地址空间;后一条指令是以 DPTR 作基址寄存器,A 为变址寄存器,A 的内容与 DPTR 内容相加得到 16 位地址,将该地址所指的程序存储器的单元内容送入累加器 A,查表的范围可达 64KB 地址空间。累加器 A 中的内容均是 8 位无符号数。

例 3-5　在程序存储器中,有一数据表格区,表格起始地址是 7000H,表格中部分值如下所示:

7010H： 02H
7011H： 04H
7012H： 06H
7013H： 08H

试编写程序求 7010H 单元里的值。

解

1004H： MOV　　A,#10H
1006H： MOV　　DPTR,#7000H
1009H： MOVC　　A,@A+DPTR

结果:(A)=02H (PC)=100AH

4. 交换指令(5 条)

数据交换是在内部 RAM 单元与累加器 A 之间进行的,有字节交换和半字节交换两种。

这类指令属于数据双向传送,交换源和目的两个单元的全部或部分内容,其中一方只能是累加器 A。交换指令如表 3-7 所示(影响标志位 P)。

表 3-7　交换指令

类　型	指令格式	指令功能
字节交换指令	XCH A,Rn	(A)←→(Rn)
	XCH A,direct	(A)←→(direct)
	XCH A,@Ri	(A)←→((Ri))
半字节交换指令	XCHD A,@Ri	(A)0~3←→((Ri))0~3
	SWAP A	(A)0~3←→(A)4~7

使用说明:

(1) 字节交换指令的功能是将累加器 A 的内容与源操作数相互交换。源操作数的寻址方式分别为寄存器寻址、直接寻址和寄存器间接寻址方式。

(2) 半字节交换指令 XCHD 的功能是将累加器 A 的低 4 位与 Ri 间接寻址单元内容的低 4 位相互交换,各自的高 4 位维持不变。

（3）累加器 A 半字节交换指令 SWAP 的功能是将累加器 A 中内容的高 4 位与低 4 位互换。

例 3-6 将 20H 单元中的内容与 A 中的内容互换,然后将 A 的高 4 位存入 B 的低 4 位,A 的低 4 位存入 B 的高 4 位。

  XCH A,20H   ;(A)⟷(20H)
  SWAP A   ;(A)0~3⟷(A)4~7
  MOV B,A   ;(B)←(A)

5. 堆栈操作指令(2 条)

在 MCS-51 系列单片机的片内 RAM 中,可设置一个后进先出的堆栈区,主要用于保护和恢复 CPU 的工作现场,也可实现内部 RAM 单元之间的数据传送和交换。堆栈操作时,堆栈指针 SP 始终指向栈顶位置。一般在初始化时应对 SP 进行设定,通常将堆栈设在内部 RAM 的 30H~7FH 范围内。堆栈常用于暂存或恢复数据,通过 MOV 指令对堆栈指针 SP 赋值,可以把栈顶设在片内 RAM 的任何一个单元。堆栈操作有进栈和出栈两种。

堆栈指令如表 3-8 所示。

表 3-8 堆栈操作指令

类　型	指令格式	指令功能	类　型	指令格式	指令功能
入栈指令	PUSH direct	(sp)=(sp)+1 ((sp))=(direct)	出栈指令	POP direct	(direct)=((sp)) (sp)=(sp)-1

使用说明:

（1）进栈指令是一条双字节指令,操作数只能采用直接寻址的方式访问。指令的功能是先将堆栈指针 SP 的内容加 1(指针上移一个单元),然后将直接寻址的单元内容送到 SP 指针所指的堆栈单元中(栈顶)。

例 3-7 设(SP)=30H,(DPTR)=1234H,试分析下列指令的执行结果:

  PUSH DPL   ;(SP)+1=31H→(SP);(DPL)=34H→(31H)
  PUSH DPH   ;(SP)+1=32H→(SP);(DPH)=12H→(32H)

执行结果为(32H)=12H,(31H)=34H,(SP)=32H。

（2）出栈指令是将堆栈指针 SP 所指的单元(栈顶)内容弹出,并送入直接寻址的(direct)单元中,然后 SP 的内容减 1(指针下移一个单元)。

例 3-8 设(SP)=32H,(31H)=23H,(32H)=01H,试分析下列指令的执行结果:

  POP DPH   ;((SP))=(32H)=01H→(DPH)
             ;(SP)-1=32H-1=31H→(SP)
  POP DPL   ;((SP))=(31H)=23H→(DPL)
             ;(SP)-1=31H-1=30H→(SP)

执行结果为(DPTR)=0123H,(SP)=30H。

要注意的是,栈操作指令中累加器 A 必须写成全名:PUSH ACC 和 POP ACC,而不能写成:PUSH A 和 POP A。

例 3-9 分析下面的程序段。

  MOV SP,#5FH   ;(SP)←5FH

```
MOV    A,#100          ;(A)←100
MOV    B,#20           ;(B)←20
PUSH   ACC             ;(SP)+1=60H→(SP);(A)=64H→(60H)
PUSH   B               ;(SP)+1=61H→(SP);(B)=14H→(61H)
POP    B               ;((SP))=(61H)=14H→(B)
                       ;(SP)-1=61H-1=60H→(SP)
POP    ACC             ;((SP))=(60H)=64H→(A)
                       ;(SP)-1=60H-1=5FH→(SP)
```

PUSH 指令的执行过程是：首先将 SP 中的值加 1，然后把 SP 中的值当做地址，将 direct 中的值送进以 SP 中的值为地址的 RAM 单元中。在本程序段，执行第一条"PUSH ACC"指令是这样的：将 SP 中的值加 1，即变为 60H，然后将 A 中的值送到 60H 单元中，因此执行完本条指令后，内存 60H 单元的值就是 100，同样，执行"PUSH B"时，将 SP 中的值加 1，即变为 61H，然后将 B 中的值送入到 61H 单元中，即执行完本条指令后，61H 单元中的值变为 20。

而 POP 指令的执行过程是，首先将 SP 中的值作为地址，并将此地址中的数送到 POP 指令后面的那个 direct 中，然后 SP 减 1。在上面程序段中，"POP B"的执行过程是：将 SP 中的值（现在是 61H）作为地址，取 61H 单元中的数值（现在是 20），送到 B 中，所以执行完本条指令后 B 中的值是 20，然后将 SP 中的值减 1，因此本条指令执行完后，SP 的值变为 60H，然后执行"POP ACC"，将 SP 中的值（60H）作为地址，从该地址中取数（现在是 100），并送到 ACC 中，所以执行完本条指令后，ACC 中的值是 100。

3.1.5 算术运算类指令（24 条）

MCS-51 系列单片机的指令系统提供四种基本的数学运算（+、-、×、÷）和十进制调整几类指令，使用这类指令时，要注意 PSW 中标志位的变化（除加 1、减 1 指令外，其余指令均能影响标志位）。

1. 加法指令（8 条）

加法指令分为不带进位的和带进位的，如表 3-9 所示。

表 3-9 加法指令

指令类型	指令格式	指令功能	对 PSW 影响			
			CY	AC	OV	P
不带进位的加法指令	ADD A,Rn	(A)←(A)+(Rn)	√	√	√	√
	ADD A,direct	(A)←(A)+(direct)	√	√	√	√
	ADD A,@Ri	(A)←(A)+((Ri))	√	√	√	√
	ADD A,#data	(A)←(A)+#data	√	√	√	√
带进位的加法指令	ADDC A,Rn	(A)←(A)+(Rn)+CY	√	√	√	√
	ADDC A,direct	(A)←(A)+(direct)+CY	√	√	√	√
	ADDC A,@Ri	(A)←(A)+((Ri))+CY	√	√	√	√
	ADDC A,#data	(A)←(A)+#data+CY	√	√	√	√

使用注意：

（1）不带进位的加法指令的功能是：将源操作数和累加器 A 中的操作数相加,其结果存放到 A 中。源操作数分别为寄存器寻址、直接寻址、寄存器间接寻址和立即寻址。

在做加减法运算时,用户既可以根据编程需要把参加运算的两个操作数看做是无符号数(0~255),也可以把它们看做是带符号数(-128~+127),此时应为补码形式,但运算结果会对 PSW 中的标志位产生同样的影响。

若把两个加数当做带符号数时,由 OV 标志来判断,若溢出标志 OV=0,表明未溢出,故结果正确,但应注意此时的进位值应丢弃;若溢出标志 OV=1,表示溢出,说明运算结果出错(超出了-128~+127 的范围)。

例 3-10 设有两个无符号数放在 A 和 R0 中,设(A)=0C6H(198),(R0)=68H(104),执行指令 ADD A,R0,试分析运算结果及对标志位的影响。

解 写成竖式如下：

```
    (A)      11000110  | 198
    (R0)   + 01101000  | +104
    (A)     100101110  | 302
```

结果是：(A)=2EH,CY=1,AC=0,OV=0。

两个无符号数相加,要根据 CY 来判断,由 CY=1 可知本次运算结果发生了溢出,结果超出了 255,结果应该是包括 CY 在内的 9 位二进制数(即 302)。

（2）带进位的加法指令的功能是:将累加器 A 的内容、指令中的源操作数和 CY 的值相加,并把相加结果存放到 A 中。

ADDC 指令对 PSW 标志位的影响与 ADD 指令相同。这组指令常用于多字节加法运算中的高字节相加,考虑到了低字节相加时产生向高字节的进位情况。

2. 带借位的减法指令(4 条)

带借位的减法指令如表 3-10 所示。

表 3-10 减法指令

指令格式	指令功能	对 PSW 影响			
		CY	AC	OV	P
SUBB A, Rn	(A)←(A)-(Rn)-CY	√	√	√	√
SUBB A,direct	(A)←(A)-(direct)-CY	√	√	√	√
SUBB A,@Ri	(A)←(A)-((Ri))-CY	√	√	√	√
SUBB A,#data	(A)←(A)-#data-CY	√	√	√	√

使用说明:带借位减法指令的功能是:从累加器 A 减去源操作数及标志位 CY,其结果再送累加器 A。即被减数在累加器 A 中,减数分别采用寄存器寻址、直接寻址、寄存器间接寻址和立即寻址方式,还有一个减数为 PSW 中的 CY 位。CY 位在减法运算中是作借位标志。

MCS-51 单片机的指令系统,没有提供不带借位的减法指令。若要进行不带借位的减法运算,只需先将 CY 位清 0 即可。SUBB 指令对 PSW 的标志位会产生影响。

若A中的相减结果中含1的个数为奇数,则P位被置1,否则P位被清0。
如果是无符号数相减,CY=0,表示无借位;CY=1,表示有借位。
如果是带符号数相减,OV=0,表示无溢出,A中为正确结果;OV=1,表示有溢出(超出−128~+127的范围),运算结果错误。

例3-11 设(A)=98H,(R1)=6AH,CY=1,执行指令SUBB A,R1,分析执行结果及对标志位的影响。

解:

	(A)	10011000	98H
	(R1)	01101010	6AH
	CY	− 1	−1
	(A)	00101101	2DH

执行结果为(A)=2DH,CY=0,AC=1,OV=1。
若看成无符号数相减,因CY=0,表示无借位,152−106−1 = 45。
若看成带符号数相减,因OV=1,表示溢出,结果出错,(−104)−(+106)−1 = +45。
在单片机内部,减法是变成补码加法进行的;在实际应用中,若要判断减法的操作结果,可按二进制减法进行。无论相减的数是无符号数还是带符号数,减法操作总是按带符号数进行的,并对PSW的各标志位产生影响。

3. 加1指令(5条)和减1指令(4条)

该类指令如表3-11所示。加1和减1指令中只有操作数为A的指令会对P有影响,其余均不会对任何标志位有影响。

表3-11 加1、减1指令

类型	指令格式	指令功能	类型	指令格式	指令功能
加1指令	INC A	(A)←(A)+1	减1指令	DEC A	(A)←(A)−1
	INC Rn	(Rn)←(Rn)+1		DEC Rn	(Rn)←(Rn)−1
	INC direct	(direct)←(direct)+1		DEC direct	(direct)←(direct)−1
	INC @Ri	((Ri))←((Ri))+1		DEC @Ri	((Ri))←((Ri))−1
	INC DPTR	(DPTR)←(DPTR)+1			

使用说明:
(1) 加1指令的功能是:使源地址所指的RAM单元中的内容加1。操作数可采用寄存器寻址、直接寻址、寄存器间接寻址方式。

例3-12 设有两个16位无符号数,被加数存放在内部RAM的30H(低位字节)和31H(高位字节)中,加数存放在40H(低位字节)和41H(高位字节)中。试写出求两数之和,并把结果存放在30H和31H单元中的程序。

解 参考程序如下:
  MOV R0,#30H ;地址指针R0赋值
  MOV R1,#40H ;地址指针R1赋值

```
MOV    A,@R0        ;被加数的低 8 位送 A
ADD    A,@R1        ;被加数与加数的低 8 位相加,和送 A,并影响 CY 标志
MOV    @R0,A        ;和的低 8 位存 30H 单元
INC    R0           ;修改地址指针 R0
INC    R1           ;修改地址指针 R1
MOV    A,@R0        ;被加数的高 8 位送 A
ADDC   A,@R1        ;被加数和加数的高 8 位与 CY 相加,和送 A
MOV    @R0,A        ;和的高 8 位存 31H 单元
```

(2)减 1 指令的功能是:使源地址所指的 RAM 单元中的内容减 1。操作数可采用寄存器寻址、直接寻址和寄存器间接寻址方式。

4. 其他算术指令(3 条)

本类指令有乘除法指令及 BCD 码调整指令,如表 3-12 所示。

表 3-12 其他类型的算术指令

类型	指令格式	指令功能	对 PSW 影响			
			CY	AC	OV	P
乘法	MUL AB	(B)(A)←(A)×(B)	0	×	√	√
除法	DIV AB	AB←(A)/(B)	0	×	√	√
BCD 调整	DA A	对 A 进行十进制调整指令	√	√	×	√

使用说明:

(1)乘法指令。

该指令的功能是:把累加器 A 和寄存器 B 中两个 8 位无符号整数相乘,并把乘积的高 8 位存于寄存器 B 中,低 8 位存于累加器 A 中。

乘法运算指令执行时会对标志位产生影响:CY 标志总是被清 0,即 CY = 0。OV 标志则反映乘积的位数,若 OV = 1,表示乘积为 16 位数;若 OV = 0,表示乘积为 8 位数。

例 3-13 设(A) = 64H(100),(B) = 3CH(60),执行指令 MUL AB,结果是:(A)×(B) = 1770H(6000),(A) = 70H,(B) = 17H,CY = 0,OV = 1。

(2)除法指令。

该指令的功能是:把累加器 A 和寄存器 B 中的两个 8 位无符号整数相除,所得商的整数部分存于累加器 A 中,余数存于 B 中。

除法指令执行过程对标志位的影响:CY 位总是被清 0。OV 标志位的状态反映寄存器 B 中的除数情况,若除数为 0,则 OV = 1,表示本次运算无意义;否则,OV = 0。

例 3-14 设(A) = 0F0H(240),(B) = 20H(32),执行指令 DIV AB,结果是:(A) = 07H(商 7),(B) = 10H(余数 16),CY = 0,OV = 0。

(3)十进制调整指令。

该指令用于实现 BCD 码的加法运算,其功能是:将累加器 A 中按二进制相加后的结果调整成 BCD 码相加的结果。

BCD 码是用 4 位二进制编码代表 1 位十进制数,用 0000B ~ 1001B 表示 0 ~ 9,1010B ~

1111B 不使用,它遵循逢十进位的原则,1001B(9)加 1 不等于 1010B(A),而应该等于 0001 0000(10)。而 BCD 加法在计算机中是按二进制加法完成的,低 4 位的进位遵循逢十六进一的原则,只有当 1111B(F)加 1 才等于 0001 0000(10),这样会造成结果值少了 6,必须对结果进行修正,重新加上 6 之后,结果才正确。因此在进行 BCD 码加法时,必须对二进制加法的结果进行修正,使其满足逢十进位的原则。

例 3-15 设(A) = (01110101)$_{BCD}$ = 75,(R3) = (01101001)$_{BCD}$ = 69,CY = 0,执行:

  ADD A,R3

  DA A

执行过程如下:

```
   (A)         01110101
   (R3)     +  01101001
   ───────────────────────
   (A)         11011110   ←得到二进制加法的结果
            +       110   ←低 4 位>9,加 6 修正
   ───────────────────────
               11100100
            +      110    ←高 4 位>9,加 6 修正
   ───────────────────────
              101000100   ←得到 BCD 码加法的正确结果
              ↑进位
```

执行后(A) = (01000100)$_{BCD}$ = 44,(CY) = 1。运算结果为 144。

3.1.6 顺序结构程序设计

顺序结构程序是指一种无分支的直接程序,是按照逻辑操作顺序,从第一条指令开始逐条顺序执行,直到最后一条指令为止。可见顺序结构程序其组成结构简单,程序的逻辑流向是一维的,程序的具体内容不一定简单,在实际编程中,如何正确选择指令,合理使用工作寄存器、节省存储单元等,是编写好程序的基本功。

例 3-16 将一双字节数存入片内 RAM。设待存双字节数高位在工作寄存器 R2 中,低字节在累加器 A 中,要求高字节存入片内 RAM 的 36H 单元,低字节存入 35H 单元。

解 参考源程序如下:

```
    ORG    0000H       ;程序存放的入口地址确定
    MOV    R0,#35H     ;R0 置为 35H
    MOV    @R0,A       ;低字节存入 35H 单元
    INC    R0          ;R0 置为 36H
    XCH    A,R2        ;R2 与 A 的内容互换
    MOV    @R0,A       ;高字节存入 36H 单元
    XCH    A,R2        ;R2 与 A 的内容再次互换,两者内容恢复原状
    END                ;程序结束
```

3.1.7 项目4——简易加法运算器设计

1. 任务描述

本项目是用单片机设计简易加法运算器,要求:对两个8位二进制无符号数进行加法运算。用外接的拨码开关设置参与加法运算的数据,运算的结果通过 LED 灯显示。

2. 总体设计

我们选择 AT89S51 单片机作为主控制器,系统硬件电路由单片机最小系统硬件电路、LED 显示电路和拨码开关的连接电路组成。单片机主要完成外围器件的控制及一些运算功能。拨码开关用于设置参与运算的数据,拨码开关种类很多,在此选择 8P 拨码开关。LED 显示部分则用 9 个 LED 灯实现运算结果的显示。

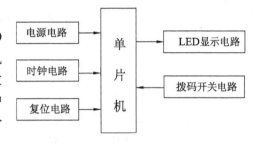

图 3-9 简易加法器系统结构图

在本项目中,如何读取运算数据、如何进行加法运算和如何将结果显示都需要软件来实现。由于本任务要求简单直接,只要按照"运算数据读取→算术运算→结果显示"的顺序进行编程即可,故整个程序架构可采用顺序结构实现。系统结构如图 3-9 所示。

3. 硬件设计

实现本项目的硬件电路中包含的主要元器件为:AT89S51 1 片、78L05 1 个、LED 灯 9 个、8P 拨码开关 2 个、12MHz 晶振 1 个、电阻和电容等若干。系统硬件电路原理图如图 3-10 所示。

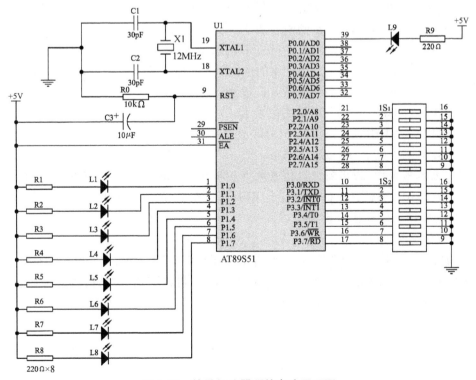

图 3-10 简易加法器硬件电路原理图

P2.0~P2.7 和 P3.0~P3.7 分别接两个 8P 拨码开关。拨码开关有两个状态"ON"和"OFF",用户可通过拨码开关中各独立开关所处的位置来确定开关的状态,从而设定加数的数值,两个加数的设置范围均为 00000000B~11111111B(即十进制 0~255)。在本项目中,开关拨至"OFF",相应位输入为"1";开关拨至"ON",则输入为"0"。由于该项目是对两个 8 位无符号数进行加法运算的,加法运算的结果范围为 00000000B~111111110B,结果显示需要 9 个 LED。9 个 LED 灯分两组,低电平点亮,分别接 P1.0~P1.7 和 P0.0。其中 P1 口的 LED 显示结果低 8 位,P0 口的 LED 显示结果高位。R1~R9 为限流电阻,其阻值选择为 220Ω,以保证 LED 灯正常点亮。

4. 软件设计

(1) 软件流程图。

软件流程图见图 3-11。

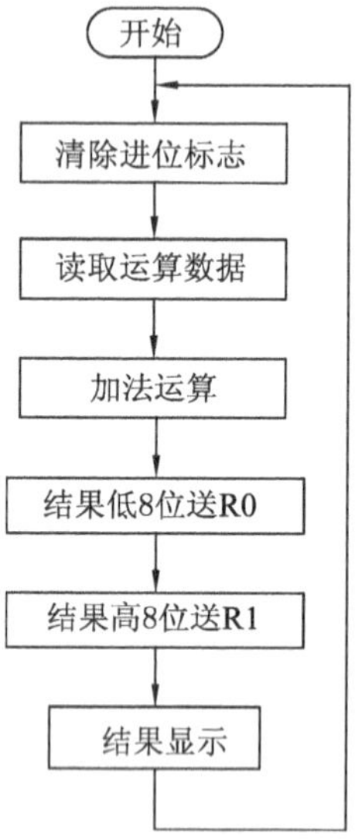

(2) 汇编源程序。

```
        ORG    0000H       ;复位后程序入口地址
        LJMP   START       ;跳至主程序      程序入口处理
        ORG    0040H       ;确定主程序入口地址
START:
        CLR    C           ;清除进位标志
        MOV    A,P3        ;读取运算数据 1
        MOV    B,P2        ;读取运算数据 2
        ADD    A,B         ;2 个数据相加
        MOV    R0,A        ;运算结果低 8 位送 R0
        MOV    A,#00H      ;A 的内容清 0
        ADDC   A,#0        ;将进位标志 C 的值置入 A
        MOV    R1,A        ;结果产生的进位即第 9 位送 R1
        MOV    P1,R0       ;结果低 8 位显示
        MOV    P0,R1       ;结果高位显示
        SJMP   START       ;跳回 START 处进行下次运算
        END                ;程序结束
```

图 3-11 简易加法器软件流程图

注意:在本项目中,除用到数据传送类指令和算术运算类指令外,还用到了其他类型的部分指令(如 SJMP)和伪指令(如 ORG 和 END),鉴于篇幅,在本项目中只需了解所涉及指令功能即可,其详细讲解见后续项目。

5. 虚拟仿真与调试

简易加法运算器的 PROTEUS 仿真硬件电路图如图 3-12 所示,在 Keil μVision3 与 PROTEUS 环境下完成简易加法运算器的仿真调试。观察调试结果,拨动拨码开关设置加数的数值,二数据相加后的结果在 LED 上可正确显示。

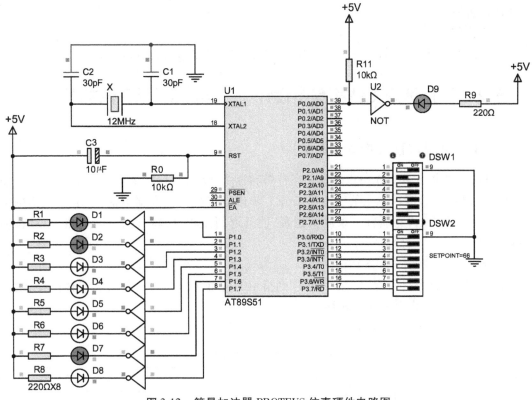

图 3-12 简易加法器 PROTEUS 仿真硬件电路图

6. 硬件制作与调试

(1) 元器件采购。

本项目采购清单见表 3-13。

表 3-13 元器件清单

序号	器件名称	规格	数量	序号	器件名称	规格	数量
1	单片机	AT89S51	1	6	电阻	220Ω	9
2	电解电容	10μF	1	7	DIP 拨码开关	8 位	2
3	瓷介电容	30pF	2	8	发光二极管	Φ5	9
4	晶振	12MHz	1	9	印制板	PCB	1
5	电阻	10kΩ	2	10	集成电路插座	DIP40	1

(2) 调试注意事项。

① 静态调试要点。

本项目重点关注两个 8 位拨码开关需分别接至 P2 口和 P3 口，8 个 LED 接至 P1 口，第 9 个 LED 灯需接至 P0.0。

② 动态调试要点。

在硬件调试时可能会出现加法运算结果显示不正确，原因可能有两个：一是拨码开关不起作用或不可靠，检查拨码开关接线是否正确、电路是否虚焊；二是可能有的 LED 灯不能正常显示，此时，需检查 LED 的极性是否接反、限流电阻的选择是否合适、电路是否虚焊以及 LED 是否损坏。

7. 能力拓展

在该项目基础上,分别实现 8 位二进制数的减法、乘法和除法运算。

3.2 单片机分支结构程序设计——多路信号灯控制器设计

3.2.1 控制转移类指令(17 条)

控制转移类指令分为无条件转移和条件转移两类,所有转移指令均是改变 PC 的值,使程序从新的 PC 开始执行。无条件转移又分为转移指令和子程序调用指令,子程序调用指令在执行完子程序后,必须有一条返回指令,使其返回主程序;转移指令则不然,一旦转移就不再返回。

1. 无条件转移指令(4 条)

无条件转移指令是使程序无条件转移到指定的地址去执行。它分为长转移指令、绝对转移指令、相对转移指令和间接转移指令 4 条。该类指令不影响标志位。

无条件转移指令如表 3-14 所示。

表 3-14 无条件转移指令

类型	指令格式	指令功能	类型	指令格式	指令功能
绝对转移	AJMP addr11	(PC)←(PC)+2 PC10 ~ PC0←addr11 PC15 ~ PC11 不变	相对转移	SJMP rel	(PC)←(PC)+2 (PC)←(PC)+rel
长转移	LJMP addr16	(PC)←addr16	间接转移	JMP @ A + DPTR	(PC)←(A)+(DPTR)

使用说明:

(1) 绝对转移指令的功能是:先使程序计数器 PC 值加 2(完成取指并指向下一条指令的地址),然后将指令提供的 addr11 作为转移目的地址的低 11 位,和 PC 当前值的高 5 位形成 16 位的目标地址,程序随即转移到该地址处执行。这是一条 2 字节指令。

addr11 可表示的地址范围为 00000000000 ~ 11111111111,范围为 2KB。转移地址的高 5 位是 PC 当前值中的内容,也就是说,转移地址的高 5 位和 PC 当前值的高 5 位相同,低 11 位地址不同,即指令的目标地址和 PC 当前值位于同一个 2KB 区域内。不符合这个规定将不能转移。故绝对转移指令允许在 2KB 范围内转移。

例 3-17 判断下面指令能否正确执行?

2000H: AJMP   2F00H

取指后 PC + 2 = 2002H,高 5 位地址为 00100,而转移地址 2F00H 的高 5 位是 00101,两个地址不处在同一个 2KB 区,故不能正确转移。

(2) 长转移指令的功能是将指令提供的 16 位地址(addr16)送入 PC,然后程序无条件地转向目标地址(addr16)处执行。

addr16 可表示的地址范围是 0000H ~ FFFFH,因此可实现在整个程序存储器的 64KB 范围内转移。本条指令为 3 字节指令。例如:

```
        LJMP    2000H       ;(PC)←2000H,程序转向2000H地址处执行
        LJMP    START       ;(PC)← START,程序转向START地址处执行
```
在后一条指令中,使用了符号地址START,这在程序中很常见,符号地址是某条指令前的标号。

(3) 相对转移指令是一条相对寻址方式的无条件转移指令,字节数为2。指令的功能是先使程序计数器PC+2(完成取指并指向下一条指令地址),然后把PC当前值与地址偏移量rel相加作为目标转移地址,即目标地址 = PC + 2 + rel = (PC)$_{当前值}$ + rel。

rel是一个带符号的8位二进制数的补码(数值范围是 -128 ~ +127),所以SJMP指令的转移范围是:以PC当前值为起点,可向前(" - "号表示)跳128个字节,或向后(" + "号表示)跳127字节。

例3-18 确定以下指令的转移目标地址各为多少?

① 3000H: SJMP   20H
② 3000H: SJMP   D7H

解 ① 20H(00100000)为正数,程序将向后转移,所以

目标地址 = PC + 2 + rel = (PC)$_{当前值}$ + rel = 3000H + 2 + 20H = 3022H

② D7H(11010111)是负数,程序将向前转移,D7H = (-29H)$_{补}$,所以

目标地址 = PC + 2 + rel = 3000H + 2 + (-29H) = 2FD9H

例3-19 分析下面指令的功能:

HERE: SJMP   0FEH

解 0FEH为负数(11111110),0FEH = (-2)$_{补}$,所以

目标地址 = (PC + 2) + rel = HERE + 2 + (-2) = HERE

指令的执行结果是转向本条指令自己,程序在原处无限循环。该指令称为动态停机或踏步指令。一般写成"HERE:SJMP HERE"或"SJMP $ "。

(4) 间接转移指令的功能是:将累加器A中8位无符号数与DPTR的16位内容相加,和作为目标地址送入PC,实现无条件转移。间接转移指令采用变址寻址方式。DPTR称作基址寄存器,值通常由用户预先设定,累加器A的内容作偏移量,在程序运行中可以改变,根据A的不同值,就可转移到不同的地址,实现多分支转移,又称散转。

使用这些指令时应注意:

● 相同点:均会改变程序计数器PC的值,即改变程序的走向。

● 不同点:主要在于各条指令的转移范围不同。相对转移指令SJMP只能在256B单元内转移,而且这256B是以SJMP指令之后的那条指令地址为基准,向前(或回转)转移128B,向后转移127B;绝对转移指令AJMP可以在2KB范围内转移,且这2KB范围涵盖的是以AJMP指令后的那条指令地址最高5位为基准的2KB区间;长转移指令LJMP可在64K范围内转移;JMP在64K范围内转移。

● 当程序范围未超过-128B ~ +127B时,建议采用2字节的SJMP指令;若程序转移范围超过2KB时,建议采用3字节的LJMP指令;不属于以上情况时建议采用AJMP指令;对多分支转移的情况,可采用JMP指令。

● 使用转移指令时,指令中的地址或地址偏移量均可采用标号表示。

2. 条件转移指令(8条)

条件转移指令分为三种:累加器 A 的判零转移、比较转移和循环转移三类,共有 8 条,如表 3-15 所示。条件转移指令要求对某一特定条件进行判断,当满足给定的条件时,程序就转移到目标地址去执行,条件不满足则顺序执行下一条指令。它可用于实现分支结构的程序。

表 3-15 条件转移指令

类型	指令格式	指令功能
累加器 A 判零转移	JZ rel	(PC)+2→(PC) 当(A)=00H 时,(PC)+rel→(PC); 当(A)≠00H 时,程序顺序往下执行
	JNZ rel	(PC)+2→(PC) 当(A)≠00H 时,(PC)+rel→(PC); 当(A)=00H 时,程序顺序往下执行
比较转移指令	CJNE A,direct,rel	(PC)+3→(PC) 若(A)>(direct),则(PC)+rel→(PC),且 CY=0; 若(A)<(direct),则(PC)+rel→(PC),且 CY=1; 若(A)=(direct),则程序顺序往下执行,且 CY=0
	CJNE A,#data,rel	(PC)+3→(PC) 若(A)>#data,则(PC)+rel→(PC),且 CY=0; 若(A)<#data,则(PC)+rel→(PC),且 CY=1; 若(A)=#data,则程序顺序往下执行,且 CY=0
	CJNE Rn,#data,rel	(PC)+3→(PC) 若(Rn)>#data,则(PC)+rel→(PC),且 CY=0; 若(Rn)<#data,则(PC)+rel→(PC),且 CY=1; 若(Rn)=#data,则程序顺序往下执行,且 CY=0
	CJNE @Ri,#data,rel	(PC)+3→(PC) 若((Ri))>#data,则(PC)+rel→(PC),且 CY=0; 若((Ri))<#data,则(PC)+rel→(PC),且 CY=1; 若((Ri))=#data,则程序顺序往下执行,且 CY=0
减 1 非零循环转移	DJNZ Rn,rel	(PC)+2→(PC),(Rn)−1→(Rn) 当(Rn)≠0,则(PC)+rel→(PC) 当(Rn)=0,则程序顺序往下执行
	DJNZ direct,rel	(PC)+3→(PC),(direct)−1→(direct) 当(direct)≠0,则(PC)+rel→(PC) 当(direct)=0,则程序顺序往下执行

这类指令都采用相对寻址方式,若条件满足,则由 PC 的当前值与相对偏移量 rel 相加形成转移的目标地址,这与无条件转移中的 SJMP 指令相类似。其中 CJNE 指令会影响标志位 CY 的状态。

使用说明:

(1) 累加器 A 的判零转移指令有 2 条,均为 2 字节指令。该组指令不影响标志位。

第一条指令的功能是:如果累加器 A 的内容为零,则程序转向指定的目标地址,否则程序顺序执行。

第二条指令的功能是:如果累加器 A 的内容不为零,则程序转向指定的目标地址,否则程序顺序执行。

例 3-20 将片内 RAM 的 30H 单元开始的数据块传送到片外 RAM 的 3000H 开始的单元中,当遇到传送的数据为零则停止传送。

```
START:  MOV    R0,#30H          ;片内 RAM 数据块首址
        MOV    DPTR,#3000H      ;片外 RAM 数据块首址
LOOP:   MOV    A,@R0            ;取数
        JZ     OVER             ;等于零,结束
        MOVX   @DPTR,A          ;不为零,送数
        INC    R0               ;地址指针加 1
        INC    DPTR             ;地址指针加 1
        SJMP   LOOP             ;转 LOOP,继续取数
OVER:   SJMP   OVER             ;等待
```

(2)比较转移指令共有 4 条,均为 3 字节指令。该组指令会影响 CY 标志。

该组指令的功能是:将前两个操作数进行比较,若不相等则程序转移到指定的目标地址执行,若相等则顺序执行。

要注意的是,指令执行过程中,对两个操作数进行比较是采用相减运算的方法,因此比较结果会影响 CY 标志。如前数小于后数,则 CY=1(相减时有借位);否则,CY=0(无借位)。我们可以进一步根据 CY 的值判断确定两个操作数的大小,从而实现多分支转移功能。

例 3-21 某温度控制系统中,温度的测量值 T 存于累加器 A,温度的给定值 Tg 存于 40H 单元。要求:T = Tg 时,程序返回(符号地址为 FH);T > Tg 时,程序转向降温处理程序(符号地址为 JW);T < Tg 时,程序转向升温处理程序(符号地址为 SW),试编制程序。

相应的程序如下:

```
        MOV    40H,#Tg
        MOV    A,#T
        CJNE   A,40H,LOOP       ;T ≠ Tg,转向 LOOP
        AJMP   FH               ;T = Tg,转向 FH
LOOP:   JC     SW               ;T < Tg,转向 SW
        AJMP   JW               ;T > Tg,转向 JW
```

(3)循环转移指令的功能是:将 Rn 的内容减 1 后进行判断,若不为零,则程序转移到目标地址处执行;若为零,则程序顺序执行。两条指令都不影响标志位。常用于循环结构程序中对循环次数的判断。

例 3-22 将片内 RAM 的 30H~39H 单元置初值 00H~09H。

```
        MOV    R0,#30H          ;设定地址指针
        MOV    R2,#0AH          ;数据区长度设定
        MOV    A,#00H           ;初值装入 A
LOOP:   MOV    @R0,A            ;送数
```

```
        INC     R0              ;修改地址指针
        INC     A               ;修改待传送的数据
        DJNZ    R2,LOOP         ;未送完,转 LOOP 地址继续送,否则传送结束
HERE:   SJMP    HERE            ;等待
```

3. 子程序调用及返回指令(4 条)

调用子程序时,先利用堆栈保存当前的 PC 值(返回地址),再改变 PC 的值,使其执行另一个程序(子程序),子程序结束处,必须有一条返回指令,把堆栈中保存的返回地址弹回给 PC,以便主程序继续执行。调用和返回指令需成对使用,该类指令不影响标志位,调用分长调用指令和绝对调用指令两种,返回指令分子程序返回指令和中断返回指令两种。指令如表 3-16 所示。

表 3-16 子程序调用及返回指令

类 型	指令格式	指令功能
子程序调用	ACALL addr11	$(PC) \leftarrow (PC)+2, (SP) \leftarrow (SP)+1$ $((SP)) \leftarrow (PC)_L, (SP) \leftarrow (SP)+1$ $((SP)) \leftarrow (PC)_H, (PC10 \sim PC0) \leftarrow addr11$
子程序调用	LCALL addr16	$(PC) \leftarrow (PC)+3, (SP) \leftarrow (SP)+1$ $((SP)) \leftarrow (PC)_L, (SP) \leftarrow (SP)+1$ $((SP)) \leftarrow (PC)_H, (PC) \leftarrow addr16$
返回	RET	$(PC)_H \leftarrow ((SP)), (SP) \leftarrow (SP)-1$ $(PC)_L \leftarrow ((SP)), (SP) \leftarrow (SP)-1$ 子程序返回
返回	RETI	$(PC)_H \leftarrow ((SP)), (SP) \leftarrow (SP)-1$ $(PC)_L \leftarrow ((SP)), (SP) \leftarrow (SP)-1$ 中断返回

使用说明:

(1) 长调用指令是一条三字节的指令。该指令的功能是:先将 PC+3(完成取指操作并指向下一条指令的地址),再把该地址(又称断点地址)压入堆栈保护起来,然后把 addr16 送入 PC,并转入该地址执行子程序。

(2) 绝对调用指令是一条 2 字节的指令。该指令的功能是:先将 PC+2(完成取指操作并指向下一条指令的地址),再将该地址(断点地址)压入堆栈保护起来,然后将指令中的 addr11 送入 PC,和 PC 当前值的高 5 位合并形成 16 位的子程序入口地址,并转入该地址执行子程序。

(3) 子程序返回指令的功能是:将保存在堆栈中的断点地址弹出,送给 PC,使 CPU 结束子程序,返回到断点地址处继续执行主程序。该指令应放在子程序结束处。子程序的调用和返回的调用关系如图 3-13 所示。

(4) 中断返回指令的功能与 RET 相似,也是将保存在堆栈中的断点地址弹出,送给 PC,使 CPU 返回到断点地址处继续执行主程序,不同的是,它不是从子程序返回主程序,而

是从中断服务程序返回到主程序,所以该指令是中断服务程序的结束指令。

4. 空操作指令(1 条)

空操作指令是单字节指令。该指令执行时不进行任何有效的操作,但需要消耗一个机器周期的时间,所以在程序设计中可用于短暂的延时。空操作指令如表 3-17 所示。

表 3-17 空操作指令

类型	指令格式	指令功能
空操作	NOP	没有操作,只占时间

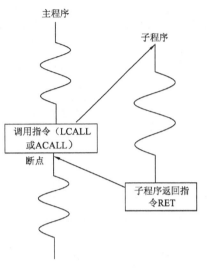

图 3-13 子程序调用示意图

例 3-23 以下程序段可使 P2.3 引脚向外输出周期为 10 个机器周期的方波。

```
START： CPL     P2.3       ;1 个机器周期
        NOP                ;1 个机器周期
        NOP                ;1 个机器周期
        SJMP    START      ;2 个机器周期
```

3.2.2 位操作类指令(17 条)

在 MCS-51 系列单片机的指令系统中共有 17 条位操作指令,可以实现位变量的传送、修改和逻辑运算等操作。位操作指令中,bit 是位变量的位地址,可使用四种不同的表示方法,下面以 CY 位为例进行说明。

(1) 直接地址表示:位地址(如 D7H)。
(2) 位名称表示:位定义名(如 CY)。
(3) 寄存器名.位表示(如 PSW.7)。
(4) 字节地址.位表示(如 D0H.7)。

标志位 CY 在位操作指令中称为位累加器,用符号 C 表示。

位操作指令如表 3-18 所示。

表 3-18 位操作指令

类型	指令格式	指令功能
位传送指令	MOV C,bit	(C)←(bit)
	MOV bit,C	(bit)←(C)
清 0 和置位指令	CLR C	(C)←0
	CLR bit	(bit)←0
	SETB C	(C)←1
	SETB bit	(bit)←1

续表

类型	指令格式	指令功能
位逻辑运算指令	CPL C	(C)←(/C)
	CPL bit	(bit)←(/bit)
	ANL C,bit	(C)←(C)∧(bit)
	ANL C,/bit	(C)←(C)∧(/bit)
	ORL C,bit	(C)←(C)∨(bit)
	ORL C,/bit	(C)←(C)∨(/bit)
位条件转移指令	JC rel	若CY=1,则(PC)←(PC)+2+rel
	JNC rel	若CY=0,则(PC)←(PC)+2+rel
	JB bit,rel	若(bit)=1,则(PC)←(PC)+3+rel
	JNB bit,rel	若(bit)=0,则(PC)←(PC)+3+rel
	JBC bit,rel	若(bit)=1,则(PC)←(PC)+3+rel,(bit)=0

使用说明：

（1）位传送指令可实现某个可位寻址的位(bit)与位累加器C之间的相互传送。

第一条指令的功能是：将bit位的内容传送到位累加器C,第二条指令是将位累加器C中的内容传送到bit位。显然两个位之间不能直接进行传送,必须通过位累加器C。

（2）清0和置位指令第1、2条指令的功能是：把位累加器C和bit位的内容清0。第3、4条指令的功能是：把位累加器C和bit位的内容置1。

例 3-24 要设定工作寄存器2区为当前工作区,可用以下指令实现：

  SETB RS1
  CLR   RS0

（3）位逻辑运算指令。

第1、2条指令的功能是：将bit位的值(或bit位取反后的值)与位累加器C的值进行逻辑"与"操作,结果送位累加器C。

第3、4条指令的功能是：将bit位的值(或bit位取反后的值)与位累加器C的值进行逻辑"或"操作,结果送位累加器C。

第5、6条指令的功能是：分别将位累加器C的内容和bit位内容取反(逻辑"非")。

例 3-25 用编程的方法实现图3-14所示电路的功能。

  MOV C,P1.1
  ORL   C,P1.2
  ANL   C,P1.0
  MOV P1.3,C

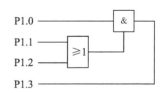

图3-14 编程功能

（4）位条件转移指令。

① 判断CY的条件转移指令。

第1条指令的功能是：对CY进行判断,若(CY)=1,则转移到目标地址去执行；若

(CY)=0,则程序顺序执行。

第 2 条指令也是对 CY 进行判断,若(CY) = 0 则转移;若(CY) =1,则顺序执行。

以上两条指令均为 2 字节指令。若发生转移,则转移地址 = PC + 2 + rel。

例 3-26 比较片内 RAM 的 50H 和 51H 单元中两个 8 位无符号数的大小,把大数存入 60H 单元,若两数相等则把标志位 70H 置 1。

相应的程序如下:

```
        MOV     A,50H
        CJNE    A,51H,LOOP
        SETB    70H
        RET
LOOP:   JC      LOOP1
        MOV     60H,A
        RET
LOOP1:  MOV     60H,51H
        RET
```

② 判位变量的条件转移。

第 1 条指令的功能是:若 bit 位内容为 1,转移到目标地址,目标地址 = (PC) + 3 + rel;若为 0,程序顺序执行。

第 2 条指令的功能是:若 bit 位内容为 0(不为 1),转移到目标地址,目标地址 = (PC) + 3 + rel;若为 1,程序顺序执行。

第 3 条指令的功能是:若 bit 位内容为 1,则将 bit 位内容清 0,并转移到目标地址,目标地址 = (PC) + 3 + rel;若 bit 位内容为 0,程序顺序执行。

例 3-27 在片内 RAM 30H 单元中存有一个带符号数,试判断该数的正负性,若为正数,将 6EH 位清 0;若为负数,将 6EH 位置 1。

方法一:

```
        MOV     A, 30H          ;30H 单元中的数送 A
        JB      ACC.7, LOOP     ;符号位等于 1,是负数,转移
        CLR     6EH             ;符号位等于 0,是正数,清标志位
        RET                     ;返回
LOOP:   SETB    6EH             ;标志位置 1
        RET                     ;返回
```

方法二:

```
        MOV     A, 30H          ;30H 单元中的数送 A
        ANL     A, #80H         ;保留 A 中数据的最高位,其余位清 0
        JNZ     LOOP            ;不等于 0,是负数,转移
        CLR     6EH             ;等于 0,是正数,清标志位
        RET                     ;返回
LOOP:   SETB    6EH             ;标志位置 1
        RET                     ;返回
```

3.2.3 分支结构程序设计

通常,单纯的顺序结构程序只能解决一些简单的算术、逻辑运算,或者简单的查表、传送操作等。实际问题一般都是比较复杂的,总是伴随有逻辑判断或条件选择,要求计算机能根据给定的条件进行判断,选择不同的处理路径,从而表现出某种智能。

根据程序要求改变程序执行顺序,即程序的流向有两个或两个以上的出口,根据指定的条件选择程序流向的程序结构称为分支程序结构,分支结构编程的关键是如何确定供判断或选择的条件以及选择合适的分支指令。MCS-51 系列单片机的指令集提供了极为丰富、功能极强的多种分支指令,特别是比较转移和位判跳指令,给复杂问题,尤其是测控系统的程序设计提供了方便。分支结构程序又分为单分支结构和多分支结构。下面通过实例介绍分支程序的设计方法。

1. 单分支结构程序

单分支结构在程序设计中应用最广,拥有的分支指令也很多,其结构一般为一个入口、两个出口。常用的流程图如图 3-15 所示。

单分支结构程序的选择条件一般由运算或检测的状态标志提供,选用对应的条件判跳指令来实现。

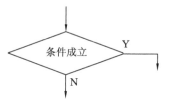

图 3-15 单分支结构

例 3-28 两个无符号数比较(两分支)。

结合图 3-16 的硬件原理图,要求对片内 RAM 的 20H 单元和 30H 单元中存放的 8 位无符号数进行比较,要求如下:

若 (20H)≥(30H),则 P1.0 管脚连接的 LED 发光;若 (20H)<(30H),则 P1.1 管脚连接的 LED 发光。

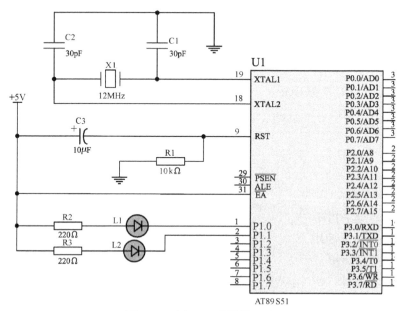

图 3-16 例 3-28 硬件原理图

解 (1)题意分析。本例是典型的分支程序,根据两个无符号数的比较结果(判断条件),程序可以选择两个流向之中的某一个,分别点亮相应的 LED。

比较两个无符号数常用的方法是将两个数相减 X - Y,然后判断有否借位 C,若 C = 0,无借位,X≥Y;若 C = 1,有借位,X < Y。程序的流程图如图 3-17 所示。

(2) 汇编语言源程序如下:

```
        ORG     0000H
        MOV     A,20H       ;(X)→A
        CLR     C           ;C 清 0
        SUBB    A,30H       ;带借位减法,(20H) - (30H) - (C)→(A)
        JC      L1          ;C 为 1,转移到 L1
        CLR     P1.0        ;C 为 0,(20H)≥(30H),点亮 P1.0 连接的 LED
        SJMP    FINISH      ;直接跳转到结束等待
L1:     CLR     P1.1        ;(20H) < (30H),点亮 P1.1 连接的 LED
FINISH: SJMP    $
        END
```

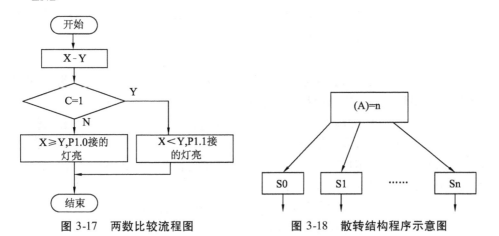

图 3-17　两数比较流程图　　　　图 3-18　散转结构程序示意图

2. 多分支结构程序

在实际应用中,常常需要从两个以上的流向(出口)中选一。例如,两个数相比较,必然存在大于、等于、小于三种情况,这时就需从三个分支中选一。再如,多分支跳转(又称散转程序)是指经过某个条件判断之后,程序有多个流向(三个以上),这就形成了多分支结构,多分支的散转结构流程图如图 3-18 所示。单片机指令 JMP @ A + DPTR 就可用于散转结构程序设计,其中数据指针 DPTR 为存放转移指令串(S0 ~ Sn)的首地址,由累加器 A 的内容动态选择对应的转移指令。因此,可在多达 256(n = 0 ~ 255)个分支程序中选一。

例 3-29　求符号函数 Y = SGN(X)。要求如下:

$$SGN(X) = \begin{cases} +1 & (当\ X > 0) \\ 0 & (当\ X = 0) \\ -1 & (当\ X < 0) \end{cases}$$

假设 X 存放于片内 RAM 40H 单元,Y 存放于 41H 单元。

解　程序流程图如图 3-19 所示。

源程序如下:

```
SYMB: MOV    A,40H          ;取 X
      JZ     STOR           ;X=0 跳 STOR
      JB     ACC.7,MINUS    ;X<0 跳 MINUS
      MOV    A,#01H         ;X>0,Y=+1
      SJMP   STOR
MINUS: MOV   A,#0FFH        ;X<0,Y=-1
STOR:  MOV   41H,A          ;保存 Y
      END
```

3.2.4 项目5——多路信号灯控制器设计

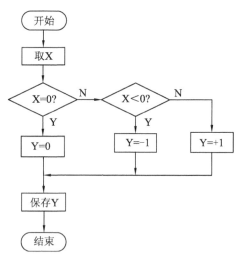

图 3-19 程序流程图

1. 任务描述

用单片机设计多路信号灯控制器,要求:单片机外接 S1~S4 四个按键,用于控制 3 个 LED 灯(分别为红色、黄色、绿色)发光,按下 S1 键红色 LED 灯亮,按下 S2 键黄色 LED 灯亮,按下 S3 键绿色 LED 灯亮,按下 S4 键三个灯全亮。

2. 总体设计

按照要求完成多路信号灯控制器设计任务,可选择 AT89S51 单片机作为主控制器,系统硬件电路包括单片机最小系统电路、按键电路及 LED 电路。利用单片机输出口接红、黄、绿色 LED 灯组成显示电路。按键电路由单片机输入口接四个独立按键组成。

软件设计的任务主要就是对按键的判别,并根据按键的不同状态执行相应的显示程序。而这种根据不同的条件进行相应处理则需要采用分支结构程序实现。

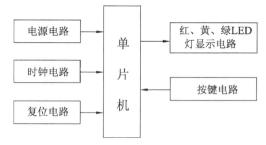

图 3-20 多路信号灯控制器的系统结构图

系统结构如图 3-20 所示。

3. 硬件设计

实现该任务的硬件电路中包含的主要元器件为:AT89S51 1 片、78L05 1 个、红黄绿 LED 灯各 1 个、按键 4 个、12MHz 晶振 1 个、电阻和电容等若干。多路信号灯控制器的原理图如图 3-21 所示。

单片机的 P1.0~P1.2 分别接红色 LED 灯 L1、黄色 LED 灯 L2、绿色 LED 灯 L3 组成显示电路,且低电平点亮。按键电路由单片机 P3 口的 P3.2~P3.5 分别接四个独立按键 S1~S4 组成,按键断开时输入为 1,按键闭合则输入为 0。

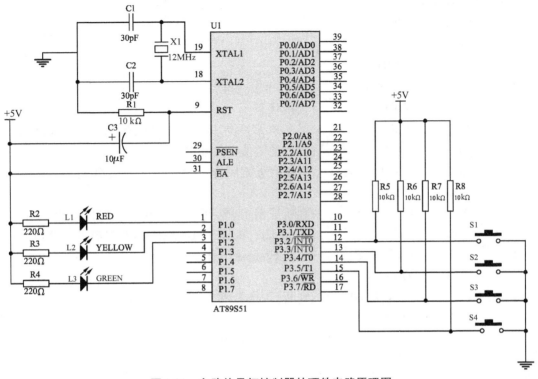

图 3-21　多路信号灯控制器的硬件电路原理图

4．软件设计

（1）软件流程图如图 3-22 所示。

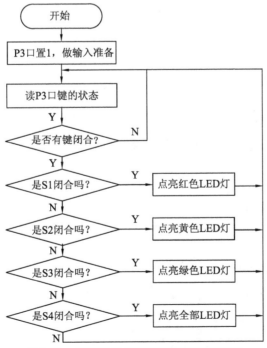

图 3-22　多路信号灯控制器的软件流程图

(2) 汇编源程序如下：

```
            ORG     0000H
            LJMP    MAIN
            ORG     0030H
MAIN:       ORL     P3,#3CH         ;P3 口做输入准备
            MOV     A,P3            ;读键状态
            ANL     A,#3CH          ;屏蔽掉无关位,保留各按键状态,ANL 为逻辑与指令
            MOV     R0,A            ;读取的键值存放在 R0
            CJNE    A,#3CH,K_S1     ;判断有无键闭合,有闭合键则跳转至 K_S1
            SJMP    MAIN
K_S1:       JB      P3.2,K_S2       ;判断是 S1 键闭合吗？不是则继续判断是 S2 闭合吗？
            LJMP    RED             ;是 S1 闭合则转至点亮红色 LED 灯亮的程序段
K_S2:       JB      P3.3,K_S3       ;判断 S2 是否闭合
            LJMP    YELLOW
K_S3:       JB      P3.4,K_S4       ;判断 S3 是否闭合
            LJMP    GREEN
K_S4:       JB      P3.5,DO         ;判断 S4 是否闭合
            LJMP    RYG
DO:         SJMP    MAIN
//灯亮状态实现程序段
RED:        CLR     P1.0            ;点亮红色 LED 灯
            SETB    P1.1
            SETB    P1.2
            SJMP    MAIN
YELLOW:     CLR     P1.1            ;点亮黄色 LED 灯
            SETB    P1.0
            SETB    P1.2
            SJMP    MAIN
GREEN:      CLR     P1.2            ;点亮绿色 LED 灯
            SETB    P1.0
            SETB    P1.1
            SJMP    MAIN
RYG:        CLR     P1.0            ;三个颜色的 LED 灯均点亮
            CLR     P1.1
            CLR     P1.2
            SJMP    MAIN
            END
```

5. 虚拟仿真与调试

多路信号灯控制器的 PROTEUS 仿真硬件电路图如图 3-23 所示，在 Keil μVision3 与

PROTEUS 环境下完成多路信号灯控制器的仿真调试。观察调试结果，S1～S4 四个按键可以控制 3 个红、黄、绿色 LED 灯的点亮。按下 S1 键红色 LED 灯亮，按下 S2 键黄色 LED 灯亮，按下 S3 键绿色 LED 灯亮，按下 S4 键三个灯全亮。

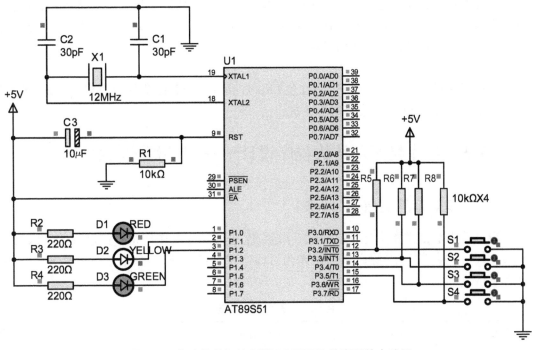

图 3-23　多路信号灯控制器 PROTEUS 仿真硬件电路图

6. 硬件制作与调试

（1）元器件采购。

本项目采购清单见表 3-19。

表 3-19　元器件清单

序号	器件名称	规格	数量	序号	器件名称	规格	数量
1	单片机	AT89S51	1	6	电阻	220Ω	3
2	电解电容	10μF	1	7	发光二极管	Φ5	红黄绿各1个
3	瓷介电容	30pF	2	8	轻触按键	8.5×8.5	4
4	晶振	12MHz	1	9	印制板	PCB	1
5	电阻	10kΩ	5	10	集成电路插座	DIP40	1

（2）调试注意事项。

① 静态调试要点。

本项目重点关注 4 个按键 S1～S4 分别接至 P3.2～P3.5，红色 LED 灯接 P1.0，黄色 LED 灯接 P1.1，绿色 LED 接 P1.2。

② 动态调试要点。

在系统硬件调试时会发现通电后电路板不工作，首先用示波器检查 ALE 脚及 XTAL2

脚是否有波形输出。若没有波形输出,需要检查单片机最小系统接线是否正确。

在硬件调试时可能出现按键不起作用,检查按键接线是否正确、电阻选择是否合适及电路是否虚焊。

在硬件调试时还可能会出现个别 LED 不亮,检查 LED 的极性是否接反、限流电阻的选择是否合适、电路是否虚焊以及 LED 是否损坏。还可能出现 LED 显示结果不正确,此时可检查红、黄、绿三种颜色的 LED 灯有没有接错。

7. 能力拓展

在本项目基础上,实现:按下 S1 键红色 LED 灯亮,按下 S2 键黄色 LED 灯亮,按下 S3 键绿色 LED 灯亮,按下 S4 键三个灯闪烁 3 次。

3.3 单片机循环结构程序设计——跑马灯控制器设计

3.3.1 逻辑运算类指令(24 条)

逻辑运算类指令主要指与、或、异或等指令,这些指令的操作均是按位进行的。该类指令见表 3-20。这类指令中,除以累加器 A 为目标寄存器指令外,其余指令均不影响 PSW 中任何标志位。

表 3-20 逻辑运算类指令

类型	指令格式	指令功能	备注
与指令	ANL A,Rn	(A)←(A)∧(Rn)	可以对内部 RAM 的任何一个单元或专用寄存器以及端口的指定位进行清 0
	ANL A,direct	(A)←(A)∧(direct)	
	ANL A,@Ri	(A)←(A)∧((Ri))	
	ANL A,#data	(A)←(A)∧#data	
	ANL direct,A	(direct)←(direct)∧(A)	
	ANL direct,#data	(direct)←(direct)∧#data	
或指令	ORL A,Rn	(A)←(A)∨(Rn)	可以对内部 RAM 的任何一个单元或专用寄存器以及端口的指定位进行置位操作
	ORL A,direct	(A)←(A)∨(direct)	
	ORL A,@Ri	(A)←(A)∨((Ri))	
	ORL A,#data	(A)←(A)∨#data	
	ORL direct,A	(direct)←(direct)∨(A)	
	ORL direct,#data	(direct)←(direct)∨#data	
异或指令	XRL A,Rn	(A)←(A)⊕(Rn)	该指令可以对内部 RAM 的任何一个单元或专用寄存器以及端口的指定位进行位取反操作
	XRL A,direct	(A)←(A)⊕(direct)	
	XRL A,@Ri	(A)←(A)⊕((Ri))	
	XRL A,#data	(A)←(A)⊕#data	
	XRL direct,A	(direct)←(direct)⊕(A)	
	XRL direct,#data	(direct)←(direct)⊕#data	

续表

类型	指令格式	指令功能	备注
取反	CPL A	(A)←/(A)	
清0	CLR A	(A)←0	
循环移位	RL A	[A7 ← ... ← A0]	循环左移
	RLC A	[CY]←[A7 ← ... ← A0]	
	RR A	[A7 → ... → A0]	循环右移
	RRC A	[CY]←[A7 → ... → A0]	

使用说明：

（1）逻辑与前4条指令均以累加器A为目的操作数,其功能是：将累加器A的内容和源操作数按位进行逻辑与操作,结果送累加器A。源操作数可采用寄存器寻址、直接寻址、寄存器间接寻址或立即寻址方式。

在程序设计中,逻辑与指令主要用于对目的操作数中的某些位进行屏蔽（清0）。方法是：将需屏蔽的位与"0"相与,其余位与"1"相与即可。

例3-30 分析下列两条指令的执行结果。

  ANL 60H,#0FH

  ANL A,#80H

第1条指令执行后,将60H单元内容的高4位屏蔽（清0）,只保留了低4位。可用于将0~9的ASCII码转换为BCD码。设（30H）=35H（5的ASCII码）,执行指令后变为：（30H）=05H（5的BCD码）。

第2条指令执行后,只保留了最高位,而其余各位均被屏蔽掉。可用于对累加器A中的带符号数的正负判断。若A中为负数,则执行该指令后(A)≠00H；若A中为正数,则结果为(A)=00H。

（2）逻辑或这组指令的功能是：对两个操作数按位进行逻辑或操作,源操作数及目的操作数的寻址方式和ANL指令类似。前4条指令将影响P标志位。

逻辑或指令可对目的操作数的某些位进行置位。方法是：将需置位的位与"1"相或,其余位与"0"相或即可,常用于组合数据。

例3-31 将工作寄存器R4中数据的高4位和R5中的低4位拼成一个数,并将该数存入50H。

  MOV A,R4

  ANL A,#0F0H ;屏蔽低4位

  MOV B,A ;中间结果存B寄存器

  MOV A,R5

  ANL A,#0FH ;屏蔽高4位

```
        ORL     A,B             ;组合数据
        MOV     R0,#50H         ;R0 作地址指针
        MOV     @R0,A           ;结果存 50H 单元
```

(3) 逻辑异或指令的功能是:将指令中的两个操作数按位进行逻辑异或操作,操作数寻址方式与 ANL、ORL 指令类似。

逻辑异或指令可用于对目的操作数的某些位取反,而其余位不变。方法是:将要取反的这些位和"1"异或,其余位则和"0"异或即可。

例 3-32 分析下列程序的执行结果。

```
        MOV     A,#77H          ;(A)=77H
        XRL     A,#0FFH         ;(A) = 77H ⊕ FFH = 88H
        ANL     A,#0FH          ;(A) = 88H ∧ 0FH = 08H
        MOV     P1,#64H         ;(P1)=64H
        ANL     P1,#0F0H        ;(P1) = 64H ∧ F0H = 60H
        ORL     A,P1            ;(A) = 08H ∨ 60H = 68H
```

以上与、或及异或指令在使用中要注意表 3-21 所示规律。

表 3-21 逻辑指令功能特点

ANL A,#FFH	;A 不变	ORL A,#FFH	;A = FFH	XRL A,#FFH	;A =/A
ANL A,#00H	;A = 0	ORL A,#00H	;A 不变	XRL A,#00H	;A 不变

(4) 累加器 A 取反的功能是:将累加器 A 的内容取反。

(5) 累加器 A 清 0 的功能是:将累加器 A 的内容清 0。

(6) 累加器 A 循环左移的功能是:将累加器 A 的内容依次向左循环移动 1 位,即 $D_{n+1} \leftarrow D_n, D_0 \leftarrow D_7 (n=0 \sim 6)$。利用左移指令,可实现对 A 中的无符号数乘 2 的目的。

例 3-33 执行下列指令后,A 中的内容如何变化?

```
        MOV     A,#11H          ;(A)=11H(17)
        RL      A               ;(A)=22H(34)
        RL      A               ;(A)=44H(68)
        RL      A               ;(A)=88H(136)
        RL      A               ;(A)=11H(17)
```

(7) 累加器 A 带进位循环左移的功能是:将累加器 A 的内容和进位标志 CY 的内容一起循环左移 1 位,即 $D_{n+1} \leftarrow D_n, CY \leftarrow D_7, D_0 \leftarrow CY (n=0 \sim 6)$。指令会影响 CY 位。

(8) 累加器 A 循环右移的功能是:将累加器 A 的内容依次向右循环移动 1 位,即 $D_{n+1} \rightarrow D_n, D_0 \rightarrow D_7 (n=0 \sim 6)$。

对累加器 A 进行的循环右移,可实现对 A 中无符号数的除 2 运算。

(9) 累加器 A 带进位循环右移的功能是:将累加器 A 的内容和进位标志 CY 的内容一起循环右移 1 位,即 $D_{n+1} \rightarrow D_n, D_0 \rightarrow CY, CY \rightarrow D_7 (n=0 \sim 6)$。指令会影响 CY 位。

3.3.2 循环结构程序设计

循环结构程序的特点是程序中含有可以重复执行的程序段,该程序段通常称为循环

体。例如,求 100 个数的累加和是没有必要连续安排 100 条加法指令的,可以只用一条加法指令并使之循环执行 100 次。因此,循环结构程序设计不仅可以大大缩短所编程序长度,并且使程序所占内存单元数最少,同时也可以使程序结构紧凑并且可读性变好。

循环结构程序由以下五部分组成:

(1) 循环初始化:循环初始化程序段位于循环程序开头,用于完成循环前的准备工作。例如,给循环体中循环计数器和各工作寄存器设置初值,其中循环计数器用于控制循环次数。

(2) 循环处理:循环处理部分又称循环程序主体,是循环结构程序的核心,是循环执行需完成某种功能的主体。这部分程序需要重复执行,因此,要求编写得尽可能地简练,以提高程序的执行速度。

(3) 循环修改:这部分在每执行一次循环体后,对指针做一次修改,使指针指向下一个数据所在位置,为进入下一轮循环做准备。

(4) 循环控制:循环控制也在循环体内,用于判断循环是否能继续执行,常常由循环计数器修改和条件转移语句等组成,用于控制循环执行次数。常用指令有 DJNZ、CJNE、JC 等。

(5) 循环结束:这部分程序用于存放执行循环程序所得结果以及恢复各工作单元的初值。

其中,第(2)、(3)、(4)部分通常又被称为循环体,为循环结构程序中重复执行的部分。

循环结构程序通常有两种编制方法:一种是先循环处理后循环控制(即先处理后判断);另一种是先循环控制后循环处理(即先判断后处理),如图 3-24 所示。循环结构的程序无论是先处理后判断,还是先判断后处理,其关键是控制循环的次数。根据需要解决问题的实际情况,对循环次数的控制有多种:循环次数已知的,可用计数器控制循环次数;循环次数未知的,按问题条件控制循环是否结束。

循环结构程序又分为单重循环和多重循环。

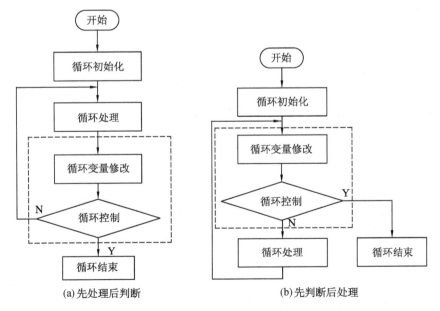

图 3-24　循环结构流程图

1. 单重循环设计

（1）循环次数已知的程序。

例 3-34 试编写将内部 RAM 30H 开始起的 8 个单元全部清 0 的程序。

```
       ORG    0000H
       MOV    R0,#30H      ;清 0 单元的起始地址,循环初始化
       MOV    R7,#8        ;确定循环次数,R7 为循环计数器
LOOP:  MOV    @R0,#00H     ;清 0 操作(循环处理部分)
       INC    R0           ;修改地址指针,指向下一个单元(为循环修改部分)
       DJNZ   R7,LOOP      ;循环次数判断(为循环控制部分)
       END
```

例 3-35 已知内部 RAM 的 22H 单元开始有一无符号数据块,块长在 20H 单元,请编出求数据块中各数累加和并存入 21H 单元的程序。

● 先判断后处理：

```
        ORG    0000H
        CLR    A
        MOV    R2,20H
        MOV    R1,#22H
        INC    R2
        SJMP   CHECK
LOOP:   ADD    A,@R1
        INC    R1
CHECK:  DJNZ   R2,LOOP
        MOV    21H,A
        SJMP   $
        END
```

● 先处理后判断：

```
        ORG    0000H
        CLR    A
        MOV    R2,20H
        MOV    R1,#22H
NEXT:   ADD    A,@R1
        INC    R1
        DJNZ   R2,NEXT
        MOV    21H,A
        SJMP   $
        END
```

注意：上述两程序的区别是：若块长≠0,则两个程序结果相同,若块长=0,则两个程序结果不同,先处理后判断程序是错误的。

（2）循环次数未知的程序。

以上几个例子，它们的循环次数都是已知的，适合用计数器置初值的方法。而有些循环程序事先不知道循环次数，则不能用上面的方法，这时需要根据判断循环条件的成立与否，或用建立标志的方法，控制循环程序的执行。

例 3-36 设用户用键盘输入长度不超过 100B 的字符串放在单片机内部 RAM 以 20H 为首地址的连续单元，该字符串用回车符 CR（'CR'=0DH）作为结束标志，要求统计此字符串的长度并存入内部 RAM 的工作寄存器 R1 中。

解 从首单元开始取数，每取一数判断其是否为'CR'，是则结束。

```
        ORG     0000H
        LJMP    MAIN
        ORG     1000H
MAIN:   MOV     R0,#20H
        MOV     R1,#0
NEXT:   CJNE    @R0,#0DH,LOOP
        SJMP    $
LOOP:   INC     R0
        INC     R1
        SJMP    NEXT
        END
```

2．多重循环设计

如果在一个循环体中还包含着一个或多个循环结构，这种程序被称为双重或多重循环。使用多重循环时，必须注意以下几点：

● 循环嵌套，必须层次分明，不允许产生内外层循环交叉。
● 外循环可以一层层向内循环进入，结束时由里向外层层退出。
● 内循环可以直接转入外循环体，实现一个循环由多个条件控制的循环结构。

例 3-37 设 AT89S51 单片机使用 12MHz 晶振，试分析下面延时程序的延时时间。

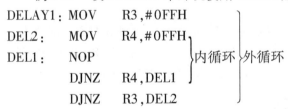

解 延时程序的关键是计算延时时间。延时程序一般采用循环结构程序编程，通过确定循环结构程序中的循环次数和循环程序段两个因素来确定延时时间。对于循环结构程序段来讲，必须知道每一条指令的执行时间和每条指令的执行次数，就可以计算出整段程序执行的时间。若晶振为 12MHz，则一个机器周期就是 1μs。现在，来计算该程序段的延时时间。

经查指令表得到：指令 MOV R4,#0FFH 和 NOP 的指令周期均为 1 个机器周期，DJNZ 的指令周期为 2 个机器周期。

该延时程序段为双重循环，下面分别计算内循环和外循环的延时时间。

内循环:内循环的循环次数为255(0FFH),根据循环结构程序的执行特点,内循环各条指令执行的时间如下:

```
        MOV    R4,#0FFH        ;1 个机器周期 * 1 次      ┐
        NOP                    ;1 个机器周期 * 255 次    ├内循环中的循环体
        DJNZ   R4,DEL1         ;2 个机器周期 * 255 次    ┘
```

则内循环延时时间为:$1 + 255 * (1 + 2)$ 个机器周期 = 766 个机器周期 = $766\mu s$。

外循环:外循环的循环次数为255(0FFH),循环一次内容如下:

```
DELAY1:MOV    R3,#0FFH        ;1 个机器周期
DEL2:  MOV    R4,#0FFH        ;1 个机器周期 * 1 次 * 255 次     ┐
DEL1:  NOP                    ;1 个机器周期 * 255 次 * 255 次   ├外循环中的循环体
       DJNZ   R4,DEL1         ;2 个机器周期 * 255 次 * 255 次   ┘
       DJNZ   R3,DEL2         ;2 * 255 次
```

因此总的循环时间为:

$1 + [(1+2) * 255 + 1 + 2] * 255$ 机器周期 = 195841 机器周期 = $195841\mu s \approx 196ms$

以上是比较精确的计算方法,一般情况下,在外循环的计算中,经常忽略比较小的时间段。例如,上面的外循环计算公式简化为

$$3 * 255 * 255 \mu s = 195075 \mu s \approx 195ms$$

与精确计算值相比,误差为1ms,在要求不是十分精确的情况下,这个误差是完全可以接受的。

由此推出延时程序的延时时间通用简化计算公式:

$$延时时间 = (内循环的循环体执行 1 次的时间) * N1 * N2 * N3 * \cdots * 12 * (\frac{1}{f_{osc}})$$

其中 $N1, N2, \cdots$ 为各重循环的循环次数,f_{osc} 为系统晶振。

一般情况下,延时程序作为一个子程序段使用,不会独立运行它,否则单纯的延时没有实际意义。

本例提供了一种延时程序的基本编制方法,若需要延时更长或更短时间,只要用同样的方法采用更多重或更少重的循环即可。

值得注意的是,延时程序的目的是白白占用 CPU 一段时间,此时不能做任何其他工作,就像机器在不停地空转一样,这是延时程序的缺点。若在延时过程中需要 CPU 做指定的其他工作,就要采用单片机内部的硬件定时器或片外的定时芯片(如8253等)。

3.3.3 项目6——跑马灯控制器设计

1. 任务描述

跑马灯,顾名思义,就是"像马儿一样跑动"的小灯,故取名"跑马灯"。跑马灯在单片机系统中一般用来指示和显示单片机的运行状态,一般情况下,单片机的跑马灯由 8 个 LED 灯组成,可以方便地显示 8 位数据 0~255。

本项目是用单片机设计跑马灯控制器,要求:单片机外接 8 个 LED 灯 L1~L8,这 8 个 LED 灯轮流点亮,每个灯亮时间 1s。灯点亮的顺序如图 3-25 所示。

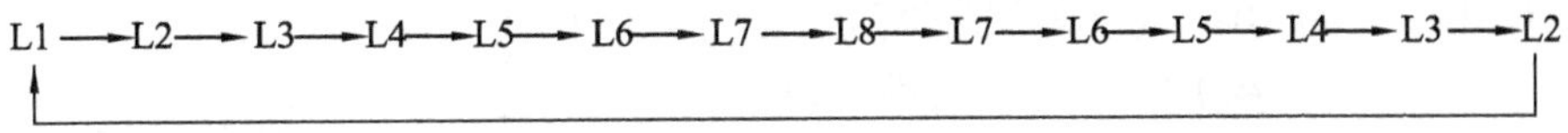

L1 → L2 → L3 → L4 → L5 → L6 → L7 → L8 → L7 → L6 → L5 → L4 → L3 → L2

图 3-25　跑马灯灯亮顺序

2．总体设计

系统结构图如图 3-26 所示。

按照要求完成该设计任务,选择 AT89S51 单片机作为主控制器,系统硬件电路由单片机最小系统硬件电路、LED 显示电路组成。LED 显示部分利用单片机输出口接 8 个 LED 灯实现。软件采用模块化设计方法,主要由主程序模块和延时子程序模块组成。主程序采用循环结构,实现灯的循环移动。1s 的时间采用延时子程序实现。

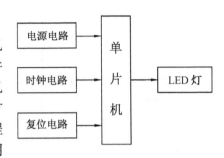

图 3-26　跑马灯控制器系统结构图

3．硬件设计

实现该任务的硬件电路中包含的主要元器件为：AT89S51 1 片、78L05 1 个、LED 灯 8 个、12MHz 晶振 1 个、电阻和电容等若干。跑马灯控制器的原理图如图 3-27 所示。

P2.0～P2.7 分别接 8 个发光二极管 L1～L8,R1～R8 为限流电阻。

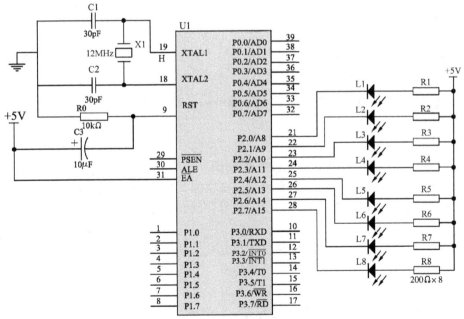

图 3-27　跑马灯控制器硬件电路原理图

4．软件设计

(1) 软件流程图如图 3-28 所示。

(2) 汇编源程序如下：

//主程序

```
    ORG     0000H           ;复位后程序入口地址
    LJMP    START           ;跳至主程序
```

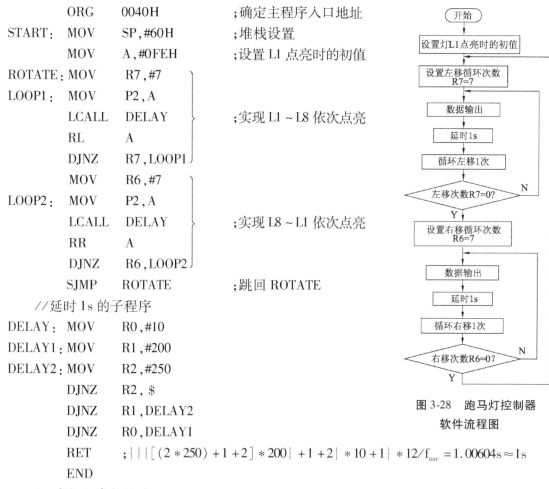

```
                ORG     0040H           ;确定主程序入口地址
START:          MOV     SP,#60H         ;堆栈设置
                MOV     A,#0FEH         ;设置L1点亮时的初值
ROTATE:         MOV     R7,#7
LOOP1:          MOV     P2,A
                LCALL   DELAY           ;实现L1~L8依次点亮
                RL      A
                DJNZ    R7,LOOP1
                MOV     R6,#7
LOOP2:          MOV     P2,A
                LCALL   DELAY           ;实现L8~L1依次点亮
                RR      A
                DJNZ    R6,LOOP2
                SJMP    ROTATE          ;跳回 ROTATE
//延时1s的子程序
DELAY:          MOV     R0,#10
DELAY1:         MOV     R1,#200
DELAY2:         MOV     R2,#250
                DJNZ    R2,$
                DJNZ    R1,DELAY2
                DJNZ    R0,DELAY1
                RET     ;{{{[(2*250)+1+2]*200}+1+2}*10+1}*12/f_osc=1.00604s≈1s
                END
```

图 3-28 跑马灯控制器软件流程图

5. 虚拟仿真与调试

跑马灯控制器的 PROTEUS 仿真硬件电路图如图 3-29 所示,在 Keil μVision3 与 PRO-TEUS 环境下完成跑马灯控制器的仿真调试。观察调试结果,单片机上电后,P2 口外接的 8 个发光二极管 L1~L8 按照要求顺序显示,每个灯亮的时间约为 1s。

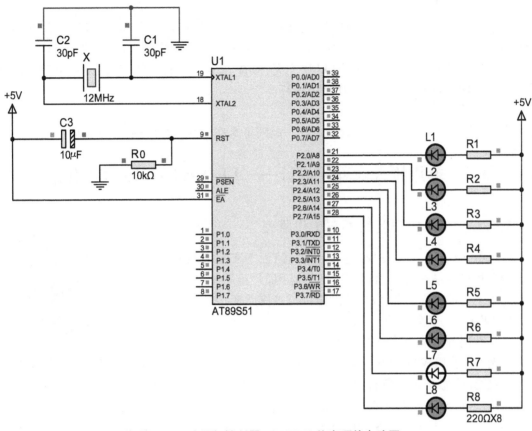

图 3-29 跑马灯控制器 PROTEUS 仿真硬件电路图

6．硬件制作与调试

（1）元器件采购。

本项目采购清单见表 3-22。

表 3-22 元器件清单

序号	器件名称	规格	数量	序号	器件名称	规格	数量
1	单片机	AT89S51	1	6	电阻	220Ω	8
2	电解电容	10μF	1	7	发光二极管	Φ5	8
3	瓷介电容	30pF	2	8	印制板	PCB	1
4	晶振	12MHz	1	9	集成电路插座	DIP40	1
5	电阻	10kΩ	1				

（2）调试注意事项。

① 静态调试要点。

本项目重点关注 8 个 LED 的阴极是否分别接 P2 口各引脚，阳极是否通过限流电阻接 +5V，限流电阻的选择是否正确。

② 动态调试要点。

在系统硬件调试时会发现通电后电路板不工作，首先用示波器检查 ALE 脚及 XTAL2 脚是否有波形输出。若没有波形输出，需要检查单片机最小系统接线是否正确。

在硬件调试时可能会出现个别 LED 不亮，检查 LED 的极性是否接反、限流电阻的选择是否合适、电路是否虚焊以及 LED 是否损坏。

7. 能力拓展

在本项目基础上实现：上电后 8 个灯一起闪烁 5 次（亮灭各 1s）后开始循环移动。

3.4 单片机查表程序设计——LED 数码管显示器设计

3.4.1 LED 数码管结构与工作原理

图 3-30 LED 数码管外形图

LED 数码管（也称为发光二极管显示器）由于其具有结构简单、价格廉价和接口容易等特点而得到广泛的应用，尤其是在单片机系统中大量应用。下面介绍 LED 数码管的结构与工作原理。

1. LED 数码管的结构

LED 数码管是单片机应用产品中常用的廉价输出设备。它是由若干个发光二极管组成显示的字段。当二极管导通时相应的一个点或一个笔画发光，就能显示出各种字符，常用的七段 LED 显示器的外形如图 3-30 所示，结构如图 3-31 所示。LED 数码显示器有两种结构：将所有发光二极管的阳极连在一起，称为共阳接法，公共端 COM 接高电平，当某个字段的阴极接低电平时，对应的字段就点亮；而将所有发光二极管的阴极连在一起，称为共阴接法，公共端 COM 接低电平，当某个字段的阳极接高电平时，对应的字段就点亮。每段所需电流一般为 5～15mA，实际电流视具体的 LED 数码显示器而定。

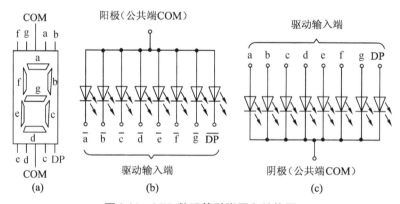

图 3-31 LED 数码管引脚图和结构图

2. LED 显示原理

为了显示字符和数字，要为 LED 显示器提供显示段码（或称字形代码），组成一个"8"字形的 7 段，再加上一个小数点位，共计 8 段，因此提供 LED 显示器的显示段码为 1 个字节。各段码的对应关系如表 3-23 所示。

表 3-23 LED 段码对应关系

段码位	D7	D6	D5	D4	D3	D2	D1	D0
显示段	DP	g	f	e	d	c	b	a

LED 显示器字形编码如表 3-24 所示。

表 3-24 LED 显示器字形段码表

显示字符	共阴极 字段码	共阳极 字段码	显示字符	共阴极 字段码	共阳极 字段码	显示字符	共阴极 字段码	共阳极 字段码
0	3FH	C0H	9	6FH	90H	T	31H	CEH
1	06H	F9H	A	77H	88H	Y	6EH	91H
2	5BH	A4H	B	7CH	83H	L	38H	C7H
3	4FH	B0H	C	39H	C6H	8	FFH	00H
4	66H	99H	D	5EH	A1H	"灭"	0	FFH
5	6DH	92H	E	79H	86H	……	……	……
6	7DH	82H	F	71H	8EH			
7	07H	F8H	P	73H	8CH			
8	7FH	80H	U	3EH	C1H			

从 LED 显示器的显示原理可知，为了显示字母数字，必须最终转换成相应段选码。这种转换可以通过硬件译码器或软件进行译码。

3.4.2 常用伪指令

在前面的程序中，我们经常可以看到 ORG、END，它们不属于单片机可执行的 5 大类指令，而是在汇编语言程序中起辅助作用的指示性、说明性的指令，被称为"伪指令"。

伪指令又称汇编程序控制译码指令，属说明性汇编指令。"伪"字体现在汇编时不产生机器指令代码，不属于 CPU 的操作指令，只是在对源程序进行汇编时，告诉汇编程序产生目标程序时的首地址和标号地址、指定存储单元存放的常数等。不同的单片机及其开发装置所定义的伪指令不全相同。MCS-51 单片机主要有 8 条伪指令，分别为汇编语言提供了不同的信息与参数。

1. 定义起始地址伪指令（ORG）

格式：ORG　　　addr 16

它指出其后的程序在汇编成机器语言目标程序后，指令码的首字节按 ORG 后面的 16 位地址或标号存入程序存储器的相应存储单元。当程序中有多条 ORG 指令时，要求各条 ORG 指令的操作数（16 位地址）由小到大顺序安排，空间不允许重叠。

2. 赋值伪指令（EQU）

格式：标识符　　EQU 项或数

这里的标识符并不是标号，故它和 EQU 之间不能用冒号作分界符；操作数可以是 8 位或 16 位二进制数，也可以是事先定义的标号或表达式。一旦字符被赋值，它就可以在程序中作为一个数据或地址来使用。其功能是把"项或数"的值赋给标识符。例如：

```
LOOP    EQU    20H
MOV     A,LOOP
MOV     A,#LOOP
```

注意：EQU 中的符号必须先定义，后使用，故该语句应该用于程序的开头。

3. 汇编语言结束伪指令(END)

格式：END

END 伪指令放在源程序的末尾，用来指示源程序到此全部结束。在机器汇编时，当汇编程序检测到该语句时，就确认汇编语言源程序已经结束，对 END 后面的指令都不予汇编。因此一个源程序只能在最后有一条 END 语句。

4. 数据地址赋值伪指令(DATA)

格式：字符名称　DATA　表达式

DATA 伪指令功能和 EQU 相类似，它把右边"表达式"的值赋给左边的"字符名称"。这里的表达式可以是一个数据或地址，也可以是一个包含所定义字符名称在内的表达式，但不可以是一个汇编语句助记符（如 R0～R7）。

DATA 伪指令和 EQU 伪指令的主要区别是：EQU 定义的字符必须先定义后使用，而 DATA 伪指令没有这种限制，故 DATA 伪指令可用于源程序的开头或结尾。

5. 定义字节伪指令(DB)

格式：[标号]:DB 项或项表

该伪指令的功能是把"项或项表"的数据依次存放到以左边标号为起始地址的程序存储器的单元中，"项或项表"中的数可以是一个 8 位二进制数或用逗号分隔的一串 8 位二进制数。

注意："项或项表"中的 8 位二进制数可以采用二进制、十进制、十六进制、ASCII 码，ASCII 码要用引号' '括起。

例如：

```
        ORG    8100H
LL:     DB     03H,04H,80,'A',0010B
```

6. 定义字伪指令(DW)

格式：[标号]:DW　字或字表

DW 伪指令的功能和 DB 伪指令相似，其区别在于 DB 定义的是一个字节，而 DW 定义的是一个字（即两个字节），因此 DW 伪指令主要用来定义 16 位地址（高 8 位在前，低 8 位在后）。

7. 定义存储空间伪指令(DS)

格式：[标号]:DS 数字

DS 伪指令指示汇编程序从它的标号地址开始预留一定数量的存储单元作为备用，预留数量由 DS 语句中"表达式"的值决定。例如：

```
        ORG    1800H
        DS     05H
```

从 1800H 地址开始，保留 5 个连续的地址单元作为备用。

注意：对 51 单片机来说，DB、DW、DS 伪指令只能对程序存储器使用，而不能对数据存储器使用。这三条伪指令中的"标号"均可省略。

8. 位地址赋值伪指令(BIT)

格式：标号　BIT　位直接地址

标号经 BIT 语句定义后便可作为位地址来使用。

3.4.3 查表程序设计

在单片机应用系统中,查表程序使用非常频繁,它广泛应用于显示、打印字符的转换以及数据补偿、计算等程序中,利用它能避免进行复杂的运算或转换过程。

所谓查表就是根据存放在存储器中数据表格的项数来查找和它对应的表格中的值。即根据自变量 x 的值,在表中查找 y,使 y = f(x)。表格可以放在 ROM 中,也可以存放在 RAM 中。下面以存放在 ROM 中的表格为例来分析查表程序的设计。

1. 表格的构建

表格构建可以用 DB 或 DW 伪指令来完成,在汇编源程序中,表格构建指令通常放在程序最后。例如,查 $y = x^2$(设 x 为 0~9)的平方表时,我们可以预先算出 x 为 0~9 时的 y 值作为数据表格存放在 ROM 中,指令如下：

TABLE：DB 00H,01H,04H,09H,10H,19H,24H,31H,40H,51H

所构建的平方表如下所示,表首地址是 TABLE,表格共包含 10 项。

地址	表格内容				
TABLE	00H				
TABLE + 1	01H	TABLE + 2	04H	TABLE + 3	09H
TABLE + 4	10H	TABLE + 5	19H	TABLE + 6	24H
TABLE + 7	31H	TABLE + 8	40H	TABLE + 9	51H

2. 查表指令的应用

待查的表数一般是一串有规律、按顺序排列的固定常量。因此,待查的表格通常存放在程序存储器的数据区域,所以 MOVC 指令就是专访程序存储器表格类数据的查表指令。为此,MCS-51 单片机的指令集专门提供了 2 条 MOVC 查表指令：

　　　　MOVC　　A,@ A + DPTR

　　　　MOVC　　A,@ A + PC

以上两条指令的区别是：选用 DPTR 为首地址指针时表格参量可存放在 64KB 范围内的任何区段,可供无限次查表；选用 PC 当前值为首地址指针时,查表的范围是相对当前 PC 值以后的 256B 的地址空间。编程时应根据实际情况进行选择,一般以选择 DPTR 为基址指针的查表指令灵活、方便,可省去一些麻烦。下面分别介绍这两条查表指令的使用方法。

选用 MOVC　　A,@ A + DPTR 指令时,其操作可分三步进行：

① 将待查表格的首地址置入 DPTR 基址寄存器。

② 将待查表格的具体项数值置入变址寄存器 A 中。

③ 调用指令 MOVC　　A,@ A + DPTR,将查表结果值读入累加器 A 中。

如要查上面 0~9 平方表中 x = 2 时的 y 值,可用以下指令实现：

　　　　MOV　　　DPTR,#TABLE　　　　　　　;表首地址送 DPTR

　　　　MOV　　　A,#2　　　　　　　　　　　;待查项数送 A

            MOVC   A,@A+DPTR   ;查表

选用 MOVC A,@A+PC 指令时,所需操作有所不同,其步骤也分为三步:

① 使用传送指令把所查数据表格的项数送入累加器 A。

② 使用 ADD A,#DATA 指令对累加器 A 进行修正。DATA 值由下式确定:

　　PC + DATA = 表首地址

其中,PC 是查表指令 MOVC A,@A+PC 的下一条指令码的起始地址。因此,DATA 值实际上等于查表指令和数据表格之间的字节数。

③ 调用指令 MOVC A,@A+PC 完成查表。

例 3-38 已知 R0 低 4 位有一个 16 进制数(0~9 或 A~F 中的一个),请用查表法编写出能把它转换成相应 ASCII 码的程序段。

解 本题分别用两条查表指令完成查表。

方法 1:用 MOVC A,@A+DPTR 指令查表。

```
         MOV    A,R0                      ;取数
         ANL    A,#0FH                    ;屏蔽高4位
         MOV    DPTR,#TABLE               ;表首地址
         MOVC   A,@A+DPTR                 ;查表
         MOV    R0,A                      ;存入原地址
TABLE:   DB     30H,31H,32H,33H,34H       ;ASCII 表
         DB     35H,36H,37H,38H,39H
         DB     41H,42H,43H,44H,45H,46H
         END
```

方法 2:用 MOVC A,@A+PC 指令查表。

```
         MOV    A,R0                      ;取数
         ANL    A,#0FH                    ;屏蔽高4位
         ADD    A,#01H                    ;地址调整
         MOVC   A,@A+PC                   ;查表
         MOV    R0,A                      ;存入原地址
TABLE:   DB     30H,31H,32H,33H,34H       ;ASCII 表
         DB     35H,36H,37H,38H,39H
         DB     41H,42H,43H,44H,45H,46H
         END
```

在很多情况下,直接通过查表方式求得的值(变量的值)比通过计算解决要简单、方便得多,而且速度快,实时性强。有些数值转换,如八段显示编码与显示数值必须经过转换,通过查表程序来实现既方便又快捷。

3.4.4 项目 7——LED 数码管显示器设计

1. 任务描述

在单片机控制系统中,常采用 LED 数码管来显示各种数字和符号。这种显示器显示清晰、亮度高、接口方便,广泛用于各种控制系统中。

本项目用单片机控制一个 LED 数码管。要求:数码管循环显示 0~9 这十个数,每个数字显示时间 0.5s。

2. 总体设计

按照要求完成 LED 数码管显示数字的设计任务,我们选择 AT89S51 单片机作为主控制器,系统硬件电路由单片机最小系统电路、LED 数码管显示电路组成。LED 数码管由 7 个(或 8 个)发光二极管构成,数码管有共阴极和共阳极两种结构,作为常用的输出设备,可以将数码管的各段分别连接于单片机的任一端口。

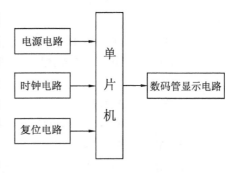

图 3-32 LED 数据管显示器系统结构图

应用软件采用模块化设计方法,主要由主程序和延时子程序组成,主程序架构采用循环结构实现数字的循环显示,延时子程序实现 0.5s 的延时。所显示字符的段码采用查表法获取。即首先在程序存储器中根据任务要求的顺序设计一个要显示的数字或字符的段码表,然后再利用查表指令去查该段码表,把查到的数据再送输出口。系统结构如图 3-32 所示。

3. 硬件设计

实现该任务的硬件电路中包含的主要元器件为:AT89S51 1 片、78L05 1 个、共阴极数码管 1 个、12MHz 晶振 1 个、电阻和电容等若干。该任务的原理图如图 3-33 所示。单片机的 P1 口接一个共阴极 LED 数码管组成显示电路。

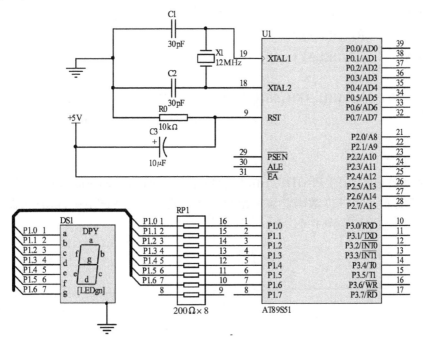

图 3-33 LED 数码管显示器硬件电路原理图

4. 软件设计

(1)软件流程图如图 3-34 所示。

(2)汇编源程序如下:

```
        ORG    0000H
        LJMP   START
        ORG    0040H
START:
        MOV    SP,#60H        ;设置堆栈
        MOV    DPTR,#TABLE    ;确定表首地址
        MOV    R5,#0          ;从"0"开始显示
SS:     MOV    A,R5
        MOVC   A,@A+DPTR      ;查表
        MOV    P1,A           ;送 P1 口显示字符
        LCALL  DELAY          ;延时
        INC    R5             ;指向下一个字符
        CJNE   R5,#10,SS      ;判断 0~9 是否全部
                              ;显示完
        SJMP   START          ;0~9 全部显示完后
                              ;再次循环显示
DELAY:  MOV    R0,#5          ;延时子程序(约0.5s)
DELAY1: MOV    R1,#200
DELAY2: MOV    R2,#250
        DJNZ   R2,$
        DJNZ   R1,DELAY2
        DJNZ   R0,DELAY1
        RET
TABLE:  DB 3FH,06H,5BH,4FH,66H,6DH,7DH,07H,7FH,6FH
                              ;共阴极数码管显示 0~9 的字形码
        END
```

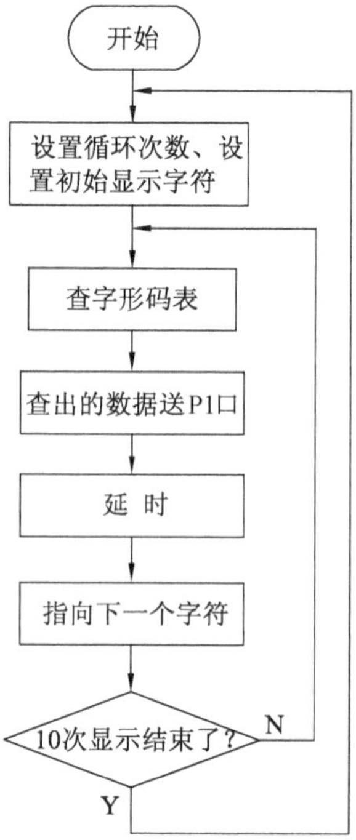

图 3-34 LED 数码管显示器的软件流程图

5. 虚拟仿真与调试

LED 数码管显示器的 PROTEUS 仿真硬件电路图如图 3-35 所示,在 Keil μVision3 与 PROTEUS 环境下完成 LED 数码管显示器的仿真调试。观察调试结果,LED 可循环显示 0~9 这十个数,每个数字显示时间 0.5s。

单元 3　单片机指令系统及汇编语言程序设计

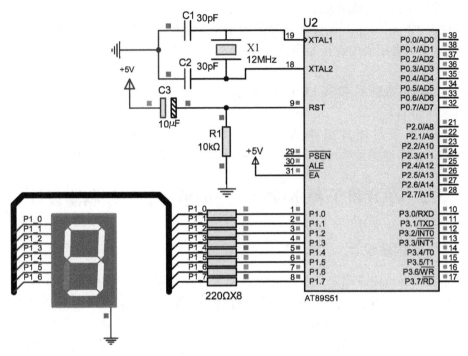

图 3-35　LED 数码管显示器 PROTEUS 仿真硬件电路图

6. 硬件制作与调试

（1）元器件采购。

本项目采购清单见表 3-25。

表 3-25　元器件清单

序号	器件名称	规格	数量	序号	器件名称	规格	数量
1	单片机	AT89S51	1	6	电阻	10kΩ	1
2	电解电容	10μF	1	7	LED 数码管	共阴	1
3	瓷介电容	30pF	2	8	印制板	PCB	1
4	晶振	12MHz	1	9	集成电路插座	DIP40	1
5	电阻	220Ω	8				

（2）调试注意事项。

① 静态调试要点。

本项目重点关注共阴极数码管的接法，公共端务必接地，数码管的 abcdefg 各段分别接 P1.0～P1.6。

② 动态调试要点。

在系统硬件调试时会发现通电后电路板不工作，首先用示波器检查 ALE 脚及 XTAL2 脚是否有波形输出。若没有波形输出，需要检查单片机最小系统接线是否正确。

在硬件调试时可能会出现 LED 数码管不能显示字符，检查数码管的选择是否为共阴、数码管的各段是否与单片机引脚可靠连接、电路是否虚焊以及数码管是否损坏，还要检查数码管的 COM 端是否可靠接地。

在硬件调试时还可能出现数码管显示的字符为乱码,此时需检查数码管的 abcdefg 各段与单片机 P1 口各引脚的连接顺序有没有接反。

7. 能力拓展

(1) 在本项目基础上,实现 LED 循环显示 0、2、4、6、8、1、3、5、7、9、A、C 这 12 个字符,每个字符显示时间 1s。

(2) 若在本项目硬件电路的 P2.0 引脚接一个开关,开关闭合,则 LED 按照"0123456789"顺序递增显示;若开关断开,则按照"9876543210"顺序递减显示。

3.5 单片机子程序设计——简单交通灯控制器设计

3.5.1 子程序设计

所谓子程序是指完成确定任务并能为其他程序反复调用的程序段。调用子程序的程序叫做主程序或调用程序。在工程上几乎所有的实用程序都是由许多子程序构成的,子程序常常构成子程序库,集中存放在某一存储空间,当主程序运行需要用子程序时,只要执行调用子程序的指令,使程序转至子程序。子程序处理完毕后,返回主程序中调用指令的下一条(该指令的地址称为断点地址),继续进行以后的操作。

主程序和子程序是相对的,同一个子程序既可以作为另一个程序的子程序,也可以包含其他的子程序,这种程序叫做子程序的嵌套,如图 3-36 所示。

1. 调用子程序的优点
● 避免对相同程序段的重复编制。
● 简化程序的逻辑结构,同时也便于子程序的调试。
● 节省存储器空间。

主程序调用子程序的指令是 LCALL 或 ACALL,所以,该指令应位于主程序中需要调用

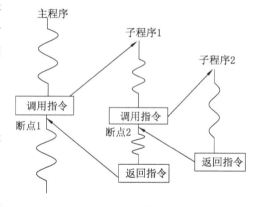

图 3-36 子程序嵌套示意图

子程序的位置。子程序结束后返回主程序的指令是 RET,故该指令应位于子程序的最后。

2. 子程序的结构形式

(1) 必须用标号表示出子程序的入口地址(又称首地址),它是子程序的第一条指令地址。标号名称常常以子程序的任务定名,以便一目了然,被其他程序调用。

(2) 必须以返回指令 RET 结束子程序。

3. 子程序的调用及返回过程

下面结合例题分析子程序的调用及返回过程。

例如,下面的程序段为令片内 RAM 中地址为 20H~2AH、30H~3EH 两个区域清 0 的程序。

```
ORG     0000H
```

```
MAIN:   MOV     SP,#70H
        MOV     R0,#20H
        MOV     R2,#0BH
        LCALL   ZERO
        MOV     R0,#30H
        MOV     R2,#0FH
        LCALL   ZERO
        ORG     0100H
ZERO:   MOV     @R0,#00H
        INC     R0
        DJNZ    R2,ZERO
        RET
```

在该例程序中,MAIN 为主程序,ZERO 为清 0 子程序。当主程序 MAIN 需要清 0 功能时,就用一条调用指令 ACALL(或 LCALL)ZERO 即可。该程序的主程序和子程序在存储器中的存储格式如下:

主程序:

```
地址      指令
 ⋮         ⋮
0007H：LCALL   ZERO            ;调用子程序
000AH：MOV     R0,#30H         ;LCALL 指令的下一条指令首址 000AH 称为断点地址
 ⋮         ⋮
        子程序:
0100H：MOV     R3,#0FFH        ;子程序开始
 ⋮         ⋮
0105H：RET                     ;子程序返回
```

CPU 执行 LCALL 指令所进行的具体操作(以第一次调用为例)如下:

① PC 的自动加 1 功能使 PC = 000AH,指向下一条指令 MOV R0,#30H 的首址,PC 中即为断点地址。

② 执行两次入栈操作以自动保存 PC 中的断点地址 000AH。其中,第一次入栈保存断点地址低 8 位,即(SP) = 71H,(71H) = 0AH;第二次入栈操作保存断点地址高 8 位,即(SP) = 72H,(72H) = 00H。

③ 将子程序 ZERO 的入口地址 0100H 赋给 PC,PC = 0100H。

④ 程序转向 ZERO 子程序运行。

CPU 执行 RET 指令的具体操作(以第一次调用为例)如下:

① 执行两次出栈操作以取出执行调用指令时保存的断点地址 000AH,并将它赋给 PC,即 PC = 000AH。其中,第一次出栈取出断点地址高 8 位,即(PC)$_H$ = 00H,(SP) = 71H;第二次出栈操作取出断点地址低 8 位,即(PC)$_L$ = 0AH,(SP) = 70H。

② 程序转向断点处继续执行主程序。

从以上分析来看,在子程序调用过程中,断点地址 000AH 是通过 LCALL(或 ACALL)和

RET 指令执行过程中隐含的堆栈操作来自动保存和取出的,断点地址临时存放在堆栈中。

4. 子程序的现场保护

主程序调用子程序和从子程序返回主程序,计算机能自动保护和恢复主程序的断点地址。但对于各工作寄存器、SFR 和一些内存单元中的内容,可能在主程序中已经使用到,而在子程序中同样要使用这些单元,而任务要求又不允许因为子程序的执行而改变这些单元在主程序中的状态,这种情况就需要对这些单元的内容加以保护,这个过程叫做保护现场。保护现场的措施是:在子程序开头安排保护这些单元的指令(如 PUSH)。当然,在子程序结束(RET 指令前)前,还需要安排指令(如 POP)恢复这些单元,这个过程叫做恢复现场。

程序常用结构形式如下:

```
ADDR:   PUSH    PSW             ;子程序现场保护
        PUSH    ACC
        PUSH    B
        PUSH    DPL
        PUSH    DPH
        MOV     PSW,#08H        ;选用工作寄存器组1,0组保护
        …                       ;子程序主体
        POP     DPH             ;现场恢复
        POP     DPL
        POP     B
        POP     ACC
        POP     PSW
        RET                     ;返回
```

5. 子程序的参数传递

子程序参数有入口参数和出口参数两类:入口参数是指子程序需要的原始参数,由调用它的主程序传送;出口参数是子程序根据入口参数执行程序后获得的结果参数。传送子程序参数的方法有下面几种方法:

● 利用寄存器或片内 RAM 传送参数。可以把入口参数存放到寄存器或片内 RAM 中传送给子程序,也可以把出口参数存放到寄存器或片内 RAM 中传送给主程序。

● 利用寄存器传送参数地址。把存放入口参数的地址通过寄存器传送给子程序,子程序根据寄存器中存放入口参数的地址便可以找到入口参数,并对它进行操作;出口参数的地址也可以通过寄存器传送给主程序。

● 利用堆栈传送参数。可以用压栈指令 PUSH 把入口参数压入堆栈传送给子程序,也可以用压栈指令 PUSH 把出口参数传送给主程序。

3.5.2 常用子程序

例 3-39 已知以内部 RAM BLOCK1 和 BLOCK2 为起始地址的存储区中分别有 5 字节无符号被减数和减数(低位在前,高位在后)。请编写减法子程序令它们相减,并把差放入以 BLOCK1 为起始地址的存储单元中。

解 本程序算法很简单,只要用减法指令从低字节开始相减即可。相应程序如下:

```
            ORG     0A00H
SBYTESUB:   MOV     R0,#BLOCK1      ;被减数起始地址送 R0
            MOV     R1,#BLOCK2      ;减数起始地址送 R1
            MOV     R2,#05H         ;字长送 R2
            CLR     C               ;CY 清 0
LOOP:       MOV     A,@R0           ;被减数送 A
            SUBB    A,@R1           ;相减,形成 CY
            MOV     @R0,A           ;存差
            INC     R0              ;修改被减数地址指针
            INC     R1              ;修改减数地址指针
            DJNZ    R2,LOOP         ;若未完,则跳至 LOOP
            RET
            END
```

例 3-40 已知 20H 单元中有一个二进制数,请编程把它转换为 3 位 BCD 数,把百位 BCD 数送入 30H 单元的低 4 位,十位和个位 BCD 数放在 31H 单元,十位 BCD 数在 31H 单元中的高 4 位。

解 实现这种转换的方法很多。由于 51 系列单片机有除法指令,因此本题求解变得十分容易。只要把 20H 单元中内容除以 100(64H),得到的商就是百位 BCD 数,然后把余数除以 10(0AH)便可得到十位和个位 BCD 数。该子程序如下:

```
BINBCD:     MOV     A,20H           ;被除数送 A
            MOV     B,#64H          ;除数 100 送 B
            DIV     AB              ;A÷B=A…B
            MOV     30H,A           ;百位 BCD 送 30H
            MOV     A,B             ;余数送 A
            MOV     B,#0AH          ;除数 10 送 B
            DIV     AB              ;A÷B=A…B
            SWAP    A               ;十位 BCD 送高 4 位
            ORL     A,B             ;完成十位和个位 BCD 数装配
            MOV     31H,A           ;存入 31H 单元
            RET
```

采用除法指令的另一种办法是:把 20H 单元中的内容连续除以 10,即先把原数除以 10 得到个位 BCD 数,然后再把商除以 10 得到百位 BCD 数(商)和十位 BCD 数(余数)。

例 3-41 在 HEX 单元中存有两个十六进制数,试通过编程分别把它们转换成 ASCII 码存入 ASC 和 ASC+1 单元。

解 本题子程序采用查表方式完成一个十六进制数的 ASCII 码转换,主程序完成入口参数的传递和子程序的两次调用,以满足题目要求。相应程序如下:

```
            ORG     1200H
            PUSH    HEX             ;入口参数压栈
            ACALL   HASC            ;求十六进制数低位的 ASCII 码
```

```
            POP      ASC              ;出口参数存入 ASC
            MOV      A,HEX            ;十六进制数送 A
            SWAP     A                ;十六进制数高位送累加器 A 的低 4 位
            PUSH     ACC              ;入口参数压栈
            ACALL    HASC             ;求十六进制数高位的 ASCII 码
            POP      ASC+1            ;出口参数送 ASC+1 单元
            SJMP     $                ;结束
HASC:       DEC      SP
            DEC      SP               ;入口参数地址送 SP
            POP      ACC              ;入口参数送 A
            ANL      A,#0FH           ;取出入口参数低 4 位
            ADD      A,#07H           ;地址调整
            MOVC     A,@A+PC          ;查表得相应 ASCII 码
            PUSH     ACC              ;出口参数压栈
            INC      SP
            INC      SP               ;SP 指向断点地址高 8 位
            RET                       ;返回主程序
ASCTAB:     DB       '0','1','2','3','4','5','6','7'
            DB       '8','9','A','B','C','D','E','F'
            END
```

在上述程序中,参数是通过堆栈完成传送的,堆栈传送子程序参数时要注意堆栈指针的指向。为简便起见,本程序中"字符名称"的定义省略。

3.5.3 项目 8——简单交通灯控制器设计

1. 任务描述

十字路口交通灯是城市的一项重要的设施,它调节着城市的交通运行,使城市运行有规律,市民的出行更加方便,它是保证交通安全和道路畅通的关键。当前,国内大多数城市正在采用"自动"红绿交通灯,它具有固定的"红灯-绿灯"转换间隔,并自动切换。它们一般由通行与禁止时间控制显示、红黄绿三色信号灯和方向指示灯三部分组成。

本项目是用单片机设计简单交通灯控制器,要求:交通灯按图 3-37 所示的变化规律运行,并且能根据车流量任意控制红绿灯(假设十字路口为东西南北走向)。

图 3-37 交通灯变换规律图

2. 总体设计

本设计主要是运用单片机来设计一个简单的红黄绿三色信号灯组成的十字路口交通灯控制器。在此选择 AT89S51 单片机作为主控制器,系统硬件电路主要由单片机最小系统电路、交通灯显示电路组成。单片机与四个方向红黄绿三色信号灯接口电路的构建,主要看十字路口状态,十字路口详细平面图如图 3-38 所示。在本项目中,因为控制要求较为简单,在综合考虑成本和器件的易得性,以及软硬件的结合后,选用分别发红、绿、黄色光的 LED 灯模拟东、西、南、北四个方向的交通灯,并将这些灯与单片机输出口连接。

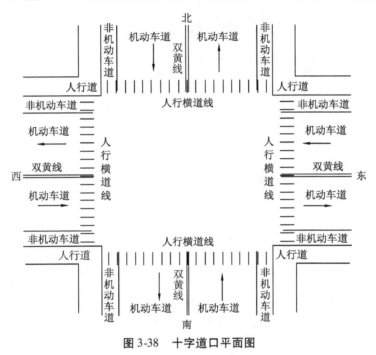

图 3-38 十字道口平面图

软件部分则采用模块化结构的设计方法,主要模块由主程序模块、5 个交通灯状态的子程序模块及延时子程序模块组成。主程序的任务是按照任务要求的顺序去依次调用各状态子程序。5 个交通灯状态的子程序分别实现交通灯各个状态。延时子程序则用于实现各交通灯状态维持的时间。

关于各路口交通灯维持时间的设定,首先必须根据交通路况实际规律,通过统计来计算出各路口所需要的合理时间,以固定时间值预先"固化"在单片机中,使城市的交通灯按照规定的时间和顺序运行。这种方式下,时间在交通灯工作过程中不可直接修改。本项目就采用这种方式。

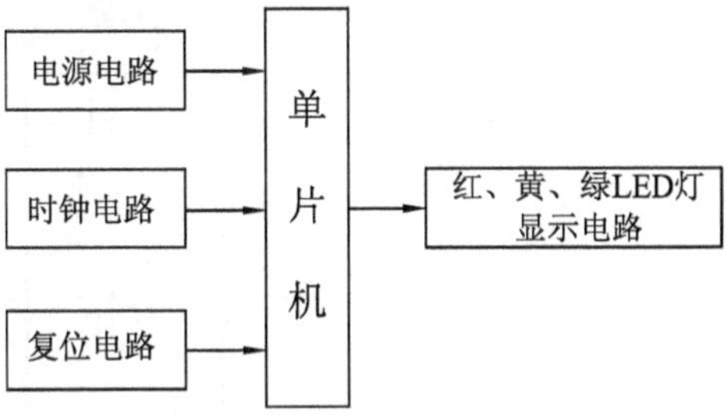

系统结构图如图 3-39 所示。

图 3-39 简单交通灯控制器系统结构图

3. 硬件设计

实现该项目的硬件电路中包含的主要元器件为:AT89S51 1 片、78L05 1 个、红黄绿 LED 灯各 4 个、11.0592MHz 晶振 1 个、电阻和电容等若干。

简单交通灯控制器的硬件电路原理图如图 3-40 所示。东西向的三色（红、黄、绿）交通灯分别由 P2.0～P2.5 控制，南北向的三色交通灯由 P0.0～P0.5 控制，低电平点亮。电阻 R3～R14 为限流电阻。RP1 为 P0 口的上拉电阻。

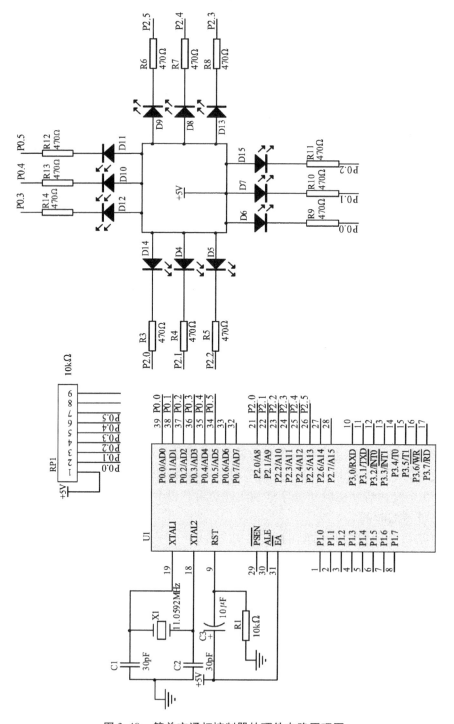

图 3-40　简单交通灯控制器的硬件电路原理图

4．软件设计

（1）软件流程图。

软件流程图如图 3-41 所示。

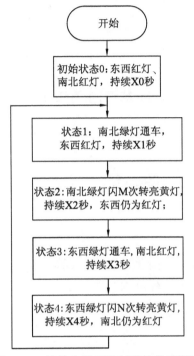

图 3-41　简单交通灯控制器软件流程图

（2）汇编源程序。

;系统晶振是 11.0592 MHz;各状态时间假设如下设定：
;X0 = 5,X1 = 15,X2 = 1,X3 = 20,X4 = 1,M = 5,N = 5。
;(1) 主程序模块：

```
        ORG      0000H
        LJMP     START
        ORG      0040H
START:
        MOV      SP,#60H
        LCALL    STATUS0    ;初始状态(都是红灯)
CIRCLE: LCALL    STATUS1    ;南北绿灯,东西红灯
        LCALL    STATUS2    ;南北绿灯闪转黄灯,东西红灯
        LCALL    STATUS3    ;南北红灯,东西绿灯
        LCALL    STATUS4    ;南北红灯,东西绿灯闪转黄灯
        LJMP     CIRCLE
;(2) 初始状态 0 模块：
STATUS0:                    ;南北红灯,东西红灯
        MOV      A,#0F6H
```

```
            MOV      P0,A
            MOV      P2,A
            MOV      R2,#50        ;延时5s
            LCALL    DELAY
            RET
    ;(3) 状态1模块：
    STATUS1：
            MOV      A,#0DBH       ;南北绿灯,东西红灯
            MOV      P0,A
            MOV      B,#0F6H
            MOV      P2,B
            MOV      R2,#150       ;延时15s
            LCALL    DELAY
            RET
    ;(4) 状态2模块：
    STATUS2：                       ;南北绿灯闪转黄灯,东西红灯
            MOV      R3,#05H       ;绿灯闪5次
    FLASH： MOV      A,#0FFH
            MOV      P0,A
            MOV      R2,#03H
            LCALL    DELAY
            MOV      A,#0DBH
            MOV      P0,A
            MOV      R2,#03H
            LCALL    DELAY
            DJNZ     R3,FLASH
            MOV      A,#0EDH       ;南北黄灯,东西红灯
            MOV      P0,A
            MOV      R2,#10        ;延时1s
            LCALL    DELAY
            RET
    ;(5) 状态3模块：
    STATUS3：                       ;南北红灯,东西绿灯
            MOV      A,#0F6H
            MOV      P0,A
            MOV      B,#0DBH
            MOV      P2,B
            MOV      R2,#200       ;延时20s
            LCALL    DELAY
```

```
            RET
        ;(6) 状态 4 模块：
STATUS4:                        ;南北红灯,东西绿灯闪转黄灯
        MOV     R3,#05H         ;绿灯闪 5 次
FLASH1: MOV     A,#0FFH
        MOV     P2,A
        MOV     R2,#03H
        LCALL   DELAY
        MOV     A,#0DBH
        MOV     P2,A
        MOV     R2,#03H
        LCALL   DELAY
        DJNZ    R3,FLASH1
        MOV     A,#0EDH         ;南北红灯,东西黄灯
        MOV     P2,A
        MOV     R2,#10          ;延时 1s
        LCALL   DELAY
        NOP
        RET
        ;(7) 软件延时模块：
DELAY:                          ;延时子程序
        PUSH    2
        PUSH    1
        PUSH    0
DELAY1: MOV     1,#00H
DELAY2: MOV     0,#0B2H
        DJNZ    0,$
        DJNZ    1,DELAY2        ;延时 100 ms
        DJNZ    2,DELAY1
        POP     0
        POP     1
        POP     2
        RET
        END
```

5. 虚拟仿真与调试

交通灯控制器的 PROTEUS 仿真硬件电路图如图 3-42 所示，在 Keil μVision3 与 PRO-TEUS 环境下完成交通灯控制器的仿真调试。观察调试结果：12 只 LED 灯分成东西向和南北向两组，各组指示灯均由 2 只相向的红、黄、绿 LED 组成。交通灯能够按照任务要求的变化规律运行。

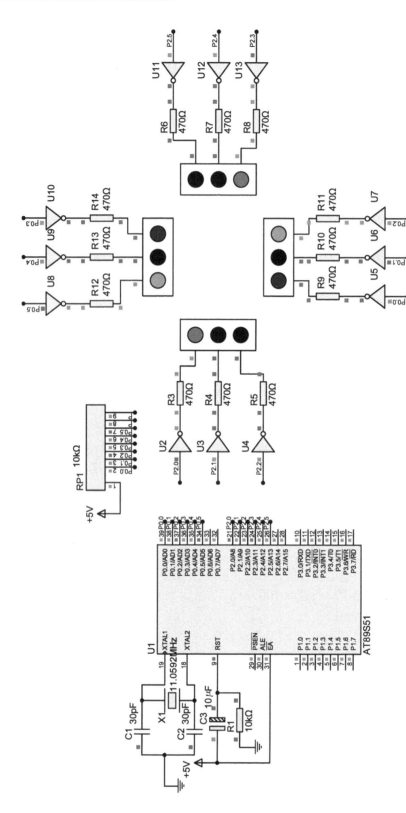

图 3-42 简单交通灯控制器 PROTEUS 仿真硬件电路图

注：因仿真电路交通灯模型为共阴连接，加非门是为了保持和实际电路程序一致

6. 硬件制作与调试

（1）元器件采购。

本项目采购清单见表 3-26。

表 3-26 元器件清单

序号	器件名称	规格	数量	序号	器件名称	规格	数量
1	单片机	AT89S51	1	6	电阻	470Ω	12
2	电解电容	10μF	1	7	发光二极管	Φ5	红、黄、绿各4个
3	瓷介电容	30pF	2	8	排阻	10kΩ 9PIN	1
4	晶振	11.0592MHz	1	9	印制板	PCB	1
5	电阻	10kΩ	1	10	集成电路插座	DIP40	1

（2）调试注意事项。

① 静态调试要点。

本项目重点关注东西向的红、黄、绿交通灯是否分别由 P2.0~P2.5 控制，南北向的交通灯是否由 P0.0~P0.5 控制；LED 灯有无接反、排阻的接法是否正确。

② 动态调试要点。

在系统硬件调试时会发现通电后电路板不工作，首先用示波器检查 ALE 脚及 XTAL2 脚是否有波形输出。若没有波形输出，需要检查单片机最小系统接线是否正确。

在硬件调试时还可能会出现个别 LED 不亮，检查 LED 的极性是否接反、限流电阻的选择是否合适、电路是否虚焊以及 LED 是否损坏。还可能出现 LED 显示结果不正确，此时可检查红、黄、绿三种颜色的 LED 灯有没有接错。

7. 能力拓展

在本项目基础上，实现交通灯各状态如下：

初始状态 0：东西黄灯、南北黄灯，持续 X0 秒；

状态 1：南北绿灯通车，东西红灯，持续 X1 秒；

状态 2：南北绿灯闪 M 次转亮黄灯，持续 X2 秒，东西仍为红灯；

状态 3：东西绿灯通车，南北红灯，持续 X3 秒；

状态 4：东西绿灯闪 N 次转亮黄灯，持续 X4 秒，南北仍为红灯，如此循环运行。

其中，X0 = __10__、X1 = __20__、X2 = __3__、X3 = __30__、X4 = __3__、M = __3__、N = __3__。

变换规律如图 3-43 所示。

图 3-43 交通灯变换规律

单元小结

通过本单元各项目的完成,我们知道:程序由指令组成,一台计算机能够提供的所有指令的集合称为指令系统。指令有机器码指令和助记符指令两种形式,机器能够直接执行的指令是机器码指令。寻找操作数地址的方式称为寻址方式。MCS-51 单片机的指令系统共使用了 7 种寻址方式,包括寄存器寻址、直接寻址、立即数寻址、寄存器间接寻址、变址寻址、相对寻址和位寻址等。

MCS-51 单片机的指令系统包括 111 条指令,按功能可以划分为以下五类:数据传送指令(29 条)、算术运算指令(24 条)、逻辑运算指令(24 条)、控制转移指令(17 条)和位操作指令(17 条)。通过本单元我们了解了指令系统中所包含的每一条指令的概念和基本功能,在汇编语言程序设计中对常用指令进行了熟练应用和深入认识。

程序设计的关键是掌握解题思路。程序设计的步骤一般分为:题意分析、画流程图、分配寄存器和内存单元、源程序设计、程序调试等。程序设计中还要注意单片机软件资源的分配,内部 RAM、工作寄存器、堆栈、位寻址区等资源的合理分配,它们对程序的优化、可读性和可移植性等起着重要作用。

单片机汇编语言程序设计是单片机应用系统设计的重要组成部分。汇编语言程序基本结构包括顺序结构、分支结构、循环结构及子程序结构等。实际的应用程序一般都由一个主程序和多个子程序构成,即采用模块化的程序设计方法。

巩固与提高

1. 简述下列名词术语的基本概念:指令、指令系统、程序、汇编语言源程序。
2. MCS-51 单片机有哪几种寻址方式?这几种寻址方式是如何寻址的?
3. 外部数据传送指令有哪几条?有何区别?
4. MCS-51 单片机的指令系统可以分为哪几类?说明各类指令的功能。
5. 要访问特殊功能寄存器和片外数据存储器,应采用哪些寻址方式?
6. 已知片内 RAM 中 40H 单元的内容为 70H,分析下列程序段并回答问题。

    MOV   R0,#50H
    MOV   50H,#40H
    MOV   A,@R0
    MOV   R1,A
    MOV   30H,@R1
    MOV   50H,30H

    该程序执行完后各寄存器的内容为:
    (R0) = _____,(R1) = _____,(A) = _____,(30H) = _____,(50H) = _____。

7. 阅读下列程序段,在分号后写出该行指令运行后的结果。

    MOV   30H,#40H

```
MOV    40H,#10H
MOV    P0,#0D1H
MOV    DPTR,#2000H
MOV    R1,#30H
MOV    A,@R1          ;(A) = _____
MOV    R0,A
MOV    P1,@R0         ;(P1) = _____
MOV    @R0,P0         ;(R0) = _____
MOV    A,@R0
ANL    A,P1
XCH    A,@R1          ;(R1) = _____
SWAP   A
MOVX   @DPTR,A        ;(2000H) = _____
```

8. 分析下列程序段。
```
MOV    A,#33H
MOV    R2,#40H
MOV    R1,#50H
ADD    A,R2
MOV    @R1,A
ADDC   A,#46H
MOV    R2,A
ADDC   A,50H
```
该程序执行完后各寄存器的内容为：
(A) = _____,((R1)) = _____,(R2) = _____,(50H) = _____,(CY) = _____。

9. 阅读下列程序段,在分号后写出该行指令运行后的结果。
```
MOV    R0,#5EH
MOV    5EH,#0FFH
MOV    5FH,#00H
MOV    DPTR,#50FEH
INC    @R0            ;(R0) = _____ ((R0)) = _____
INC    R0
DEC    @R0            ;(R0) = _____ ((R0)) = _____
INC    DPTR           ;(DPTR) = _____
INC    DPTR           ;(DPTR) = _____
INC    DPTR           ;(DPTR) = _____
```

10. 已知(60H) = 40H,(61H) = 22H,分析下列程序段。
```
CLR    C
MOV    A,#9AH
SUBB   A,60H
```

```
ADDC    A,61H
MOV     62H,A
```
该程序执行完后:(A) = _____,(62H) = _____,(CY) = _____。

11. 已知:(A) =83H,(R0) =17H,(17H) =34H,阅读下列程序段,在分号后写出该行指令运行后的结果。
```
ANL    A,#17H        ;(A) = _____ H
ORL    17H,A         ;(17H) = _____ H
XRL    A,@R0         ;(A) = _____ H,(R0) = _____ H
CPL    A             ;(A) = _____ H
```

12. 阅读下列程序段,在分号后写出该行指令运行后的结果。
```
SETB   C
MOV    A,#0B5H
RRC    A             ;(A) = _____,(CY) = _____
CPL    A             ;(A) = _____
MOV    50H,#0AAH
XRL    50H,#11010011B ;(50H) = _____
ORL    50H,A         ;(50H) = _____
```

13. 分析下列程序段,并回答问题。
```
ORG    0300H
MOV    A,R3
ADD    A,#67H
DA     A
MOV    R3,A
MOV    A,R4
ADDC   A,#25H
DA     A
MOV    R4,A
SJMP   $
END
```
(1) 该程序完成的功能是_____。
(2) DA A 指令起什么作用?_____。
(3) 指令 ORG 0300H 起什么作用?_____。

14. 分析下列程序段。
```
MOV    R0,#31H
MOV    A,@R0
SWAP   A
DEC    R0
XCHD   A,@R0
MOV    40H,A
```

设程序执行前,片内 RAM(30H) = 09H,(31H) = 08H,问程序执行后(40H) = ＿＿＿＿,(30H) = ＿＿＿＿,(31H) = ＿＿＿＿。

15. 阅读下列程序段,在分号后写出该行指令运行后的结果。

```
    MOV   P0,#00001001B
    MOV   C,P0.0
    ORL   C,P0.1           ;(CY) = _____
    CPL   C
    MOV   P2.0,C           ;(P2.0) = _____
    MOV   C,P0.3
    ANL   C,P0.7           ;(CY) = _____
    ANL   C,P2.0           ;(CY) = _____
    MOV   P2.1,C           ;(P2.1) = _____
```

16. 阅读下面程序,画出程序所描述的逻辑关系图。

```
    MOV   C,P1.3
    ANL   C,ACC.2
    ORL   C,ACC.7
    ANL   C,/P1.1
    MOV   PSW.5,C
```

(1) 该程序段的功能是＿＿＿＿＿＿＿＿＿＿＿＿＿＿＿＿＿＿。

(2) 程序执行前(A) = 77H,(P1) = AAH,程序执行完后(PSW.5) = ＿＿＿＿＿＿＿。

17. (C) = 1,(A) = 55H,请写出下列程序段执行的路线。

```
        JC    L1            ;——(1)
        CPL   C             ;——(2)
L1:     JC    L2            ;——(3)
        ...
L2:     JB    ACC.0,L3      ;——(4)
        SETB  ACC.0         ;——(5)
L3:     JNB   ACC.3,L4      ;——(6)
        CLR   ACC.3         ;——(7)
L4:     JBC   ACC.7,L8      ;——(8)
        ...
L8:                         ;——(9)
```

18. 阅读下列程序段,并回答问题。

```
    MOV   40H,#88H
    MOV   A,40H
    JNB   ACC.7,G0
    CPL   A
    ORL   A,#80H
    INC   A
```

GO: MOV 40H,A
    SJMP $

(1) 该程序的功能是_____。
(2) 程序执行完后 RAM(40H)的内容为_____H,试画出程序的走向。

19. 阅读下列程序段,并回答问题。
    CLR A
    MOV 23H,#10
    LP: ADD A,23H
    DJNZ 23H,LP
    SJMP $

(1) 该程序的功能是_____。
(2) 该程序段执行后 A 中的内容(A) = _____。

20. 阅读下列程序,并回答问题。
    ORG 0100H
    MOV R7,#0AH
    MOV DPTR,#2000H
    CLR A
LOOP: MOVX @DPTR,A
    INC A
    INC DPTR
    DJNZ R7,LOOP
    SJMP $

(1) 该程序段的功能是_____。
(2) 程序段执行后,(DPTR) = _____,(R7) = _____,(A) = _____。
(3) SJMP $ 指令的功能是_____。
(4) ORG 0100H 指令的意思是_____。

21. 本题根据累加器 A 的数,查其立方表的子程序,在分号后写出该行指令运行后的结果。

    MOV SP,#60H
    MOV DPTR,#2040H
    MOV A,#3
    MOV R0,#2
    SETB C
    LCALL COUNT
    ...
COUNT: PUSH DPL   ;(SP) = _____
    PUSH DPH   ;(63H) = _____
    MOV DPTR,#TABLE
    MOVC A,@A+DPTR   ;(A) = _____

```
            ADDC    A,R0              ;(A) = _____
            POP     DPH
            POP     DPL               ;(DPTR) = _____
            RET
TABLE:      DB      00,01,08,27,64,125,196
```

22. 阅读下列程序段,并回答问题。
```
            ORG     0010H
            MOV     B,#01H
            MOV     R0,#30H
            MOV     R7,#4
            MOV     DPTR,#TABLE
LOOP:       MOV     A,B
            MOVC    A,@A+DPTR
            MOV     @R0,A
            INC     R0
            INC     B
            DJNZ    R7,LOOP
            SJMP    $
TABLE:      DB      "A","B","C","D","E","F"
```
(1) 该程序段的功能是_____;
(2) 程序段执行后,请问:(R0) = _____,(R7) = _____,(B) = _____,(A) = _____。

23. 已知:程序执行前有(A) = 02H,(SP) = 40H,分析下列程序并回答问题。
```
            RL      A
            MOV     B,A
            MOV     DPTR,#3000H
            MOVC    A,@A+DPTR
            PUSH    ACC
            MOV     A,B
            INC     A
            MOVC    A,@A+DPTR
            PUSH    ACC
            ORG     3000H
            DB      10H,20H,30H,40H,50H,60H
```
(1) 该程序执行何种操作?_____。
(2) 程序执行后,(A) = _____H,(SP) = _____H,(41H) = _____H。

24. 分析下列程序段,请回答后面的问题。
```
            MOV     SP,#40H
            MOV     A,#30H
```

```
              LCALL    SUBR
              ADD      A,#10H
BACK：MOV              B,A
LI：  SJMP             LI
SUBR：MOV              A,#66H
              RET
```

(1) 程序执行完后,(SP) = _____,(A) = _____,(B) = _____。

(2) 请画出程序走向图。

25. 试说明压栈指令和弹栈指令的作用及执行过程。

26. 将片内 RAM 40H 单元中的内容传送至片外 RAM 20H 单元中去。

27. 将片外 RAM 2000H 单元中的内容传送至片内 RAM 20H 单元中去。

28. 将 ROM 2000H 单元的内容传送至累加器 A。

29. 将 ROM 3000H 单元的内容传送至片内 RAM 的 30H 单元中。

30. 将 ROM 1234H 单元的内容传送至片外 RAM 的 3456H 单元中。

31. 请编写按照下面箭头所示的顺序进行数据传送的程序段。

#33H→片内 RAM 50H 单元→R0───→A───→B───→片内 RAM 60H 单元

片外 RAM 2000H 单元←──片外 RAM 1000H 单元←──片内 RAM 70H 单元

32. 用多种方法完成片内 RAM 的 30H 和 40H 单元中的内容交换。

33. 实现将片内 RAM50H 单元的内容与片外 RAM2000H 单元的内容互换。

34. R1 给赋初值 42H。将其中内容循环右移 4 位后送到 R0,再将 R0 的内容左移 1 位后送至片内 RAM 10H 单元。

35. 请编写一个程序,将内部 RAM 中 45H 单元的内容高四位置 1,低 4 位清 0。

36. 试将内部数据存储器中 40H 单元中的第 0 位和第 7 位置 1,其余位取反。

37. 请编程实现片内 RAM 20H 单元的内容奇数位(1、3、5、7 位)不变,偶数位(0、2、4、6 位)置 1。

38. 设片内 RAM 中 40H 和 41H 中各有一个 BCD 数,试编程将这两个 BCD 数拼成一个字节且存于片内 50H 单元中,其中 40H 中的 BCD 数位于低 4 位,41H 中的 BCD 数位于高 4 位。

39. 试编写程序段,将 R2、R3 和 R4、R5 中的两个二字节无符号数相加,结果放在 R0、R1 中。(高位在前,低位在后,相加后结果不超过 65535)

40. 编写计算下式的程序。设乘积和平方结果均小于 255。a、b 值分别存在片外 RAM 3001H 和 3002H 单元中,结果存于片外 RAM 3000H 单元中。

$$Y = \begin{cases} 25, & a = b \\ a \times b, & a < b \\ a \div b, & a > b \end{cases}$$

41. 当累加器 A 中的内容大于等于 10 时,转到 LABEL,条件不满足时停机。

42. 请用位操作指令编写下面逻辑表达式值的程序:P2.0 = P2.5 * B.2 + ACC.2 * /P1.4。

43. 试对片内 RAM 中的 30H 开始起的 10 个单元中的带符号数进行判断,并统计正数的个数,统计的结果存入 R7。

44. 用位操作指令编写一程序实现下面逻辑功能。

逻辑表达式:Y = A·(B + C·/D) +/(E + F),其中 A、B、C、D 分别为 P1.0、P1.1、P1.2、P1.3,E、F 分别为 22H.0、22H.1,输出变量 Y 为 P3.0。

45. 请编写一程序段实现:将片外 RAM 3000H～3050H 的区域清 0。

46. 试编写一个将片内 RAM 30H～50H 单元中的内容送至片外 RAM 0030H～0050H 单元中的程序段。

47. 已知片内 RAM 50H 单元的高 4 位有一个 16 进制数(0～F 中的一个),请编出用查表指令把它转换成相应 ASCII 码并送入 50H 的程序。

48. 编程将内部 RAM 从 70H 单元开始的 16 个单元的内容求和,结果存放在 5AH 中(这 16 个单元的和小于 255)。

49. 编程计算片内 RAM 中 50H～57H 八个单元中数的平均值,结果存放在 5AH 中(这 8 个单元的和小于 255)。

50. 设有 100 个无符号数,连续存放在以 2000H 为首地址的存储区中,试编程统计正数、负数和零的个数。

51. 试编写一查表程序,从片外 RAM 首地址为 2000H、长度为 100 的数据块中找出 ASCII 码为 A,将其地址送到片外 RAM 20A0H 和 20A1H 单元中。

52. 试编写一个用查表法查 0～9 字形 7 段码(假设表的首地址为 TABLE)的子程序,调用子程序前,待查表的数据存放在累加器 A 中,子程序返回后,查表的结果也存放在累加器 A 中。

53. 试编写延时 1s、1min、1h 的子程序。假设单片机晶振 f_{osc} = 12MHz。

单元 4　单片机内部资源的应用

学习目标

- 通过 4.1 的学习,了解中断的基本概念和功能,掌握 MCS-51 单片机中断系统的结构和控制方式,掌握外部中断的应用及程序设计方法,掌握中断优先级排序的工作过程。
- 通过 4.2 的学习,掌握 MCS-51 单片机定时/计数器的结构、工作原理、工作方式及定时/计数初值的计算方法,掌握定时/计数器的应用及程序设计方法。
- 通过 4.3 的学习,了解串行通信基本概念和常用的串行通信总线标准,掌握 MCS-51 单片机串行接口的结构和工作原理,掌握串行通信的应用及程序设计方法。

技能(知识)点

- 能利用外部中断实现控制和处理,并完成程序设计;能够根据要求对多个中断源优先级进行正确处理。
- 能将中断系统与定时/计数器进行综合应用,能对定时/计数器进行程序设计。
- 能利用串行口实现单片机与单片机之间、单片机与 PC 机间的数据通信,完成串行通信的程序设计。
- 能完成单片机控制简单项目的设计、制作、调试和运行。

4.1　单片机中断系统——带应急信号处理的交通灯控制器设计

4.1.1　中断的概述

1. 中断的概念

中央处理器 CPU 正在处理某个事件,外部发生了更紧急事件,需要 CPU 马上去处理,CPU 暂停当前的工作,转去处理所发生的紧急事件,处理结束后,再回到被打断的地方继续原来的工作,这个过程称为中断。能够实现中断功能的那部分硬件电路和软件程序称之为中断系统。在中断过程中,原来正常运行的程序称为主程序,中断之后所执行的相应的处理程序通常称之为中断服务程序,主程序被断开的位置(或地址)称为"断点"。中断的过程可分为 4 个步骤:中断请求、中断响应、中断处理和中断返回。整个中断过程如图 4-1 所示。

在日常生活和工作中有很多类似中断的情况。例如,你正在家看书,这时侯电话铃响了,你在书本上做个记号(记下你现在正看到某页),然后与对方通电话,而此时恰好有客人到访,你先停下通电话,与客人说几句话,叫客人稍候,然后回头继续通完电话,再与客人谈话。谈话完毕,送走客人,继续看书。

中断是由中断源产生的,中断源在需要时可以先向 CPU 提出中断请求。中断请求通常是一种电信号,CPU 一旦对这个电信号进行检测和响应便可自动转入该中断源的中断服务程序执行,并在执行完后自动返回原程序继续执行。而且,中断源不同,则中断服务程序的功能也不同。中断源可分为两大类:一类来自单片机内部,为内部中断源;另一类来自单片机外部,为外部中断源。

2. 中断的作用

(1) 分时操作,提高 CPU 的工作效率。

中断可以解决快速的 CPU 与慢速的外设之间的矛盾,使 CPU 和外设同时工作。CPU 在启动外设工作后继续执行主程序,同时外设也在工作。每

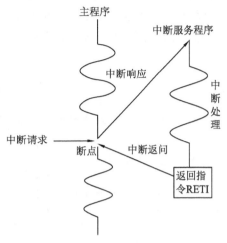

图 4-1 中断过程示意图

当外设做完一件事就发出中断申请,请求 CPU 中断它正在执行的程序,转去执行中断服务程序(一般情况是处理输入/输出数据),中断处理完之后,CPU 恢复执行主程序,外设也继续工作。这样,CPU 可启动多个外设同时工作,大大地提高了 CPU 的工作效率。

(2) 实现实时处理。

在实时控制系统中,现场的各种参数、信息均随时间和现场而变化。这些外界变量可根据要求随时向 CPU 发出中断申请,请求 CPU 及时处理中断请求。如中断条件满足,CPU 马上就会响应,进行相应的处理,从而实现实时数据处理的时效性。

(3) 进行故障处理。

单片机控制系统的故障会在使用过程中随机发生,如掉电、存储出错、运算溢出等。针对这些难以预料的情况或故障,也可通过中断系统由故障源向 CPU 发出中断请求,再由 CPU 转到相应的故障处理程序进行处理。

3. 中断的嵌套

CPU 在响应某一中断请求而进行中断处理时,若有优先级别更高的中断源发出中断请求,CPU 会暂时停止正在执行的中断服务程序,转向执行中断优先级更高的中断源的中断服务程序,等处理完这个高优先级的中断请求后,再返回原来暂停的中断服务程序中继续执行。这个过程叫做中断嵌套,中断嵌套的流程图如图 4-2 所示。

4.1.2 中断系统结构与控制

MCS-51 单片机的中断系统主要由与中断有关的 4 个特殊功能寄存器和硬件查询电路等

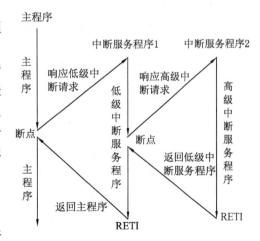

图 4-2 中断嵌套流程图

组成。4个特殊功能寄存器分别是:定时控制寄存器 TCON、串行口控制寄存器 SCON、中断允许寄存器 IE 和中断优先级寄存器 IP。在中断工作过程中,其主要用于控制中断的开放和关闭、保存中断信息、设定中断优先级。硬件查询电路主要用于判别 5 个中断源的自然优先级别。中断系统结构图如图 4-3 所示。

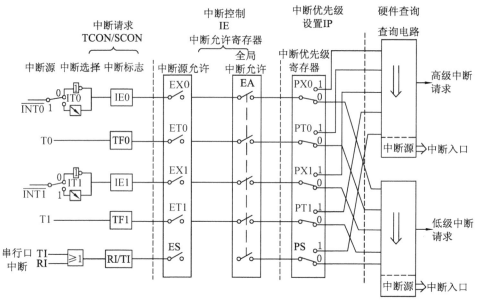

图 4-3　MCS-51 单片机中断系统结构图

1. 中断源

单片机类型不同,中断源的数量也不同。MCS-51 单片机的中断源有五个,三个是内部中断源,两个是外部中断源。

(1) 外部中断源。

通常外部中断是指外部设备(如打印机、键盘、外部故障等)引起的中断。单片机的外部中断源有两个,分别是外部中断 0($\overline{INT0}$)和外部中断 1($\overline{INT1}$)。

● $\overline{INT0}$:外部中断 0 请求,由 P3.2 脚输入。通过 IT0 位来决定是低电平有效还是下跳变有效。一旦输入信号有效,硬件自动将外部中断 0 请求标志 IE0 置 1,并向 CPU 申请中断。

● $\overline{INT1}$:外部中断 1 请求,由 P3.3 脚输入。通过 IT1 位来决定是低电平有效还是下跳变有效。一旦输入信号有效,硬件自动将外部中断 1 请求标志 IE1 置 1,并向 CPU 申请中断。

(2) 内部中断源。

由单片机内部的功能单元(定时器或串行口)所引起的中断为内部中断。单片机的内部中断源有三个,分别是定时器 0(T0)中断、定时器 1(T1)中断和串行口中断。

● T0 中断:是由定时器 T0 定时或计数溢出引起的。定时器 T0 溢出时硬件自动将 TF0 溢出标志置 1,并向中断系统提出中断请求。

● T1 中断:是由定时器 T1 定时或计数溢出引起的。定时器 T1 溢出时硬件自动将 TF1 溢出标志置 1,并向中断系统提出中断请求。

● 串行口中断:串行口中断是为接收或发送串行数据而设置的。串行口发送一帧数据,便由硬件自动将发送请求标志 TI 置 1,向 CPU 申请中断;串行口接收一帧数据,便由硬件自动将发送请求标志 RI 置 1,向 CPU 申请中断。

2. 中断系统控制

(1) 中断标志类寄存器:TCON 寄存器与 SCON 寄存器。

单片机的各中断源在向 CPU 发出请求时,硬件系统会自动产生相应的中断请求标志,5 个中断源共生成 6 个请求标志。其中,外部中断源、定时/计数器的中断请求标志位分布在 TCON 中,串口中断标志位分布在 SCON 中。

① 定时控制寄存器 TCON(88H):可位寻址。

格式如下:

D7	D6	D5	D4	D3	D2	D1	D0
TF1	TR1	TF0	TR0	IE1	IT1	IE0	IT0

● IT0:为外部中断 0 的中断触发标志位,由软件设置,以控制外部中断的触发类型。
IT0 = 1,边沿触发方式,即测到 P3.2 引脚上有"1"→"0"跳变才有效;IT0 = 0,电平触发方式,在 P3.2 引脚上有"0"电平就有效。

● IT1:为外部中断 1 的中断触发标志位,与 IT0 的作用相同。

● IE0:外部中断 0 的请求标志,当测到 P3.2 引脚上中断请求信号有效时,由内部硬件置位 IE0,请求中断,中断响应后,该位被硬件自动清除。

● IE1:外部中断 1 的请求标志,功能同 IE0。

注意:为保证 CPU 检测到有效信号,对于低电平触发的外部中断,"0"电平至少应保持 1 个机器周期;对于外部边沿触发中断,"0""1"电平各至少保持 1 个机器周期。

● TF0:定时器 T0 溢出中断标志。

● TF1:定时器 T1 溢出中断标志。

● TR0 与 TR1:见定时器部分。

② 串行口控制寄存器 SCON(98H):可位寻址。

串行口控制寄存器 SCON 的低 2 位 TI 和 RI 保存串行口的两个中断请求标志,SCON 格式如下:

D7	D6	D5	D4	D3	D2	D1	D0
SM0	SM1	SM2	REN	TB8	RB8	TI	RI

● TI:串行口发送中断标志。串行口每发送完一帧数据,便由硬件置 TI = 1,向 CPU 申请中断。当向串行口的数据缓冲器 SBUF 写入一个数据后,立刻启动发送器继续发送。CPU 响应中断后,不会由硬件自动对 TI 清 0,必须在中断服务程序中对其清 0。

● RI:串行口接收中断标志。当串行口接收器允许接收时,每收到一帧数据,便由硬件置 RI = 1,向 CPU 申请中断。CPU 响应中断后,也必须在中断服务程序中对其清 0。

SCON 的其他各位的功能见串行通信部分。

(2) 中断允许寄存器 IE(A8H):可位寻址。

计算机中断系统有两种不同类型的中断:一类称为非屏蔽中断,另一类为可屏蔽中断。

对非屏蔽中断,用户不能用软件的方法加以禁止,一旦有中断申请,CPU必须响应。对于可屏蔽中断,用户可通过软件的方法来控制是否允许某个中断源的中断,允许中断称为中断开放,不允许中断称为中断屏蔽。MCS-51单片机的5个中断源均为可屏蔽中断。这些中断的开放与屏蔽是由特殊功能寄存器IE控制的,IE的控制分为两级,类似开关,其中第一级为一个总开关,第二级为五个分开关。

IE格式如下:

D7	D6	D5	D4	D3	D2	D1	D0
EA	/	/	ES	ET1	EX1	ET0	EX0

- EA:中断总控制位。EA=1,CPU开放中断;EA=0,CPU禁止所有中断。
- ES:串行口中断控制位。ES=1,允许串行口中断;ES=0,屏蔽串行口中断。
- ET1:定时/计数器T1中断控制位。ET1=1,允许T1中断;ET1=0,禁止T1中断。
- EX1:外中断1中断控制位。EX1=1,允许外中断1中断;EX1=0,禁止外中断1中断。
- ET0:定时/计数器T0中断控制位。ET1=1,允许T0中断;ET1=0,禁止T0中断。
- EX0:外中断0中断控制位。EX1=1,允许外中断0中断;EX1=0,禁止外中断0中断。

(3)中断优先级寄存器IP(B8H):可位寻址。

CPU同一时间只能响应一个中断请求。若同时来了两个或两个以上的中断请求,就必须有先有后。为此,MCS-51单片机设有两个中断优先级,每个中断源都可以通过编程确定为高优先级中断或低优先级中断,由IP控制。IP格式如下:

D7	D6	D5	D4	D3	D2	D1	D0
/	/	/	PS	PT1	PX1	PT0	PX0

若某位置"1",则对应的中断源为高优先级;反之,为低优先级。当系统复位后,IP低5位全部清0,所有中断源均设定为低优先级中断。

- PS:串行口中断优先级控制位。
- PT1:定时/计数器T1中断优先级控制位。
- PX1:外部中断源1中断优先级控制位。
- PT0:定时/计数器T0中断优先级控制位。
- PX0:外部中断源0中断优先级控制位。

中断优先级遵守如下规则:
◇ 不同级的中断源同时申请中断时:先高后低。
◇ 处理低级中断时接收到高级中断:停低转高。
◇ 处理高级中断时却收到低级中断:高不睬低。
◇ 同级中断源同时申请中断时,CPU通过内部硬件查询逻辑,按自然优先级顺序确定先响应哪个中断请求。自然优先级由硬件形成,排列如下:

(最低)串行口中断——→T1中断——→$\overline{INT1}$中断——→T0中断——→$\overline{INT0}$中断(最高)

总之,在实际使用时,5个中断源的排列顺序由中断优先级控制寄存器IP和顺序查询逻辑电路共同决定。

4.1.3 中断处理过程

中断源发出中断请求以后，CPU 会及时进行处理，中断处理过程可分为中断响应、中断处理和中断返回三个阶段。

1. 中断响应

在中断源发出中断请求后，CPU 并不是在任何时刻都会马上响应中断请求，必须同时满足下面的响应条件后 CPU 才会响应中断。

（1）响应条件。
- 有中断请求，即相应的中断请求标志位为"1"。
- 中断允许寄存器 IE 的 EA 位及相应中断源允许位为"1"。
- 无同级或高级中断正在服务。
- 现行指令执行到最后一个机器周期且已结束。

在满足以上条件的基础上，若有下列任何一种情况出现，CPU 都不会响应中断。
- 正在执行的中断服务级别高或同级。
- 不是指令的最后一个机器周期。
- RETI 或对 IP、IE 操作期间且其后的指令不是最后一个机器周期。

（2）中断响应过程。

一旦满足相应要求，CPU 响应中断，首先置位相应的优先级触发器，以阻断同级和低级的中断，然后执行硬件子程序调用（2 个机器周期），把断点地址压入堆栈，再把与各中断源对应的中断服务程序首址送程序计数器 PC，同时清除请求标志（RI 和 TI 除外），从而控制程序转向中断服务程序。各中断源中断服务程序入口地址如表 4-1 所示。

表 4-1　各中断源中断服务程序入口地址

中断源	入口地址	中断源	入口地址
外部中断 0	0003H	定时器 T1 溢出中断	001BH
定时器 T0 溢出中断	000BH	串行口中断	0023H
外部中断 1	0013H		

（3）中断响应时间。

中断响应时间是指从中断请求标志位置位到 CPU 开始执行中断服务程序的第一条指令所持续的时间。CPU 并非每时每刻对中断请求都予以响应，另外，不同的中断请求其响应时间也是不同的，因此，中断响应时间形成的过程较为复杂。以外部中断为例，CPU 在每个机器周期的 S5P2（状态 5 第 2 节拍）期间采样其输入引脚的电平，如果中断请求有效，则置位中断请求标志位 IE0 或 IE1，然后在下一个机器周期再对这些值进行查询，这就意味着中断请求信号的低电平至少应维持一个机器周期。

这时，如果满足中断响应条件，则 CPU 响应中断请求，在下一个机器周期执行一条硬件长调用指令"LACLL"，使程序转入中断矢量入口。该调用指令执行时间是两个机器周期，因此，外部中断响应时间至少需要 3 个机器周期，这是最短的中断响应时间。

如果中断请求不能满足前面所述的四个条件而被阻断,则中断响应时间将延长。例如,一个同级或更高级的中断正在进行,则附加的等待时间取决于正在进行的中断服务程序的长度。如果正在执行的一条指令还没有进行到最后一个机器周期,则附加的等待时间为1~3个机器周期(因为一条指令的最长执行时间为4个机器周期)。

2. 中断处理

CPU响应中断结束后即转入中断服务程序的入口,从中断服务程序的第一条指令开始到返回指令(RETI)为止,即执行中断服务程序的过程称为中断处理,中断处理也叫做中断服务。

通常,主程序和中断服务程序都会用到累加器A、状态寄存器PSW及其他一些寄存器,当CPU进入中断服务程序用到上述寄存器时,会破坏原来存储在寄存器中的内容,一旦中断返回,将会导致主程序的混乱,因此,在进入中断服务程序后,一般要先保护现场,然后执行中断处理程序,在中断返回之前再恢复现场。

3. 中断返回

(1)中断返回。

中断返回是指中断服务完后,计算机返回原来断开的位置(即断点),继续执行原来的程序。中断返回由中断返回指令RETI来实现。该指令的功能是:把断点地址从堆栈中弹出,送回到程序计数器PC,此外,还通知中断系统已完成中断处理,并同时清除优先级状态触发器。

(2)中断请求的撤销。

CPU响应中断请求后即进入中断服务程序,在中断返回前,应撤除该中断请求,否则,会重复引起中断而导致错误。单片机各中断源中断请求撤销的方法各不相同,分别为:

● 定时器T0和定时器T1的中断标志TF0和TF1会在CPU响应中断后自动清除。

● 外部中断请求的撤销:与设置的中断触发方式有关,若边沿触发,CPU在响应中断后,硬件自动清除中断申请标志IE0、IE1。若低电平触发,那么CPU无法自动清0(清了也没用,因为请求电平信号经非门直接连至中断请求标志位),这时,可采用如图4-4所示的方法:外部中断请求信号不直接接到$\overline{INTi}$引脚上,而加在D触发器的CLK时钟端。

由于D端接地,当外部中断请求的正脉冲信号出现在CLK脚上,D触发器置0使$\overline{INTi}$有效,向CPU发出中断请求,CPU响应中断后,利用一根端口线作为应答线,即P1.0接D触发器的$\overline{S}$端,在中断服务程序中用软件予以清除:

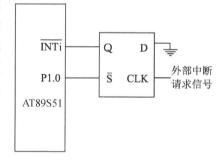

图4-4 外部中断请求信号清除接线图

    ANL   P1,#0FEH;
    ORL   P1,#01H;
    CLR   IEi

● 对于串行口中断,CPU在响应中断后,硬件不能自动清除中断请求标志位TI、RI,必须在中断服务程序中用软件将其清除。

4.1.4 中断系统的应用

采用中断技术时的程序设计包括两个部分：中断初始化程序和中断服务程序。

1. 中断初始化程序

初始化程序主要完成为响应中断而进行的初始化工作，这些工作主要有中断源的设置、中断服务程序中有关单元的初始化和中断控制的设置。中断初始化工作通常在产生中断请求前完成，放在主程序的开始。

单片机中断系统功能的实现，可以通过相关特殊功能寄存器进行统一管理，中断系统初始化是指用户对这些特殊功能寄存器中各控制位进行赋值。初始化步骤如下：

(1) 开相应中断源的中断：通过设置 IE 中相应的位来实现。
(2) 设定所用中断源的中断优先级：通过设置 IP 中相应的位实现。
(3) 若为外部中断，则应规定其触发方式：通过设置 TCON 中相应的位实现。

例 4-1 试写出 $\overline{INT1}$ 为低电平触发的中断系统初始化程序。

方法 1：采用位操作指令。

```
SETB   EA            ;开总中断
SETB   EX1           ;开INT1中断
SETB   PX1           ;令INT1为高优先级
CLR    IT1           ;令INT1为电平触发
```

方法 2：采用字节型指令。

```
MOV    IE,#84H       ;开INT1中断
ORL    IP,#04H       ;令INT1为高优先级
ANL    TCON,#0FBH    ;令INT1为电平触发
```

2. 中断服务程序

中断服务程序通常由保护现场、中断处理和恢复现场三个部分组成，如图 4-5 所示。

(1) 中断服务程序，第一条指令必须安排在相应的中断入口地址。

(2) 由于中断的产生是随机的，所以对程序中的公共单元(其他程序中已经使用，中断程序中也使用了的单元)，必须在中断服务程序开始处，采用堆栈进行保护，即保护现场。中断处理是完成中断请求所要求的处理，中断处理结束后，需再将刚才堆栈保护的数据恢复到中断前的内容，即恢复现场。

(3) 中断服务程序必须以 RETI 结束，表示中断返回。

编写中断服务程序时还需注意以下几点：

● 各中断源的中断入口地址之间只相隔 8B，容纳不下普通的中断服务程序，因此，在中断入口地址单元通常存放一条无条件转移指令，可将中断服务程序转至存储器的其他任何空间。

● 若要在执行当前中断程序时禁止其他更高优先级中断，需先用软件关闭 CPU 中断，或用软件禁止相应高优先级的中断，在中断返回前再开放中断。

● 在保护和恢复现场时，为了不使现场数据遭到破坏或造成混乱，一般规定此时 CPU

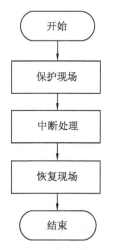

图 4-5 中断服务
程序流程图

不再响应新的中断请求。因此,在编写中断服务程序时,要注意在保护现场前关中断,在保护现场后若允许高优先级中断,则应开中断。同样,在恢复现场前也应先关中断,恢复之后再开中断。

4.1.5 项目9——带应急信号处理的交通灯控制器设计

1. 任务描述

用单片机设计带应急信号处理的交通灯控制器,要求:能根据车流量任意控制红绿灯,并增加允许急救车优先通过的要求。无急救车时,交通灯按照规律运行。有急救车到达时,两向交通信号为全红,以便让急救车通过,急救车通过后,交通灯恢复中断前状态。

假设系统晶振选用11.0592 MHz;各状态时间设定如下:

初始状态0:东西红灯、南北红灯,持续X0秒;

状态1:南北绿灯通车,东西红灯,持续X1秒;

状态2:南北绿灯闪M次转亮黄灯,持续X2秒,东西仍为红灯;

状态3:东西绿灯通车,南北红灯,持续X3秒;

状态4:东西绿灯闪N次转亮黄灯,持续X4秒,南北仍为红灯,如此循环运行。

其中,X0 = __5__、X1 = __15__、X2 = __1__、X3 = __20__、X4 = __1__、M = __5__、N = __5__。

急救车到来后,东西南北红灯维持5s。

2. 总体设计

本项目是在单元3项目8的简单交通灯控制器设计任务基础上进行的,无急救车到达时,该任务就等同于简单交通灯控制器,当有急救车到来时才需要按要求进行处理。

该十字路口交通灯设计依然采用AT89S51单片机控制。四个方向的交通灯分别由红色、绿色和黄色的LED灯显示。120、119特种车辆的到来作为外部中断处理,系统中由独立按键来模拟。在此,选用12位I/O线控制东西南北四个方向的交通灯(红、黄、绿)。外部中断按键接P3.2或P3.3。软件部分则采用模块化结构的设计方法,主要模块包括主程序模块、5个交通灯状态的子程序模块、延时子程序模块、中断初始化程序模块和中断服务程序模块。

系统结构图如图4-6所示。

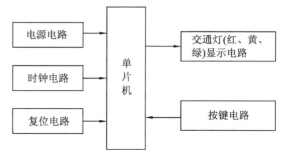

图4-6 带应急信号处理交通灯控制器系统结构图

3. 硬件设计

实现该任务的硬件电路中包含的主要元器件为:AT89S51 1片、78L05 1个、红黄绿LED灯各4个、按键1个、11.0592MHz晶振1个、电阻和电容等若干。带应急信号处理的交通灯控制器的硬件电路原理图如图4-7所示。

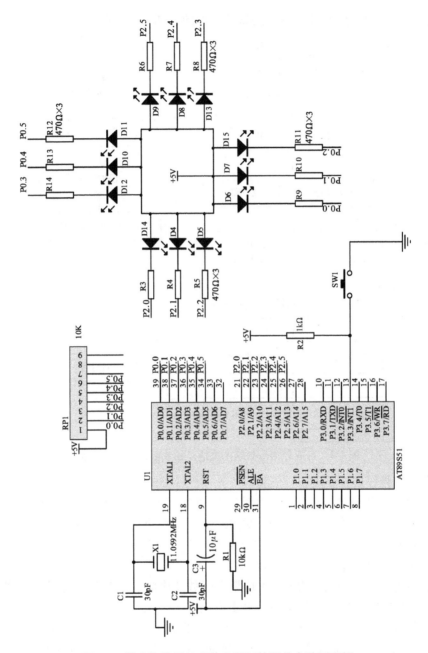

图 4-7 带应急信号处理的交通灯的硬件电路原理图

东西向的三色(红、绿、黄)交通灯分别由 P2.0～P2.5 控制,南北向的三色交通灯由 P0.0～P0.5 控制,低电平点亮。模拟急救车的按键接至 P3.3 口,即把急救车作为外部中断 1 处理,按键按下,表示急救车到来。该按键电路的工作原理是:在按键未按下时,P3.3 为高电平,当按键按下时,P3.3 通过按键接到地,为低电平。所以,只要检测到 P3.3 端口产生下降沿,即电平由"1"变为"0",则可判断按键按下,有外部中断产生。

4. 软件设计

(1) 软件流程图。

带应急信号处理的交通灯控制器的软件流程图如图 4-8 所示。

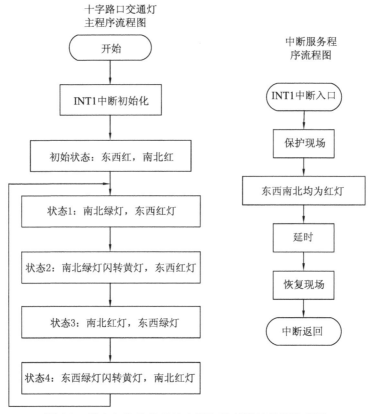

图 4-8　带应急信号处理的交通灯控制器的软件流程图

（2）汇编源程序。

软件采用模块化设计方法，模块说明如下：主程序模块、中断初始化模块、分别实现交通灯的状态 0 至状态 4 的 5 个模块、外部中断服务模块、软件延时模块等。

主程序完成对外部中断 1 的初始化及交通灯正常状态变换的实现。

交通灯状态 0 至状态 5 的实现同项目 8。

中断初始化程序模块主要设置 EA 位用以开放总中断、设置 EX1 位用于允许外部中断 1、设置 IT1 位使外部中断 1 工作于边沿触发方式。

外部中断服务程序模块是在 CPU 响应外部中断即急救车到来后要执行的程序。主要功能是让东西南北的交通灯全变为红灯，延时 5s。该模块程序要放在指定的入口地址 0013H 处。

软件延时模块用于确定某个状态的维持时间。

汇编语言源程序如下：

;（1）主程序模块：

```
    ORG     0000H
    LJMP    START
    ORG     0013H           ;外部中断 1 的中断入口地址
    LJMP    INT_1
```

```
            ORG      0040H
START:
            MOV      SP,#60H
            SETB     EX1              ;外部中断1允许
            SETB     IT1              ;边沿触发
            SETB     EA               ;中断总允许
            LCALL    STATUS0          ;初始状态0,东西南北都是红灯
CIRCLE:     LCALL    STATUS1          ;南北绿灯,东西红灯
            LCALL    STATUS2          ;南北绿灯闪转黄灯,东西红灯
            LCALL    STATUS3          ;南北红灯,东西绿灯
            LCALL    STATUS4          ;南北红灯,东西绿灯闪转黄灯
            LJMP     CIRCLE
;(2)初始状态0模块:
STATUS0:                              ;南北红灯,东西红灯
            MOV      A,#0F6H
            MOV      P0,A
            MOV      P2,A
            MOV      R2,#50           ;延时5s
            LCALL    DELAY
            RET
;(3)状态1模块:
STATUS1:
            MOV      A,#0DBH          ;南北绿灯,东西红灯
            MOV      P0,A
            MOV      B,#0F6H
            MOV      P2,B
            MOV      R2,#150          ;延时15s
            LCALL    DELAY
            RET
;(4)状态2模块:
STATUS2:                              ;南北绿灯闪转黄灯,东西红灯
            MOV      R3,#05H          ;绿灯闪5次
FLASH:      MOV      A,#0FFH
            MOV      P0,A
            MOV      R2,#03H
            LCALL    DELAY
            MOV      A,#0DBH
            MOV      P0,A
            MOV      R2,#03H
```

```
            LCALL     DELAY
            DJNZ      R3,FLASH
            MOV       A,#0EDH      ;南北黄灯,东西红灯
            MOV       P0,A
            MOV       R2,#10       ;延时 1s
            LCALL     DELAY
            RET
    ;(5) 状态 3 模块:
    STATUS3:                        ;南北红灯,东西绿灯
            MOV       A,#0F6H
            MOV       P0,A
            MOV       B,#0DBH
            MOV       P2,B
            MOV       R2,#200      ;延时 20s
            LCALL     DELAY
            RET
    ;(6) 状态 4 模块:
    STATUS4:                        ;南北红灯,东西绿灯闪转黄灯
            MOV       R3,#05H      ;绿灯闪 5 次
    FLASH1: MOV       A,#0FFH
            MOV       P2,A
            MOV       R2,#03H
            LCALL     DELAY
            MOV       A,#0DBH
            MOV       P2,A
            MOV       R2,#03H
            LCALL     DELAY
            DJNZ      R3,FLASH1
            MOV       A,#0EDH      ;南北红灯,东西黄灯
            MOV       P2,A
            MOV       R2,#10       ;延时 1s
            LCALL     DELAY
            NOP
            RET
    ;(7) 软件延时模块:
    DELAY:                          ;延时子程序
            PUSH      02H          ;压栈保护 R2
            PUSH      01H          ;压栈保护 R1
            PUSH      00H          ;压栈保护 R0
```

```
DELAY1: MOV     R1,#00H
DELAY2: MOV     R0,#0B2H
        DJNZ    R0,$
        DJNZ    R1,DELAY2       ;延时100ms
        DJNZ    R2,DELAY1
        POP     00H             ;出栈返回R0
        POP     01H             ;出栈返回R1
        POP     02H             ;出栈返回R2
        RET
;(8) 外部中断1处理模块:
INT_1:
        PUSH    PSW             ;保护现场
        PUSH    ACC
        PUSH    02H             ;压栈保护R2
        PUSH    01H             ;压栈保护R1
        PUSH    00H             ;压栈保护R0
        MOV     R4,P0
        MOV     R5,P2
        MOV     A,#0F6H         ;南北、东西都亮红灯
        MOV     P0,A
        MOV     P2,A
        MOV     R2,#50          ;延时5s
        LCALL   DELAY
        MOV     P0,R4           ;恢复现场
        MOV     P2,R5
        POP     00H             ;出栈返回R0
        POP     01H             ;出栈返回R1
        POP     02H             ;出栈返回R2
        POP     ACC
        POP     PSW
        RETI
        END
```

5. 虚拟仿真与调试

带应急信号处理的交通灯控制器的PROTEUS仿真硬件电路图如图4-9所示。在Keil μVision3与PROTEUS环境下完成项目的仿真调试,观察调试结果:12只LED灯分成东西向和南北向两组,各组指示灯均由两只相向的红、黄、绿LED组成。无急救车到来时,交通灯按照任务要求的规律进行切换与显示;有急救车到达时,按下紧急按键,东西向和南北向两组交通信号灯全变为红色,让急救车优先通过,其他车禁行。急救车辆通过后,系统则自动恢复。

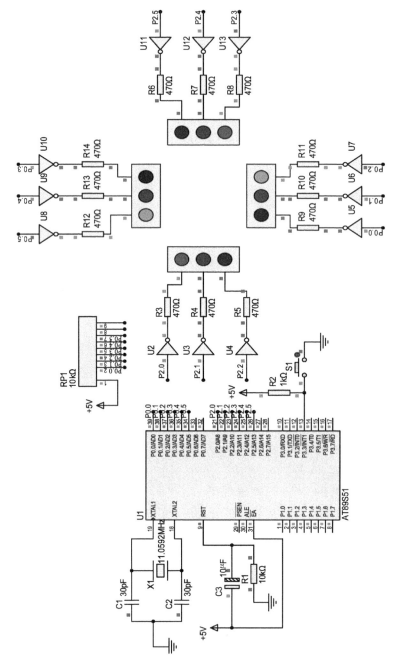

注：因仿真电路交通灯模型为共阴连接，加非门是为了保持和原理图逻辑一致

图 4-9　带应急信号处理的交通灯控制器 PROTEUS 仿真硬件电路图

6．硬件制作与调试

（1）元器件采购。

本项目采购清单见表 4-2。

表 4-2　元器件清单

序号	器件名称	规格	数量	序号	器件名称	规格	数量
1	单片机	AT89S51	1	7	发光二极管	Φ5	红、黄、绿各4
2	电解电容	10μF	1	8	排阻	10kΩ 9PIN	1
3	瓷介电容	30pF	2	9	电阻	1kΩ	1
4	晶振	11.0592MHz	1	10	电阻	470Ω	12
5	电阻	10kΩ	1	11	印制板	PCB	1
6	轻触按键	8.5×8.5	1	12	集成电路插座	DIP40	1

（2）调试注意事项。

① 静态调试要点。

本项目重点关注作为交通灯使用的 LED 灯有无接反、排阻的接法是否正确、按键的引脚有无接错。

② 动态调试要点。

在系统硬件调试时会发现通电后电路板不工作，首先用示波器检查 ALE 脚及 XTAL2 脚是否有波形输出。若没有波形输出，需要检查单片机最小系统接线是否正确。

在硬件调试时还可能会出现个别 LED 不亮，检查 LED 的极性是否接反、限流电阻的选择是否合适、电路是否虚焊以及 LED 是否损坏。还可能出现 LED 显示结果不正确，此时可检查红、黄、绿三种颜色的 LED 灯有没有接错。

在硬件调试时可能出现按键不起作用，检查按键接线是否正确、电阻选择是否合适及电路是否虚焊。尤其注意按键是否确与 P3.3 脚连接。

7．能力拓展

（1）将急救车的到来看做外部中断 0，系统如何设计？

（2）两个外部中断一起使用，外部中断 0 产生时东西南北亮红灯 5s，而外部中断 1 到来时东西南北亮黄灯 5s，如何实现？

4.2　单片机定时/计数器——定时器应用设计

4.2.1　定时/计数器的结构和工作原理

单片机的定时/计数器的应用非常广泛，如定时采样、定时控制、时间测量、产生音响、产生脉冲波形、制作日历时钟等。利用计数特性可以检测信号波形的频率、周期、占空比，检测电机转速、工件的个数等，因此它是单片机应用技术中的一项重要技术，应该很好掌握。

在 MCS-51 单片机的控制系统中，常用的定时方法有：软件定时、硬件定时和可编程定时器定时。软件定时就是通过执行一个循环程序来进行时间延迟，时间精确，不需要附加其他硬件电路。前面各项目中的延时子程序实现延时的方法即为软件定时。硬件定时是指定时由硬件电路实现，无需占用 CPU 时间。可编程定时器则是通过对系统时钟的计数来实现的,其计数值通过程序设定,并且通过改变计数值来改变定时时间,比较方便,本节内容就重点介绍 MCS-51 单片机内部的可编程定时器。

MCS-51 单片机内部通常有 2 个 16 位的可编程定时/计数器,简称为定时器 T0 和定时器 T1。这两个定时器均有两大功能,即定时与计数。每一种功能下又可单独设定为 4 种工作方式,不同的工作方式下,定时器的位数不同,从而所能实现的定时或计数的范围不同。定时/计数器的工作方式、定时时间和启停控制均可由程序来确定。

1. 定时/计数器的结构

定时/计数器由两个 16 位的可编程定时/计数器、定时器方式寄存器 TMOD 和定时器控制寄存器 TCON 组成,这些寄存器之间通过内部总线和控制逻辑电路连接起来,基本结构如图 4-10 所示。其中,定时器 T0 和 T1 是 16 位加法计数器,分别由两个 8 位特殊功能寄存器组成:定时器 T0 由 TH0 与 TL0 组成,定时器 T1 由 TH1 与 TL1 组成。TH0 和 TH1 分别存放定时器 T0 和 T1 的定时/计数值的高 8 位,TL0 和 TL1 分别存放定时器 T0 和 T1 的定时/计数值的低 8 位,这些寄存器均可以单独访问。特殊功能寄存器 TMOD 主要用于设定定时器的工作方式等,TCON 主要用于定时器的启停和存放 T0、T1 的溢出中断标志。

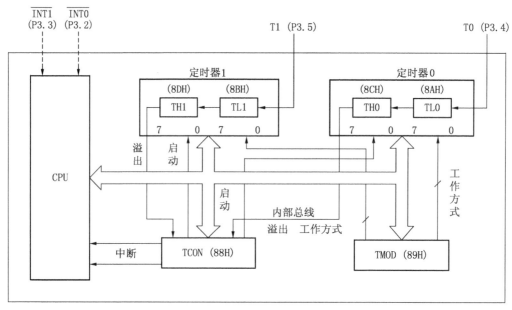

图 4-10 定时/计数器的结构

2. 定时/计数器的工作原理

定时/计数器实质上是一个二进制加 1 计数器,其工作过程是对脉冲进行加 1 计数,来一个脉冲,计数器加 1,当计数器计满回零时能自动产生溢出中断请求,表示定时时间已到或计数已满。定时/计数器的定时和计数功能最主要的区别就是计数脉冲的来源不同。

● 定时方式:T0 或 T1 工作于定时方式下时,计数脉冲由内部的时钟振荡电路提供,每个机器周期使计数器的值加 1。实质上是对单片机的机器周期进行计数,计数的频率为振荡频率的 1/12。定时的时间由计数的初值和选择的计数器长度决定。当计数器溢出时,计数值 * 间隔时间 = 定时时间,计数器的初始值称为时间常数,可见时间常数设定得越大,定时时间越短。

● 计数方式:T0 或 T1 工作于计数方式时,计数脉冲来自相应的外部输入引脚 P3.4(T0) 或 P3.5(T1),实质上是对外部事件计数。当输入信号产生 1 个下跳变时,计数器加 1,CPU 可随时读取计数器的当前值。为保证给出的电平在变化前至少被采样一次,外部脉冲的正、负电平的持续时间至少要各保持一个完整的机器周期。计数器的计数频率为振荡频率的 1/24。

在 TMOD 中,各有一个控制位($C/\overline{T}$),分别用于控制定时/计数器 T0 和 T1 是工作在定时器方式还是计数器方式。当设置了定时器的工作方式并启动定时器工作后,定时器就按被设定的工作方式独立工作,不再占用 CPU 的操作时间,只有在计数器计满溢出时才可能中断 CPU 当前的操作。

4.2.2 定时/计数器的控制

1. 定时器方式寄存器 TMOD(89H)

不可位寻址。用于为定时器 0、定时器 1 的工作方式寄存器,格式如下:

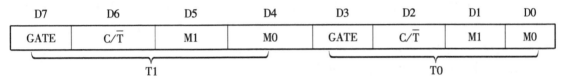

● $C/\overline{T}$:功能选择位。$C/\overline{T}=0$ 为定时方式,$C/\overline{T}=1$ 为计数方式。
● M1、M0:工作方式选择位。方式选择见表 4-3。

表 4-3 定时器工作方式选择

M1	M0	工作方式	最大计数值（模 M）	最长定时时间（f_{osc} 为晶振频率）
0	0	方式 0:13 位定时/计数器	$M = 2^{13} = 8192$	$t = 2^{13} \times 12/f_{osc}$
0	1	方式 1:16 位定时/计数器	$M = 2^{16} = 65536$	$t = 2^{16} \times 12/f_{osc}$
1	0	方式 2:自动再装入的 8 位定时/计数器	$M = 2^8 = 256$	$t = 2^8 \times 12/f_{osc}$
1	1	方式 3:T0 分成两个 8 位定时/计数器,关闭 T1		

● GATE:门控位。置"1"时,只有当 $\overline{INTi}$(i=0,1)为高电平且 TRi 位置"1"时才开放定时器"i",即是否开始计数,可由外部引脚控制;清"0"时,只要 TRi 位置"1"时就开放定时器"i"。

2. 定时器控制寄存器 TCON(88H)

可以位寻址。TCON 的作用是控制定时器的启动、停止,标志定时器的溢出和中断情况。格式如下:

D7	D6	D5	D4	D3	D2	D1	D0
TF1	TR1	TF0	TR0	IE1	IT1	IE0	IT0

TCON 的低 4 位与外部中断有关,已在中断系统中介绍。高 4 位与定时器有关,现介绍如下:

● TRi(i=0,1):运行控制位。TRi=0,Ti 停止工作;TRi=1,Ti 开始工作。
● TFi(i=0,1):溢出中断标志。当定时/计数器 Ti 被允许计数后,Ti 从初值开始加 1

计数,至最高位产生溢出时,TFi 由硬件自动置位,既表示计数溢出,又表示请求中断。

4.2.3 定时/计数器的初始化

由于定时器是一种可编程部件,使用前应先确定它的工作方式、计数初值、启停操作等功能,也就是定时器的初始化。

1. 定时/计数器的初始化步骤

（1）确定定时器的功能、工作方式、启动控制方式,并写入 TMOD。

（2）根据定时时间要求或计数要求计算计数器初值,并写入 TH0、TL0 或 TH1、TL1 中。

（3）启动定时/计数器工作:使用 SETB TRi 启动。

（4）根据要求是否采用中断方式。如果工作于中断方式,还需置位 EA(中断总开关)及 ETi(允许定时/计数器中断,i=0,1),并编写中断服务程序。若采用程序查询,则无需对 IE 操作。

注意:若 GATE 为 0,则执行完上边指令后,定时器开始工作。若 GATE 为 1,则需当 $\overline{INTi}$ 为高电平时,执行以上指令后定时器开始工作。

2. 定时/计数器的计数初值确定

定时/计数器的计数初值确定与两个因素有关:

（1）功能:有定时和计数之分。

（2）工作方式:有方式 0、1、2、3 之分。工作方式不同,其最大计数值 M 不同,定时器的最大定时时间也不一样。

● 定时功能下的初值:

$$X = M - N = M - (f_{osc} \times t)/12$$

其中 N = 定时时间/机器周期 = $(f_{osc} \times t)/12$；$M = 2^{13} = 8192$(模式 0), $M = 2^{16} = 65536$(模式 1), $M = 2^8 = 256$(模式 2、模式 3)。

● 计数功能下的初值:

$$X = M - N$$

其中 N = 计数值, $M = 2^{13} = 8192$(模式 0), $M = 2^{16} = 65536$(模式 1), $M = 2^8 = 256$(模式 2、模式 3)。

4.2.4 定时/计数器的工作方式

由前述内容可知,通过对 TMOD 寄存器中 M0、M1 位进行设置,定时器可选择 4 种工作方式,下面逐一进行论述。

1. 方式 0

方式 0 构成一个 13 位定时/计数器。图 4-11 是定时器 0 在方式 0 时的逻辑电路结构,定时器 1 的结构和操作与定时器 0 完全相同。

由图可知:16 位加法计数器(TH0 和 TL0)只用了 13 位。其中,TH0 占高 8 位,TL0 占低 5 位(只用低 5 位,高 3 位未用)。当 TL0 低 5 位溢出时自动向 TH0 进位,而 TH0 溢出时向中断位 TF0 进位(硬件自动置位),并申请中断。

当 $C/\overline{T} = 0$ 时,多路开关连接 12 分频器输出,定时器 0 对机器周期计数,此时,定时器 0 为定时器。定时时间 = (M - T0 初值) × 时钟周期 × 12 = (2^{13} - T0 初值) × 时钟周期 × 12。

单元 4 单片机内部资源的应用 157

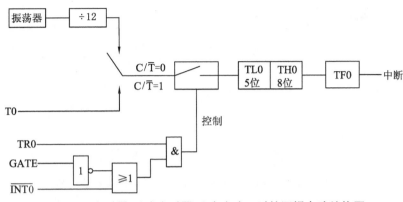

图 4-11 定时器 0(或定时器 1)在方式 0 时的逻辑电路结构图

当 $C/\overline{T}=1$ 时,多路开关与 T0(P3.4)相连,外部计数脉冲由 T0 脚输入,当外部信号电平发生由"1"到"0"的负跳变时,计数器加 1,此时,定时器 0 为计数器。

当 GATE=0 时,或门被封锁,信号无效。或门输出常 1,打开与门,TR0 直接控制定时器 0 的启动和关闭。TR0=1,接通控制开关,定时器 0 从初值开始计数直至溢出。溢出时,计数器为 0,TF0 置位,并申请中断。如要循环计数,则定时器 0 需要在中断服务程序里用软件重置计数初值。

当 GATE=1 时,与门的输出由输入电平 $\overline{INT0}$ 和 TR0 位的状态来确定。若 TR0=1,则与门打开,外部信号电平通过引脚直接开启或关断定时器 0,当为高电平时,允许计数,否则停止计数;若 TR0=0,则与门被封锁,控制开关被关断,停止计数。

2. 方式 1

定时器工作于方式 1 时,其逻辑结构图如图 4-12 所示。

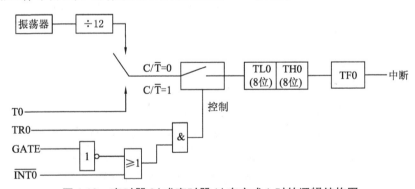

图 4-12 定时器 0(或定时器 1)在方式 1 时的逻辑结构图

由图可知,方式 1 构成一个 16 位定时/计数器,其结构与操作几乎完全与方式 0 相同,唯一差别是二者计数位数不同。作定时器用时,其定时时间 = (M - T0 初值) × 时钟周期 × 12 = (2^{16} - T0 初值) × 时钟周期 × 12。

3. 方式 2

定时/计数器工作于方式 2 时,其逻辑结构图如图 4-13 所示。

由图可知,方式 2 中,16 位加法计数器的 TH0 和 TL0 具有不同功能,其中,TL0 是 8 位计数器,TH0 是重置初值的 8 位缓冲器。

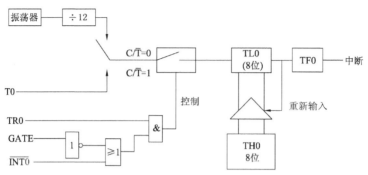

图 4-13　定时器 0(或定时器 1)在方式 2 时的逻辑结构图

方式 0 和方式 1 用于循环计数,在每次计满溢出后,计数器都恢复为 0,要进行新一轮计数还须重置计数初值。这不仅导致编程麻烦,而且影响定时时间精度。方式 2 具有初值自动装入功能,避免了上述缺陷,适合用做较精确的定时脉冲信号发生器。其定时时间为

(M − 定时器 0 初值) × 时钟周期 × 12 = (256 − 定时器 0 初值) × 时钟周期 × 12

方式 2 中 16 位加法计数器被分割为两个,TL0 用做 8 位计数器,TH0 用以保持初值。在程序初始化时,TL0 和 TH0 由软件赋予相同的初值。一旦 TL0 计数溢出,TF0 将被置位,同时,TH0 中的初值装入 TL0,从而进入新一轮计数,如此循环不止。

4. 方式 3

定时/计数器工作于方式 3 时,其逻辑结构图如图 4-14 所示。

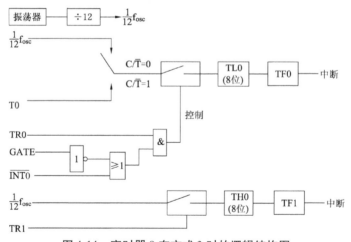

图 4-14　定时器 0 在方式 3 时的逻辑结构图

应注意:工作方式 3 仅使用于 T0,T1 无工作方式 3。在这种方式下,T0 被分解为两个独立的 8 位计数器 TL0 和 TH0。其中,TL0 占用原定时器 T0 的控制位、引脚和中断源,即 GATA、TR0、TF0、P3.4(T0)引脚和 P3.2($\overline{INT0}$)引脚。除计数位数不同于工作方式 0、工作方式 1 外,其功能、操作与工作方式 0 和 1 完全相同,可定时也可计数。TH0 则占用定时器 T1 的控制位 TF1 和 TR1,同时还占用了定时器 T1 的中断源,其启动和关闭只能受 TR1 控制。TH0 只能对机器周期计数,因此,TH0 只能用做简单的内部定时,不能对外部脉冲计数,是定时器 T0 附加的一个 8 位定时器。

如果定时/计数器 T0 工作于方式 3,那么定时/计数器 T1 的工作方式就不可避免地受

到一定的限制,因为自己的一些控制位已被定时/计数器借用,只能工作在方式0、方式1或方式2下。在这种情况下,定时/计数器T1通常作为串行口的波特率发生器使用,以确定串行通信的速率,因为TF1被定时/计数器0借用了,只能把计数溢出直接送给串行口。当做波特率发生器使用时,只需设置好工作方式,即可自动运行。如要停止它的工作,需送入一个把它设置为方式3的方式控制字即可,这是因为定时/计数器T1本身不能工作在方式3,如硬把它设置为方式3,自然会停止工作。

例4-2 编写初始化程序,要求设置定时器T1为定时功能,定时50ms,工作于方式1,采用中断工作方式(晶体振荡频率为6MHz)。

解 定时初值:$X = M - (f_{osc} \times t)/12 = 65536 - (6 \times 50 \times 1000)/12 = 40536 = 9E58H$

初始化程序如下:

```
MOV     TMOD,#10H       ;确定T1工作方式、功能及启动方式
MOV     TH1,#9EH        ;定时器初值高8位置入TH1
MOV     TL1,#58H        ;定时器初值低8位置入TL1
SETB    TR1             ;定时器启动
MOV     IE,#10001000B   ;开定时器T1中断(也可用SETB EA、SETB ET1实现)
```

例4-3 编写定时器初始化程序,要求T1作定时器使用,工作于方式1,定时时间10ms;T0作计数器使用,工作于方式2,计数值为1,即外界发生一次事件就溢出(设晶体振荡频率为12MHz)。

解 先计算这2个定时器的初值:

对于T1,工作于定时功能,方式1,初值 $X = M - (f_{osc} \times t)/12 = 65536 - (12 \times 10 \times 1000)/12 = 55536 = D8F0H$。

对于T0,工作于计数功能,方式2,其初值 $X = M - N = 256 - 1 = 255 = FFH$。

初始化程序如下:

```
MOV     TMOD,#16H
MOV     TH0,#0FFH
MOV     TL0,#0FFH
MOV     TH1,#0D8H
MOV     TL1,#0F0H
SETB    TR0
SETB    TR1
```

4.2.5 定时/计数器的应用

定时器中断系统的程序设计主要涉及两个内容:(1)定时器的初始化编程;(2)定时器中断服务程序的编写。应用编程举例如下。

例4-4 在P1.7端接一个发光二极管LED,要求利用定时控制使LED亮一秒灭一秒周而复始,设$f_{osc} = 6MHz$。

解 16位定时最大为 $2^{16} \times 2\mu s = 131.072ms$,显然不能满足要求,可用以下两种方法解决。

方法1:采用T0产生周期为200ms的脉冲,即P1.0每100ms取反一次作为T1的计数

脉冲，T1 对下降沿计数，因此 T1 计 5 个脉冲正好 1000ms。

T0 采用方式 1，计数初值 $X = 2^{16} - 50 \times 10^3$，得 $X = 3CB0H$。

T1 采用方式 2，计数初值 $X = 2^8 - 5 = FBH$。

均采用查询方式，程序如下：

```
        ORG     0100H
MAIN:   CLR     P1.7
        SETB    P1.0
        MOV     TMOD,#61H
        MOV     TH1,#0FBH
        MOV     TL1,#0FBH
        SETB    TR1
LOOP1:  CPL     P1.7
LOOP2:  MOV     TH0,#3CH
        MOV     TL0,#0B0H
        SETB    TR0
LOOP3:  JBC     TF0,LOOP4
        SJMP    LOOP3
LOOP4:  CPL     P1.0
        JBC     TF1,LOOP1
        AJMP    LOOP2
        END
```

程序中用 JBC 指令对定时/计数溢出标志位进行检测，当标志位为 1 时跳转并清标志。

方法 2：T0 每隔 100ms 中断一次，利用软件对 T0 的中断次数进行计数，中断 10 次即实现了 1s 的定时。

```
        ORG     0000H
        AJMP    MAIN
        ORG     000BH           ;T0 中断服务程序入口
        AJMP    TP0
        ORG     0030H           ;主程序开始
MAIN:   CLR     P1.7            ;T0 定时 100ms
        MOV     TMOD,#01H
        MOV     TH0,#3CH
        MOV     TL0,#0B0H
        SETB    ET0
        SETB    EA
        MOV     R4,#0AH         ;中断 10 次数
        SETB    TR0
        SJMP    $               ;等待中断
        ORG     0400H
```

```
TP0：    DJNZ    R4,RET0         ;10 次未到再等中断
         MOV     R4,#0AH
         CPL     P1.7            ;10 次到 P1.7 取反
RET0：   MOV     TH0,#3CH
         MOV     TL0,#0B0H
         SETB    TR0
         RETI
```

注意：定时器溢出后并不停止工作，而是继续计数。所以，为了确保定时器准确定时，即要保证定时器每次溢出的时间都相同，必须在溢出后对定时器进行计数初值的重装。

通过本节叙述可知，定时/计数器既可用做定时，也可用做计数，而且其应用方式非常灵活。同时还可看出，软件定时不同于定时器定时。软件定时是对循环体内指令机器数进行计数，定时器定时是采用加法计数器直接对机器周期进行计数。二者工作机理不同，置初值方式也不同，相比之下定时器定时在方便程度和精确程度上都高于软件定时。此外，软件定时在定时期间一直占用 CPU，而定时器定时如采用查询工作方式，一样占用 CPU，如采用中断工作方式，则在其定时期间 CPU 可处理其他指令，从而可以充分发挥定时/计数器的功能，大大提高 CPU 的效率。

4.2.6 项目 10——电子秒表设计

1. 任务描述

秒表是一种常用的测时仪器。用手指按下按钮，秒表开始计时；再按下按钮，秒表停止走动，进行读数；再按一次，秒表回零，准备下一次计时。秒表的精度一般在 0.1~0.2s，计时误差主要是由开表、停表不准造成的。

本项目是设计一个 00~59s 的电子秒表，具体要求如下：

(1) 采用 2 位 LED 数码管显示秒数，显示格式为秒（十位、个位）。
(2) 用按键对该秒表进行控制，来一次中断信号，秒表计时开始，再来一次中断信号秒表计时停止，再来一次中断信号秒表计时显示清 0。
(3) 要求上电后显示 00。

2. 总体设计

本设计采用 AT89S51 单片机控制，选择两个 8 位的 I/O 口控制数码管的段码，1 位 I/O 口接按键电路，控制秒表的启动、停止和清 0。两个八段 LED 显示器采用静态显示方式，将"秒"的值显示出来。整个系统工作时，秒信号产生的是整个系统的时基信号，它直接决定计时系统的精度。本系统用单片机内部的可编程定时/计数器来产生 50ms 定时，定时中断 20 次实现标准秒信号。系统结构图如图 4-15 所示。

3. 硬件设计

实现该项目的硬件电路中包含的主要元器件为：AT89S51 1 片、78L05 1 个、共阴 LED

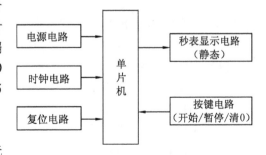

图 4-15 电子秒表的系统结构图

数码管 2 个、按键 1 个、11.0592MHz 晶振 1 个、电阻和电容等若干。电子秒表的硬件电路原理图如图 4-16 所示。

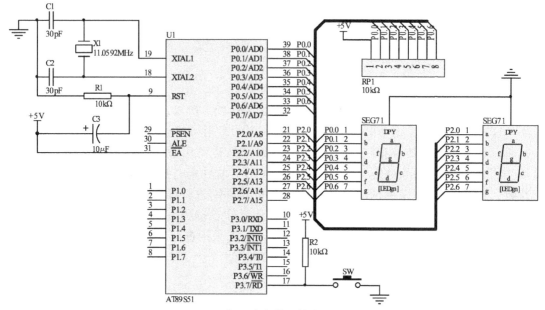

图 4-16 电子秒表的硬件电路原理图

本项目采用的是共阴极的 2 个 LED 数码管分别显示秒的个位和十位,显示方式采用静态显示,所以每个数码管的阴极恒定接地,数码管的段码分别由 P0 口和 P2 口输出,2 个 LED 显示彼此独立,互不影响。1 个独立按键接至 P3.7,对该秒表实现开始、暂停及清 0 操作。

4. 软件设计

电子秒表的软件流程图如图 4-17 所示。

软件采用模块化设计方法,模块说明如下:主程序模块、定时器中断服务模块、软件延时模块、按键判断处理模块、静态显示模块、LED 共阴数码管 0~9 显示字形常数表等。

主程序完成定时器中断的初始化工作及其他参数的初始化。按键判断处理模块用于判别按键的状态及按下的次数。定时器中断服务程序是当定时器 50ms 溢出申请中断后 CPU 要执行的程序,主要完成定时器初值的重置、溢出次数的判定(即判定是否到 1s)及判断是否到预设的 60s。静态显示模块完成秒数的两位 LED 数码管显示。软件延时子程序模块用于判别按键时软件消抖。(关于软件消抖的详细讲解见单元 5,本项目中不作分析)

汇编语言参考源程序如下:

```
        KEY     BIT         P3.7
;(1) 主程序模块:
        ORG     0000H
        AJMP    START
        ORG     001BH       ;T1 中断入口地址
        AJMP    INT_T1
        ORG     0040H
```

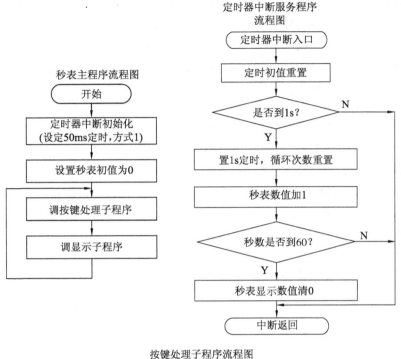

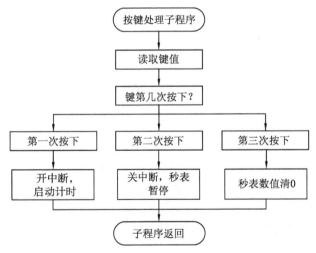

图 4-17 电子秒表的软件流程图

```
START:
        MOV     SP,#60H         ;设堆栈地址
        MOV     TMOD,#10H       ;置 T1 为方式 1
        MOV     TL1,#00H        ;延时 50ms 的时间常数
        MOV     TH1,#4CH
        MOV     R1,#20          ;定时 1s 的定时器溢出次数(20 次)
        SETB    ET1
        SETB    EA              ;开中断
```

```
            MOV     R2,#00H         ;置秒表的初值
            MOV     R0,#00H         ;置按键按动次数初值
MAIN：   ACALL   READKEY         ;调用读键子程序
            ACALL   DISPLAY         ;调用显示子程序
            SJMP    MAIN
;(2)按键判断处理模块：
READKEY：JB      KEY,KEYE        ;判断按键
            LCALL   D1MS            ;按键消抖
            JB      KEY,KEYE
            INC     R0
            CJNE    R0,#1,AA        ;为1启动
            SETB    TR1
            SJMP    CC
AA：     CJNE    R0,#2,BB        ;为2暂停
            CLR     TR1
            SJMP    CC
BB：     CLR     TR1
            MOV     R2,#0
            MOV     R0,#0
CC：     JNB     KEY,CC
KEYE：   RET
;(3)静态显示模块：
DISPLAY：
            MOV     A,R2
            MOV     B,#10
            DIV     AB              ;秒数的个位与十位分离
            MOV     DPTR,#DATA1     ;置LED表基址
            MOVC    A,@A+DPTR       ;显示时间
            MOV     P0,A
            MOV     A,B
            MOVC    A,@A+DPTR
            MOV     P2,A
            RET
;(4)定时器中断服务模块：
INT_T1：                           ;T1中断服务子程序
            PUSH    ACC             ;保护现场
            PUSH    PSW
            CLR     TR1             ;关中断
            MOV     TL1,#00H        ;延时50ms常数重置
```

```
            MOV     TH1,#4CH
            SETB    TR1              ;开中断
            DJNZ    R1,EXIT          ;判断是否到1s
            MOV     R1,#20           ;延时1s的常数
            INC     R2
            CJNE    R2,#60,EXIT      ;判断是否到60s
            MOV     R2,#0            ;秒数清0
EXIT：                                ;恢复现场
            POP     PSW
            POP     ACC
            RETI
;(5)软件延时模块：
D1MS：
            MOV     R7,#80
            DJNZ    R7,$
            RET
;(6)LED共阴数码管0~9显示字形常数表：
DATA1： DB 3FH,06H,5BH,4FH,66H,6DH,7DH,07H,7FH,6FH
            END
```

5. 虚拟仿真与调试

电子秒表的PROTEUS仿真硬件电路图如图4-18所示，在Keil μVision3与PROTEUS环境下完成任务的仿真调试。调试结果如下：上电后2位LED数码管显示00。按键按下1次，秒表计时开始，LED数码管正常显示秒数，秒数到60后清0。按键再按下一次，秒表计时停止。按键按下第3次，秒表计时显示清0。

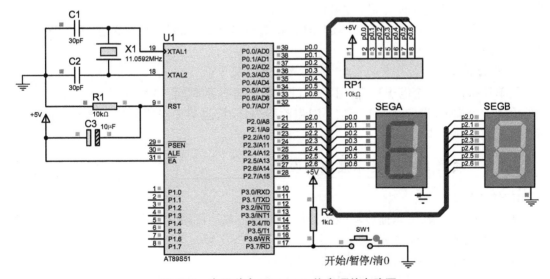

图4-18 电子秒表PROTEUS仿真硬件电路图

6. 硬件制作与调试

（1）元器件采购。

本项目采购清单见表4-4。

表4-4 元器件清单

序号	器件名称	规格	数量	序号	器件名称	规格	数量
1	单片机	AT89S51	1	7	排阻	10kΩ 9PIN	1
2	电解电容	10μF	1	8	LED数码管	共阴	2
3	瓷介电容	30pF	2	9	轻触按键	8.5×8.5	1
4	晶振	11.0592MHz	1	10	印制板	PCB	1
5	电阻	10kΩ	1	11	集成电路插座	DIP40	1
6	电阻	1kΩ	1				

（2）调试注意事项。

① 静态调试要点。

本项目重点关注两个LED数码是否为共阴，各数码管各段是否与单片机的P0口和P2口正确连接，各数码管的COM端有无接地，P0口的上拉电阻是否正确连接。

② 动态调试要点。

在系统硬件调试时会发现通电后电路板不工作，首先用示波器检查ALE脚及XTAL2脚是否有波形输出。若没有波形输出，需要检查单片机最小系统接线是否正确。

在硬件调试时可能会出现个别数码管不能显示字符，检查数码管的选择是否为共阴、数码管的各段是否与单片机引脚可靠连接、电路是否虚焊以及数码管是否损坏。还要检查数码管的COM端是否可靠接地。

在硬件调试时还可能出现数码管显示的字符为乱码，此时需检查数码管的abcdefg各段与单片机各端口引脚的连接顺序有没有接反。

在硬件调试时可能出现按键不起作用，检查按键接线是否正确、电阻选择是否合适及电路是否虚焊。

7. 能力拓展

用单片机设计一个电子秒表，用3位LED数码管显示时间，显示范围为00.0~99.9s。此外设置1个按键，当按键第1次按下时启动秒表计时，当第2次按下时秒表停止计时，当第3次按下时秒表清0。

4.2.7 项目11——音乐播放器设计

1. 任务描述

随着科技的发展，音乐播放功能随处都会用到。单片机因其具有体积小、价格低、编程灵活等特点，在这一领域独领风骚。

本项目是用单片机设计音乐播放器，要求：

（1）音乐播放的音符范围：C调的低音1~7、中音1~7和高音1~7。

（2）能循环播放"生日快乐"歌。

2. 总体设计

（1）声音的产生。

声音的产生是一种音频振动的效果。振动的频率高，则为高音；振动的频率低，则为低音。音频的范围为 20Hz～200kHz 之间，人类的耳朵比较容易辨识的声音频率范围是 200Hz～20kHz。利用单片机产生声音，可通过编程产生一定频率的脉冲信号送到单片机的输出端口，然后经驱动送到扬声器即可。

（2）单片机的声音控制。

一般来说，单片机不像其他专业乐器那样能奏出多种音色的声音，即不包含相应幅度的谐波频率。单片机演奏的音乐基本上都是单音频率。因此单片机演奏音乐比较简单，只需要清楚"音调"和"节拍"。音调表示一个音符唱多高的频率，通常以 Do、Re、Mi、Fa、So、La、Si、Do 表示，在简谱中则分别用 1、2、3、4、5、6、7、$\dot{1}$ 表示。节拍表示一个音符唱多长的时间。

① 音调的产生。

C 调可包括 3 个音阶（低音、中音和高音），每个音阶为八音度，每个音阶中细分为 12 个半音，以 1～$\dot{1}$ 八音区为例，这 12 个半音是：Do、Do#、Re、Re#、Mi、Fa、Fa#、So、So#、La、La#、Si。而每个音阶之间的频率相差一倍，如中音 Do 的频率为 523Hz，高音 Do 的频率为其一倍，即 1046Hz，而低音 Do 的频率则为中音 Do 频率的一半，即 262Hz。依次类推，可知两个半音间的频率比为 $\sqrt[12]{2}$，（即 1.059）。由此可推出其他音符基本的音调频率，如表 4-5 所示。

表 4-5 C 调音阶表

音阶	n	1	2	3	4	5	6	7	8	9	10	11	12
	音符	Do	Do#	Re	Re#	Mi	Fa	Fa#	So	So#	La	La#	Si
低音	频率	262	277	294	311	330	349	370	392	415	440	464	494
	简谱	1		2		3	4		5		6		7
中音	频率	523	554	587	622	659	698	740	784	831	880	932	988
	简谱	1		2		3	4		5		6		7
高音	频率	1046	1109	1175	1245	1318	1397	1480	1568	1661	1760	1865	1976
	简谱	$\dot{1}$		$\dot{2}$		$\dot{3}$	$\dot{4}$		$\dot{5}$		$\dot{6}$		$\dot{7}$

知道了一个音符的频率后，便可以让单片机发出相应的频率的振荡信号，从而产生相应的音符声音。常采用的方法是通过单片机的定时器进行定时中断，在中断服务子程序中将单片机上外接扬声器的 I/O 口来回置高电平或置低电平，从而让扬声器发出声音。

为了让单片机发出不同频率音符的声音，需将定时器预置不同的定时值来实现。比如，可以设定时器工作于定时方式 1，晶振为 12MHz。则定时时间为某音符周期的 1/2，定时时间到则将输出取反，就可以得到固定频率的方波信号。例如：

低音 1：频率 = 262，定时时间 = $\frac{T}{2} = \frac{1}{2} \times \frac{1}{262}$ s，定时初值 = 65536 − 1000000/524 ≈ 63628。

低音 2：频率 = 294，定时时间 = $\frac{T}{2} = \frac{1}{2} \times \frac{1}{294}$ s，定时初值 = 65536 − 1000000/588 ≈ 63835。

根据上面的求法，我们可以求出其他常用音调相应的计数器的预置初值。

② 节拍的产生。

在一张完整乐谱开头,都有如 C4/4、G3/4 等的标识。这里 C、G 标识乐谱的曲调,简单地说就是跟音调有关系。4/4、3/4 用来表示节拍。节拍可以确定各个音的快慢。例如,我们常说的这个音要 1/4 拍,那个音要 1/2 拍,若 1 拍是 0.5s,则 1/4 拍为 0.125s。对于一拍的发音时间,如果乐曲没有特殊说明,一般来说,一拍的时长大约为 400~450ms。

以如图 4-19 所示的简谱为例,C3/4 表示是 C 调,4 小节,每小节 3 拍。在第 1 小节中,总共有三拍:1、1 为一拍,2 为一拍,1 为一拍。在第 2 小节中,4 为一拍,3 为两拍。

节拍的产生,可以用定时器或延时方法产生,以 1/8 节拍为基准。若某个音符节拍为 1/4 拍,则延时两次即可。

(3)总体设计。

本项目中选择 AT89S51 单片机为主控制器。硬件电路主要有最小硬件电路和声音播放电路两大部分。声音播放电路采用任一 I/O 引脚作为输出,经驱动后接扬声器来构建。在软件设计中,先将乐谱中的每个音符的音调及节拍

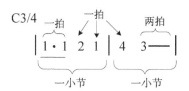

图 4-19 节拍示意图

变换成相应的音调参数和节拍数。然后将这些参数做成数据表格,存放在存储器中。在程序中依次取出该乐曲的各个音符的相关参数,播放该音乐。此外,系统中不同频率的音频信号通过 T0 的定时中断,配合输出引脚产生。节拍的产生则采用延时方法。

系统结构图如图 4-20 所示。

3. 硬件设计

实现该任务的硬件电路中包含的主要元器件为:AT89S51 1 片、78L05 1 个、9013 1 个、扬声器 1 个、12MHz 晶振 1 个、电阻和电容等若干。

音乐播放器的硬件电路原理图如图 4-21 所示。

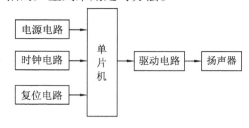

图 4-20 音乐播放器的系统结构图

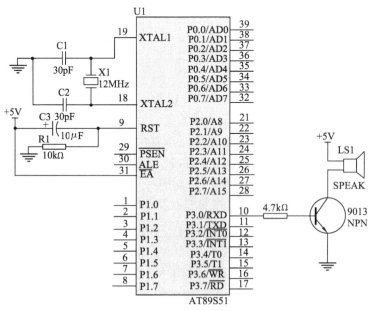

图 4-21 音乐播放器的硬件电路原理图

在此,由 P3.0 输出预定的方波,加到晶体管 9013 进行放大,再输出到扬声器,很好地实现了频率、声音的转换。

4. 软件设计

软件设计前,首先需要将乐谱中的每个音符的音调及节拍变换成相应的音调参数和节拍数。就本项目而言,音乐的编码过程如下:

首先,对音符进行编码。在程序中安排一张定时初值表,程序通过音符编码查表得到对应的定时初值。编码如表 4-6 所示。

表 4-6 音符编码表

音符	编码	定时初值	音符	编码	定时初值
低 1	01H	63628	中 5	0CH	64898
低 2	02H	63835	中 6	0DH	64968
低 3	03H	64021	中 7	0EH	65030
低 4	04H	64103	高 1	0FH	65058
低 5	05H	64260	高 2	10H	65110
低 6	06H	64400	高 3	11H	65157
低 7	07H	64524	高 4	12H	65178
中 1	08H	64580	高 5	13H	65217
中 2	09H	64684	高 6	14H	65252
中 3	0AH	64777	高 7	15H	65283
中 4	0BH	64820	不发音	00H	

其次,以 1/8 拍为最小延时单位,对节拍也进行编码,如表 4-7 所示。

表 4-7 节拍编码表

乐谱节拍	编码	乐谱节拍	编码	乐谱节拍	编码
1/8	1	7/8	7	$1\frac{5}{8}$	D
1/4	2	1	8	$1\frac{3}{4}$	E
3/8	3	$1\frac{1}{8}$	9	$1\frac{7}{8}$	F
1/2	4	$1\frac{1}{4}$	A	2	10H
5/8	5	$1\frac{3}{8}$	B		
3/4	6	$1\frac{1}{2}$	C		

第三,依据上面的两张表格,对播放的歌曲进行编码。例如,生日快乐歌曲谱如下:

|5·5 6 5 | 1 7 - | 5·5 6 5 | 2 1 - |
祝你 生日 快乐, 祝你 生日 快乐

|5·5 5 3 | 1 7 6 | 4·4 3 1 | 2 1 - |
我们 高声 歌唱 祝你 生日 快乐

然后对此进行编码,音符编码在前,节拍编码在后,得曲谱简码表如下:

```
SONG:   DB    0CH,04H,00H,02H,0CH,02H,0DH,08H
        DB    0CH,08H,0FH,08H,0EH,08H,00H,08H,0CH
        DB    04H,00H,02H,0CH,02H,0DH,08H,0CH,08H
        DB    10H,08H,0FH,08H,00H,08H,0CH,04H,00H
        DB    02H,0CH,02H,13H,08H,11H,08H,0FH,08H
        DB    0EH,08H,0DH,08H,12H,04H,00H,02H,12H
        DB    02H,11H,08H,0FH,08H,10H,08H,0FH,08H
        DB    00H,08H,0FFH                          ;结束符
```

注意:通常选择FFH为音乐的结束符。

(1) 该音乐播放器的软件流程图如图4-22所示。

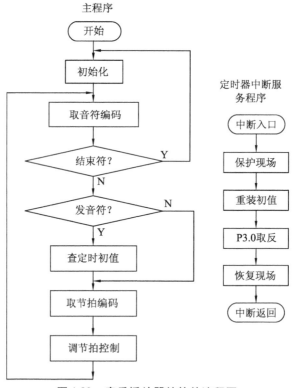

图4-22 音乐播放器的软件流程图

(2) 源程序如下:

```
ORG    0000H
LJMP   MUSIC
```

	ORG	000BH	
	LJMP	SERT0	
	ORG	0030H	
MUSIC:	MOV	TMOD,#01H	;T0 定时方式 1
	SETB	EA	
	SETB	ET0	;开 T0 中断
	SETB	P3.0	;不发音
STA:	MOV	30H,#00H	;简码指针清 0
NEXT:	MOV	DPTR,#SONG	;DPTR 指向简码表首址
	MOV	A,30H	;简码指针送 A
	INC	30H	;指针加 1,指向节拍码
	MOVC	A,@A+DPTR	;取简码
	MOV	R2,A	;暂存简码
	CPL	A	
	JNZ	NEXT1	;简码结束否?
	CLR	TR0	;T0 停止
	SJMP	STA	
NEXT1:	MOV	A,R2	;简码送 A
	JNZ	SING	;是发音符,转 SING
	CLR	TR0	;不发音
	SJMP	D1	;转节拍控制
SING:	DEC	A	;根据音符码取定时初值
	RL	A	
	MOV	22H,A	
	MOV	DPTR,#STAB	
	MOVC	A,@A+DPTR	
	MOV	TH0,A	;送高字节定时初值
	MOV	21H,A	;保存至 21H
	MOV	A,22H	
	INC	A	
	MOVC	A,@A+DPTR	
	MOV	TL0,A	;送低字节定时初值
	MOV	20H,A	;保存
	SETB	ET0	;开 T0 中断
	SETB	TR0	;启动 T0
D1:	MOV	A,30H	;简码指针送 A
	INC	30H	;简码指针加 1,指向下一简码
	MOV	DPTR,#SONG	
	MOVC	A,@A+DPTR	;取节拍码

```
            MOV     R5,A              ;节拍码送R5
            LCALL   DELAY             ;调节拍控制
            CLR     TR0               ;节拍到,停止T0
            SJMP    NEXT              ;转下一简码发音控制
;节拍控制子程序
DELAY：     MOV     R3,#100
D2：        MOV     R4,#250
D3：        DJNZ    R4,D3             ;1/8节拍的延时时间2×250×100μs=50ms
            DJNZ    R3,D2
            DJNZ    R5,DELAY          ;节拍数到否?
            RET
;T0中断服务程序
SERT0：     CLR     TR0               ;停止T0
            MOV     TL0,20H           ;重装初值
            MOV     TH0,21H
            CPL     P3.0              ;音频信号取反
            SETB    TR0               ;启动T0
            RETI                      ;中断返回
;《祝你生日快乐》歌简码表
SONG：      DB      0CH,04H,00H,02H,0DH,08H,0CH,08H
            DB      0FH,08H,0EH,08H,00H,08H,0CH,04H,00H
            DB      02H,0CH,02H,0DH,08H,0CH,08H,10H,08H
            DB      0FH,08H,00H,08H,0CH,04H,00H,02H,0CH
            DB      02H,13H,08H,11H,08H,0FH,08H,0EH,08H
            DB      0DH,08H,12H,04H,00H,02H,12H,02H,11H
            DB      08H,0FH,08H,10H,08H,0FH,08H,00H,08H
            DB      0FFH                ;结束符
;音符定时初值表
STAB：      DW      63628,63835,64021,64103,64260,64400
            DW      64524,64580,64684,64777,64820,64898
            DW      64968,65030,65058,65110,65157,65178
            DW      65217,65252,65283
            END
```

5．虚拟仿真与调试

音乐播放器的PROTEUS仿真硬件电路图如图4-23所示,在Keil μVision3与PROTEUS环境下完成任务的仿真调试。观察调试结果:系统运行时,扬声器可以发出C调各音符,可以循环播放"生日快乐"歌。

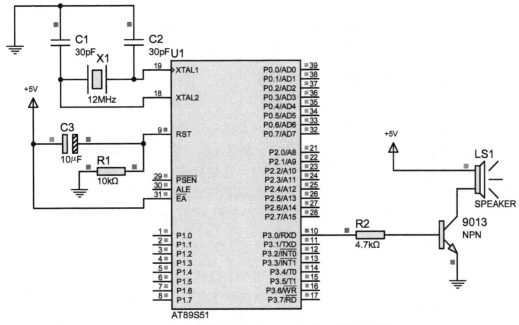

图 4-23 音乐播放器的 PROTEUS 仿真硬件电路图

6. 硬件制作与调试

(1) 元器件采购。

本项目采购清单见表 4-8。

表 4-8 元器件清单

序号	器件名称	规格	数量	序号	器件名称	规格	数量
1	单片机	AT89S51	1	6	电阻	4.7kΩ	1
2	电解电容	10μF	1	7	三极管	9013	1
3	瓷介电容	30pF	2	8	扬声器	8Ω	1
4	晶振	12MHz	1	9	印制板	PCB	1
5	电阻	10kΩ	1	10	集成电路插座	DIP40	1

(2) 调试注意事项。

① 静态调试要点。

本项目重点关注扬声器和驱动三极管的接法,尤其是三极管的 B、C、E 三极的连接是否正确,限流电阻的选择是否合适。

② 动态调试要点。

在系统硬件调试时会发现通电后电路板不工作,首先用示波器检查 ALE 脚及 XTAL2 脚是否有波形输出。若没有波形输出,需要检查单片机最小系统接线是否正确。

在硬件调试时可能会出现扬声器不能发声,检查 9013 和扬声器的接线是否正确,有无虚焊、9013 与扬声器是否损坏。

7. 能力拓展

(1) 在系统中增加一个按键,每按一次,播送一遍歌曲"生日快乐"。

(2) 用两个定时器完成音乐播放器的设计。

4.2.8 项目12——简易频率计设计

1. 任务描述

数字频率计是计算机、通信设备、音频视频等科研生产领域不可缺少的测量仪器。它是一种用十进制数字显示被测信号频率的数字测量仪器。它的基本功能是测量正弦信号、方波信号及其他各种单位时间内变化的物理量。在进行模拟和数字电路的设计、安装、调试过程中,由于其使用十进制数显示,测量迅速,精确度高,显示直观,经常要用到频率计。

本项目是用单片机设计简易频率计,要求:单片机采用定时、计数的方法测量输入脉冲信号的频率,所测频率采用 LED 灯的形式显示。

2. 总体设计

本设计采用 AT89S51 单片机控制,选择两个 8 位的 I/O 口控制 16 个 LED 灯,以显示信号频率。被测数字信号接 P3.4(即 T0 引脚)。用单片机内部的定时器 T0 对被测信号进行计数。定时器 T1 则工作于定时功能下,产生 1s 的定时时间。系统工作时,同时启动 T0 计数和 T1 定时,定时器 T1 定时时间 1s 完成时停止 T0 计数,此时,T0 的计数值即为被测信号的频率($f = \dfrac{1}{T}$),从而完成频率测试,然后将该测得的频率值送输出口显示。

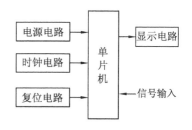

图 4-24 简易频率计系统结构图

系统结构图如图 4-24 所示。

3. 硬件设计

实现该任务的硬件电路中包含的主要元器件为:AT89S51 1 片、78L05 1 个、LED 灯 16 个、11.0592MHz 晶振 1 个、电阻和电容等若干。该频率计的原理图如图 4-25 所示。

单片机的 P1 口和 P2 口分别接 16 个 LED 灯 D1~D16,用于频率显示,其中,P1 口控制的 D1~D8 显示频率的高 8 位,P2 口控制的 D9~D16 显示频率的低 8 位。被测数字脉冲信号接入 P3.4 脚。

4. 软件设计

软件采用模块化设计方法,模块说明如下:主程序模块、定时器 T0 中断服务模块、定时器 T1 中断服务模块、频率显示模块等。主程序完成定时器中断的初始化工作及显示初值的设定。定时器 T1 中断服务模块用于定时中断后的频率值的读取、T0 与 T1 的初值重置等工作。定时器 T0 中断服务模块则用于 T0 计数溢出后的处理。频率显示模块则实现对所测信号频率的 LED 灯显示。

(1) 软件流程图。

频率计的软件流程图如图 4-26 所示。

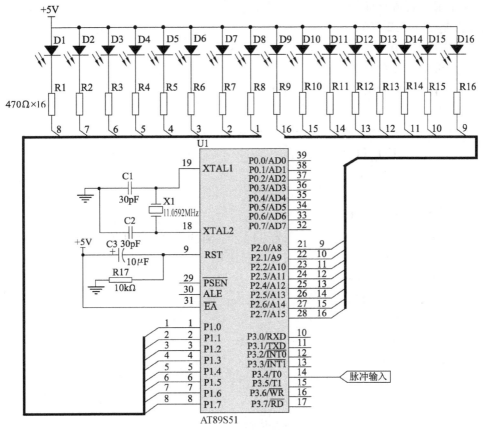

图 4-25 简易频率计硬件电路原理图

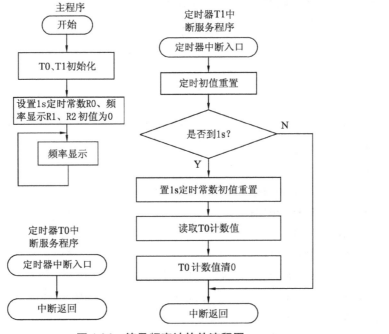

图 4-26 简易频率计软件流程图

（2）汇编语言源程序如下：
;系统晶振是 11.0592 MHz

```
            ORG     0000H
            AJMP    START
            ORG     000BH           ;T0 中断入口地址
            RETI
            ORG     001BH           ;T1 中断入口地址
            AJMP    INT_T1
            ORG     0040H
START:
            MOV     SP,#60H
            MOV     TMOD,#15H       ;置 T1 定时,方式 1,置 T0 计数,方式 1
            MOV     TL0,#0H         ;计数器清 0
            MOV     TH0,#0H
            MOV     TL1,#00H        ;延时 50ms 常数
            MOV     TH1,#4BH
            SETB    TR0             ;启动 T0
            SETB    ET0
            SETB    TR1             ;启动 T1
            SETB    ET1
            SETB    EA              ;开中断
            MOV     R0,#20          ;延时 1s 常数
            MOV     R1,#00H         ;频率显示初值低 8 位置 0
            MOV     R2,#00H         ;频率显示初值高 8 位置 0
DISPLAY:    MOV     P2,R1           ;频率显示
            MOV     P1,R2
            SJMP    DISPLAY
INT_T1:
            PUSH    ACC
            PUSH    PSW
            CLR     TR1
            MOV     TL1,#00H        ;延时 50ms 常数
            MOV     TH1,#4BH
            SETB    TR1
            DJNZ    R0,EXIT
            MOV     R0,#20          ;延时 1s 常数
            MOV     R1,TL0          ;保存所计信号频率值
            MOV     R2,TH0
            MOV     TL0,#00H        ;清计数器
```

```
        MOV    TH0,#00H
EXIT:
        POP    PSW
        POP    ACC
        RETI
        END
```

5. 虚拟仿真与调试

频率计的 PROTEUS 仿真硬件电路图如图 4-27 所示。在 Keil μVision3 与 PROTEUS 环境下完成该项目的仿真调试,调试结果如下:电路输入不同频率的脉冲信号,大约经过 1s 后,LED 灯显示被测信号的频率值。输出为 0,LED 灯亮;输出为 1,则 LED 灯灭。

需要注意的是:单片机的定时/计数器工作在计数功能下时,在每个机器周期的 S5P2 期间,CPU 采样引脚的输入电平。若前一机器周期采样值为 1,下一机器周期采样值为 0,则计数器增 1,此后的机器周期 S3P1 期间,新的计数值装入计数器。所以检测一个"1"到"0"的跳变需要两个机器周期,故外部脉冲频率不超过振荡器频率的 $\frac{1}{24}$。因此,在本任务中,输入信号的频率范围应该小于 11.0592MHz/24 = 460.8kHz。但由于本任务中显示只用 16 个 LED 灯,所以显示范围为 0 ~ 65.536kHz。

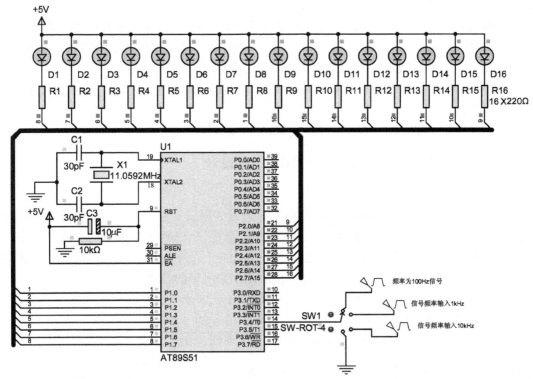

图 4-27 简易频率计的 PROTEUS 仿真硬件电路图

6. 硬件制作与调试

(1) 元器件采购。

本项目采购清单见表 4-9。

表 4-9 元器件清单

序号	器件名称	规格	数量	序号	器件名称	规格	数量
1	单片机	AT89S51	1	6	电阻	4.7kΩ	16
2	电解电容	10μF	1	7	发光二极管	Φ5	16
3	瓷介电容	30pF	2	8	印制板	PCB	1
4	晶振	11.0592MHz	1	9	集成电路插座	DIP40	1
5	电阻	10kΩ	1				

（2）调试注意事项。

① 静态调试要点。

本项目重点关注16个LED灯需分别接至P1口和P2口,脉冲信号的输入需接至P3.4引脚。

② 动态调试要点。

在系统硬件调试时会发现通电后电路板不工作,首先用示波器检查ALE脚及XTAL2脚是否有波形输出。若没有波形输出,需要检查单片机最小系统接线是否正确。

在硬件调试时可能会出现个别LED灯不亮,检查LED灯的极性是否接反、限流电阻的选择是否合适、电路是否虚焊以及LED灯是否损坏。

在硬件调试时还可能出现LED灯无法显示所测信号频率,需检查脉冲信号是否正常输入至P3.4脚。还可能出现LED灯显示与输入脉冲的频率完全不符,此时需确定脉冲信号的范围是否在可测量范围内,或LED灯与单片机的连接顺序有没有接错。

在本项目调试中,LED显示的频率值与实际脉冲的频率会有少许误差,属正常现象。

7. 能力拓展

改用T1计数、T0定时实现该频率计设计,频率显示改用3个LED数码管。

4.2.9 项目13——脉宽调制(PWM)器设计

1. 任务描述

脉宽调制(Pulse Width Modulation,简称PWM)是利用微处理器的数字输出来对模拟电路进行控制的一种非常有效的技术,广泛应用在从测量、通信到功率控制与变换的许多领域中。脉宽调制技术是靠改变脉冲宽度来控制输出电压,通过改变周期来控制其输出频率,且输出频率的变化可通过改变此脉冲的调制周期来实现的技术。

PWM信号是一系列可变脉宽的脉冲信号,如图4-28所示。T为脉冲的周期,T_{ON}为高电平的宽度。PWM信号的一个重要指标是占空比,占空比是方波高电平时间跟周期的比例,其公式为:占空比 $= \dfrac{T_{ON}}{T} \times 100\%$。例如,1s高电平1s低电平的PWM波占空比是50%。

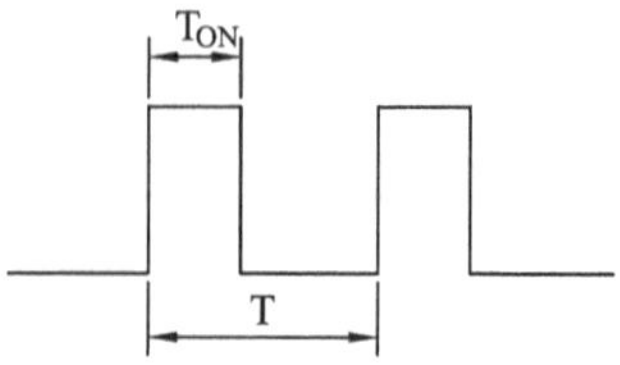

图 4-28 PWM 信号示意图

本项目是利用单片机实现脉宽调制,要求:利用单片机的定时器实现从单片机的任一输出口输出脉宽及占空比均可调的PWM信号。在本例中假设脉冲宽度 T 为 10ms,占空比为 20%。

2. 总体设计

本设计采用 AT89S51 单片机控制,选择单片机的任一 I/O 口输出 PWM 信号。用单片机的内部定时器 T0 和 T1 配合产生脉宽和占空比可调的 PWM 信号。其中,T1 用于控制 PWM 信号的脉宽,T0 则用于控制占空比。系统工作时,我们只要通过改变定时器 T1 的定时时间即可调整脉冲的宽度,通过改变 T0 的定时时间可调整正脉冲的宽度 T_{ON},从而调整信号的占空比。系统结构图如图 4-29 所示。

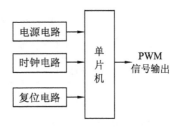

图 4-29 脉宽调制器系统结构图

3. 硬件设计

实现该任务的硬件电路中包含的主要元器件为：AT89S51 1 片、78L05 1 个、12MHz 晶振 1 个、电阻和电容等若干。该 PWM 调制系统的硬件原理图如图 4-30 所示。

在此,选择单片机的 P3.0 用于 PWM 信号的输出端。

4. 软件设计

系统的软件流程图如图 4-31 所示。

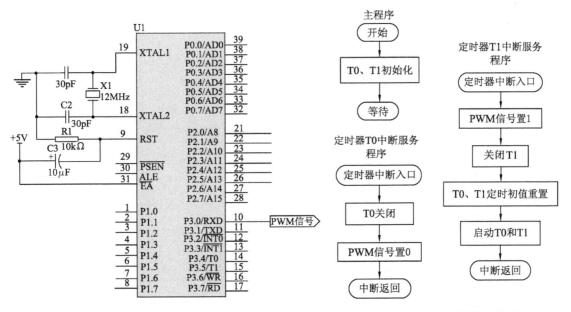

图 4-30 脉宽调制器硬件电路原理图　　图 4-31 脉宽调制器软件流程图

软件采用模块化设计方法,模块说明如下：主程序模块、定时器 T0 中断服务模块、定时器 T1 中断服务模块等。主程序完成定时器中断的初始化工作。定时器 T0 中断服务模块用于当 PWM 信号的正脉冲时间定时中断后做的处理,即关闭 T0,置 PWM 信号为 0。定时器 T1 中断服务模块用于当 PWM 信号的周期 T 定时中断后做的处理,即定时器初值重置,且置 PWM 信号为 1。

本例要求 PWM 的脉宽 T 为 10ms,占空比为 20%,所以定时器 T0 的定时时间为 10ms × 20% = 2ms,定时器 T1 的定时时间为 10ms,假设 T0 与 T1 均设为方式 1 工作,则 T0 的定时初值为 F830H,T1 的定时初值为 D8F0H。因此改变 T0 的定时时间可改变占空比,改变 T1

的定时时间则可改变脉冲的宽度。表 4-10 列出了脉宽为 10ms 下不同占空比实现的定时器 T0 的初值。

表 4-10 不同占空比时 T0 的定时初值(脉宽为 10ms)

占空比	0%	10%	20%	40%	50%	60%	80%	100%
T0 初值	FFFFH	FC18H	F830H	F060H	EC78H	E890H	E0C0H	D8F0H

（1）软件流程图。
（2）汇编语言源程序。

```
T0HI    EQU     0F8H    ;占空比为20%时的定时常数TH0、TL0
T0LO    EQU     30H
T1HI    EQU     0D8H    ;脉宽为10ms的定时常数TH1、TL1
T1LO    EQU     0F0H
        ORG     0000H
        LJMP    0040H
        ORG     000BH
        LJMP    INT_0
        ORG     001BH
        LJMP    INT_1
        ORG     0040H
START:
        MOV     SP,#60H
        MOV     TMOD,#11H
        MOV     TH0,#T0HI
        MOV     TL0,#T0LO   ;T0 定时初值
        MOV     TH1,#T1HI
        MOV     TL1,#T1LO   ;T1 定时初值
        SETB    EA
        SETB    ET0
        SETB    ET1
        SETB    TR0
        SETB    TR1
        SJMP    $
INT_0:
        PUSH    ACC
        PUSH    PSW
        CLR     TR0
        CLR     P3.0        ;PWM 输出脚
        POP     PSW
        POP     ACC
```

```
        RETI
INT_1:
        PUSH    ACC
        PUSH    PSW
        SETB    P3.0
        CLR     TR1
        CLR     TR0
        MOV     TH0,#T0HI
        MOV     TL0,#T0LO
        MOV     TH1,#T1HI
        MOV     TL1,#T1LO
        SETB    TR0
        SETB    TR1
        POP     PSW
        POP     ACC
        RETI
        END
```

5. 虚拟仿真与调试

PWM 系统的 PROTEUS 仿真硬件电路图如图 4-32 所示。在 Keil μVision3 与 PROTEUS 环境下完成项目的仿真调试,调试结果如下:系统运行后,通过虚拟示波器可观察到 P3.0 脚输出周期为 10ms、占空比为 20% 的 PWM 信号。

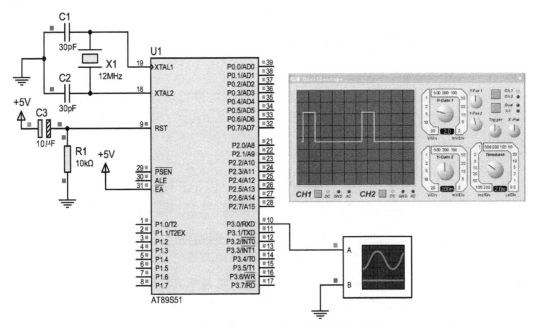

图 4-32 脉宽调制器 PROTEUS 仿真硬件电路图

6. 硬件制作与调试

(1) 元器件采购。

本项目采购清单见表4-11。

表4-11 元器件清单

序号	器件名称	规格	数量	序号	器件名称	规格	数量
1	单片机	AT89S51	1	5	电阻	10kΩ	1
2	电解电容	10μF	1	6	印制板	PCB	1
3	瓷介电容	30pF	2	7	集成电路插座	DIP40	1
4	晶振	12MHz	1				

(2) 调试注意事项。

① 静态调试要点。

本项目重点关注系统最小电路构建是否正确。

② 动态调试要点。

在系统硬件调试时会发现通电后电路板不工作,首先用示波器检查 ALE 脚及 XTAL2 脚是否有波形输出。若没有波形输出,需要检查单片机最小系统接线是否正确。

7. 能力拓展

在本项目基础上增加几个开关,通过开关的状态选择不同占空比的 PWM 信号输出。例如,开关 S1 合上,信号占空比为 20%;开关 S2 闭合,占空比为 40% 等。

4.3 单片机串行通信——串行通信应用设计

4.3.1 串行通信的基本知识

1. 串行通信的概念

在计算机系统中,CPU 和外部通信有两种通信方式:并行通信和串行通信。并行通信,即数据的各位同时传送;串行通信,即数据一位一位顺序传送。图 4-33 为这两种通信方式的示意图。

(a) 并行通信　　　　(b) 串行通信

图 4-33 两种通信方式的示意图

并行通信的特点:各位数据同时传送,传送速度快,效率高。但有多少数据位就需要多少根数据线,因此传送成本高。在集成电路芯片内部、同一插件版上各部件之间、同一机箱内各插件板之间的数据传送都是并行的。并行数据传送的距离通常小于 30m。

串行通信的特点:数据传送按位顺序进行,最少只需一根传输线即可完成,成本低,但速度慢。计算机与远程终端或终端与终端之间的数据传送通常都是串行的。串行数据传送的距离可以从几米到几千千米。

2．串行通信的分类

按照串行数据的时钟控制方式，串行通信可分为同步通信和异步通信两类。

（1）同步通信。同步通信格式中，发送器和接收器由同一个时钟源控制，在异步通信中，每传输一帧字符都必须加上起始位和停止位，占用了传输时间，若要求传送数据量较大，速度就会慢得多。同步传输方式去掉了这些起始位和停止位，只在传输数据块时先送出一个同步头（字符）标志即可，如图 4-34 所示。

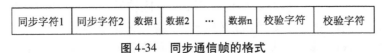

图 4-34　同步通信帧的格式

同步传输方式比异步传输方式速度快，这是它的优势。但同步传输方式也有其缺点，即它必须要用一个时钟来协调收发器的工作，所以它的设备也较复杂。

（2）异步通信。在这种通信方式中，接收器和发送器有各自的时钟，它们的工作是非同步的。异步通信用一帧来表示一个字符，其内容是一个起始位，紧接着是若干个数据位，如图 4-35 所示。

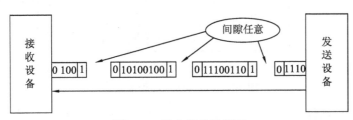

图 4-35　异步通信示意图

在异步通信中，数据通常是以字符为单位组成字符帧传送的。字符帧由发送端一帧一帧地发送，每一帧数据是低位在前，高位在后，通过传输线被接收端一帧一帧地接收。发送端和接收端可以由各自独立的时钟来控制数据的发送和接收，这两个时钟彼此独立，互不同步。在异步通信中，接收端是依靠字符帧格式来判断发送端是何时开始发送、何时结束发送的。字符帧和波特率（baud rate）是异步通信的两个重要指标。

① 字符帧。

字符帧也叫数据帧，由起始位、数据位、奇偶校验位和停止位四部分组成，如图 4-36 所示。

● 起始位：位于字符帧开头，只占一位，为逻辑 0 低电平，用于向接收设备表示发送端开始发送一帧信息。

● 数据位：紧跟起始位之后，用户根据情况可取 5 位、6 位、7 位或 8 位，低位在前、高位在后。

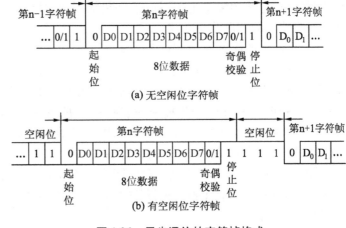

图 4-36　异步通信的字符帧格式

● 奇偶校验位:位于数据位之后,仅占一位,用来表征串行通信中采用奇校验还是偶校验,由用户决定。

● 停止位:位于字符帧最后,为逻辑1高电平。通常可取1位、1.5位或2位,用于向接收端表示一帧字符信息已经发送完,也为发送下一帧做准备。

在串行通信中,两相邻字符帧之间可以没有空闲位,也可以有若干空闲位,这由用户来决定。图4-36(b)表示有3个空闲位的字符帧格式。

② 波特率。

波特率为每秒钟传送二进制数码的位数,也叫比特数,单位为 bit/s 或 bps,即位/秒。波特率用于表征数据传输的速度,波特率越高,数据传输速度越快。但波特率和字符的实际传输速率不同,字符的实际传输速率是每秒内所传字符帧的帧数,和字符帧格式有关。

异步通信的优点是不需要传送同步时钟,字符帧长度不受限制,故设备简单。缺点是字符帧中因包含起始位和停止位,从而降低了有效数据的传输速率。

3. 串行通信的传输方式

常用于串行通信的传输方式有单工、半双工、全双工和多工方式,如图4-37所示。

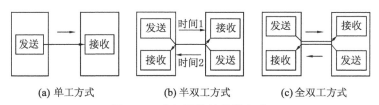

图4-37 串行通信的传输方式

● 单工方式:数据仅按一个固定方向传送。因而这种传输方式的用途有限,常用于串行口的打印数据传输与简单系统间的数据采集。

● 半双工方式:数据可实现双向传送,但不能同时进行,实际的应用采用某种协议实现收/发开关转换。

● 全双工方式:允许双方同时进行数据双向传送,但一般全双工传输方式的线路和设备较复杂。

● 多工方式:以上三种传输方式都是用同一线路传输一种频率信号,为了充分地利用线路资源,可通过使用多路复用器或多路集线器,采用频分、时分或码分复用技术,即可实现在同一线路上的资源共享功能。

4. 串行通信接口标准——RS-232接口

RS-232是美国电子工业协会(EIA)于1960年发布的串行通信接口标准。RS表示EIA的"推荐标准",232为标准编号。如今它已经成为异步串行通信中应用最为广泛的通信标准之一。尽管近年来随着USB技术的成熟和发展,RS-232串口的地位正逐步被USB接口协议取代,但在工业控制与嵌入式系统中,RS-232接口以其低廉的实现价格,较长的通信距离,优异的抗干扰能力,仍占有十分大的比例。

RS-232C(1969年版本)定义了数据终端设备(DTE)与数据通信设备(DCE)之间的物理接口标准。这个标准包括了按位串行传输的机械特性、功能特性和电气特性等几方面内容。

(1)机械特性。

RS-232C接口规定使用25针连接器和9针连接器,连接器的尺寸及每个插针的排列位置都有明确的定义。在一般的应用中并不一定用到 RS-232C 标准的全部信号线,连接器引脚定义如图 4-38 所示。

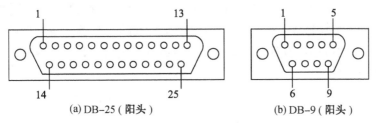

(a) DB-25 (阳头)　　　　(b) DB-9 (阳头)

图 4-38　通信连接器引脚定义

(2) 功能特性。

RS-232C 接口的主要信号线功能定义如表 4-12 所示。

表 4-12　RS-232C 标准接口主要引脚定义

插针序号	信号名称	功　　能	信号方向
1	PGND	保护接地	DTE→DCE
2(3)	TXD	发送数据(串行输出)	DTE←DCE
3(2)	RXD	接收数据	DTE→DCE
4(7)	RTS	请求发送	DTE←DCE
5(8)	CTS	允许发送	DTE←DCE
6(6)	DSR	DCE 就绪(数据建立就绪)	DTE←DCE
7(5)	SGND	信号接地	
8(1)	DCD	载波检测	DTE←DCE
20(4)	DTR	DTE 就绪(数据终端准备就绪)	DTE→DCE
22(9)	RI	振铃指示	DTE←DCE

注:在表 4-12 中,插针序号( )内为 9 针非标准连接器的引脚号。

(3) 电气特性。

RS-232C 采用负逻辑电平,规定 DC(-3~-15V)为逻辑 1,DC(+3~+15V)为逻辑 0。-3~+3V 为过渡区,不作定义。

RS-232C 发送方和接收方之间的信号线采用多芯信号线,要求多芯信号线的总负载电容不能超过 250pF。通常 RS-232C 的传输距离为几十米,传输速率小于 20kbps。

(4) 过程特性。

过程特性规定了信号之间的时序关系,以便正确地接收和发送数据。如果通信双方均具备 RS-232C 接口,则二者可以直接连接,不必考虑电平转换问题。但是对于单片机与计算机通过 RS-232C 的连接,则必须考虑电平转换问题,因为 51 系列单片机串行口不是标准 RS-232C 接口。

远程通信 RS-232C 总线连接方式如图 4-39 所示。

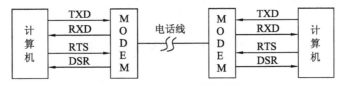

图 4-39　远程 RS-232C 通信连接方式

近程通信时(通信距离小于等于15m),可以不使用调制解调器。

(5) RS-232C 电平与 TTL 电平转换驱动电路。

如上所述,MCS-51 单片机串行接口与 PC 机的 RS-232C 接口不能直接对接,必须进行电平转换,MAX232 芯片是 MAXIM 公司生产的,包含两路接收器和驱动器的 RS-232 转换芯片,芯片引脚及结构如图 4-40 所示,该芯片仅需要单一电源 +5V,片内有 2 个发送器、2 个接收器,使用比较方便。

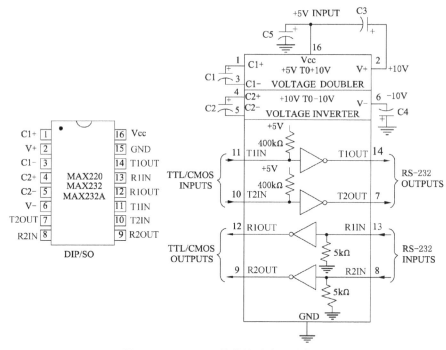

图 4-40　MAX232 芯片的引脚及结构图

PC 机和单片机最简单的连接是零调制三线(即 RS-232 标准接口中的 RXD、TXD 和 GND)经济型,这是进行全双工通信所必需的最少线路。MAX232 引脚 T1IN 或 T2IN 可以直接接 TTL/CMOS 电平的单片机的串行发送端 TXD;R1OUT 或 R2OUT 可以直接接 TTL/CMOS 电平的单片机的串行接收端 RXD;T1OUT 或 T2OUT 可以直接接 PC 的 RS-232 串行口的接收端 RXD;R1IN 或 R2IN 可以直接接 PC 的 RS-232 串行口的发送端 TXD,见图 4-41。

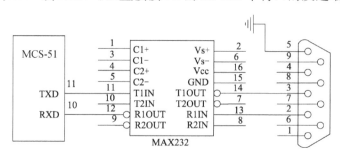

图 4-41　PC 机和单片机串行通信接口

4.3.2 MCS-51 单片机的串口及控制寄存器

MCS-51 单片机内部有一个可编程全双工串行通信接口,它具有 UART(通用异步接收/发送器)的全部功能,该接口不仅可以同时进行数据的接收和发送,也可做同步移位寄存器使用,见图 4-42。

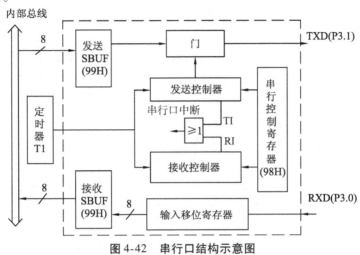

图 4-42 串行口结构示意图

串行口在结构上主要由串行口控制寄存器 SCON、发送和接收电路三部分组成。与串行口有关的特殊功能寄存器有 SBUF、SCON、PCON,下面对它们分别进行详细讨论。

(1) 串行口数据缓冲器 SBUF(99H):不可位寻址。

SBUF 是两个在物理上独立的接收、发送寄存器,一个用于存放接收到的数据,另一个用于存放欲发送的数据,可同时发送和接收数据。两个缓冲器共用一个地址 99H,通过对 SBUF 的读、写指令来区别是对接收缓冲器还是发送缓冲器进行操作。CPU 在写 SBUF 时,就是修改发送缓冲器;读 SBUF,就是读接收缓冲器的内容。接收或发送数据,是通过串行口对外的两条独立收发信号线 RXD(P3.0)、TXD(P3.1)来实现的,因此可以同时发送、接收数据,为全双工制式。

(2) 串行口控制寄存器 SCON(98H):可以位寻址,格式如下:

9FH	9EH	9DH	9CH	9BH	9AH	99H	98H
SM0	SM1	SM2	REN	TB8	RB8	TI	RI

对各位的说明如下:

● SM0、SM1:串行方式选择位。其定义如表 4-13 所示。

表 4-13 串行方式选择

SM0	SM1	工作方式	功 能	波特率
0	0	方式 0	8 位同步移位寄存器	$f_{osc}/12$
0	1	方式 1	10 位 UART	可变
1	0	方式 2	11 位 UART	$f_{osc}/64$ 或 $f_{osc}/32$
1	1	方式 3	11 位 UART	可变

注:f_{osc} 是振荡器的频率,UART 为通用异步接收和发送器的英文缩写。

● SM2：多机通信控制位，用于方式 2 和方式 3 中。在方式 2 和方式 3 处于接收时，若 SM2 = 1，且接收到的第 9 位数据 RB8 为 0 时，不激活 RI；若 SM2 = 1，且 RB8 = 1 时，则置 RI = 1。在方式 2、3 处于接收或发送方式时，若 SM2 = 0，不论接收到第 9 位 RB8 为 0 还是为 1，TI、RI 都以正常方式被激活。在方式 1 处于接收时，若 SM2 = 1，则只有收到有效的停止位后，RI 置 1。在方式 0 中，SM2 应为 0。

● REN：允许串行接收位。由软件置位或清 0。当 REN = 1 时，允许接收；当 REN = 0 时，禁止接收。

● TB8：发送数据的第 9 位。在方式 2 和方式 3 中，由软件置位或复位，可做奇偶校验位。在多机通信中，可作为区别地址帧或数据帧的标识位，一般约定地址帧时 TB8 为 1，数据帧时 TB8 为 0。

● RB8：接收数据的第 9 位。功能同 TB8。

● TI：发送中断标志位。在方式 0 中，发送完 8 位数据后，由硬件置位；在其他方式中，在发送停止位之初由硬件置位。因此 TI 是发送完一帧数据的标志，可以用指令 JBC TI,rel 来查询是否发送结束。TI = 1 时，也可向 CPU 申请中断，响应中断后都必须由软件清除 TI。

● RI：接收中断标志位。在方式 0 中，接收完 8 位数据后，由硬件置位；在其他方式中，在接收停止位的中间由硬件置位。同 TI 一样，也可以通过 JBC RI,rel 来查询是否接收完一帧数据。RI = 1 时，也可申请中断，响应中断后都必须由软件清除 RI。

（3）电源及波特率选择寄存器 PCON(87H)：不可位寻址。

PCON 主要是为 CHMOS 型单片机的电源控制而设置的专用寄存器，不可以位寻址，字节地址为 87H。在 CHMOS 的 8051 单片机中，PCON 除了最高位以外其他位都是虚设的。其格式如下：

SMOD	×	×	×	GF1	GF0	PD	IDL

与串行通信有关的只有 SMOD 位。SMOD 为波特率选择位。在方式 1、2 和 3 时，串行通信的波特率与 SMOD 有关；当 SMOD = 1 时，通信波特率乘 2；当 SMOD = 0 时，波特率不变。其他各位用于电源管理。

4.3.3 串行口的工作方式

MCS-51 单片机的串行口有方式 0、方式 1、方式 2 和方式 3 四种工作方式。下面分别介绍。

1. 方式 0

当设定 SM1、SM0 为 00 时，串行口工作于方式 0，它又叫同步移位寄存器输出方式。在方式 0 下，数据从 RXD(P3.0)端串行输出或输入，同步信号从 TXD(P3.1)端输出，发送或接收的数据为 8 位，低位在前，高位在后，没有起始位和停止位。数据传输率固定为振荡器频率的 1/12，也就是每一机器周期传送一位数据。方式 0 可以外接移位寄存器，将串行口扩展为并行口，也可以外接同步输入/输出设备。执行任何一条以 SBUF 为目的的寄存器指令，就开始发送。

在串行口方式 0 下工作并非是一种同步通信方式。它的主要用途是和外部同步移位寄存器外接，以达到扩展并行 I/O 口的目的。

2. 方式1

当设定 SM1、SM0 为 01 时,串行口工作于方式 1。方式 1 为数据传输率可变的 8 位异步通信方式,由 TXD 发送,RXD 接收,一帧数据为 10 位:1 位起始位(低电平)、8 位数据位(低位在前)和 1 位停止位(高电平)。数据传输率取决于定时器 1 或 2 的溢出速率($\frac{1}{溢出周期}$)和数据传输率是否加倍的选择位 SMOD。

对于有定时/计数器 2 的单片机,当 T2CON 寄存器中 RCLK 和 TCLK 置位时,用定时器 2 作为接收和发送的数据传输率发生器;当 RCLK = TCLK = 0 时,用定时器 1 作为接收和发送的数据传输率发生器。两者还可以交叉使用,即发送和接收采用不同的数据传输率。类似于模式 0,发送过程是由执行任何一条以 SBUF 为目的的寄存器指令引起的。

3. 方式2

当设定 SM0、SM1 两位为 10 时,串行口工作于方式 2,此时串行口被定义为 9 位异步通信接口。采用这种方式可接收或发送 11 位数据,以 11 位为一帧,比方式 1 增加了一个数据位,其余相同。第 9 个数据即 D8 位用做奇偶校验或地址/数据选择,可以通过软件来控制它,再加特殊功能寄存器 SCON 中的 SM2 位的配合,可使 MCS-51 单片机串行口适用于多机通信。发送时,第 9 位数据为 TB8;接收时,第 9 位数据送入 RB8。方式 2 的数据传输率固定,只有两种选择,即为振荡率的 $\frac{1}{64}$ 或 $\frac{1}{32}$,可由 PCON 的最高位选择。

4. 方式3

当设定 SM0、SM1 两位为 11 时,串行口工作于方式 3。方式 3 与方式 2 类似,唯一的区别是方式 3 的数据传输率是可变的,而帧格式与方式 2 一样为 11 位一帧,所以方式 3 也适用于多机通信。

4.3.4 串行通信的波特率

在串行通信中,收发双方对传送的数据速率即波特率要有一定的约定。串行口每秒钟发送(或接收)的位数就是波特率。MCS-51 单片机的串行口通过编程可以有 4 种工作方式。其中方式 0 和方式 2 的波特率是固定的,方式 1 和方式 3 的波特率可变,由定时器 T1 的溢出率决定,下面加以具体分析。

● 方式 0 和方式 2:在方式 0 中,波特率为时钟频率的 $\frac{1}{12}$,即 $\frac{f_{osc}}{12}$,固定不变。

在方式 2 中,波特率取决于 PCON 中的 SMOD 值,当 SMOD = 0 时,波特率为 $\frac{f_{osc}}{64}$;当 SMOD = 1 时,波特率为 $\frac{f_{osc}}{32}$。即波特率 = $\frac{2^{SMOD}}{64} \cdot f_{osc}$。

● 方式 1 和方式 3:在方式 1 和方式 3 下,波特率由定时器 T1 的溢出率和 SMOD 共同决定,即:方式 1 和方式 3 的波特率 = $\frac{2^{SMOD}}{32} \cdot$ T1 溢出率。其中 T1 溢出率取决于单片机定时器 T1 的计数速率和定时器的预置值。计数速率与 TMOD 寄存器中的 C/$\overline{T}$ 位有关,当 C/$\overline{T}$ = 0 时,计数速率为 $\frac{f_{osc}}{12}$;当 C/$\overline{T}$ = 1 时,计数速率为外部输入时钟频率。

实际上，当定时器 T1 作为波特率发生器使用时，通常工作在模式 2，即自动重装载的 8 位定时器，此时 TL1 作计数用，自动重装载的值在 TH1 内。设计数的预置值（初始值）为 X，那么每过 256 − X 个机器周期，定时器溢出一次。为了避免溢出而产生不必要的中断，此时应禁止 T1 中断。溢出率为溢出周期的倒数，所以

$$T1\ 溢出率 = 单位时间内溢出次数 = T1\ 的定时时间 = \frac{1}{t}$$

而 T1 的定时时间 t 就是 T1 溢出一次所用的时间。在此情况下，一般设 T1 工作在模式 2（8 位自动重装初值）。

$$N = 2^8 - \frac{t}{T}, t = (2^8 - N) \times T = (2^8 - N) \times \frac{12}{f_{osc}}$$

$$T1\ 溢出率 = \frac{1}{t} = \frac{f_{osc}}{12 \times (2^8 - N)}$$

$$波特率 = \frac{2^{SMOD}}{32} \times \frac{f_{osc}}{12 \times (256 - N)}$$

其中 t 为定时时间，T 为机器周期，N 为初值（TH1）。

例 4-5 若已知波特率为 4800，则可求出 T1 的计数初值：

$$N = 256 - \frac{\frac{2^{SMOD}}{32} \times \frac{f_{osc}}{12}}{波特率} = 256 - \frac{\frac{1}{16} \times \frac{11.0592 \times 10^6}{12}}{4800} = F4H$$

表 4-14 列出了各种常用的波特率及获得办法。

表 4-14　定时器 T1 产生的常用波特率

串口模式	波特率	f_{osc}	SMOD	定时器 T1		
				$C/\overline{T}$	模式	初始值
方式 0	1M	12MHz	×	×	×	×
方式 2	375K	12MHz	1	×	×	×
方式 1 或 方式 3	62.5K	12MHz	1	0	2	FFH
	19.2K	11.059MHz	1	0	2	FDH
	9.6K	11.059MHz	0	0	2	FDH
	4.8K	11.059MHz	0	0	2	FAH
	2.4K	11.059MHz	0	0	2	F4H
	1.2K	11.059MHz	0	0	2	E8H
	137.5K	11.986MHz	0	0	2	1DH
	110	6MHz	0	0	2	72H
	110	12MHz	0	0	1	FEEBH

4.3.5　串行口的初始化

串行口需初始化后，才能完成数据的输入/输出。其初始化过程如下：
- 按选定串行口的操作模式设定 SCON 的 SM0、SM1 两位二进制编码。
- 对于操作模式 2 或 3，应根据需要在 TB8 中写入待发送的第 9 位数据。

● 若选定的操作模式不是模式 0,还需设定接收/发送的波特率。设定 SMOD 的状态,以控制波特率是否加倍。若选定操作模式 1 或 3,则应对定时器 T1 进行初始化以设定其溢出率。

● 如果用到中断的,还必须设定 IE 或 IP。

串行通讯的编程有两种方式:查询方式和中断方式。值得注意的是,由于串行发送、接收标志硬件不能自动清除,所以不管是中断方式还是查询方式编程时都必须用软件方式清除 TI、RI。

4.3.6 项目 14——单片机双机通信设计

1. 任务描述

设计一个单片机双机通信电路,要求:
(1) 将甲机的拨码开关状态通过串口传送给乙机,并在乙机的发光二极管上显示。
(2) 通信波特率为 2400bps。

2. 总体设计

本设计采用 2 片 AT89S51 单片机作为通信双方,分别用单片机各自的通用异步接收和发送器 UART 发送和接收数据。两台单片机之间的连接方式则视情况而定,如果两台单片机之间距离很短,可以通过这两台单片机的串行接口直接连接,即将各单片机的 RXD 接至对方单片机的 TXD 引脚上,如图 4-43 所示。如果通信距离较远,可以利用 RS-232 接口延长通信距离,这就需要在通信双方单片机的串行接口部分增加 RS-232 电气转换接

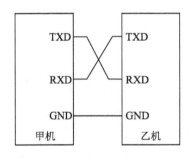

图 4-43 两台单片机直接连接图

口。在此,我们选择 MAX232 集成芯片构成这样的接口电路。此外,根据任务要求,还需要选择甲机的 1 个 8 位 I/O 口接 8P 拨码开关,采用乙机的 1 个 8 位 I/O 口接 LED 灯。系统结构如图 4-44 所示。

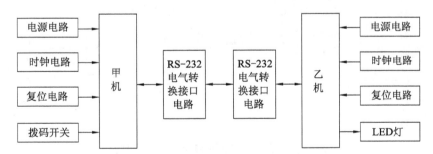

图 4-44 单片机双机通信系统结构图

3. 硬件设计

本任务采用的是点对点发射与接收,两台单片机的串行通信接口的原理图如图 4-45 所示。实现该任务的硬件电路中包含的主要元器件为:AT89S51 2 片、78L05 2 个、MAX232 2 片、LED 灯 8 个、8P 拨码开关 1 个、11.0592MHz 晶振 2 个、电阻和电容等若干。

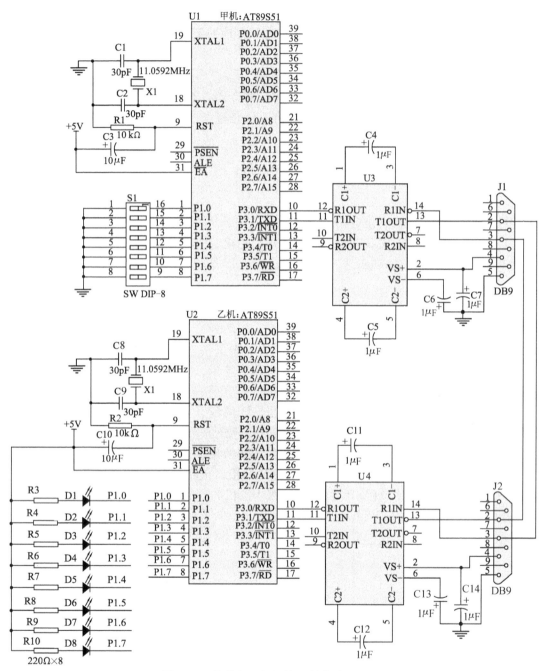

图 4-45 单片机双机通信硬件电路原理图

4. 软件设计

单片机双机通信的软件流程图如图 4-46 所示。

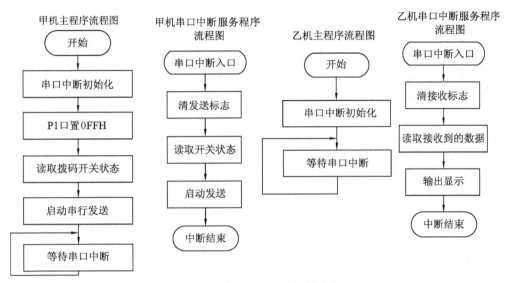

图 4-46 单片机双机通信软件流程图

软件采用模块化设计方法,共包含以下模块:甲机主程序模块、甲机串口中断服务模块、乙机主程序模块、乙机串口中断服务模块。甲机主程序模块实现串口初始化及启动发送开关状态数据,甲机串口中断服务模块完成甲机发送完数据后进行的处理。乙机主程序模块实现乙机串口初始化,乙机串口中断服务模块完成乙机在接收完毕甲机串口发送来的数据后进行的处理。

AT89S51 单片机内部有 1 个通用异步接收和发送器 UART,通过编程可以有 4 种工作方式。其中方式 0 和方式 2 的波特率是固定的,方式 1 和方式 3 的波特率可变,由定时器 T1 的溢出率决定。本任务中,串口工作方式选择为方式 1。

汇编语言源程序如下:
;甲机:

```
        ORG     0000H
        LJMP    START
        ORG     0023H
        AJMP    CXZD
        ORG     0100H
START:  MOV     TMOD,#20H       ;T1 方式 2
        MOV     TL1,#0F4H       ;T1 定时初值
                                ;(波特率 2400bps,SMOD=0,f_osc=11.0592MHz)
        MOV     TH1,#0F4H
        MOV     SCON,#40H       ;串行方式 1
        MOV     PCON,#00H       ;SMOD=0
        SETB    EA              ;开总中断
        CLR     ET1             ;关 T1 中断
        SETB    ES              ;开串行中断
```

```
            SETB    TR1                     ;开 T1 定时
            MOV     P1,#0FFH
            MOV     A,P1
            MOV     SBUF,A                  ;开始串行发送
            SJMP    $                       ;等发送结束

CXZD:       CLR     TI                      ;清发送标志
            NOP
            NOP
            MOV     P1,#0FFH
            MOV     A,P1
            MOV     SBUF,A                  ;发送
            RETI    ;
            END
;乙机:
            ORG     0000H                   ;乙机接收
            AJMP    START
            ORG     0023H
            AJMP    CXZD
            ORG     0100H
START:      MOV     TMOD,#20H
            MOV     TL1,#0F4H               ;T1 定时初值
                                            (波特率 2400bps,SMOD=0,$f_{osc}$=;11.0592MHz)
            MOV     TH1,#0F4H
            MOV     SCON,#50H               ;串行方式 1:允许接收
            MOV     PCON,#00H               ;SMOD=0
            SETB    EA                      ;开总中断
            CLR     ET1                     ;关 T1 中断
            SETB    ES                      ;开串行中断
            SETB    TR1                     ;开 T1 定时
            SJMP    $                       ;等待接收
CXZD:       CLR     RI                      ;清接收标志
            MOV     A,SBUF                  ;接收数据
            MOV     P1,A                    ;输出显示
            RETI
            END
```

5. 虚拟仿真与调试

单片机与 PC 机的串行通信接口的 PROTEUS 仿真硬件电路图如图 4-47 所示,在 Keil μVision3 与 PROTEUS 环境下完成任务的仿真调试。观察调试结果如下:系统运行时,甲、乙单片

机通过串行通信,将甲机的拨码开关状态正确地送给乙机,并在乙机所接 LED 灯上正确显示。

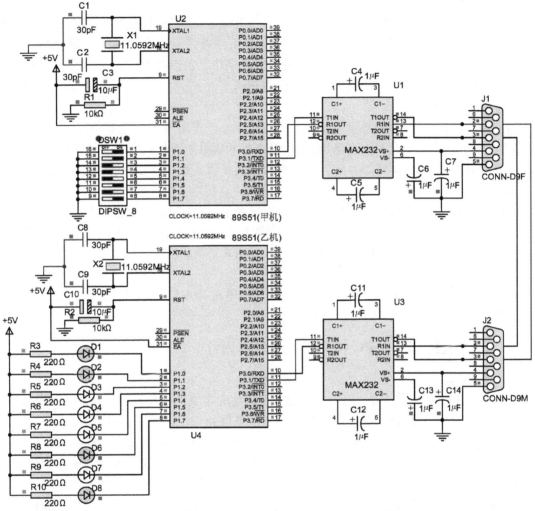

图 4-47 单片机双机通信 PROTEUS 仿真硬件电路图

6. 硬件制作与调试

(1) 元器件采购。

本项目采购清单见表 4-15。

表 4-15 元器件清单

序号	器件名称	规格	数量	序号	器件名称	规格	数量
1	单片机	AT89S51	2	8	发光二极管	Φ5	8
2	电解电容	10μF	2	9	串行通信 IC	MAX232	2
3	瓷介电容	30pF	4	10	串口插座	9 针	2
4	晶振	11.0592MHz	2	11	电解电容	1μF	8
5	电阻	10kΩ	2	12	印制板	PCB	2
6	电阻	220Ω	8	13	集成电路插座	DIP40	2
7	拨码开关	8P	1	14	集成电路插座	DIP16	2

（2）调试注意事项。

① 静态调试要点。

对照元器件表,检查所有元器件的规格、型号有无装配错误,按原理图检查线路有无错误,有极性的器件及集成块有无接反等故障,需要关注通信电路中的几个电解电容的选择是否正确及极性有无接反、发光二极管的极性有无接错。重点检查 MAX232 和单片机芯片的连接及 9 针插座与 MAX232 之间的连接是否正确。

② 动态调试要点。

在系统硬件调试时会发现通电后电路板不工作,首先用示波器检查 ALE 脚及 XTAL2 脚是否有波形输出。若没有波形输出,需要检查单片机最小系统接线是否正确。若没有问题,则需检查各单片机、MAX232 与 9 针插座的连接是否正确,有无虚焊等。有极性的器件(电容等)是否连接正确。

在系统硬件调试时若两单片机之间可以正常通信,但是 LED 不能正确显示拨码开关的状态,则需检查 LED 与拨码开关的连接电路是否正确,有无虚焊和漏焊,LED 的极性是否接反,限流电阻的选择是否合适,LED 和拨码开关是否损坏等。

7. 能力拓展

在本项目要求基础上,乙机接一 8P 拨码开关,甲机接 8 位 LED 灯,要求乙机的开关状态同样也能在甲机所接的 LED 灯上显示。

4.3.7 项目15——PC 机与单片机通信设计

1. 任务描述

近年来,由于 PC 机(个人计算机)优越的性价比和丰富的软件资源,已成为计算机应用的主流机种。而单片机在工业控制系统中也越来越得到广泛的应用,它以价格低、功能全、体积小、抗干扰能力强、开发应用方便等特点已渗透到各个开发领域。特别是利用其能直接进行全双工通信的特点,在数据采集、智能仪表仪器、家用电器和过程控制中作为智能前沿机。但由于单片机计算能力有限,难以进行复杂的数据处理,因此应用高性能的计算机对系统的所有智能前沿机进行管理和控制,已成为一种发展方向。在功能较复杂的控制系统中,通常以 PC 机为主机,单片机为从机,由单片机完成数据的采集及对装置的控制,而由主机完成各种复杂的数据处理和对单片机的控制。所以计算机与单片机之间的数据通信越发显得重要。

本任务是设计一个单片机串行通信接口板。基本要求如下:

（1）实现单片机与 PC 之间的串行通信。

（2）要求上电后数码管上显示 0。

（3）借助一个 Windows 下的串口调试软件,从 PC 机向单片机发送字符,当字符为 0~9 或 A~F 时单片机将会在数码管上显示相应的字符。

2. 总体设计

单片机与 PC 机的串行通信接口设计采用 AT89S51 单片机,用单片机的 1 个通用异步接收和发送器 UART 发送和接收数据。采用 1 个 8 位 I/O 口控制数码管的段码。由于 PC 机的串口是 RS232 电平的,而单片机的串口是 TTL 电平的,两者之间必须有一个电平转换电路。在此,电平转换采用 MAX232 芯片。与 PC 机的连接采用 9 芯标准插座、三线制方式。整个系统工作时,单片机与 PC 机实现点对点的串行通信。系统结构如图 4-48 所示。

3. 硬件设计

本任务采用的是点对点发射与接收,单片机与 PC 机的串行通信接口的原理图如图 4-49 所示。实现该任务的硬件电路中包含的主要元器件为:AT89S5 1 片、78L05 1 个、MAX232 1 片、LED 共阴数码管 1 个,11.0592MHz 晶振 1 个、电阻和电容等若干。

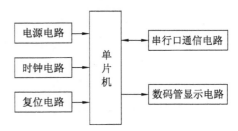

图 4-48　单片机与 PC 机的串行通信接口的系统结构图

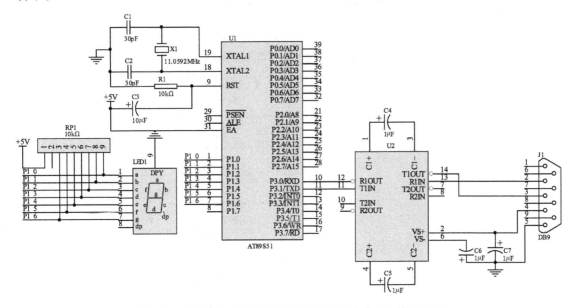

图 4-49　单片机与 PC 机的串行通信接口的硬件电路原理图

4. 软件设计

单片机与 PC 机的串行通信接口的软件流程图如图 4-50 所示。

软件采用模块化设计方法,共包含以下模块:主程序模块、串口初始化模块、串口接收中断模块、LED 共阴数码管 0~9 和 a~f 显示字形常数表等。

AT89S51 单片机内部有 1 个通用异步接收和发送器 UART,通过编程可以有 4 种工作方式。本任务中,串口工作方式选择为方式 1。

汇编语言源程序如下:

```
        ORG     0000H
        AJMP    MAIN
        ORG     0023H           ;串行中断入口地址
        AJMP    COM_INT         ;转串行中断服务程序


;**********   主程序开始   **************
        ORG     0040H
```

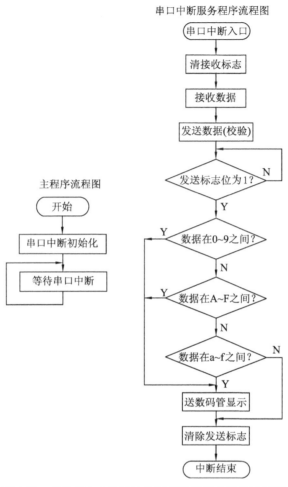

图4-50 单片机与PC机的串行通信接口的软件流程图

```
main:   MOV    SP,#60H          ;设置堆栈
        MOV    P1,#3FH          ;系统开始工作时,数码管显示0
        ACALL  COMM             ;串口初始化
        SJMP   $                ;原地等待
```

;************ 串口初始化 ************
;设置串行口工作方式1,定时器1作为波特率发生器
;波特率设置为4800;
```
COMM:
        MOV    TMOD,#20H        ;设置定时器T1工作方式2
        MOV    TL1,#0F4H        ;波特率4800bps,$f_{osc}=11.0592\text{MHz}$,SMOD=1
        MOV    TH1,#0F4H        ;定时器重装值
        SETB   EA               ;允许总的中断
        SETB   ES               ;允许串行中断
```

	MOV	PCON,#80H	;SMOD = 1;
	MOV	SCON,#50H	;设置串口工作方式1,REN=1 允许接收
	SETB	TR1	;定时器开始工作
	RET		;子程序返回

;**************串口中断服务程序************
;如果接收 OFF 表示上位机需要联机信号,单片机发送 OFFH 作为应答信号
;如果接收到数字 1~9 或 A~F 或 a~f,P1 口显示相应的数字
COM_INT:
	CLR	ES	;禁止串行中断
	CLR	RI	;清除接收标志位
	MOV	A,SBUF	;从缓冲区取出数据
	MOV	SBUF,A	;发送数据给 PC
	JNB	TI, $	;等待发送完毕
	CJNE	A,#0FFH,IN0	;检查接收的数据
	MOV	A,#10H	;接收到结束标志
	SJMP	DISPLAY	
IN0:	CJNE	A,#67H,IN1	
IN1:	JNC	IN_E	;大于 F 不显示
	CJNE	A,#30H,IN2	
IN2:	JC	IN_E	;小于 0 不显示
	CJNE	A,#3AH,IN3	
IN3:	JNC	IN4	
	ANL	A,#0FH	
	SJMP	DISPLAY	
IN4:	CJNE	A,#41H,IN5	
IN5:	JC	IN_E	
	CJNE	A,#47H,IN6	
IN6:	JNC	IN7	
	ANL	A,#0FH	
	ADD	A,#9	
	SJMP	DISPLAY	
IN7:	CJNE	A,#61H,IN8	
IN8:	JC	IN_E	
	ANL	A,#0FH	
	ADD	A,#9	

DISPLAY: ;显示
	MOV	DPTR,#TAB	
	MOVC	A,@A+DPTR	
	MOV	P1,A	;发送到 P1

IN_E：	CLR	TI		
	SETB	ES		;允许串行中断
	RETI			;中断返回
TAB：	DB	3fH,06H,5bH,4fH,66H,6dH,7dH,07H,7fH,6fH		;0~9
	DB	77H,7CH,39H,5eH,79H,71H		;A~F
	DB	00H		
	END			

5. 虚拟仿真与调试

单片机与 PC 机的串行通信接口的 PROTEUS 仿真硬件电路图如图 4-51 所示,在 Keil μVision3 与 PROTEUS 环境下完成任务的仿真调试。在"Debug"菜单下,打开"Virtual Terminal"子菜单栏目,观察调试结果如下:从 PC 机键盘向单片机发送字符,当字符为 0～ F 时,单片机与 PC 机的串行通信接口板将会在 P1 输出口显示相应的字符,实现了单片机与 PC 之间的串行通信。若数码管不能正确显示从 PC 机输入的字符,则需检查波特率是否匹配。

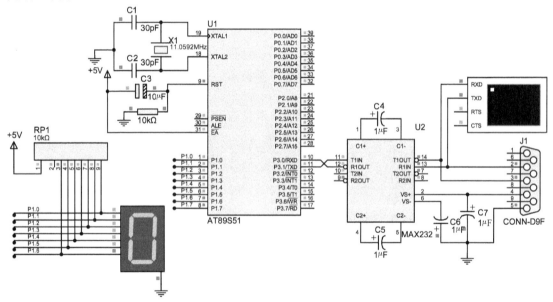

图 4-51 单片机与 PC 机的串行通信接口 PROTEUS 仿真硬件电路图

6. 硬件制作与调试

(1) 元器件采购。

本项目采购清单见表 4-16。

表 4-16 元器件清单

序号	器件名称	规格	数量	序号	器件名称	规格	数量
1	单片机	AT89S51	1	5	电解电容	1μF	4
2	电解电容	10μF	1	6	LED 数码管	共阴	1
3	瓷介电容	30pF	2	7	排阻	10kΩ	1
4	晶振	11.0592MHz	1	8	电阻	10kΩ	1

续表

序号	器件名称	规格	数量	序号	器件名称	规格	数量
9	串行通信 IC	MAX232	1	12	集成电路插座	DIP16	1
10	串口插座	9 针	1	13	印制板	PCB	2
11	集成电路插座	DIP40	1				

（2）调试注意事项。

① 静态调试要点。

对照元器件表，检查所有元器件的规格、型号有无装配错误，按原理图检查线路有无错误，有极性的器件及集成块有无接反等，需要关注通信电路中的几个电解电容的选择是否正确及极性有无接反，数码管的选择类型是否为共阴及其各码段、COM 端的接法有无错误。重点检查 MAX232 和单片机芯片的连接及 9 针插座与 MAX232 之间的连接是否正确。

② 动态调试要点。

在系统硬件调试时会发现通电后电路板不工作，首先用示波器检查 ALE 脚及 XTAL2 脚是否有波形输出。若没有波形输出，需要检查单片机最小系统接线是否正确。若没有问题，则需检查单片机、MAX232、9 针插座及 PC 机的连接有无虚焊等。

借助 Windows 下的串口调试软件，从 PC 机向单片机发送字符，当字符为 0～F 时，单片机与 PC 机的串行通信接口板将会在 P1 输出口显示相应的字符，实现了单片机与 PC 之间的串行通信。

在系统硬件调试时若 PC 机与单片机之间可以正常通信，但是数码管不能正确地显示从 PC 机输入的字符，则需检查波特率是否匹配，或数码管是否为共阴，与单片机的连接电路是否正确，有无虚焊和漏焊，排阻的连接是否正确等。

7. 能力拓展

（1）AT89S51 单片机串口按双工方式收发 ASCII 字符，最高位作奇偶校验位，采用奇校验方式。

（2）用第 9 个数据作为奇偶校验位，编写串口在工作方式 3 下的收发程序。

 单元小结

1. 中断系统

（1）中断技术是实时控制中的常用技术，MCS-51 系列单片机有三个内部中断、两个外部中断，中断系统的功能包括中断优先级排队、实现中断嵌套、自动响应中断和实现中断返回。中断的特点是可以提高 CPU 的工作效率，实现实时处理和故障处理。

（2）单片机的中断系统主要由中断允许寄存器 IE、中断优先级寄存器 IP、定时器控制寄存器 TCON、串行口控制寄存器 SCON 和硬件查询电路组成。TCON 用于控制定时器的启停，并保持 T0、T1 的溢出标志和外部中断 $\overline{INT0}$、$\overline{INT1}$ 的中断标志。SCON 的低 2 位用于存放串行口的两个中断请求标志 RI 和 TI。IE 用于控制 CPU 对中断的开放和屏蔽。IP 用于设定中断源的优先级别。必须在 CPU 开中断，即开总中断开关 EA，并且开各中断源的中断开关,CPU 才能响应该中断源的中断请求。

(3) 中断处理过程包括中断响应、中断处理和中断返回三个过程。中断响应是满足 CPU 的中断响应条件后,CPU 对中断源的中断请求的回答。由于设置了优先级,中断可以实现多级嵌套。中断处理就是执行中断服务程序。每个中断源有固定的中断服务程序的入口地址。当 CPU 响应中断以后单片机内部硬件保证它能自动地跳转到该地址。中断返回是指中断服务完成后,返回到原来执行的程序中。在返回前,要撤销中断请求,不同中断源的中断请求的撤销方法不一样。

2. 定时/计数器

MCS-51 单片机具有两个 16 位的定时/计数器,每个定时/计数器有四种不同的工作方式,四种方式的特点归纳于表 4-17 中。

表 4-17 定时/计数器的工作方式

方式	方式 0 13 位定时计数方式	方式 1 16 位定时计数方式	方式 2 8 位定时计数方式	方式 3 T0 为两个 8 位独立定时计数方式,T1 为无中断重装 8 位定时计数方式
模值即计数最大值	$2^{13} = 8192$ $= 2000H$	$2^{16} = 65536$ $= 10000H$	$2^8 = 256$ $= 100H$	$2^8 = 256$ $= 100H$
计数初值 C 的装入	高八位→TH 低五位→TL 每启动一次工作,需装入一次计数初值	高八位→TH 低八位→TL 每启动一次工作,需装入一次计数初值	八位 TH TL 第一次装入,启动工作后,每次 TL 回零后,不用程序装入,由 TH 自动装入到 TL	同左 同方式 0、1
应用场合(设 fosc = 12MHz)	用于定时时间 < 8.19ms,计数脉冲 < 8192 个场合	用于定时时间 < 65.5ms,计数脉冲 < 65536 个场合	定时、计算范围小,不用重装时间常数,多用于串行通信的波特率发生器	TL0 定时、计数占用 TR0、TF0;TH0 定时,使用 T1 的 TR1、TF1,此时 T1 只能工作于方式 2,作波特率发生器

(1) 使用定时/计数器要先进行初始化编程,这就是写方式控制字 TMOD,置计数初值于 THi 和 TLi(i = 0、1),并启动工作(TRi 置 1),如果工作于中断方式,还需开中断(EA 置 1 和 ETi 置 1)。由于 AT89S51 的定时/计数器是加 1 计数,输入的计数初值为负数,计算机的有符号数都以补码表示,在求补时,不同的工作方式其模值不同,且置 THi 和 TLi 的方式不同,这是应该注意的。

(2) 定时和计数实质都是脉冲的计数,只是被计的脉冲的来源不同,定时方式的计数初值和被计脉冲的周期有关,而计数方式的计数初值只与被计数脉冲的个数有关(计由高到低的边沿数),在计算计数初值时应予以区分。无论计数还是定时,当计满规定的脉冲个数,即计数初值回零时,会自动置位 TFi 位,可以通过查询方式监视 TFi,在允许中断情况下,定时/计数器自动进入中断。若采用查询方式,CPU 不能执行别的任务,如果用中断方式可提高 CPU 的工作效率。

3. 串行通信

计算机通信主要有串行通信和并行通信两种方式,远距离通信通常采用串行通信方式,但需要增加电平、接口转换电路,如 RS-232C、RS422、RS485 接口等。

AT89S51 单片机内部有一个全双工的异步串行通信接口,共有四种工作方式;其数据帧格式有 10 位、11 位两种;方式 0 和方式 2 的通信波特率是固定的,方式 1 和方式 3 的波特率是可变的,由定时器 T1 的溢出率决定。

单片机之间可实现双机通信、多机通信并可与 PC 机通信;利用 PC 机与单片机可组成上位机、下位机通信网络。

通信软件可采用查询与中断两种方式编制,实际应用中常采用中断工作方式进行通信。

 巩固与提高

1. 什么叫中断?什么叫中断系统?什么叫中断嵌套?什么叫中断服务程序?中断有什么作用?
2. MCS-51 单片机有哪几个中断源?各有什么特点?各中断源的中断请求标志是什么?存放在哪些寄存器的哪些位?各中断源的入口地址是什么?
3. 什么是中断优先级?中断优先级处理的原则是什么?
4. 外部中断有哪两种触发方式?对触发脉冲或电平有什么要求?如何选择和设定?
5. 叙述 CPU 响应中断的条件和过程。
6. 中断响应时间是否是确定不变的?为什么?
7. 单片机中各中断源的中断请求标志在 CPU 响应该中断后需要清除,该如何清除?不清除会出现什么后果?
8. 中断响应过程中,为什么通常要保护现场?如何保护?
9. 请写出为负边沿触发且为高优先级的中断系统初始化程序。
10. 请写出为低电平触发且为高优先级的中断系统初始化程序。
11. 请写出串行口中断为高优先级的中断系统初始化程序。
12. MCS-51 单片机内部有几个定时/计数器?它们由哪些专用寄存器组成?
13. 简述 MCS-51 单片机定时/计数器四种工作方式的特点,如何选择和设定?
14. MCS-51 单片机定时/计数器的定时功能和计数功能有什么不同?
15. 定时/计数器用做定时方式时,其定时时间与哪些因素有关?作为计数时,对外界计数频率有何限制?
16. 当定时/计数器工作于方式 1 下,晶振频率为 6MHz,请计算最短定时时间和最长定时时间。
17. 当定时器 T0 用做方式 3 时,由于 TR1 位已被 T0 占用,如何控制定时器 T1 的开启和关闭?
18. 若用定时器实现 50ms 的延时,试编写它的初始化程序(设 f_{osc} = 12MHz)。

19. 在 MCS-51 单片机中,已知时钟频率为 12MHz,请编程使 P1.0 和 P1.1 分别输出周期为 200ms 和 20ms 的方波。

20. 设单片机晶振频率是 12MHz,要求从 P1.0 脚产生一个周期为 30ms 的方波,且要求高电平持续 10ms,低电平持续 20ms,分别用多种方法实现上述要求。

21. 设系统时钟为 12MHz,试用定时器 T0 做外部计数器,编程实现每计到 1000 个脉冲时 T1 开始 1ms 定时,定时时间到后,T0 又开始计数,循环往复。

22. 设 f_{osc} = 12MHz,定时/计数器 0 的初始化程序如下:

```
;主程序:…
    MOV    TH0,#0DH
    MOV    TL0,#0D0H
    MOV    TMOD,#01H
    SETB   TR0
    …

;中断服务程序:
000BH:
    MOV    TH0,#0DH
    MOV    TL0,#0D0H
    …
    RETI
```

(1) 该定时/计数器工作于什么方式?
(2) 相应的定时时间或计数器的初值是多少?
(3) 为什么在中断服务程序中要重置定时/计数器初值?

23. 什么叫串行通信?什么叫并行通信?

24. 什么叫单工、半双工、全双工?

25. 什么是串行异步通信?它有哪些特点?有几种帧格式?

26. 某异步通信接口按方式 3 传送,已知其每分钟传送 3600 个字符,计算其传送波特率。

27. MCS-51 单片机的串行口由哪些基本功能部件组成?

28. MCS-51 单片机的串行口有几种工作方式?几种帧格式?如何设置不同方式的波特率?

29. 为什么定时器 T1 用做串行口波特率发生器时,常采用工作方式 2?

30. 已知定时器 T1 设置成方式 2,用做波特率发生器,系统时钟频率为 24MHz,求可能产生的最高和最低的波特率是多少?

31. 串行口异步通信时,试写出 ASCII 码"3"的字符格式(字符帧格式为 10 位)。

32. 试用 MCS-51 单片机的串行口扩展 I/O 口,控制 16 个发光二极管自右向左以一定速度轮流发光,画出电路并编写程序。

33. 试设计一个 MCS-51 单片机的双机通信系统,串行口工作在方式 1,波特率为 2400bps,编程将甲机片内 RAM 中 40H~4FH 的数据块通过串行口传送到乙机片内 RAM 的 40H~4FH 单元中。

单元 5　单片机系统扩展接口电路设计

> **学习目标**
> - 通过 5.1 的学习,了解 MCS-51 单片机存储器扩展接口技术,掌握程序存储器和数据存储器的扩展方法。
> - 通过 5.2 的学习,了解 MCS-51 单片机并行 I/O 接口扩展技术,掌握并行 I/O 接口的扩展方法。

> **技能(知识)点**
> - 了解 MCS-51 单片机系统的片外三总线。
> - 了解常用程序存储器芯片。
> - 能掌握程序存储器的扩展方法及只读方法。
> - 了解常用数据存储器芯片。
> - 能掌握数据存储器的扩展方法及不同的读写方法。
> - 了解并行 I/O 端口的扩展技术。
> - 能用 TTL 或 CMOS 芯片实现扩展并行 I/O 接口电路设计。
> - 能用串行口实现扩展并行 I/O 接口电路设计。
> - 能用可编程芯片 8255 实现扩展并行 I/O 接口电路设计。

5.1　单片机系统扩展——存储器扩展电路设计

5.1.1　MCS-51 单片机系统扩展

1. 单片机系统扩展概述

众所周知,随着单片机功能的极大发展和成本降低,在选择单片机时,目前基本上是选择具有对应程序存储器和数据存储器的单片机,如 AT89S52 内部具有 8KB ROM、256B RAM,比 AT89S51 大一倍。因此存储器的扩展在现在的单片机应用系统中是不多见的。但对于如何在单片机最小系统的基础上进行扩展,仍然是单片机初学者一个不可缺少的基本功。

MCS-51 单片机系统扩展是指单片机内部功能不能满足应用系统要求时,在片外连接相应的外围芯片以满足系统要求,包括 ROM 扩展、RAM 扩展、I/O 接口扩展、定时/计数器扩展、中断源扩展以及其他特殊功能扩展。MCS-51 单片机系统扩展电路结构图如图 5-1 所示,系统扩展示意图如图 5-2 所示。

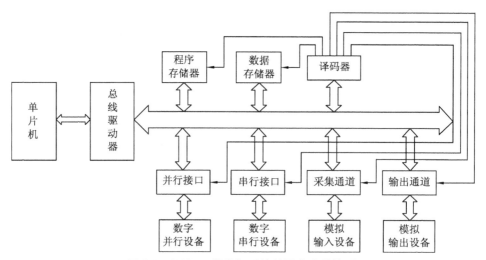

图 5-1　MCS-51 单片机系统扩展电路结构图

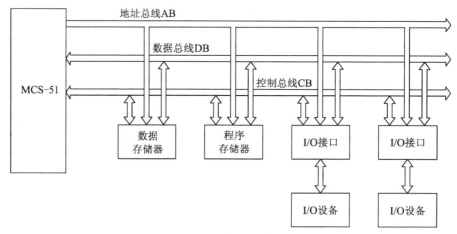

图 5-2　MCS-51 单片机系统扩展示意图

2. MCS-51 单片机的片外三总线

如单片机原理所述,MCS-51 单片机对外没有专用的地址总线(AB)、数据总线(DB)和控制总线(CB),那么在进行系统扩展时,首先需要扩展系统的三总线。

MCS-51 单片机通过引脚 ALE 可实现对外总线的扩展。在 ALE 为有效高电平期间,P0 口上输出低 8 位地址 A7～A0,因此只需要在 CPU 的片外扩展一片地址锁存器,用 ALE 的有效高电平边沿作锁存信号,可将 P0 口的地址信息锁存,直到 ALE 再次有效。在 ALE 的无效期间 P0 口传送数据,用做数据总线口,因此,P0 口实为分时复用的地址/数据总线。P2 口上输出高 8 位地址 A15～A8。再通过 P3 口的第二功能扩展出读/写控制信号。最后由 P0、P2、P3(第二功能)和地址锁存器构成系统的三总线。图 5-3 为 MCS-51 单片机扩展的外部三总线示意图。

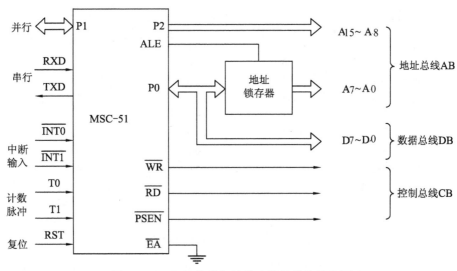

图 5-3　MCS-51 单片机片外三总线结构示意图

（1）地址总线。

地址总线由 P0 口提供低 8 位，P2 口提供高 8 位，由于 P0 口还要做数据总线，故 P0 口输出的地址数据须用锁存器锁存，锁存控制信号为引脚 ALE 输出。

地址总线共为 16 根，可寻址范围为 64KB。

（2）数据总线。

数据总线由 P0 口提供，共为 8 根，可连接到多个外围芯片，而同一时间只能有一个有效的数据通道，哪个芯片的通道有效则由地址线来选择。

（3）控制总线。

控制总线共有 5 根，即 $\overline{WR}$、$\overline{RD}$、$\overline{PSEN}$、ALE、$\overline{EA}$。

3. 系统扩展的地址锁存

由于 MCS-51 单片机的 P0 口为分时复用的低 8 位地址总线和数据总线，因此在进行系统扩展时，必须利用地址锁存器将地址信号从地址/数据中分离出来。

用做地址锁存器的芯片有两类：一类是 8D 触发器，如 74LS273、74LS377 等；另一类是 8 位锁存器，如 74LS373、8282 等。图 5-4 的 (a)、(b) 给出了 74LS373 和 74LS273 用做地址锁存器的接法。

74LS373 是带三态输出的 8 位锁存器，当输出使能端 $\overline{OE}$ 无效时输出为高阻态；当输出使能端 $\overline{OE}$ 有效时，锁存端 ALE 为高电平，输出随输入变化，锁存端 ALE 由高变低时，输出端 8 位信息被锁存，直到 ALE 端再次有效。

74LS273 是 8D 触发器，当 CLK 端上升沿到来时，将数据锁存。$\overline{CLR}$ 为低电平时被清 0。作为地址锁存器使用，可将 ALE 反相接 CLK 端，$\overline{CLR}$ 接 +5V。

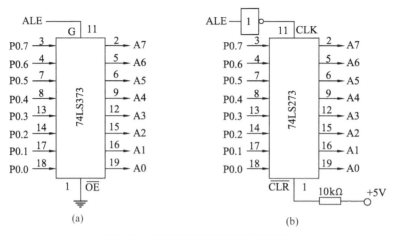

图 5-4 常用地址锁存器引脚和接口

图 5-5 是 74LS373 地址锁存器内部结构和接口电路图，G = 1，D 至 Q 直通；G = 0，Q 状态不变。ALE = 1，P0 地址有效；ALE = 0，P0 地址锁存，P0 出现数据。

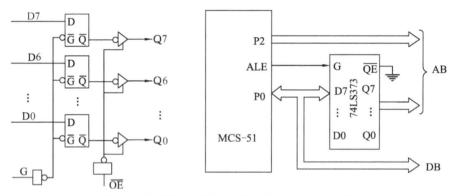

图 5-5　74LS373 地址锁存器内部结构和接口电路

4. 系统扩展的总线驱动

在单片机应用系统中，扩展的三总线上往往会挂很多负载，如存储器、并行接口、A/D 接口、显示器和键盘接口等，而单片机本身的总线驱动能力很有限，因此通常需要通过连接总线驱动器进行总线驱动。

总线驱动器对于单片机的 I/O 口只相当于增加了一个 TTL 负载，增加了总线驱动器后，可以大大地增加总线驱动能力，使之能挂接更多的负载。另外，还能对负载的波动变化起隔离作用，以提高系统的抗干扰能力。

在对 TTL 负载驱动时，一般只需考虑驱动电流的大小；在对 CMOS 负载驱动时，CMOS 负载的输入电流很小，更多地要考虑电平的兼容和分布电容的电流。

一般 TTL 电平和 CMOS 电平是不兼容的，CMOS 电路能驱动 TTL 电路，而 TTL 电路一般不能驱动 CMOS 电路，在 TTL 电路和 CMOS 电路混用的系统中应特别注意。

（1）常用的总线驱动器。

系统总线中地址总线和控制总线是单向的，因此总线驱动器可以选用单向的，如 74LS244。74LS244 还带有三态控制端能实现总线的缓冲与隔离。但系统总线中数据总线是双向的,其总线驱动器必须选用双向的,如74LS245。74LS245 也是三态的,有一个方向控制端 DIR,DIR = 1 时输出(Ai→Bi),DIR = 0 时输入(Ai←Bi)。74LS244、74LS245 的引脚见图5-6。

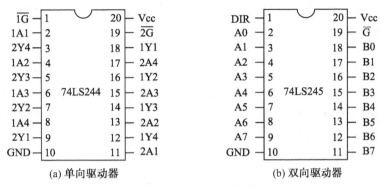

(a) 单向驱动器　　　　　　(b) 双向驱动器

图 5-6　总线驱动器芯片管脚

(2) 总线驱动器的接口。

由于 P2 口始终输出地址的高 8 位,接口时 74LS244 的三态控制端$\overline{1G}$和$\overline{2G}$接地,P2 口与驱动器输入线对应相连。P0 口与 74LS245 输入端相连,$\overline{G}$端接地,保证数据线畅通。MSC-51 的$\overline{RD}$和$\overline{PSEN}$相与后接 DIR,使得$\overline{RD}$或$\overline{PSEN}$有效时,74LS245 输入(P0.i←Di,i = 0 ~ 7)。其他时间处于输出(P0.i→Di,i = 0 ~ 7)。74LS244、74LS245 与 MCS-51 单片机的接口引脚见图5-7。

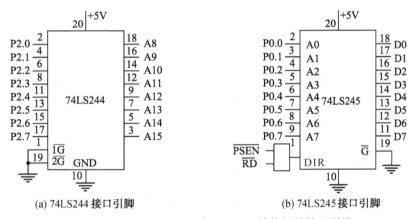

(a) 74LS244 接口引脚　　　　　　(b) 74LS245 接口引脚

图 5-7　74LS244、74LS245 与 MCS-51 单片机的接口引脚

5.1.2　单片机系统的片选方法

在实际应用中可能需要扩展多片芯片。如用 EPROM 2764 扩展 64KB × 8 的 EPROM,就需要 8 片 2764。当 CPU 通过指令发出读 EPROM 操作时,P2、P0 发出的地址信号应能满足选择其中一片的一个单元,即 8 片 2764 不应该同时被选中,这就是所谓的片选。单片机系统片选的方法有两种:线选法和地址译码法。

1. 线选法

线选法使用低位地址线对每个芯片内的统一存储单元进行寻址,称为字选。所需地址线数由每片的存储单元数决定,对于 8KB × 8 容量的芯片需要 13 根地址线 A12 ~ A0,然后将余下的高位地址线分别接到某个存储器芯片的片选端$\overline{CS}$。

线选法的优点是：硬件简单，不需要地址译码器，通常用于芯片不太多的情况。

线选法的缺点是：① 每个存储器芯片之间的地址不连续，因此，当程序较大，一片 EPROM 不能装下时，也不能使用此法来扩展程序存储器。② 线选法处理不当容易出现多片存储器芯片被同时选中的情况，这是不允许的。

2. 地址译码法

所谓地址译码法就是使用译码器对系统的高位地址进行译码，以其译码输出作为存储器芯片的片选信号。这是一种最常用的存储器编址方法，能有效地利用空间，存储空间连续，适用于大容量多芯片存储器扩展。另外，译码器在任何时候至多仅有一个有效片选信号输出，保证不出现多片存储器芯片会被同时选中的情况。

译码法又分为完全译码和部分译码两种：
- 完全译码：译码器使用全部地址线，地址与存储单元一一对应。
- 部分译码：译码器使用部分地址线，地址与存储单元不一一对应。

部分译码会大量浪费寻址空间，对于要求存储器空间大的微机系统，一般不采用。但对于单片机系统，由于实际需要的存储容量不大，采用部分译码可简化译码电路。

常用的译码芯片有：74LS139（2－4 译码器）和 74LS138（3－8 译码器）等。图 5-8 为 74LS139 和 74LS138 引脚图。

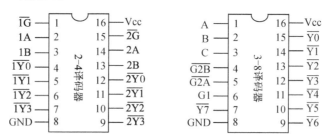

图 5-8　74LS139 和 74LS138 引脚图

（1）74LS139 译码器。

74LS139 是 2 个 2－4 译码器，每个译码器对 2 个输入信号进行译码，得到 4 个输出状态。其中：$\overline{G}$ 为使能端，低电平有效；A、B 为选择端，译码信号输入；$\overline{Y0} \sim \overline{Y3}$ 为译码输出信号，低电平有效。

74LS139 的真值表如表 5-1 所示。

表 5-1　74LS139 的真值表

输入端			输出端			
使能	选择		$\overline{Y0}$	$\overline{Y1}$	$\overline{Y2}$	$\overline{Y3}$
G	B	A				
1	×	×	1	1	1	1
0	0	0	0	1	1	1
0	0	1	1	0	1	1
0	1	0	1	1	0	1
0	1	1	1	1	1	0

(2) 74LS138 译码器。

74LS138 是 3-8 译码器,即对 3 个输入信号进行译码,得到 8 个输出状态。其中,G1、$\overline{G2A}$、$\overline{G2B}$ 为使能端,用于引入控制信号。$\overline{G2A}$、$\overline{G2B}$ 低电平有效,G1 高电平有效。74LS138 的真值表如表 5-2 所示。

表 5-2 74LS138 的真值表

输入					输出							
使能		选择			Y0	Y1	Y2	Y3	Y4	Y5	Y6	Y7
G1	G*	C	B	A								
×	1	×	×	×	1	1	1	1	1	1	1	1
0	×	×	×	×	1	1	1	1	1	1	1	1
1	0	0	0	0	0	1	1	1	1	1	1	1
1	0	0	0	1	1	0	1	1	1	1	1	1
1	0	0	1	0	1	1	0	1	1	1	1	1
1	0	0	1	1	1	1	1	0	1	1	1	1
1	0	1	0	0	1	1	1	1	0	1	1	1
1	0	1	0	1	1	1	1	1	1	0	1	1
1	0	1	1	0	1	1	1	1	1	1	0	1
1	0	1	1	1	1	1	1	1	1	1	1	0

注:$G^* = \overline{G2A} + \overline{G2B}$。

对照表 5-2 和图 5-8,可以看出 74LS138 共有 6 个输入端,其中 G1、$\overline{G2A}$、$\overline{G2B}$ 用于选通本片芯片,相当于是 74LS138 的"片选端",如果要使 74LS138 起作用,G1 必须接高电平,而 $\overline{G2A}$、$\overline{G2B}$ 则必须接低电平,这三个引脚可以用做 74LS138 的级联,即在系统中有多个 74LS138 时的情况。另外的三个输入端是编码端 A、B、C,它们的状态决定了译码器的输出 $\overline{Y0} \sim \overline{Y7}$ 的状态。注意,这里的关键是三根线可以是 0 和 1 的任意组合,而输出的 8 根线却是任意时刻只有一根线是 0,而其余的都是 1。故 74LS138 被称为"3-8 译码器"。

5.1.3 程序存储器

1. 程序存储器分类

程序存储器又称为只读存储器(Read Only Memory,简称 ROM),ROM 一般用来存储程序和固定的数据,比如计算机的系统程序、一些固定表格等。与 RAM(随机存取存储器)不同,当电源消失时,ROM 仍能保持内容不变。在读取地址内容这点上,ROM 类似于 RAM,但 ROM 并不能修改其内容。

根据擦除方法和封装结构的不同,ROM 元件可以分为以下几大类:

(1) 掩膜 ROM:一旦制作完毕,存储内容就不可修改,大批量生产时成本很低。掩膜 ROM 只适用于成熟的产品中。

(2) 编程一次的 PROM:PROM 指的是"可编程只读存储器",即 Programmable Read-

Only Memory。这样的产品只允许写入一次。PROM 属于早期的 ROM 产品，目前已基本被淘汰。

（3）紫外光可擦除 EPROM：EPROM 指的是"可擦写可编程只读存储器"，即 Erasable Programmable Read-Only Memory。它的特点是需要使用紫外线照射一定的时间才能擦除。这一类芯片特别容易识别，其封装中包含有"石英玻璃窗"，一个编程后的 EPROM 芯片的"石英玻璃窗"一般使用黑色不干胶纸盖住，以防止遭到紫外光直射。

（4）电擦除 EEPROM：EEPROM 指的是"电可擦除可编程只读存储器"，即 Electrically Erasable Programmable Read-Only Memory。它的最大优点是可直接用电信号擦除，也可用电信号写入。EEPROM 不能取代 RAM 的原因是其工艺复杂，耗费的门电路多，且重编程时间比较长，同时其有效重编程次数也比较低。

（5）闪速存储器 Flash：也称为闪存（Flash Memory），它是一种长寿命的非易失性（在断电情况下仍能保持所存储的数据信息）存储器，Flash 主要有两种：NOR Flash 和 NAND Flash。

NOR Flash 的读取和我们常见的 SDRAM 的读取是一样，用户可以直接运行装载在 NOR Flash 里面的代码，这样可以减少 SRAM 的容量，从而节约了成本。

NAND Flash 没有采取内存的随机读取技术，它的读取是以一次读取一块的形式来进行的，通常是一次读取 512B，采用这种技术的 Flash 比较廉价。用户不能直接运行 NAND Flash 上的代码，因此好多使用 NAND Flash 的开发板除了使用 NAND Flash 以外，还做上了一块小的 NOR Flash 来运行启动代码。一般小容量的用 NOR Flash，因为其读取速度快，多用来存储操作系统等重要信息，而大容量的用 NAND Flash。

ROM、PROM、EPROM 价格低廉，性能稳定可靠，但由于其在擦除方法和封装结构上存在不足，使用不太方便，而且擦除时间较长，因此电擦除 EEPROM 和闪速存储器 Flash 近年来得到了广泛的应用。

EEPROM 与闪存不同的是，它只能在字节水平上进行删除和重写而不是整个芯片擦写，这样闪存就比 EEPROM 的更新速度快。由于其断电时仍能保存数据，闪存通常被用来保存设置信息，如在电脑的 BIOS（基本输入/输出系统）、PDA（个人数字助理）、数码相机中保存资料等。

闪存是一种非易失性存储器，即断电后数据也不会丢失。因为闪存不像 RAM 一样以字节为单位改写数据，因此不能取代 RAM。在过去的 20 年里，嵌入式系统一直使用 ROM（EPROM）作为它们的存储设备，然而近年来 Flash 全面代替了 ROM（EPROM）在嵌入式系统中的地位，用做存储 Bootloader 以及操作系统或者程序代码或者直接当硬盘使用（U 盘）。

2. 常用程序存储器

常用的 EPROM 有：2716（2KB×8）、2732（4KB×8）、2764（8KB×8）、27128（16KB×8）、27256（32KB×8）、27512（64KB×8）等，EPROM 2764、27128、27256、27512 芯片管脚及其兼容性能如图 5-9 所示。

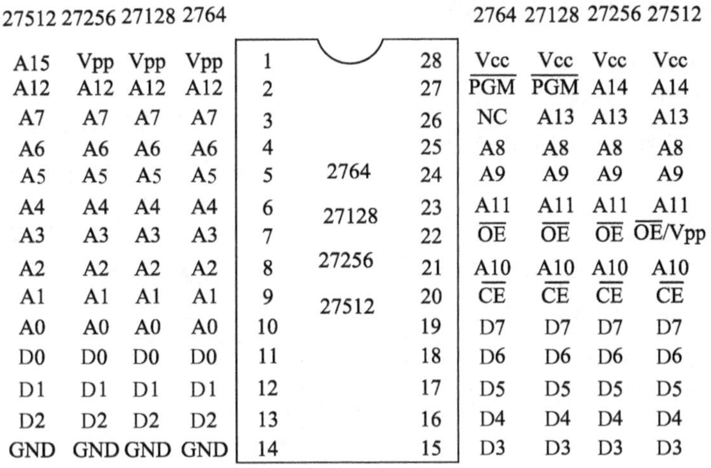

```
27512 27256 27128 2764                    2764 27128 27256 27512
 A15   Vpp   Vpp   Vpp   ┌─┐1      28┌─┐  Vcc  Vcc  Vcc  Vcc
 A12   A12   A12   A12   │ │2      27│ │  PGM  PGM  A14  A14
 A7    A7    A7    A7    │ │3      26│ │  NC   A13  A13  A13
 A6    A6    A6    A6    │ │4      25│ │  A8   A8   A8   A8
 A5    A5    A5    A5    │ │5  2764 24│ │  A9   A9   A9   A9
 A4    A4    A4    A4    │ │6  27128 23│ │  A11  A11  A11  A11
 A3    A3    A3    A3    │ │7  27256 22│ │  OE   OE   OE   OE/Vpp
 A2    A2    A2    A2    │ │8  27512 21│ │  A10  A10  A10  A10
 A1    A1    A1    A1    │ │9       20│ │  CE   CE   CE   CE
 A0    A0    A0    A0    │ │10      19│ │  D7   D7   D7   D7
 D0    D0    D0    D0    │ │11      18│ │  D6   D6   D6   D6
 D1    D1    D1    D1    │ │12      17│ │  D5   D5   D5   D5
 D2    D2    D2    D2    │ │13      16│ │  D4   D4   D4   D4
 GND   GND   GND   GND   └─┘14      15└─┘  D3   D3   D3   D3
```

图 5-9 EPROM 芯片管脚及其兼容性能

图中各符号含义如下：

- A0～Ai：地址输入线。
- D0～D7：数据线，三态双向，读时为输出线，编程时为输入线，禁止时呈高阻抗。
- $\overline{CE}$：片选信号输入线，低电平有效。
- $\overline{OE}$：读选通信号输入线，低电平有效。
- $\overline{PGM}$：编程脉冲输入线，低电平有效。
- Vpp：编程电源输入线。
- Vcc：电源，一般为 +5V。
- GND：地线。

必须指出，27512 的 $\overline{OE}$ 和 Vpp 共用一个引脚。由图中可以看出管脚的兼容性。例如，2764、27128、27256、27512 皆为 28 脚，将 27512 插入 2764 电路中可以作为 2764 芯片工作，但只有 8KB 有效；均可向下兼容。

在应用系统中选择 EPROM 芯片时，除了容量以外，还应注意以下几点：

（1）根据应用系统容量要求选择 EPROM 芯片时，应使应用系统电路尽量简化，在满足容量要求时尽可能选择大容量芯片，以减少芯片组合数量。

（2）选择好 EPROM 容量后，要选择好能满足应用系统应用环境要求的芯片型号。例如，在确定选择 8KB EPROM 芯片后根据不同的应用参数在 2764 中选择相应的型号规格芯片。这些应用参数主要有最大读取时间、电源容差、工作温度以及老化时间等。如果所选择的型号不能满足使用环境要求时，会造成工作不可靠，甚至不能工作。

（3）选用的锁存器不同，电路连接不同。目前使用最多的几种锁存器管脚均不能兼容。

（4）Intel 公司的通用 EPROM 芯片管脚有一定的兼容性，在电路设计时应充分考虑其兼容特点。例如，为了保证 2764、27128、27256、27512 在电路中兼容，可将第 26、27 管脚的印刷电路连线做成易于改接的形式。

5.1.4 程序存储器的扩展原理

1. 单片 ROM 扩展

MCS-51 单片机扩展程序存储器 EPROM 2764 的硬件电路如图 5-10 所示。

(1) 地址线的连接。

存储器的高 5 位地址线 A8～A12 直接和 P2 口(P2.0～P2.4)相连。存储器的低 8 位地址线 A7～A0 由 P0 口经过地址锁存器锁存得到的地址信号相连。

(2) 数据线的连接。

存储器的 8 位数据线和 P0 口 (P0.0～P0.7)直接相连。

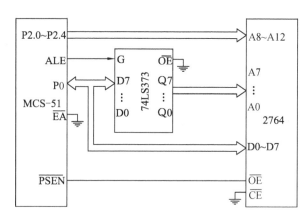

图 5-10 单片 ROM 扩展连线图

(3) 控制线的连接。

系统扩展时常用到下列信号：

$\overline{PSEN}$(片外程序存储器取指信号)：和 $\overline{OE}$(存储器输出信号)相连。

ALE(地址锁存允许信号)：通常与地址锁存器锁存信号相连。

$\overline{CE}$(存储器片选信号)：接地或用高位地址选通。

$\overline{EA}$(片外/片内程序存储器选择信号)：$\overline{EA}=0$，选择片外程序存储器；$\overline{EA}=1$，选择片内程序存储器。

(4) 存储器映像分析。

分析存储器在存储空间中占据的地址范围，实际上就是根据连接情况确定其最低地址和最高地址。在图 5-10 中，由于 P2.7、P2.6、P2.5 的状态与 2764 芯片的寻址无关，所以 P2.7、P2.6、P2.5 可为任意。从 000 到 111 共有 8 种组合，其 2764 芯片的地址范围如表 5-3 所示。

表 5-3 EPROM 2764 芯片的地址范围

	A15	A14	A13	A12	A11	A10…A0	地址
最低地址	0	0	0	0	0	0…0	0000H
最高地址	×	×	×	1	1	1…1	1FFFH

共占用了 8KB 的存储空间，造成地址空间的重叠和浪费。

2. 多片 ROM 扩展

用 3 片 2764 扩展 24KB×8 位 EPROM。

(1) 采用线选法。

图 5-11 是利用线选法实现片选的硬件电路图，对于 8KB×8 容量的芯片需要 13 根地址线 A12～A0，然后将余下的高位地址线分别接到某个存储器芯片的片选端$\overline{CE}$。

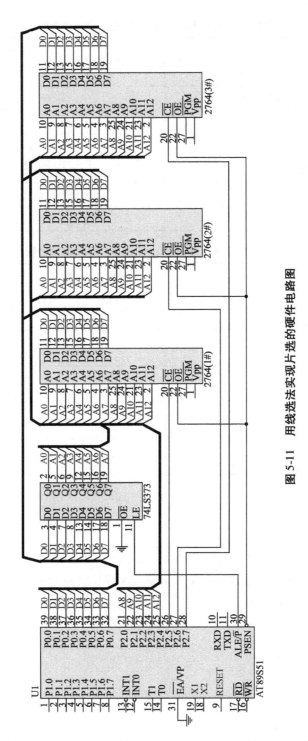

图 5-11 用线选法实现片选的硬件电路图

存储器所用的地址线为 A0~A12，共 13 根地址线，存储器与 CPU 线选法连接线路如表 5-4 所示。地址分配如表 5-5 所示。

表 5-4　AT89S51 与存储器的线选法线路连接

AT89S51	存储器
P0 口经锁存器锁存形成 A0~A7	与 A0~A7 相连
P2.0、P2.1、P2.2、P2.3、P2.4	与 A8~A12 相连
P0 口	与 D0~D7 相连
$\overline{\text{PSEN}}$	$\overline{\text{OE}}$
P2.5	与存储器 1 的片选信号$\overline{\text{CE}}$相连
P2.6	与存储器 2 的片选信号$\overline{\text{CE}}$相连
P2.7	与存储器 3 的片选信号$\overline{\text{CE}}$相连

表 5-5　线选法扩展 24KB×8 位 EPROM 地址分配

芯片标号	片选地址线 A15 A14 A13	片内地址线 A12~A0	地址范围
1	1　1　0	0…0	C000H（首地址）
	~	~	~
	1　1　0	1…1	DFFFH（末地址）
2	1　0　1	0…0	A000H（首地址）
	~	~	~
	1　0　1	1…1	BFFFH（末地址）
3	0　1　1	0…0	6000H（首地址）
	~	~	~
	0　1　1	1…1	7FFFH（末地址）

分配的地址空间为 DFFFH~C000H、BFFFH~A000H、7FFFH~6000H。可见每个存储器芯片之间的地址不连续。

（2）采用译码法。

图 5-12 是利用译码法实现片选的硬件电路图，对于 8KB×8 容量的芯片需要 13 根地址线 A12~A0，然后将余下的 3 根高位地址线分别接到 74LS138 译码器的输入，74LS138 的输出接到存储器芯片的片选端$\overline{\text{CE}}$。

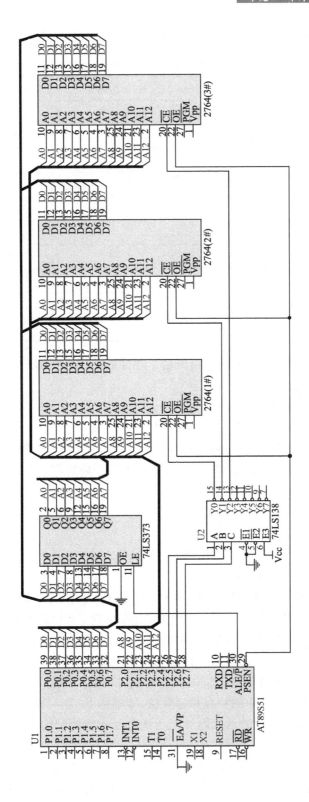

图 5-12 用地址译码法实现片选的全译码电路连线图

存储器的地址分配如表5-6所示。

表5-6 译码方式地址分配表

芯片标号	片选地址线			片内地址线	地址范围
	A15	A14	A13	A12 ~ A0	
1	0	0	0	0…0	0000H(首地址)
	~			~	~
	0	0	0	1…1	1FFFH(末地址)
2	0	0	1	0…0	2000H(首地址)
	~			~	~
	0	0	1	1…1	3FFFH(末地址)
3	0	1	0	0…0	4000H(首地址)
	~			~	~
	0	1	0	1…1	5FFFH(末地址)

分配的地址空间为0000H~5FFFH。可见每个存储器芯片之间的地址是连续的。

5.1.5 数据存储器

1. 数据存储器分类

又称为随机存取存储器(Random Access Memory,简称RAM),它能够在存储器中任意指定的地方随时写入或读出信息;当电源掉电时,RAM里的内容即消失。根据存储单元的工作原理,RAM元件可以分为以下四大类:

● 静态RAM(Static RAM,简称SRAM)。只要电源有电,它总能保持两个稳定的状态中的一个状态。

● 动态RAM(Dynamic RAM,简称DRAM)。不仅要有电,还必须动态地每隔一定的时间间隔对它进行一次刷新,否则信息就会丢失。

● 铁电RAM(Ferroelectric RAM,简称FRAM)。将ROM的非易失性数据存储特性和RAM的无限次读写、高速读写以及低功耗等优势结合在一起。FRAM利用铁电晶体的铁电效应实现数据存储。因此FRAM保存数据不需要电压,也不需要像DRAM一样周期性刷新。由于铁电效应是铁电晶体所固有的一种偏振极化特性,与电磁作用无关,所以FRAM存储器的内容不会受到外界条件诸如磁场因素的影响,能够同普通ROM存储器一样使用,具有非易失性的存储特性。FRAM的特点是速度快,能够像RAM一样操作,读写功耗极低,不存在如EEPROM的最大写入次数的问题。但受铁电晶体特性制约,FRAM仍有最大访问(读)次数的限制。

● 磁荷RAM(Magnetic RAM,简称MRAM)。是一种利用磁化特性进行数据存取的内存技术,其访问速度比闪存大大增强。根据计算,写MRAM芯片上1bit的时间要比写闪存的时间短一百万倍。MRAM不仅将是闪存的理想替代品,也是DRAM与SRAM的强有力竞争者。但MRAM能否达到闪存存储单元的尺寸和生产成本也是必须考虑的问题。

静态 RAM 与动态 RAM 相比，静态 RAM 无须考虑保存数据而设置的刷新电路，故扩展电路较简单。但由于静态 RAM 是通过有源电路来保存存储器中的数据，因此，一般静态 RAM 的集成度较低，要消耗较多功率，价格也较高。所以只在要求很苛刻的地方使用，譬如 CPU 的一级缓冲、二级缓冲。

动态 RAM 在硬件系统中要设置相应的刷新电路来完成动态 RAM 的刷新，这样一来无疑增加了硬件系统的复杂程度，因此在单片机应用系统中一般不使用动态 RAM。DRAM 保留数据的时间很短，速度也比 SRAM 慢，不过它还是比任何的 ROM 都要快，但从价格上来说 DRAM 相比 SRAM 要便宜很多，计算机内存就是 DRAM 的。

目前半导体业界正在大力开发 FRAM、相变记忆体 RAM、MRAM 等非易失性随机存取存储器作为新型计算机的内存，因此在不远的将来将能生产出供电后立即启动的计算机，不再需要将操作系统从硬盘移至内存这一费时的过程。

2. 常用数据存储器

常用的 SRAM 芯片有：6116（2KB×8）、6264（8KB×8）、62128（16KB×8）、62256（32KB×8）等，静态 RAM 芯片管脚及其兼容性能如图 5-13 所示。

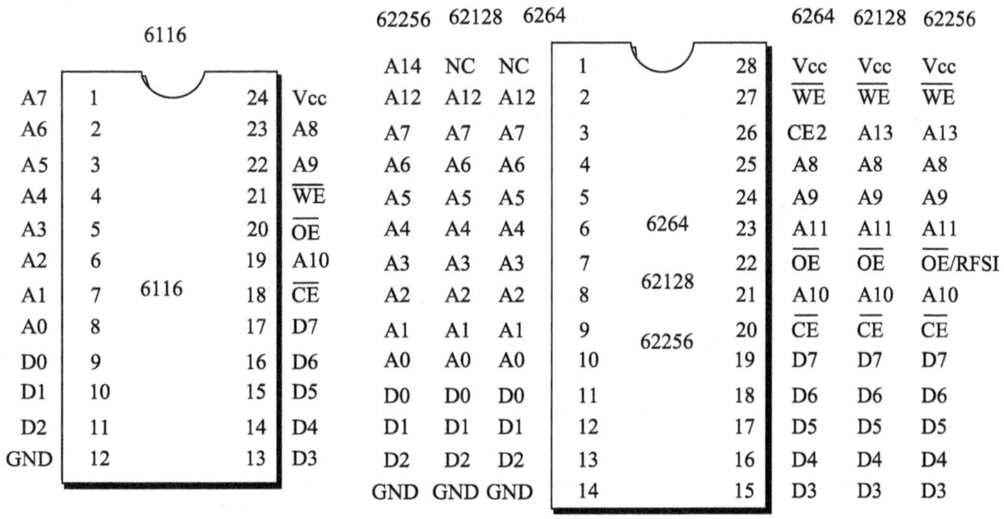

图 5-13 静态 RAM 芯片管脚及其兼容性能

图中有关引脚的含义如下：
- A0 ~ Ai：地址输入线。
- D0 ~ D7：双向三态数据线。
- $\overline{CE}$：片选信号输入，低电平有效。
- CE2：片选信号输入，高电平有效。
- $\overline{OE}$：读选通信号输入线，低电平有效。
- $\overline{WE}$：写选通信号输入线，低电平有效。
- Vcc：工作电源，一般为 +5V。
- GND：地线。

5.1.6 数据存储器的扩展原理

1. 单片 RAM 扩展

（1）单片 6264 RAM 扩展电路。

单片 6264 RAM 扩展电路连线图如图 5-14 所示，电路中 6264 的地址线 A12～A0 与锁存器的输出及 P2 口对应线相连，6264 的数据线 D7～D0 与 P0 口对应相连，6264 的控制线 $\overline{OE}$ 和 $\overline{WE}$ 与单片机的 $\overline{RD}$ 和 $\overline{WR}$ 对应相连，$\overline{CE}$ 接单片机的 P2.7，CE2 接 +5V。表 5-7 为 MCS-51 单片机与 6264 的线路连接情况。

（2）存储器映像分析。

按照图 5-14 片选的方式，6264 的 8KB 地址范围不唯一（因为 A14、A13 可为任意值），其地址范围是 0XX0000000000000B～0XX1111111111111B。

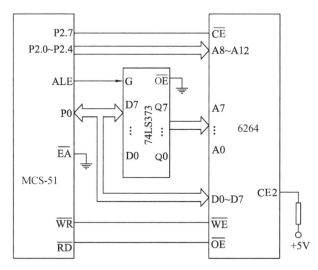

图 5-14　单片 RAM 6264 扩展连线图

表 5-7　MCS-51 单片机与 6264 的线路连接

MCS-51	6264
P0 经锁存器锁存形成 A0～A7	A0～A7
P2.0、P2.1、P2.2、P2.3、P2.4	A8～A12
D0～D7	D0～D7
$\overline{RD}$	$\overline{OE}$
$\overline{WR}$	$\overline{WE}$
P2.7	$\overline{CE}$
接 +5V	CE2

2. 多片 RAM 扩展

用 4 片 6116 进行 8KB 数据存储器扩展，用部分译码法实现。MCS-51 单片机与 6116 的线路连接如表 5-8 所示，与 2-4 译码器（74LS139）译码地址形成如表 5-9 所示。

表 5-8 MCS-51 与 6116 的线路连接

MCS-51	6116
P0 口经锁存器锁存 A0~A7	A0~A7
P2.0、P2.1、P2.2	A8~A10
D0~D7	D0~D7
$\overline{RD}$	$\overline{OE}$
$\overline{WR}$	$\overline{WE}$

表 5-9 74LS139 译码地址形成

P2.4(A12)B	P2.3(A11)A	译码控制片选
0	0	$\overline{Y0}\leftrightarrow\overline{CE4}$
0	1	$\overline{Y1}\leftrightarrow\overline{CE3}$
1	0	$\overline{Y2}\leftrightarrow\overline{CE2}$
1	1	$\overline{Y3}\leftrightarrow\overline{CE1}$

存储器扩展电路连接如图 5-15 所示。四个芯片的地址分配如表 5-10 所示。

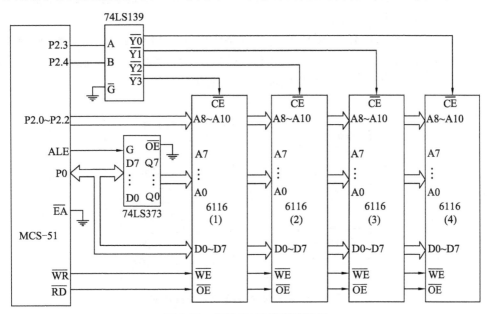

图 5-15 多片 RAM 扩展连线图

表 5-10 译码方式地址分配表

	A15	A14	A13	A12	A11	A10	…	A0	地址范围
	P2.7	P2.6	P2.5	P2.4	P2.3	P2.2	…	P0	地址范围
芯片 1	0	0	0	0	0	0	…	0	0000H~07FFH
	0	0	0	0	0	1	…	1	
芯片 2	0	0	0	0	1	0	…	0	0800H~0FFFH
	0	0	0	0	1	1	…	1	
芯片 3	0	0	0	1	0	0	…	0	1000H~17FFH
	0	0	0	1	0	1	…	1	
芯片 4	0	0	0	1	1	0	…	0	1800H~1FFFH
	0	0	0	1	1	1	…	1	

5.1.7 项目 16——存储器扩展电路设计

1. 任务描述

用单片机设计一个存储器扩展电路,该任务设计要求如下:

（1）用 1 片 6264 扩展 8KB 片外数据存储器，地址范围是 0000H～1FFFH。

（2）用 1 片 2764 扩展 8KB 片外程序存储器，地址范围是 2000H～3FFFH。

（3）地址具有唯一性。

（4）要求上电后将存放在 2764 芯片首地址开始的共阴数码管的段码值，放到 6264 芯片首地址开始的存储器，然后送到 P1 口接的数码管上循环显示。

2．总体设计

根据任务描述，要求使用 6264 芯片扩展的片外程序存储器，其地址范围是 0000H～1FFFH，并且具有唯一性；其余地址均作为外部 I/O 扩展地址，这里采用全译码方式。6264 的存储容量是 8KB×8 位，占用了单片机的 13 条地址线 A0～A12，剩余的 3 条地址线 A13～A15 通过 74LS138 来进行全译码。

由于 AT89S51 内部有 4KB ROM，地址范围是 0000H～1FFFH，所以扩展 ROM 的 8KB 地址范围必须不在该区域，本项目选用 2000H～3FFFH。为了将实验结构显示出来，按任务要求在 P1 口接了一个数码管，系统结构图如图 5-16 所示。

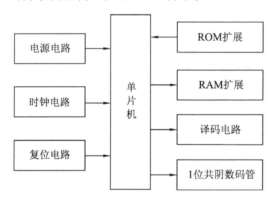

图 5-16 存储器扩展电路系统结构图

3．硬件设计

实现存储器扩展硬件电路中包含的主要元器件为：AT89S51 1 片、74LS373 1 片、74LS138 1 片、2764 和 6264 各 1 片、LED 共阴数码管 1 个、78L05 1 个、11.0592MHz 晶振 1 个、电阻和电容等若干。

单片机的高三位地址线 A13、A14、A15 用来进行 3-8 译码，译码输出的 $\overline{Y0}$ 接 6264 的片选线 $\overline{CE}$；6264 的片选线 CS 直接接高电平，6264 的输出允许信号接单片机的 $\overline{RD}$，写允许信号接单片机的 $\overline{WR}$。译码输出的 $\overline{Y1}$ 接 2764 的片选线 $\overline{CE}$；剩余的译码输出用于选通其他的 I/O 扩展接口，2764 的输出允许信号接单片机的 $\overline{RD}$（考虑到本项目 2000H～3FFFH 没有用）。P1 口接了一个共阴数码管，为加大输出引脚的驱动能力，在 P1 口上加了一个 10kΩ 的上拉电阻。存储器扩展电路硬件连接如图 5-17 所示。

4．软件设计

（1）软件流程图。

存储器扩展电路设计的软件流程图如图 5-18 所示。

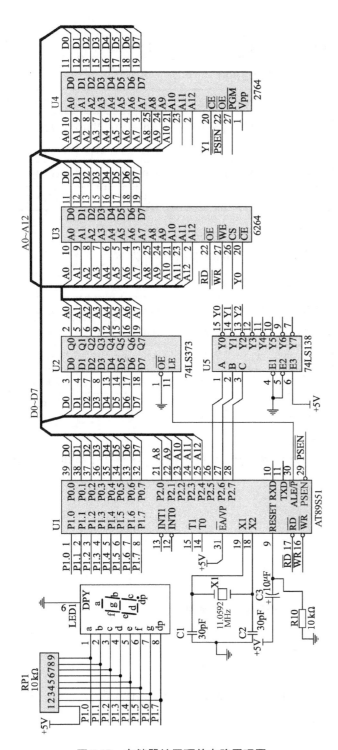

图 5-17 存储器扩展硬件电路原理图

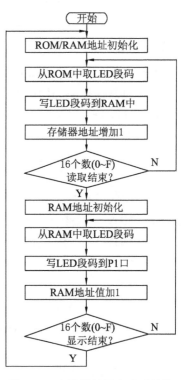

图 5-18 存储器扩展电路设计的软件流程图

（2）软件编程。

根据片选线$\overline{CE}$及地址线的连接，6264的地址范围确定如表5-11所示。

表5-11 6264地址范围

AT89S51		P2.7	P2.6	P2.5	P2.4	P2.3	P2.2	…	P0.0	地址
		A15	A14	A13	A12	A11	A10	…	A0	地址
6264	$\overline{CE}$				A12	A11	A10	…	A0	地址
最低地址		0	0	0	0	0	0	…	0	0000H
最高地址		×	×	×	1	1	1	…	1	1FFFH

因此，6264的地址范围为0000H～1FFFH。

根据片选线$\overline{CE}$及地址线的连接，2764的地址范围确定如表5-12所示。

表5-12 2764地址范围

AT89S51		P2.7	P2.6	P2.5	P2.4	P2.3	P2.2	…	P0.0	地址
		A15	A14	A13	A12	A11	A10	…	A0	地址
2764	$\overline{CE}$				A12	A11	A10	…	A0	地址
最低地址		0	0	1	0	0	0	…	0	2000H
最高地址		0	0	1	1	1	1	…	1	3FFFH

因此，2764的地址范围为2000H～3FFFH。

本项目软件模块结构如下：变量缓冲区定义模块、主程序模块、软件延时模块、LED共阴数码管0～F显示字形常数表。

（3）汇编语言参考源程序如下：

```
            ORG    0000H
            AJMP   MAIN
            ORG    0030H
MAIN：      MOV    SP,#60H
            MOV    DPTR,#2000H        ;片外程序存储器地址
            MOV    R7,#16
            MOV    R6,#0H
INPUT：     MOV    A,R6
            MOVC   A,@A+DPTR          ;从片外程序存储器地址读显示常数
            PUSH   DPH
            PUSH   DPL
            MOV    DPH,#00H           ;写高8位数据存储器地址
            MOV    DPL,R6             ;写低8位数据存储器地址
            MOVX   @DPTR,A            ;向片外数据存储器地址写显示常数
            POP    DPL
```

```
          POP      DPH
          INC      R6
          INC      DPTR
          DJNZ     R7,INPUT
LOOP:     MOV      R7,#16
          MOV      DPTR,#0000H      ;片外数据存储器地址
OUTPUT:   MOVX     A,@DPTR          ;从片外数据存储器地址读
          MOV      P1,A
          ACALL    DELAY
          INC      DPTR
          DJNZ     R7，OUTPUT
          MOV      P1,#00H
          SJMP     LOOP
DELAY:    MOV      R2,#100          ;延时子程序
D1:       MOV      R3,#20
D2:       MOV      R4,#248
          DJNZ     R4,$
          DJNZ     R3,D2
          DJNZ     R2,D1
          RET
          ORG      4000H
;LED 显示常数表
          DB 3FH,06H,5BH,4FH,66H,6DH,7DH,07H,7FH,6FH    ;0~9
          DB 77H,7CH,39H,5EH,79H,71H                    ;A~F
          END
```

5. 虚拟仿真与调试

存储器扩展电路 PROTEUS 虚拟仿真硬件电路如图 5-19 所示，在 Keil μVision3 与 PROTEUS 环境下完成任务的仿真调试。在"Debug"菜单下，打开 U3 和 U4 的"Memory Contenta"子菜单栏目，观察调试结果如下：U3 和 U4 的 Memory 均为共阴数码管 0~F 十六个段码值，其中 U4 的值是装载进去的，U3 的值是程序运行时从 U4 读出写入 U3 的，当数码管正确地循环显示 0~F 时，存储器扩展电路实现了外部程序存储器读功能和数据存储器读写功能。

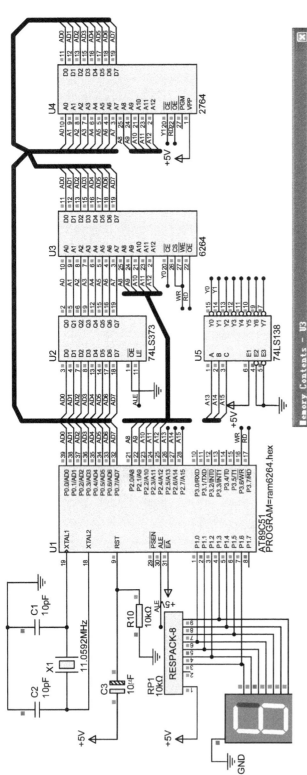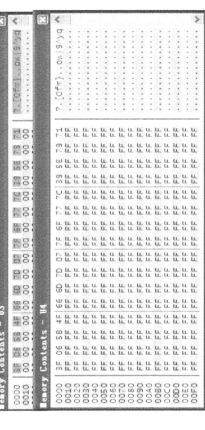

图 5-19 存储器扩展电路 PROTEUS 虚拟仿真硬件电路图

6. 硬件制作与调试
（1）元器件清单。
本项目采购清单见表 5-13。

表 5-13 存储器扩展电路元器件清单

序号	器件名称	规格	数量	序号	器件名称	规格	数量
1	单片机	AT89S51	1	9	八位三态输出 D 触发器	74LS373	1
2	电阻	10kΩ	1	10	8KB EPROM	2764	1
3	排阻	10kΩ 9PIN	1	11	8KB SRAM	6264	1
4	电解电容	10μF	1	12	集成电路插座	DIP40	1
5	瓷介电容	30pF	2	13	集成电路插座	DIP28	2
6	石英晶振	11.0592MHz	1	14	集成电路插座	DIP20	1
7	LED 数码管	0.5 共阴(红)	1	15	集成电路插座	DIP16	1
8	3-8 译码器	74LS138	1				

（2）调试注意事项。
① 静态调试要点。
本项目重点关注 ROM 和 RAM 芯片不要混淆。用于译码的 74LS138 译码器选择线与 6264 和 2764 分别连接在 Y0 和 Y1。数码管使用的是共阴的，不要选错。
② 动态调试要点。
上电后，程序正常运行时可观察到运行结果是：数码管正确地循环显示 0~F。若不对，按静态调试要点检查。
7. 能力拓展
MSC-51 单片机共有 64KB 寻址能力，和控制总线 $\overline{WR}$、$\overline{RD}$、$\overline{PSEN}$、ALE 配合，ROM 和 RAM 最大可分别扩展 64KB，试用 4 片 2764 和 4 片 6264，用完全译码的方法扩展 32KB 的 ROM 和 32KB 的 RAM，要求地址与存储单元一一对应。

5.2 单片机 I/O 端口扩展——I/O 接口电路设计

5.2.1 单片机并行 I/O 接口概述

简单的 I/O 设备可以直接与单片机连接，系统较为复杂时，往往要借助 I/O 接口完成单片机与 I/O 设备的连接。并行 I/O 接口是指单片机与外围 I/O 设备之间采用并行接口的连接方式，数据传输采用并行传送方式。单片机与 I/O 设备间的数据传送，实际上是 CPU 与 I/O 接口间的数据传送。

1. I/O 接口的功能
（1）数据锁存：对单片机输出的数据锁存，用以解决单片机与 I/O 设备的速度协调问题。
（2）三态缓冲：对输入设备的三态缓冲，用以不传数据时外设必须对总线呈高阻。

（3）信号转换：对输入/输出信号进行转换，用以类型（数字与模拟、电流与电压）、电平（高与低、正与负）、格式（并行与串行）等的转换。

（4）时序协调：单片机与 I/O 设备间的时序协调。

2．单片机与 I/O 接口设备的数据传送方式

单片机与 I/O 接口设备的数据传送方式有如下几种：无条件传送方式、查询状态传送方式、中断传送方式和直接存储器存取（DMA）方式。

MCS-51 单片机的 I/O 端口在实际应用中使用扩展的方法，来增加 I/O 口的数量，增强 I/O 口的功能，以便和更多的外设（如显示器、键盘）进行连接。在 51 系列单片机中扩展 I/O 口采用与片外 RAM 相同的寻址方法，所有扩展的 I/O 口以及通过扩展 I/O 口连接的外设都与片外 RAM 统一编址，因此对片外 I/O 口的输入/输出指令就是访问片外 RAM 的指令，即

  MOVX @DPTR, A
  MOVX @Ri, A
  MOVX A, @DPTR
  MOVX A, @Ri

3．单片机并行 I/O 接口扩展方式

并行扩展方式一般采用总线并行扩展，即数据传送由数据总线完成，地址总线负责外围设备的寻址，而传输过程中的传输控制，诸如读、写操作等，则由控制总线来完成。与串行扩展相比，并行扩展的数据传输速度较快，但扩展电路较复杂。单片机与 I/O 设备的关系如图 5-20 所示。

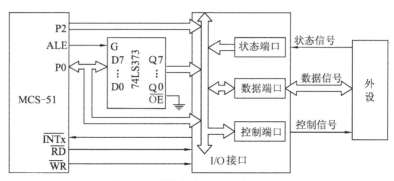

图 5-20 单片机与 I/O 设备的关系

4．单片机并行接口扩展常用方法

（1）采用 TTL 芯片或 CMOS 芯片扩展简单的 I/O 接口。

（2）采用可编程的并行 I/O 接口芯片扩展 I/O 接口。

（3）利用串行口扩展并行 I/O 接口。

5.2.2 用 TTL 或 CMOS 芯片扩展并行 I/O 接口原理

这种方法，通常采用通用的 74 系列的 TTL 或 4000 系列的 CMOS 锁存器、三态门等作为扩展芯片，通过 P0 口来实现扩展的一种简单的 I/O 口扩展方案，它具有电路简单、成本低、配置灵活的特点。

输出扩展经常使用的芯片是:74LS273(带公共时钟复位 8D 触发器)、74LS377(带使能的 8D 触发器)、74LS573(八位三态输出触发器)、74LS574(八位三态输出 D 触发器)等。

输入扩展经常使用的芯片是:74LS244(八同相三态缓冲器/线驱动器)、74LS245(八同相三态总线收发器)、74LS240(八反相三态缓冲器/线驱动器)等。

1. 输出口扩展的典型芯片

输出口扩展通常使用 8D 触发器。74LS377 芯片是一个具有"使能"控制端的锁存器,其信号引脚如图 5-21 所示。其中 1D~8D 为 8 位数据输入线,1Q~8Q 为 8 位数据输出线,CK 为时钟信号上升沿数据锁存,$\overline{G}$ 为使能控制信号,低电平有效,Vcc 为 +5V 电源。74LS377 的逻辑电路如图 5-22 所示。

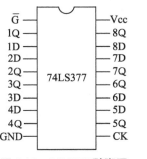

图 5-21　74LS377 引脚图

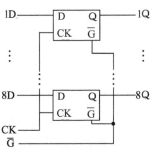

图 5-22　74LS377 的逻辑电路

由逻辑电路可知,74LS377 是由 D 触发器组成的,D 触发器在上升沿输入数据,即在时钟信号(CK)由低电平跳变为高电平时,数据进入锁存器。其功能表如表 5-14 所示。从功能表可知:当 $\overline{G}$ = 1 时,不管数据和时钟信号(CK)是什么状态,锁存器输出锁存的内容(Q_0);当 $\overline{G}$ = 0 时,时钟信号才起作用,即时钟信号正跳变时,数据进入锁存器,也就是说输出端反映输入端的状态;当 CK = 0 时,则不论 $\overline{G}$ 为何状态,锁存器输出锁存的内容(Q_0),不受 D 端状态影响。

扩展一个输出端口只需要 1 片 74LS377,其连接电路如图 5-23 所示。

表 5-14　74LS377 功能表

$\overline{G}$	CK	D	Q
1	×	×	Q_0
0	↑	1	1
0	↑	0	0
×	0	×	Q_0

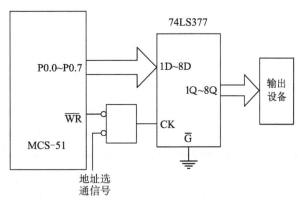

图 5-23　74LS377 作输出口扩展

地址选通信号作输出选通。MCS-51 单片机的 $\overline{WR}$ 在地址选通信号的配合下接 CK,在 $\overline{WR}$ 由低变高时,数据线上出现的正是输出的数据。因此,CK 正好控制输出数据进入锁存器。此外,74LS377 的使能端 $\overline{G}$ 接地,其目的是使锁存器的工作只受 CK 信号的控制。

2. 输入口扩展的典型芯片

输入口扩展使用的比较典型芯片是八缓冲线驱动器 74LS244。74LS244 是一种 8 位的三态缓冲器。当它的控制端 1G(2G)为低电平时,输出等于输入;当它的控制端 1G(2G)为高电平时,输出呈高阻态。图 5-24 为 74LS244 芯片的引脚及内部结构图,74LS244 功能表如表 5-15 所示。

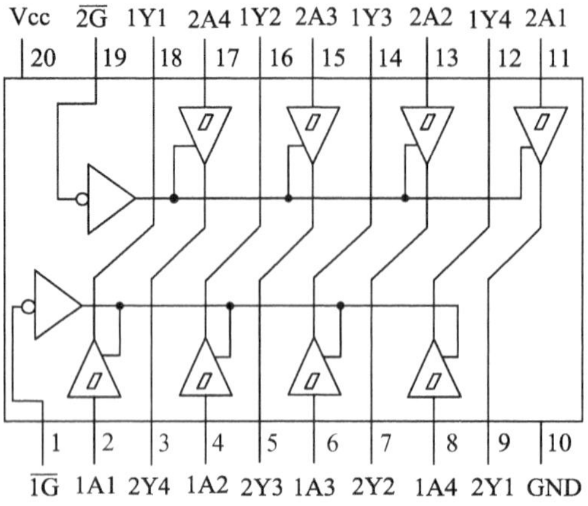

表 5-15　74LS244 功能表

$\overline{1G}$	1A	1Y	$\overline{2G}$	2A	2Y
L	L	L	L	L	L
L	H	H	L	H	H
H	L	Z	H	L	Z
H	H	Z	H	H	Z

图 5-24　74LS244芯片的引脚及内部结构图

其中,1A1～1A4、2A1～2A4 为输入线,1Y1～1Y4、2Y1～2Y4 为输出线,$\overline{1G}$、$\overline{2G}$ 为片选信号线。该芯片内部有 2 个 4 位的三态缓冲器,因此 1 片 74LS244 可以扩展两个 4 位输入口,其电路连接如图 5-25 所示。使用时以 $\overline{1G}$、$\overline{2G}$ 作为数据选通信号。

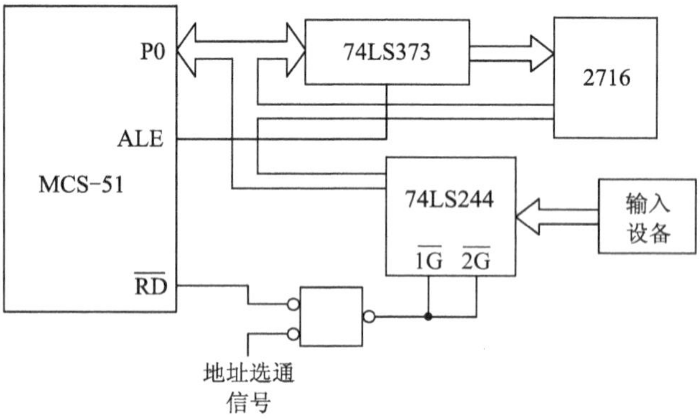

3. 简单 I/O 扩展实例

采用八缓冲线驱动器 74LS244 作为扩展输入、8D 触发器 74LS377 作为扩展 I/O 接口电路,如图 5-26 所示。

图 5-25　74LS244 作输入口扩展

(1) 芯片及连线说明。

在上述电路中采用的芯片为 TTL 电路 74LS244、74LS377。其中 74LS244 为八缓冲线驱动器(三态输出),$\overline{1G}$、$\overline{2G}$ 为低电平有效的使能端,当二者之一为高电平时,输出为三态。74LS377 为 8D 触发器,$\overline{CLR}$ 为低电平有效的清除端,当 $\overline{CLR}=0$ 时,输出全为 0 且与其他输入端无关;CP 端是时钟信号,当 CP 由低电平向高电平跳变时,D 端输入数据传送到 Q 输出端。P0 口作为双向 8 位数据线,既能够从 74LS244 输入数据,又能够从 74LS377 输出数据。

输入控制信号由 P2.0 和 $\overline{RD}$ 相"或"后形成。当二者都为 0 时,74LS244 的控制端 $\overline{G}$ 有效,选通 74LS244,外部的信息输入到 P0 数据总线上。当与 74LS244 相连的按键都没有按下时,输入全为 1,若按下某键,则所在线输入为 0。

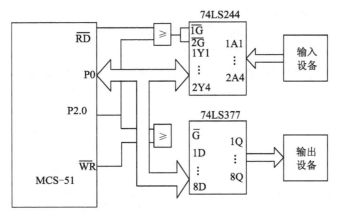

图 5-26 用 TTL 芯片扩展 I/O 接口

输出控制信号由 P2.0 和 $\overline{WR}$ 相"或"后形成。当二者都为 0 时,74LS377 的控制端有效,选通 74LS377,P0 上的数据锁存到 74LS377 的输出端,控制发光二极管 LED,当某线输出为 0 时,相应的 LED 发光。

(2) I/O 口地址确定。

因为 74LS244 和 74LS377 都是在 P2.0 为 0 时被选通的,所以二者的口地址都为 FEFFH(这个地址不是唯一的,只要保证 P2.0=0,与其他地址位无关)。但是由于它们分别由 $\overline{RD}$ 和 $\overline{WR}$ 控制,两个信号不可能同时为 0(执行输入指令,如 MOVX A,@DPTR 或 MOVX A,@Ri 时,$\overline{RD}$ 有效;执行输出指令,如 MOVX @DPTR,A 或 MOVX @Ri,A 时,$\overline{WR}$ 有效),所以逻辑上二者不会发生冲突。

5.2.3 用串行口扩展并行 I/O 接口原理

在前期课程中我们已经掌握了 MCS-51 单片机串行口的工作原理,了解到 MCS-51 内部有一个可编程全双工串行通信接口,它具有 UART 的全部功能。作为通用异步接收发射器,有 4 种工作方式,每种工作方式的波特率和字符帧是不同的。在方式 0 下不能作为通用的异步接收发射器使用,而是通过移位寄存器芯片扩展一个或多个 8 位并行 I/O 口。所以,若串行口别无他用,就可用来扩展并行 I/O 口,这种方法不占用片外 RAM 地址,而且还能简化单片机系统的硬件结构。但缺点是操作速度较慢,扩展芯片越多,速度越慢。

串行口方式 0 的数据传送可采用中断方式,也可采用查询方式,无论采用哪种方式,都要借助于 TI 或 RI 标志。串行发送时,可以靠 TI 置位(发完一帧数据后)引起中断申请,在中断服务程序中发送下一帧数据,或者通过查询 TI 的状态,只要 TI 为 0 就继续查询,TI 为 1 就结束查询,发送下一帧数据。在串行接收时,则由 RI 引起中断或对 RI 查询来确定何时接收下一帧数据。无论采用什么方式,在开始通信之前,都要先对控制寄存器 SCON 进行初始化。在方式 0 中将 00H 送 SCON 就可以了。

串行口方式 0 下,串行口作同步移位寄存器用,其波特率固定为 $f_{osc}/12$。串行数据从 RXD(P3.0)端输入或输出,同步移位脉冲由 TXD(P3.1)送出。这种方式常用于扩展 I/O 口。

1. 用 74LS164 扩展并行输出口

具体接线图如图 5-27 所示。其中 74LS164 为串入并出移位寄存器。

当一个数据写入串行口发送缓冲器 SBUF 时,串行口将 8 位数据以 $f_{osc}/12$ 的波特率从 RXD 引脚输出(低位在前),发送完硬件自动置中断标志 TI 为 1,请求中断。再次发送数据之前,必须由软件清 TI 为 0。

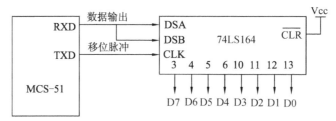

图 5-27　74LS164 扩展输出 I/O 口

若利用两片 74LS164 扩展两个 8 位并行输出口,图 5-28 是一个实用电路。74LS164 是 8 位串入并出移位寄存器,串行口的数据通过 RXD(P3.0)引脚加到第一个 74LS164 的输入端,该 74LS164 的最后一位输出又作为第二个 74LS164 的输入。串行口输出移位时钟通过 TXD(P3.1)引脚加到 74LS164 时钟端,作为同步移位脉冲,其波特率固定为 $f_{osc}/12$。P1.2 用做复位脉冲,可在需要时清除两个 74LS164 的数据,也可以将 74LS164 的清 0 端直接接高电平。由于 74LS164 无并行输出控制端,在串行输入过程中,其输出端的状态会不断变化,故在某些使用场合,应在 74LS164 与输出装置之间加上输出可控制的缓冲器级(74LS244 等),以便串行输入过程结束后再输出。

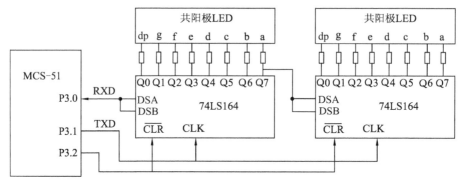

图 5-28　利用两片 74LS164 扩展两个 8 位并行输出口的实用电路

CLR 为清 0 端,输出时 CLR 必须为 1。在移位时钟脉冲(TXD)的控制下,数据从串行口 RXD 端逐位移入 74LS164 DSA、DSB 端。当 8 位数据全部移出后,SCON 寄存器的 TI 位被自动置 1。

串行口工作方式的确定。

SCON = 0x00 的意义:

SCON	D7	D6	D5	D4	D3	D2	D1	D0
	SM0	SM1	SM2	REN	TB8	RE8	TI	RI
	0	0	0	0	0	0	0	0

汇编语言源程序段如下：

```
        MOV    SCON,#00H        ;置串行口工作方式0
        CLR    P1.0             ;关闭并行输出
                                ;避免传输过程中各LED灯的"暗红"现象
        MOV    SBUF,A           ;开始串行输出
OUT1：  JNB    TI,OUT1          ;输出完否
        CLR    TI               ;清TI标志，以备下次发送
```

2. 用74LS165扩展并行输入口

具体接线图如图5-29所示，其中74LS165为并入串出移位寄存器。

在满足REN=1和RI=0的条件下，串行口即开始从RXD端以$f_{osc}/12$的波特率输入数据（低位在前），当接收完8位数据后，硬件自动置中断标志RI为1，请求中断。在再次接收数据之前，必须由软件清RI为0。

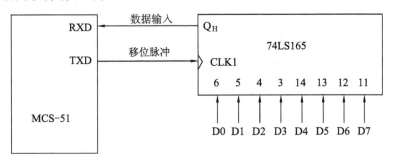

图5-29　74LS165扩展输入I/O口

串行控制寄存器SCON中的TB8和RB8在方式0中未用。值得注意的是，每当发送或接收完8位数据后，硬件会自动置TI或RI为1，CPU响应TI或RI中断后，必须由用户用软件清0。方式0时，SM2必须为0。

若利用两片74LS165扩展两个8位并行输入口，图5-30是一个实用电路。74LS165是可并行置入的8位移位寄存器。当移位/置入端，即S/L端由"1"变为"0"时，并行输入端的数据被置入各寄存器。当S/L=1，串行控制寄存器SCON中的REN=1时，TXD端发出移位时钟脉冲，在时钟脉冲的作用下，从RXD端串行输入8位数据。当接收到第8位数据D7后，置中断标志RI=1，表示一帧数据接收完成。图中SIN为串行输入端。

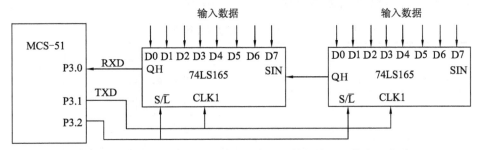

图5-30　利用两片74LS165扩展两个8位并行输入口的实用电路

串行口工作方式的确定：
SCON =0x01的意义；

SCON	D7	D6	D5	D4	D3	D2	D1	D0
	SM0	SM1	SM2	REN	TB8	RE8	T1	RI
	0	0	0	1	0	0	0	0

汇编语言源程序段如下：

```
        CLR     P1.2            ;输入端的数据被置入各寄存器
        SETB    P1.2            ;串行移动
        MOV     SCON,#10H       ;置串行口工作方式 0
WAIT:   JNB     RI,WAIT         ;等待接收
        CLR     RI              ;完了,清 RI 标志,以备下次接收
        MOV     A,SBUF          ;读入数据的组数
        MOV     @R1,A           ;存到内部 RAM 单元的首地址
```

5.2.4 用可编程芯片扩展并行 I/O 接口原理

为了简化系统设计,提高微机系统的可靠性,近年来,外围接口电路已向组合化方向发展。外围接口芯片的开发使外围接口电路进入了一个向专用化、复杂化、智能化、组合化发展的新时期。

● 专用化:开发生产了大量为各种微处理器专用的接口芯片。

● 复杂化:外围接口芯片的复杂程度大大提高,有些接口芯片的集成度和复杂程度不亚于微处理芯片。

● 智能化:许多外围接口芯片不但可以承担基本的接口功能,而且还具有更高的"智能",可以代替微处理器的某些功能,甚至某些接口芯片本身内部还有自身的微处理器,从而大大减轻了主微处理器的负担,使微机系统性能大大提高。

● 组合化:所谓组合化,就是将多种接口组合在一个外围接口芯片内,这就更进一步提高了系统的可靠性。

所谓可编程的接口芯片是指其功能可由微处理机的指令来加以改变的接口芯片,利用编程的方法,可以使一个接口芯片执行不同的接口功能。目前,各生产厂家已提供了很多系列的可编程接口,Intel 公司为配合该公司的处理器芯片,开发了大量外围接口芯片。其中有一些可以与 MCS-51 单片机直接接口,如表 5-16 所示。

表 5-16 MCS-51 单片机常用外围芯片一览表

型号	名称及功能
8255	可编程并行接口
8259	可编程中断控制器
8279	可编程键盘/显示接口
8155	带 I/O 口、定时器和 RAM 的可编程接口
8253	可编程通用定时/计数器

续表

型号	名称及功能
8755	带 EPROM 的可编程并行接口
8251	通用可编程通信接口
8243	输入/输出扩展器

同时,由于 MCS-51 系列单片机的外部 RAM 和 I/O 口是统一编址的,用户可以把单片机 64KB 的 RAM 空间的一部分作为扩展 I/O 口的地址空间。这样,单片机就可以像访问外部 RAM 那样访问外部接口芯片,对其进行读/写操作。

MCS-51 单片机常用的两种并行 I/O 接口芯片是 8255 和 8155。下面以 8255 为例对该类芯片的使用方法加以介绍。

1. 可编程并行 I/O 接口芯片 8255A 简介

Intel 8255A 是一个为微机系统设计的可编程通用并行接口电路,适用于多种微处理器的 8 位并行输入/输出接口芯片。8255A 有 24 条 I/O 引脚,分成 A、B 两大组(每组 12 条),允许独立编程,工作方式分为方式 0、1 和 2 三种。8255 与 MCS-51 单片机可以直接相连,可为外设提供 3 个 8 位的 I/O 端口,即 A 口、B 口和 C 口,三个端口的功能完全由编程来决定。使用 8255A 可实现以下功能:

(1) 并行输入或输出 8 位数据。
(2) 实现输入数据的锁存和输出数据的缓冲。
(3) 提供多个通信接口联络控制信号(如中断请求、外设准备好及选通脉冲等)。
(4) 通过读取状态字可实现程序对外设的查询。

2. 可编程芯片 8255 的结构和引脚排列

图 5-31 为 8255 的内部结构和引脚图。

(1) 内部结构。

8255 可编程接口由以下 4 个逻辑结构组成。

① A 口、B 口和 C 口。

A 口、B 口和 C 口均为 8 位 I/O 数据口,但结构上略有差别。A 口由一个 8 位的数据输出缓冲/锁存器和一个 8 位的数据输入缓冲/锁存器组成。B 口由一个 8 位的数据输出缓冲/锁存器和一个 8 位的数据输入缓冲器组成(无锁存,决定了 B 口不能工作在方式 2)。三个端口都可以和外设相连,传送外设的输入/输出数据或控制信息。

② A、B 组控制电路。

这是两组根据 CPU 的命令字控制 8255 工作方式的电路,A 组控制 A 口及 C 口的高 4 位,B 组控制 B 口及 C 口的低 4 位。

③ 数据缓冲器。

这是一个双向三态 8 位的驱动口,用于和单片机的数据总线相连,传送数据或控制信息。

④ 读写控制逻辑。

这部分电路接收 MCS-51 送来的读写命令和选口地址,用于控制对 8255 的读写。

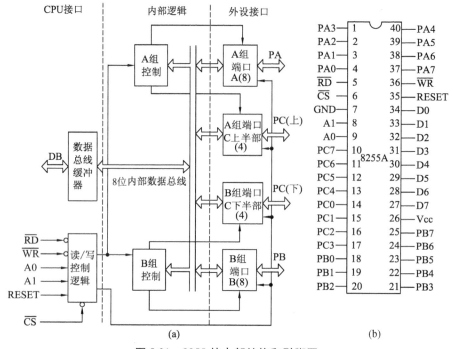

图 5-31 8255 的内部结构和引脚图

（2）引脚。

① 数据线（8 条）D0～D7 为数据总线，用于传送 CPU 和 8255 之间的数据、命令和状态字。

② 控制线和寻址线（6 条）。

③ RESET：复位信号，输入高电平有效。一般和单片机的复位相连，复位后，8255 所有内部寄存器清 0，所有口都为输入方式。

④ $\overline{RD}$ 和 $\overline{WR}$：读写信号线，输入，低电平有效。当 $\overline{RD}$ 为 0 时（$\overline{WR}$ 必为 1），所选的 8255 处于读状态，8255 送出信息到 CPU。反之亦然。

⑤ $\overline{CS}$：片选线，输入，低电平有效。

⑥ A0、A1：地址输入线。当 $\overline{CS}=0$ 芯片被选中时，这两位的 4 种组合 00、01、10、11 分别用于选择 A、B、C 口和控制寄存器。

⑦ I/O 口线（24 条）：PA0～PA7、PB0～PB7、PC0～PC7 为 24 条双向三态 I/O 总线，分别和 A、B、C 口相对应，用于 8255 和外设之间传送数据。

⑧ 电源线（2 条）：Vcc 为 +5V，GND 为地线。

3. 8255 的控制字

8255 是可编程接口芯片，通过 CPU 对控制口写入控制字来决定工作方式和对 C 口各位的状态进行设置。8255 共有两个控制字，一个是工作方式控制字，另一个是 C 口置位/复位控制字。这两个控制字共用一个地址，通过最高位 D7 作为标志，决定选择使用哪个控制字。

（1）8255 方式控制字。

8255 方式控制字的格式如图 5-32（a）所示。主要确定 8255 接口的工作方式及数据的传送方向。

说明如下：
- A 口可工作在方式 0、方式 1 和方式 2，B 口可工作在方式 0 和方式 1。
- 在方式 1 或方式 2 下，对 C 口的定义（输入或输出）不影响作为控制信号使用的 C 口各位功能。
- 最高位是标志位，作为方式控制字使用时，其值固定为 1。

（2）8255 C 口置位/复位控制字。

8255 C 口置位/复位控制字的格式如图 5-32(b)所示。在某些情况下，C 口用来定义控制信号和状态信号，因此 C 口的每一位都可以进行置位或复位。对 C 口的置位或复位是由置位/复位控制字进行的。其中，最高位必须固定为"0"。

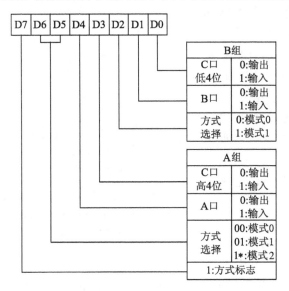
(a) 8255方式控制字的格式

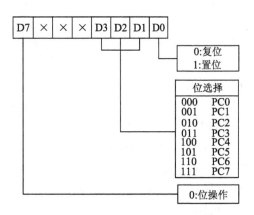
(b) 8255 C口置位/复位控制字的格式

图 5-32　8255 控制字

4. 8255 的工作方式

8255 有三种工作方式，方式的选择是通过上述写控制字的方法用软件编程来完成的。

（1）工作方式 0，又称基本输入/输出方式。

在此方式下，A 口、B 口及 C 口高 4 位、低 4 位四部分都可以设置输入或输出，不需要选通信号。单片机可以对 8255 进行 I/O 数据的无条件传送，外设的 I/O 数据在 8255 的各端口能得到锁存和缓冲，方式 0 可将内部数据并行写到（输出）某个端口锁存，也可将外部数据通过某个端口缓冲后并行读入（输入）CPU。

上述四部分的输入或输出是相互独立的，在方式 0 下，C 口还有按位复位和按位置位的功能。有关 C 口的按位操作不再作详述。

（2）工作方式 1，又称选通输入/输出方式。

在这种方式下，A 口和 B 口仍作为数据的输出或输入口而同时要利用 C 口的某些位作为控制和状态信号，从而实现这种工作方式。A 口和 B 口所使用的 C 口的各引线是固定不变的。A 口要利用 PC3、PC6、PC7，B 口要利用 PC0、PC1、PC2。A 口和 B 口可任意由程序指定是输入口还是输出口。

① A 口和 B 口均为输出，各条控制线的定义如图 5-33 所示。

各控制信号的含义如下：

● $\overline{OBF}$：输出缓冲器满信号，低电平有效。用来告诉外设，在规定的接口上 CPU 已输出一个有效的数据，外设可以从该口取走此数据。

● $\overline{ACK}$：外设响应信号，低电平有效。用来通知接口外设已经将数据接收，并使 $\overline{OBF}=1$。

● INTR：中断请求信号，高电平有效。当外设已从接口取走数据，接口的缓冲器变空，且接口允许中断时，INTR 有效。即 $\overline{ACK}=1$，$\overline{OBF}=1$ 且允许中断，则 INTR = 1。

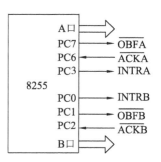

图 5-33　A 口和 B 口作输出口时 C 口提供的控制线

方式 1 下，数据的输出过程可描述为：当 CPU 向接口输出数据，并将数据锁存到输出缓冲器中，此时 $\overline{OBF}$ 有效，有效的 $\overline{OBF}$ 通知外设接收数据。一旦外设将数据取走，就送出一个有效的 $\overline{ACK}$ 信号。该信号使 $\overline{OBF}$ 无效，同时产生中断请求(INTR = 1)，请求 CPU 输出下一个数据。如此循环进行数据的输出。

② A 口和 B 口均为输入，各条控制线的定义如图 5-34 所示。

各控制信号的含义如下：

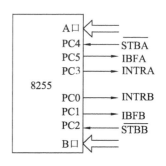

图 5-34　A 口和 B 口作输入口时 C 口提供的控制线

● $\overline{STB}$：输入选通信号，低电平有效。它由外设提供，利用该信号可以将外设数据锁存于 8255 的锁存器中。

● IBF：输入缓冲器满信号，高电平有效。当它有效时，表示已有一个有效的外设数据锁存于 8255 的锁存器中。可用此信号通知外设数据已锁存于接口中，尚未被 CPU 读走，暂不能向接口输入数据。

● INTR：中断请求信号，高电平有效。当外设将数据锁存于接口中，且又允许中断请求发生时，就会产生中断请求。

方式 1 下，数据的输入过程可描述为：当外设有数据需要输入时，将数据送到 8255 的接口上，同时利用输出信号 $\overline{STB}$ 将数据锁存于接口的数据锁存器中。$\overline{STB}$ 使 IBF 有效，如果此时接口允许中断，则产生中断请求信号 INTR。CPU 响应中断，去读 8255 的有关接口，将数据读到 CPU 中。CPU 读走数据后，IBF 变为无效，表示输入缓冲器已空，可以再次接收外设提供的下一个数据。

(3) 工作方式 2，又称双向输入/输出方式 I/O 操作。

只有 A 口才能工作在方式 2。

A 口工作于方式 2 时要利用 C 口的 5 条线才能实现。此时，B 口只能工作在方式 0 或者方式 1 下，而 C 口剩余的 3 条线可作为输入线、输出线或 B 口方式 1 之下的控制线。C 口提供的控制线如图 5-35 所示。

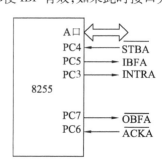

图 5-35　工作方式 2 时 C 口提供的控制线

8255A 的 A 口或 B 口工作于方式 1 或方式 2 时,C 口被占用来做 A 口或 B 口的联络控制信号线,此时,C 口作为联络线的各位分配是在设计 8255 时规定的。其各位分配见表 5-17。标有 I/O 的各位仍可用做基本输入/输出。

表 5-17 8255C 口联络信号分配表

C 口各位	方式 1		方式 2
	输入方式	输出方式	双向方式
PC0	INTRB	INTRB	由 B 口方式决定
PC1	IBFB	$\overline{OBFB}$	由 B 口方式决定
PC2	SETB	$\overline{ACKB}$	由 B 口方式决定
PC3	INTRA	INTRA	INTRA
PC4	$\overline{STBA}$	I/O	$\overline{STBA}$
PC5	IBFA	I/O	IBFA
PC6	I/O	$\overline{ACKA}$	$\overline{ACKA}$
PC7	I/O	$\overline{OBFA}$	$\overline{OBFA}$

表 5-17 中各联络信号在输入时的含义如下:
● $\overline{STB}$(Strobe):选通信号输入端,输入低电平有效。是由外设送来的输入信号,用来将输入数据送入 8255 的输入锁存器。$\overline{STBA}$ 为 PC4 用于 A 口,$\overline{STBB}$ 为 PC2 用于 B 口。
● IBF(Input Buffer Full):输入缓冲器满信号,输出,高电平有效。表示数据已送入输入锁存器,它是 8255A 输出的应答信号,由 $\overline{STB}$ 的低电平将 IBF 置位,由 $\overline{RD}$ 输入信号的上升沿将 IBF 复位。IBFA 为 PC5 用于 A 口,IBFB 为 PC1 用于 B 口。
● INTR(Interrupt Request):中断请求信号,输出,高电平有效。由 8255A 输出,当一个输入设备请求服务时,由这个输出端上的高电平 INTR = 1,向 CPU 发出中断请求,在 $\overline{STB}$ = IBF = INTE = 1 时,8255A 会向 CPU 发出中断请求,在 CPU 响应中断后读取缓冲器的数据时,由 $\overline{RD}$ 输入信号的下降沿将 INTR 复位,中断响应后,中断请求自动撤销。通知外设再一次输入数据。INTRA 为 PC3 用于 A 口,INTRB 为 PC0 用于 B 口。

5. 8255 的使用
(1) 8255 初始化。
8255 使用前必须先对 8255 进行初始化,即向 8255 写入控制字,规定它的工作方式。由于 8255 的 A 口、B 口、C 口和控制口是由 A0、A1 来区分的,因此先要根据硬件线路确定各端口的地址,然后将正确的控制字写入控制口,再将需要的数据送到相应的口地址输出,或从相应的口地址输入数据。
例如,假设 8255 控制口地址为 8003H(A1A0 = 11),A 口地址为 8000H(A1A0 = 00),B 口地址为 8001H(A1A0 = 01),C 口地址为 8002H(A1A0 = 10)。
;以下指令是写入控制字:
    MOV   DPTR,#8003H
    MOV   A,#82H   ;方式 0,A 口、C 口输出,B 口输入

```
            MOVX    @DPTR,A
;以下指令是将数据55H从A口输出：
            MOV     DPTR,#8000H
            MOV     A,#55H
            MOVX    @DPTR,A
;以下指令是从B口输入数据：
            MOV     DPTR,#8001H
            MOVX    A,@DPTR
```

（2）8255与MCS-51的接口电路。

8255和单片机的接口十分简单，只需要一个8位的地址锁存器即可。锁存器用来锁存P0口输出的低8位地址信息。图5-36为8255扩展实例。

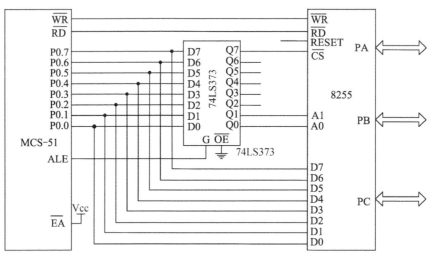

图5-36　8255扩展实例

① 连线说明。

● 数据线：8255的8根数据线D0~D7直接和P0口一一对应相连就可以了。

● 控制线：8255的复位线RESET与MCS-51的复位端相连，都接到MCS-51的复位电路上（在图5-36中未画出）。8255的$\overline{RD}$和$\overline{WR}$与MCS-51的$\overline{RD}$和$\overline{WR}$一一对应相连。

● 片选线：8255的$\overline{CS}$和A1、A0分别由P0.7和P0.1、P0.0经地址锁存器74LS373后提供，当然$\overline{CS}$的接法不是唯一的。当系统要同时扩展外部RAM时，$\overline{CS}$就要和RAM芯片的片选端一起经地址译码电路来获得，以免发生地址冲突。

● I/O口线：可以根据用户需要连接外部设备。8255的A口作输出，接8个发光二极管LED，B口作输入，接8个按键开关。C口未用。

② 地址确定表如表5-18所示。

表 5-18 地址确定表

8051	P2.7	P2.6	P2.5	P2.4	P2.3~P2.0	P0.7	P0.6~P0.2	P0.1	P0.0	地址
AT89S51	A15	A14	A13	A12	A11~A8	A7	A6~A2	A1	A0	
8255						$\overline{CS}$		A1	A0	
A口	×	×	×	×	×	0	×	0	0	0000H
B口	×	×	×	×	×	0	×	0	1	0001H
C口	×	×	×	×	×	0	×	1	0	0002H
控制口	×	×	×	×	×	0	×	1	1	0003H

8255 的 A、B、C 以及控制口的地址分别为 0000H、0001H、0002H 和 0003H（假设无关位都取 0）。

5.2.5 项目17——并行 I/O 接口扩展电路设计

1. 任务描述

用单片机设计一个扩展并行 I/O 接口电路,该任务设计要求如下:
(1) 用可编程芯片 8255A 扩展一个输入口。
(2) 用可编程芯片 8255A 扩展一个输出口。
(3) 上电后由输入口 8 个刀开关控制输出口 8 个发光二极管,要求:
① S1 拨下（接地）,其余开关任意时,DL1 亮。
② S2 拨下（接地）,S1 拨上（接 Vcc）,其余开关任意时,DL1~DL2 亮。
③ S3 拨下（接地）,S1~S2 拨上（接 Vcc）,其余开关任意时,DL1~DL3 亮。
④ S4 拨下（接地）,S1~S3 拨上（接 Vcc）,其余开关任意时,DL1~DL4 亮。
⑤ S5 拨下（接地）,S1~S4 拨上（接 Vcc）,其余开关任意时,DL1~DL5 亮。
⑥ S6 拨下（接地）,S1~S5 拨上（接 Vcc）,其余开关任意时,DL1~DL6 亮。
⑦ S7 拨下（接地）,S1~S6 拨上（接 Vcc）,其余开关任意时,DL1~DL7 亮。
⑧ S8 拨下（接地）,S1~S7 拨上（接 Vcc）,其余开关任意时,DL1~DL8 亮。
⑨ 开关全部拨上时,灯全部熄灭。

2. 总体设计

根据任务描述,要求扩展并行 I/O 接口电路。扩展并行 I/O 接口电路的设计,主要考虑 I/O 接口扩展芯片的选择,本任务已明确使用可编程芯片 8255A,考虑只要扩展 2 个并行 I/O 接口,选用 1 片 8255A 即可。由于对地址没有特殊的要求,不需采用译码方式,8255A 可编程芯片端口地址占用了单片机的 2 条地址线,故不需要加低 8 位地址锁存器,2 条端口地址可选用高 8 位地址线,剩余的 6 条高 8 位地址线可作为 8255A 的片选线和软件复位线。

用可编程芯片 8255A 扩展 I/O 接口电路系统结构图如图 5-37 所示。

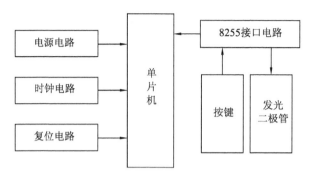

图 5-37 可编程芯片 8255A 扩展电路系统结构图

3. 硬件设计

实现 8255A 扩展硬件电路中包含的主要元器件为：AT89S51 1 片、8255A 1 片、74HC07 2 片、LED 发光二极管 8 个、刀开关 8 个、78L05 1 个、11.0592MHz 晶振 1 个、电阻和电容等若干。

8255A 芯片本身有 $\overline{WR}$、$\overline{RD}$、$\overline{CS}$ 等信号，所以可以直接对接。用可编程芯片 8255A 扩展 I/O 接口硬件电路图如图 5-38 所示。

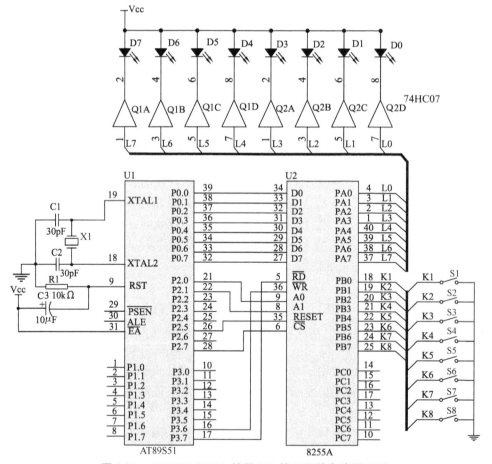

图 5-38　AT89S51 8255A 扩展 I/O 接口硬件电路原理图

4. 软件设计

（1）软件流程图。

8255A 扩展并行 I/O 接口电路的软件流程图如图 5-39 所示。

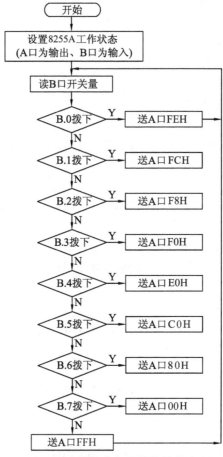

图 5-39 多功能数字电子钟的软件流程图

（2）汇编语言参考源程序如下：

```
        ORG     0000H
PORTA   EQU     7CFFH           ;A 口
PORTB   EQU     7DFFH           ;B 口
PORTC   EQU     7EFFH           ;C 口
CADDR   EQU     7FFFH           ;控制字地址
        SJMP    START
        ORG     0030H
START:  MOV     A,#82H          ;方式 0,PA、PC 输出,PB 输入
        MOV     DPTR,#CADDR
        MOVX    @DPTR,A
READ:   MOV     DPTR,#PORTB
        MOVX    A,@DPTR         ;读入 B 口开关状态
```

```
        MOV     DPTR,#PORTA      ;输出显示器送 A 口
        JNB     ACC.0,KB1
        JNB     ACC.1,KB2
        JNB     ACC.2,KB3
        JNB     ACC.3,KB4
        JNB     ACC.4,KB5
        JNB     ACC.5,KB6
        JNB     ACC.6,KB7
        JNB     ACC.7,KB8
        MOV     A,#0FFH
        MOVX    @DPTR,A          ;数据输出 FFH,灯全灭
        AJMP    READ
KB1:    MOV     A,#0FEH
        MOVX    @DPTR,A          ;数据输出 FEH,右边一盏灯亮
        AJMP    READ
KB2:    MOV     A,#0FCH
        MOVX    @DPTR,A          ;数据输出 FCH,右边两盏灯亮
        AJMP    READ
KB3:    MOV     A,#0F8H
        MOVX    @DPTR,A          ;数据输出 F8H,右边三盏灯亮
        AJMP    READ
KB4:    MOV     A,#0F0H
        MOVX    @DPTR,A          ;数据输出 F0H,右边四盏灯亮
        AJMP    READ
KB5:    MOV     A,#0E0H
        MOVX    @DPTR,A          ;数据输出 E0H,右边五盏灯亮
        AJMP    READ
KB6:    MOV     A,#0C0H
        MOVX    @DPTR,A          ;数据输出 C0H,右边六盏灯亮
        AJMP    READ
KB7:    MOV     A,#80H
        MOVX    @DPTR,A          ;数据输出 80H,右边七盏灯亮
        AJMP    READ
KB8:    MOV     A,#00H
        MOVX    @DPTR,A          ;数据输出 00H,八盏灯全亮
        AJMP    READ
        MOVX    @DPTR,A          ;输出到 A 口
        LJMP    READ
        RET
        END
```

5. 虚拟仿真与调试

可编程芯片扩展并行 I/O 接口电路 PROTEUS 虚拟仿真硬件电路如图 5-40 所示，在 Keil μVision3 与 PROTEUS 环境下完成任务的仿真调试。启动后反复动 K1～K8 刀开关，观察调试结果如下：K1 合上对应 D0 灯亮、K2 合上对应 D0～D1 灯亮、K3 合上对应 D0～D7 灯亮，如此类推，K8 合上对应 D0～D7 灯亮，K1～K8 刀开关都不合上灯全灭。而且 K1～K8 刀开关中 K1 优先权最高。

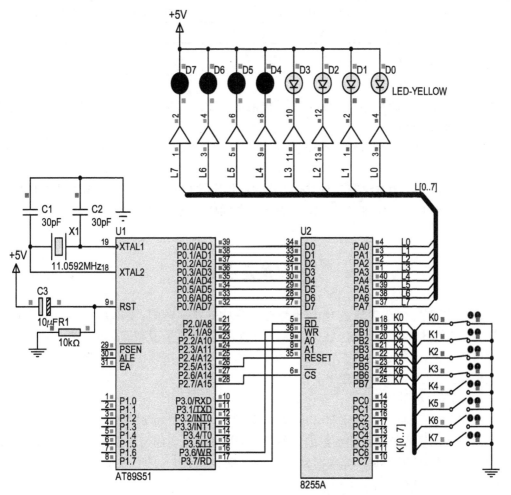

图 5-40　并行 I/O 接口扩展电路 PROTEUS 虚拟仿真硬件电路图

6. 硬件制作与调试

（1）元器件采购。

本项目采购清单见表 5-19。

表 5-19　并行 I/O 接口扩展电路元器件清单

序号	器件名称	规格	数量	序号	器件名称	规格	数量
1	单片机	AT89S51	1	7	发光二极管	Φ5 红	8
2	电阻	10kΩ	1	8	六同相驱动器	74HC07	2
3	电解电容	10μF	1	9	单刀单掷开关	KCD10-11A	8
4	瓷介电容	30pF	2	10	集成电路插座	DIP40	2
5	石英晶振	11.0592MHz	1	11	集成电路插座	DIP14	2
6	可编程并行接口芯片	8255A	1	12			

（2）调试注意事项。

① 静态调试要点。

本项目重点关注 8255A 的端口地址不要接错，8 个发光二极管与 74HC07 的接线不要混淆。

② 动态调试要点。

上电后，注意 S1~S8 刀开关动作后，程序正常运行时运行结果与仿真结果是否一致。

7. 能力拓展

并行接口扩展常用方法有三种，试采用 TTL 芯片或 CMOS 芯片扩展简单的 I/O 接口或利用串行口扩展并行 I/O 接口的方法实现本任务同样的功能。

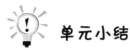

单元小结

地址空间的分配，实际是 16 位地址线的具体安排与分配，是单片机应用系统硬件设计中至关重要的一个问题。它与外部扩展的存储器容量及数量、功能接口芯片部件的数量等有关，必须综合考虑，合理分配。在学习中尤其必须注意所谓地址分配真实的物理意义，这样才能灵活应用。

1. 外部总线的扩展

MCS-51 系列单片机使用 P0 口、P2 口和 P3 口（第二功能）扩展外部总线。P0 口作为外部总线的低 8 位地址和数据的分时复用总线口，P2 口作为外部总线高 8 位地址输出口。控制总线包括外部程序存储器的读选通信号 $\overline{PSEN}$、地址选通信号 ALE、外部 RAM 和 I/O 的读信号 $\overline{RD}$ 和写信号 $\overline{WR}$。

由于 P0 口低 8 位地址和数据分时复用，所以低 8 位地址必须加地址锁存器，且由选通信号 ALE 下降沿作为地址的锁存信号。

2. MCS-51 外部程序存储器的扩展

外部程序存储器的地址映像接在内部程序存储器之后。$\overline{EA}=1$ 时，当 PC 的地址值位于内部程序存储器的地址空间时，CPU 访问内部程序存储器；当 PC 的地址值位于外部程序存储器的空间时，则 CPU 自动访问外部程序存储器。$\overline{EA}=0$ 时，所有取指令操作均对外部进行，8031 的 EA 必须接地。使用 P0 作为低 8 位地址和数据总线，P2 口作为高 8 位地址输出口，ALE 作为地址的选通信号，$\overline{PSEN}$ 作为外部程序存储器输出使能信号。

3. MCS-51 外部数据存储器的扩展

使用 P0 口作为低 8 位地址和数据总线,P2 口作为高 8 位地址输出口,ALE 作为地址的选通信号,读信号 $\overline{RD}$ 和写信号 $\overline{WR}$ 作为外部数据存储器的读/写信号。

（1）利用 TTL、CMOS 集成电路来扩展和利用可编程并行接口芯片来扩展都要占用片外数据存储器的地址。当外部数据存储器为 64KB 时不能使用。访问外部数据存储器时,应注意使用 MOVX 指令。

（2）利用单片机串口方式 0 扩展,只有在系统不使用串口时才能使用。

4. 低 8 位地址线寻址的外部数据区

此区域寻址空间为 256B。CPU 可以使用下列读写指令来访问此存储区：

  读存储器数据指令： MOVX A,@Ri

  写存储器数据指令： MOVX @Ri,A

由于 8 位寻址指令占字节少,程序运行速度快,所以经常采用。但必须和 P2 口配合使用。

5. 16 位地址线寻址的外部数据区

当外部 RAM 容量较大,要访问 RAM 地址空间大于 256B 时,则要采用如下 16 位寻址指令。

  读存储器数据指令： MOVX A,@DPTR

  写存储器数据指令： MOVX @DPTR,A

由于 DPTR 为 16 位的地址指针,故可寻址 64KB RAM 字节单元。

6. 多片存储器芯片扩展应用中片选方法的注意点

（1）线选法:硬件简单,不需要地址译码器,用于芯片不太多的情况。

（2）完全译码:译码器使用全部地址线,地址与存储单元一一对应。

（3）部分译码:译码器使用部分地址线,地址与存储单元不是一一对应。部分译码会大量浪费寻址空间,对于要求存储器空间大的微机系统,一般不采用。但对于单片机系统,由于实际需要的存储容量不大,采用部分译码可简化译码电路。

7. I/O 端口编址

对单片机,若输入/输出端口不够使用,则须扩展。当单片机扩展 I/O 接口较多时,便于对单片机进行管理,可像对待存储单元一样,对多个 I/O 接口进行统一编号,这种对 I/O 接口的编号称之为 I/O 端口编址。

（1）I/O 接口扩展有两类:通用型和可编程型。在硬件连接中,无论采用哪种芯片,都要将单片机的 $\overline{WR}$ 或 $\overline{RD}$ 连接上,以此作为输出或输入的选通控制。对于通用型输入接口,应使用 $\overline{RD}$,而对于通用型输出接口,应使用 $\overline{WR}$;对于可编程型,芯片本身有 $\overline{WR}$ 和 $\overline{RD}$ 信号,使其和单片机的 $\overline{WR}$ 和 $\overline{RD}$ 对应连接就可以了。

（2）地址译码的方法和存储器地址译码的方法相同,可以是线选法,也可以是部分译码或全译码。也可将片选端接地,视外接芯片的多少决定,原则上是外接 I/O 接口和外接 RAM 不能有相同的地址,外接 I/O 接口之间不能有相同的地址。

(3) 在软件设计中,外围 I/O 接口使用 MOVX 指令完成输入或输出,使用可编程型 I/O 接口芯片时要先写控制字到控制口,数据的输入/输出使用数据口。

 巩固与提高

1. MCS-51 单片机如何访问外部 ROM?

2. 什么是完全译码?什么是部分译码?各有什么特点?

3. 试用 Intel 2764 为 AT89S51 单片机设计一个存储器系统,它具有 8KB EPROM(地址由 0000H~1FFFH)。要求画出该存储器系统的硬件连接图。

4. 采用 2764(8K×8 位)芯片,扩展程序存储器容量,分配的地址范围为 8000H~BFFFH。采用完全译码,试选择芯片数,分配地址,画出与单片机的连接电路。

5. MCS-51 单片机如何访问外部 RAM?

6. 试用 Intel 6116 为 AT89S51 单片机设计一个存储器系统,具有 16KB 的程序、数据兼用的 RAM 存储器(地址范围为 2000H~5FFFH)。要求画出该存储器系统的硬件连接图。

7. 采用 6264(8KB×8 位)芯片,扩展数据存储器容量,分配的地址范围为 8000H~BFFFH。采用完全译码,试选择芯片数,分配地址,画出与单片机的连接电路。

8. 若 MCS-51 单片机中的程序存储器和数据存储器的地址重叠时,是否会发生数据冲突?为什么?

9. 试画出用 RAM6116、EPROM2764 扩展 4KB 数据存储器、8KB 程序存储器的电路原理图,要求数据存储器的地址范围为 0000H~0FFFH,程序存储器的地址范围为 0000H~1FFFH。

10. 试述单片机系统并行扩展的总线结构。

11. 试画出单片机 8031 最小系统硬件电路。

12. 试画出单片机 AT89S51 最小系统硬件电路。

13. 若单片机通过 74LS377 接 16 个发光二极管,74LS373 和 74LS224 接 16 个拨码开关,试编程实现将开关状态反映在相应的发光二极管上。

14. 分析移位寄存器 74LS164 逻辑图、真值表,可见移位寄存器 74LS164 没有数据锁存端,为保证串行输入结束后再输出并行数据,如何解决?(在 74LS164 的输出端接输出三态门控制或选用 74LS595)。

15. 8255A 有几种工作方式?试简述各种工作方式。

16. 要求 8255A 的 A 口工作在方式 0 输出,B 口工作在方式 0 输入,C 口的 PC7~PC4 为输入,PC3~PC1 为输出,试编写 8255A 的初始化程序。如果将 AT89S51 的 P2.6、P2.5 同 8255A 的 A1、A0 连接,P2.7 同 8255A 的 $\overline{CS}$ 连接,没接的地址线均认为 1,试写出 8255A 各端口地址。

单元6 单片机键盘与显示器接口电路设计

学习目标

- 通过6.1的学习,掌握LED数码管的工作原理,掌握单片机与LED数码管静态显示和动态显示接口电路的工作原理及接口软件编程方法,重点掌握动态显示接口软硬件设计方法。
- 通过6.2的学习,掌握按键的工作原理(键盘的结构、按键识别方法、键盘编码、键盘扫描的工作方式、按键消抖的方法);掌握单片机与独立式按键和矩阵式按键接口电路的工作原理及接口软件编程方法,重点掌握矩阵式按键接口软硬件设计方法。

技能(知识)点

- 了解LED静态显示技术。
- 能掌握单片机静态显示接口电路设计。
- 能采用静态显示技术实现单片机与LED数码管接口电路软硬件设计。
- 了解LED动态显示技术。
- 能掌握单片机动态显示接口电路设计。
- 能采用动态显示技术实现单片机与LED数码管接口电路软硬件设计。
- 了解独立式按键接口技术。
- 能掌握单片机独立式按键接口电路设计。
- 能采用独立式按键技术实现单片机与按键接口电路硬件设计和软件编程。
- 了解矩阵式按键接口技术。
- 能掌握单片机矩阵式按键接口电路设计。
- 能采用矩阵式按键技术实现单片机与按键接口电路硬件设计和软件编程。

6.1 单片机 LED 显示接口——简易电子钟设计

6.1.1 LED 显示器的结构与原理

显示器常作为单片机系统中输出设备,用来显示单片机系统的运行结果和运行状态等。常用的显示器主要有 LED 数码显示器、LCD 液晶显示器和 CRT 显示器。在单片机系统中,通常用 LED 数码显示器显示各种数字或符号。由于它具有显示清晰、亮度高、使用电压低、寿命长的特点,因此使用非常广泛。LED 显示器的结构与原理在前面的任务里已有介绍,LED 显示器有两种不同的形式:一种是 8 个发光二极管的阳极都连接在一起,称为共阳极 LED 显示器;另一种是 8 个发光二极管的阴极都连接在一起,称为共阴极 LED 显示器。下面主要介绍 LED 显示器的显示方式以及 LED 显示器与单片机的接口技术。

6.1.2 LED 显示器的显示方式

LED 显示器的显示方法有静态显示与动态显示两种,单片机系统设计时,采用静态显示和动态显示,需要根据所使用电路的具体情况来选择合适的方案。

1. 静态显示

所谓静态显示,就是指显示的信息通过锁存器保存,然后接到数码管上,数码管显示某一字符时,相应的发光二极管恒定导通或恒定截止。这种显示方式的各位数码管相互独立,公共端恒定接地(共阴极)或接正电源(共阳极)。每个数码管的 8 个字段分别与一个 8 位 I/O 口地址相连,I/O 口只要有段码输出,相应字符即显示出来,并保持不变,直到 I/O 输出新的段码。这样一旦把显示的信息写到数码管上,在显示的过程中,控制器不需要干预,可以进入待机方式,只有数码管和锁存器在工作。

采用静态显示方式,较小的电流即可获得较高的亮度,且占用 CPU 时间少,编程简单,但其占用的 I/O 口多,硬件电路复杂,成本高,只适合于显示位数较少的场合。

单片机应用系统中,通常要求 LED 显示器能显示十六进制及十进制带小数点的数。因此,在选择译码器时,要能够完成 BCD 码至十六进制的锁存与译码,并具有驱动功能,否则就必须采用软件译码。

2. 动态显示

所谓动态扫描是指我们采用分时的方法,轮流控制各个显示器的 COM 端,使各个显示器轮流点亮。其接口电路是把所有显示器的 8 个笔划段 a~h 同名端连在一起,而每一个显示器的公共极 COM 各自独立地受 I/O 线控制,CPU 向字段输出口送出字形码时,所有显示器接收到相同的字形码,但究竟是哪一个显示器亮,则取决于 COM 端,而这一端是由 I/O 控制的,所以我们就可以自行决定何时显示哪一位。一位一位地轮流点亮各位显示器,对每一位显示器而言,每隔一段时间点亮一次。显示器的亮度跟导通的电流有关,也和点亮的时间与间隔的比例有关。因此,动态显示因其硬件成本较低,功耗少,适合长时间显示,得到广泛的应用。

在轮流点亮扫描过程中,每位显示器的点亮时间是极为短暂的(约 1ms),但由于人的眼睛存在视觉暂留现象及发光二极管的余辉效应,虽然这些字符是在不同的时刻分别显示,但只要每位显示器的显示间隔足够短,就可以给人一种同时显示一组稳定的显示数据的感觉,不会有闪烁感。可想而知,动态显示技术要消耗一定的 CPU 时间。

3. 动态显示和静态显示方式的比较

静态显示方式数码管较亮,且显示程序占用 CPU 的时间较少,但其硬件电路复杂,占用单片机 I/O 接口线多,成本高;动态显示方式硬件电路相对简单,成本较低,但其数码管显示亮度偏低,且采用动态扫描方式,显示程序占用 CPU 的时间较多。具体应用时,应根据实际情况,选用合适的显示方式。应用中应注意:

(1) 动态显示需要 CPU 控制显示的刷新,那么会消耗一定的功耗;静态显示的电路复杂,虽然电路消耗一定的功率,如果采用低功耗电路和高亮度显示器可以得到很低的功耗。

(2) 同样都是动态扫描显示,采用不断调用子程序的方式实现动态扫描显示,亮度相对较高,CPU 效率较低;采用定时器中断(20ms 中断一次)的方式实现动态扫描显示,亮度较低,CPU 效率相对较高。谁优谁劣,各有千秋。

(3) 针对数码管显示亮度偏低的情况,可采用提高扫描速度(如由 20ms 改为 10ms),或适当延长单只数码管导通的时间(如导通延时时间由 1ms 改为 2ms)等措施来弥补,但其带来的后果是显示程序占用 CPU 的时间更多,导致 CPU 利用率更加下降。

注意:

① 点亮一个 LED 通常需要 10mA,本电路选择限流电阻为 300Ω。

② 在切至下一个 LED 时,应把上一个先关闭,再将下一个 LED 扫描信号输出,以避免上一个显示数据显示到下一个 LED,形成鬼影。

③ 扫描时间必须高于视觉暂留频率(即频率在 16Hz 以上,扫描周期在 62ms 以下)。

6.1.3 MCS-51 单片机与 LED 显示器的接口设计

1. 静态显示接口设计

单片机与 LED 显示器的接口设计中,当 LED 显示位数较少的场合,通常采用静态显示方式,用较小的电流即可获得较高的亮度,且占用 CPU 时间少,编程简单,但其占用的口线多,硬件电路复杂,成本高。

图 6-1 是使用 74LS373 的三位静态 LED 显示接口电路。LED 显示模块采用共阳极,必须外加限流电阻。

该接口硬件复杂,但软件十分简单,由 P0 送入段码,然后由 P2.5、P2.6、P2.7 控制 74LS138 选中一片 74LS373,在使能端 G 转高电平时锁存该位数据并驱动显示。

汇编语言源程序如下:

```
        ;子程序名:DISP
        ;入口参数:R0 为显示缓冲区首址
        ;出口参数:无
        ;占用寄存器:A,R0
DISP:   MOV    A,@R0        ;取显示数据
        MOV    P0,A         ;送显示
        MOV    P2,#00H
        INC    R0           ;指向下一字节显示数据
```

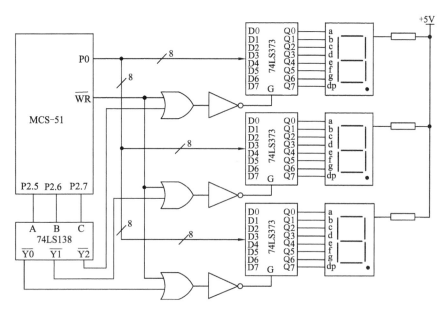

图 6-1 使用 74LS373 的三位静态 LED 显示接口电路

```
MOV     A,@R0           ;取显示数据
MOV     P0,A            ;送显示
MOV     P2,#20H
INC     R0
MOV     A,@R0           ;取显示数据
MOV     P0,A            ;送显示
MOV     P2,#40H
RET                     ;显示完 3 个数就返回
```

图 6-2 是使用 74LS164 的 3 位静态 LED 显示接口电路。LED 显示模块采用共阳极,必须外加限流电阻。

在单片机应用系统中,当串行口空闲时,可用来扩展并行 I/O 口(设定串行口工作在移位寄存器方式 0 状态下),作为 LED 静态显示接口。该接口软件由串口送入段码。然后由 P1.0 控制低位到高位移动显示。

图 6-2 接口中 74LS164 是串行输入、并行输出的移位寄存器,其引脚功能如下:
- DSA、DSB:串行输入端。
- Q0~Q7:并行输出端。
- $\overline{Cr}$:清除端。当 $\overline{Cr}=0$ 时,使输出清 0。
- CP:时钟脉冲输入端。在脉冲上升沿实现移位;当 CP=0、$\overline{Cr}=1$ 时,输出保持不变。

单元6　单片机键盘与显示器接口电路设计

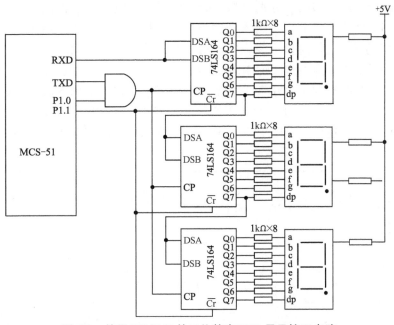

图 6-2　使用 74LS164 的三位静态 LED 显示接口电路

汇编语言编程如下：
　　;子程序名:DISPLAY
　　;入口参数:30H 为待显示值缓冲区首址,SCON = 0,P1.0 = 1,P1.1 = 1。
　　;出口参数:无

DISPLAY:	MOV	DPTR, #TABLE	;共阳 LED 数码管译码表首址
	MOV	R0,#30H	;待显数据缓冲区的个位地址
REDO:	MOV	A,@R0	;通过 R0 实现寄存器间接寻址
	MOVC	A,@A + DPTR	;查表
	MOV	SBUF,A	;经串行口发送到 74LS164
	JNB	TI, $	;查询送完一个字节
	CLR	TI	;为下一字节发送作准备
	INC	R0	;R0 指向下一个数据缓冲单元
	CJNE	R0,#33H,REDO	;判断是否发完 3 个数
	RET		;显示完 3 个数就返回
TABLE:	DB	03H,9FH,25H,0DH,99H	;0 - 9 共阳 LED 译码表
	DB	49H, 41H, 1FH, 01H,09H	

2. 动态显示接口设计

单片机与 LED 显示器的接口设计中,当 LED 显示位数较多的场合,通常采用动态显示方式,一位一位地轮流点亮各位 LED 显示器,对每一位 LED 显示器而言,每隔一段时间点亮一次。显示器的亮度跟导通的电流有关,也和点亮的时间与间隔的比例有关。因此,动态显示因其硬件成本较低,功耗少,适合长时间显示,因而得到广泛的应用。

在多位 LED 显示时,常采用动态显示。将所有位的段选线并联在一起,由一个 8 位 I/O

口控制,而共阴极点或共阳极点分别由相应的 I/O 口线控制。段选控制 I/O 口输出相应字符位,位选控制 I/O 口在该显示位送入选通电平(共阴极送低电平、共阳极送高电平)以保证该位显示相应字符,使每位显示该位应显示字符,并保持延时一段时间。

图 6-3 为一个四位共阳极数码管组成的动态显示电路。电路中我们在 8 个笔划段 a~h 上采用限流电阻,公共端则由 PNP 型三极管 8550 控制。显然,如果 8550 导通,则相应的数码管亮;而如果 8550 截止,则对应的数码管不亮。8550 是由 P2.0、P2.1、P2.2、P2.3 控制的,这样我们就可以通过控制 P2.0、P2.1、P2.2、P2.3 达到控制某个数码管亮或灭的目的。

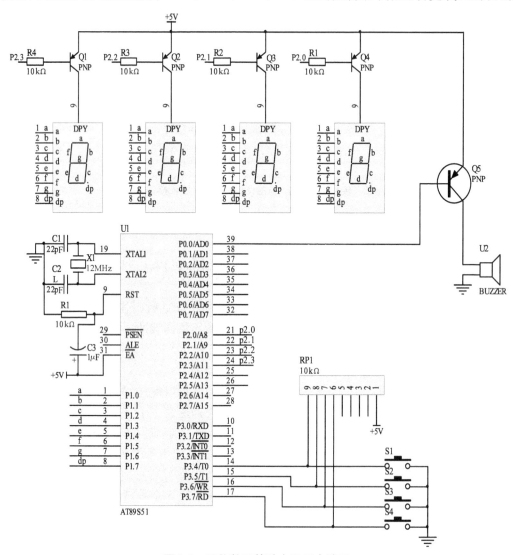

图 6-3 四位数码管动态显示电路图

图 6-3 的电路,CPU 要不断地调用显示程序,才能保证稳定的显示。

汇编语言编程如下:

;子程序名:DISP

;入口参数:7AH 待显缓冲区首地址

```
                ;出口参数:无
                ;占用寄存器:A,R0,R3
DISP:   MOV     DPTR,#DSEG           ;数码管段码表首址
        MOV     R0,#7AH              ;待显缓冲区首地址
        MOV     R3,#0FEH             ;个位的位选信号 11111110
LD1:    MOV     A,@R0                ;通过 R0 间接寻址
        MOVC    A,@A+DPTR            ;查表
        MOV     P1,A                 ;段码送到 P1 口
        MOV     P2,R3                ;位码送到 P2 口
        LCALL   DELAY                ;调延时 1ms 子程序
        ;延时时间过大,就闪烁,延时时间过小,不应该亮的段也有显示
        MOV     P2,#0FFH             ;关显示
        INC     R0                   ;R0 指向下一字节
        MOV     A,R3
        JNB     ACC.3,LD2            ;判断是否发完 4 个数?
        RL      A                    ;指向下一个显示位
        MOV     R3,A                 ;位选信号存回 R3
        SJMP    LD1                  ;转跳显示下一个数
LD2:    RET                          ;发完 4 个数返回
DSEG:   DB      0C0H,0F9H,0A4H,0B0H,99H   ;共阳段码表
        DB      92H,82H,0F8H,80H,90H
```

该程序结构对大于 4 位的显示电路则不太实用。实际的工作中,当然不可能只显示 4 个数字,还要做其他事情的,这样在二次调用显示程序之间的时间间隔就不一定了,如果时间间隔比较长,就会使显示不连续。而实际工作中很难保证所有工作都能在很短时间内完成。况且每个数码管显示都要占用 1ms 的时间,这在很多场合是不允许的。我们可以借助于定时器,定时时间一到,产生中断,点亮一个数码管,然后马上返回,这个数码管就会一直亮到下一次定时时间到,而不用调用延时程序,这段时间可以留给主程序干其他事情。到下一次定时时间到则显示下一个数码管,这样就很少浪费 CPU 的时间了。

从上面的程序分析可以看出,和静态显示相比,动态扫描的程序稍微有点复杂,不过,这是值得的。

6.1.4 项目 18——简易电子钟设计

1. 任务描述

用单片机设计一个简易电子钟,该任务设计要求如下:

(1) 时制式为 24 小时制。

(2) 采用 6 位 LED 数码管显示时、分、秒。时间显示格式为时(十位、个位)、分(十位、个位)、秒(十位、个位),用"."分开,即 HH.MM.SS。

(3) 用按键 HH+、MM+、SS+、HH-、MM-、SS- 对该钟进行时间调整。

(4) 要求上电后从 00.00.00 开始计时。

2. 总体设计

所谓简易电子钟,是指利用电子电路构成的计时器。相对机械钟而言,数字钟能达到准确计时,并显示时、分、秒,同时能对该钟进行调整。

根据任务描述,简易数字电子钟的核心控制电路由单片机完成,因此,简易数字电子钟设计需要解决以下几个问题:① 单片机与 6 位 LED 数码管显示电路的构建;② 单片机与按键电路的构建;③ 系统的标准定时时钟,即定时时间计时器的实现方法。

任务要求使用 6 位 LED 数码管,若采用静态显示需要 48 个 I/O 口,而采用动态显示仅需要 14 个 I/O 口。本任务主要是学习静态显示接口电路的设计,所以采用 74HC595,用串口来扩展并行 I/O 口,发送所有显示器的 8 个笔划段 a~h,每一个显示器的公共端 COM 连在一起。此方法比采用 74LS164 要好,具有输出锁存功能。虽然需要的硬件成本仍比较高,但软件编程简单,因而也得到广泛的应用。

系统时间仅需调整秒、分、时的值,需要 6 个独立按键即可,3 个分别用于秒、分、时值的加 1,3 个分别用于秒、分、时值的减 1,所以采用简单的独立按键接口电路即可。

系统的标准定时时钟,即定时时间计时器,它通常有两种实现方法:一是用软件实现,即用单片机内部的可编程定时/计数器来实现秒时基信号,即由 T0 或 T1 产生毫秒级定时信号,再用软件编程的方法,实现秒信号,但它有一定的误差,主要用在对时间精度要求不高的场合;二是用专门的时钟芯片实现,在对时间精度要求很高的情况下,通常采用这种方法。典型的时钟芯片有 DS1302、DS1307、DS12887、X1203 和 SD2405 系列等都可以满足高精度的要求。其中 DS12887 和 SD2405 系列具有内部晶振和时钟芯片备份锂电池,外部电路简单。

本任务是设计一个简易数字电子钟,精度要求不高,主要学习单片机与 LED 数码管静态显示接口电路的设计,故用单片机内部的可编程定时/计数器来实现定时时间计时。简易电子钟的系统结构图如图 6-4 所示。

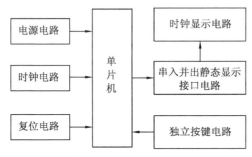

图 6-4 简易电子钟的系统结构图

整个系统工作时,定时/计数器产生 50ms 定时,定时中断 20 次实现标准秒信号。

显示电路的 6 个八段 LED 显示器将"时"、"分"、"秒"的值以 HH. MM. SS 形式显示出来,6 个独立按键时 + 、分 + 、秒 + 、时 - 、分 - 、秒 - 用于调整时间。

3. 硬件设计

实现简易电子钟设计任务的硬件电路中包含的主要元器件为:AT89S51 1 片、74HC595 6 片、LED 发光二极管 2 个、按键 6 个、78L05 1 个、11.0592MHz 晶振 1 个、电阻和电容等若干。

本单元采用的是共阳极的 6 个 LED 数码管,要点亮某个数码管的某笔画,则相应的数码管阳极加 +5V 电源,相应笔画的阴极端接低电平,本方案 6 个数码管阳极是相连的,所以阴极必须分别与 6 个 74HC595 连接,串行连接 6 个 74HC595,U2 接 HH 的十位,U3 接 HH 的个位；U4 接 MM 的十位,U5 接 MM 的个位;U6 接 SS 的十位,U7 接 SS 的个位;P1.0～P1.5 接 HH+、MM+、SS+、HH-、MM-、SS-。简易电子钟原理图如图 6-5 所示。

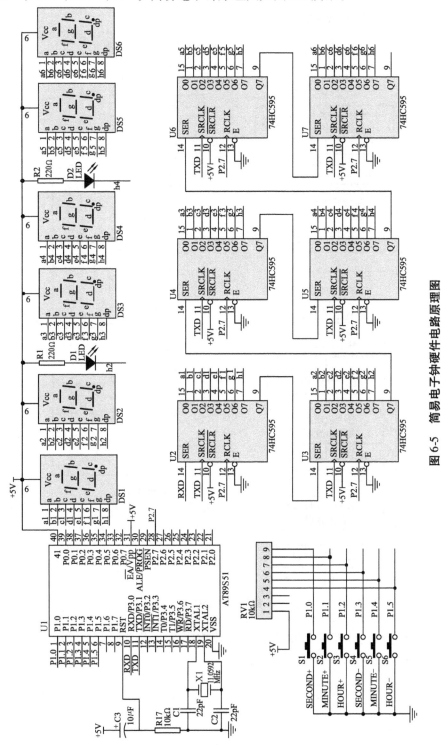

图 6-5 简易电子钟硬件电路原理图

4. 软件设计

（1）软件流程图。

简易电子钟控制电路软件流程图见图6-6。

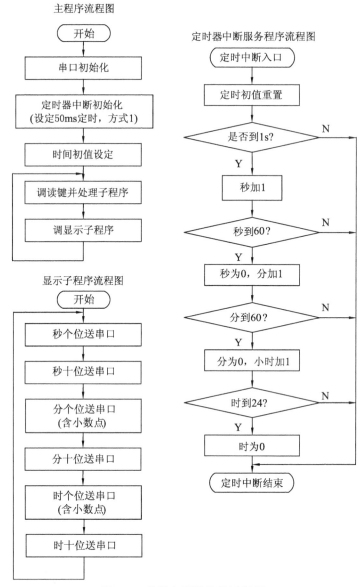

图6-6 简易电子钟软件流程图

AT89S51单片机内部有两个可编程定时/计数器，可采用T1定时50ms，中断20次实现标准秒信号（当然，也可以采用T0来实现）。

（2）汇编语言参考源程序。

```
        S_SETA   BIT    P1.0          ;数字钟秒控制位
        M_SETA   BIT    P1.1          ;分钟控制位
        H_SETA   BIT    P1.2          ;小时控制位
        S_SETB   BIT    P1.3          ;数字钟秒控制位
        M_SETB   BIT    P1.4          ;分钟控制位
        H_SETB   BIT    P1.5          ;小时控制位
        SECOND   EQU    30H
        MINUTE   EQU    31H
        HOUR     EQU    32H
        TCNT     EQU    34H
        ORG      0000H
        SJMP     START
        ORG      001BH
        LJMP     INT_T0
START:  MOV      SP,#60H              ;设置堆栈
        MOV      HOUR,#0              ;置时钟初值
        MOV      MINUTE,#0
        MOV      SECOND,#0
        MOV      TCNT,#0              ;秒信号计数初值
        MOV      TMOD,#10H            ;定时器1 工作方式1
        MOV      TH1,#4CH             ;定时50ms
        MOV      TL1,#00H
        MOV      IE,#88H              ;开定时器1中断
        SETB     TR1                  ;启动定时
        MOV      SCON,#0              ;置串口工作方式0
        CLR      P2.7                 ;不允许74HC595 输出
        MOV      DPTR,#TABLE
MAIN:   LCALL    READKEY              ;读键
        LCALL    DISPLAY              ;显示
        SJMP     MAIN
;***************************************************
;判断是否有控制键按下,是哪一个键按下
READKEY:
        JNB      S_SETA,S1
        JNB      M_SETA,S2
        JNB      H_SETA,S3
        JNB      S_SETB,S4
        JNB      M_SETB,S5
```

```
            JNB     H_SETB,S6
            LJMP    A1
S1:         LCALL   DELAY           ;去抖动
            JB      S_SETA,A1
            INC     SECOND          ;秒值加1
            MOV     A,SECOND
            CJNE    A,#60,J0        ;判断是否加到60秒
            MOV     SECOND,#0
            LJMP    J0
S2:         LCALL   DELAY
            JB      M_SETA,A1
K1:         INC     MINUTE          ;分钟值加1
            MOV     A,MINUTE
            CJNE    A,#60,J1        ;判断是否加到60分
            MOV     MINUTE,#0
            LJMP    J1
S3:         LCALL   DELAY
            JB      H_SETA,A1
K2:         INC     HOUR            ;小时值加1
            MOV     A,HOUR
            CJNE    A,#24,J2        ;判断是否加到24小时
            MOV     HOUR,#0
            SJMP    J2
S4:         LCALL   DELAY           ;去抖动
            JB      S_SETB,A1
            DEC     SECOND          ;秒值减1
            MOV     A,SECOND
            CJNE    A,#0FFH,J3      ;判断是否减到-1秒
            MOV     SECOND,#59
            LJMP    J3
S5:         LCALL   DELAY
            JB      M_SETB,A1
K3:         DEC     MINUTE          ;分钟值减1
            MOV     A,MINUTE
            CJNE    A,#0FFH,J4      ;判断是否减到-1分
            MOV     MINUTE,#59
            LJMP    J4
S6:         LCALL   DELAY
            JB      H_SETB,A1
```

```
K4:     DEC     HOUR                        ;小时值减1
        MOV     A,HOUR
        CJNE    A,#0FFH,J5                  ;判断是否减到-1小时
        MOV     HOUR,#23
        SJMP    J5
A1:     RET
        ;**************************************************
        ;等待按键抬起
J0:     JB      S_SETA,A1
        LCALL   DISPLAY                     ;调显示程序,因动态显示若无输出会造成黑屏
        SJMP    J0
J1:     JB      M_SETA,A1
        LCALL   DISPLAY
        SJMP    J1
J2:     JB      H_SETA,A1
        LCALL   DISPLAY
        SJMP    J2
J3:     JB      S_SETB,A1
        LCALL   DISPLAY
        SJMP    J3
J4:     JB      M_SETB,A1
        LCALL   DISPLAY
        SJMP    J4
J5:     JB      H_SETB,A1
        LCALL   DISPLAY
        SJMP    J5
        ;**************************************************
        ;定时器中断服务程序,对秒、分钟和小时的计数
INT_T0: PUSH    ACC
        PUSH    PSW
        CLR     TR1                         ;关定时器
        MOV     TH1,#4CH                    ;定时50毫秒
        MOV     TL1,#00H
        SETB    TR1                         ;启动定时器
        INC     TCNT
        MOV     A,TCNT
        CJNE    A,#20,RETUNE                ;计时1秒,50ms×20=1s
        MOV     TCNT,#0
        INC     SECOND                      ;秒加1
```

```
            MOV     A,SECOND
            CJNE    A,#60,RETUNE        ;判是否到 60 秒
            INC     MINUTE              ;分加 1
            MOV     SECOND,#0
            MOV     A,MINUTE
            CJNE    A,#60,RETUNE        ;判是否到 60 分钟
            INC     HOUR                ;时加 1
            MOV     MINUTE,#0
            MOV     A,HOUR
            CJNE    A,#24,RETUNE        ;判是否到 24 小时
            MOV     HOUR,#0
RETUNE:     POP     PSW
            POP     ACC
            RETI
;***********************************************************
;显示控制子程序
DISPLAY:
            MOV     A,SECOND            ;显示秒
            MOV     B,#10
            DIV     AB
            MOV     R1,A                ;保存秒的十位
            MOV     A,B                 ;取秒的个位
            MOVC    A,@A+DPTR
            MOV     SBUF,A              ;送串口
DS1:        JNB     TI,DS1              ;查询等待发送结束
            CLR     TI                  ;软件清发送标志位
            MOV     A,R1                ;取秒的十位
            MOVC    A,@A+DPTR
            MOV     SBUF,A
DS2:        JNB     TI,DS2
            CLR     TI
            MOV     A,MINUTE            ;显示分钟
            MOV     B,#10
            DIV     AB
            MOV     R1,A                ;保存分钟的十位
            MOV     A,B                 ;取分钟的个位
            MOVC    A,@A+DPTR
            ANL     A,#0FEH
            MOV     SBUF,A
```

```
DS3:    JNB     TI, DS3
        CLR     TI
        MOV     A, R1                   ;取分钟的十位
        MOVC    A, @A+DPTR
        MOV     SBUF, A
DS4:    JNB     TI, DS4
        CLR     TI
        MOV     A, HOUR                 ;显示小时
        MOV     B, #10
        DIV     AB
        MOV     R1, A                   ;保存小时的十位
        MOV     A, B                    ;取小时的个位
        MOVC    A, @A+DPTR
        ANL     A, #0FEH
        MOV     SBUF, A
DS5:    JNB     TI, DS5
        CLR     TI
        MOV     A, R1                   ;取小时的十位
        MOVC    A, @A+DPTR
        MOV     SBUF, A
DS6:    JNB     TI, DS6
        CLR     TI,
        SETB    P2.7                    ;允许 74HC595 输出
        SETB    P2.7
        NOP
        NOP
        CLR     P2.7                    ;不允许 74HC595 输出
        RET

DELAY:  MOV     R6, #14H                ;延时 10 毫秒
D1:     MOV     R7, #8EH
        DJNZ    R7, $
        DJNZ    R6, D1
        RET
TABLE:  DB      03H, 9FH, 25H, 0DH, 99H     ;串口输出低位在前,移位寄存器高位先接收
        DB      49H, 41H, 1FH, 01H, 09H     ;0~9 共阳字段码表
        END
```

5. 虚拟仿真与调试

简易电子钟 PROTEUS 虚拟仿真硬件电路如图 6-7 所示,在 Keil μVision3 与 PROTEUS 环

境下完成任务的仿真调试。观察调试结果如下：运行后，数码管显示时间。正常运行结果是：按下 SECOND +、MINUTE +、HOUR + 分别用于递增调整秒、分、时的值，按下 SECOND -、MINUTE -、HOUR - 分别用于递减调整秒、分、时的值。程序正常运行时可观察到运行结果如图 6-7 所示，若数码管显示不正确，对 PROTEUS 虚拟仿真硬件电路和软件重复检查调试。

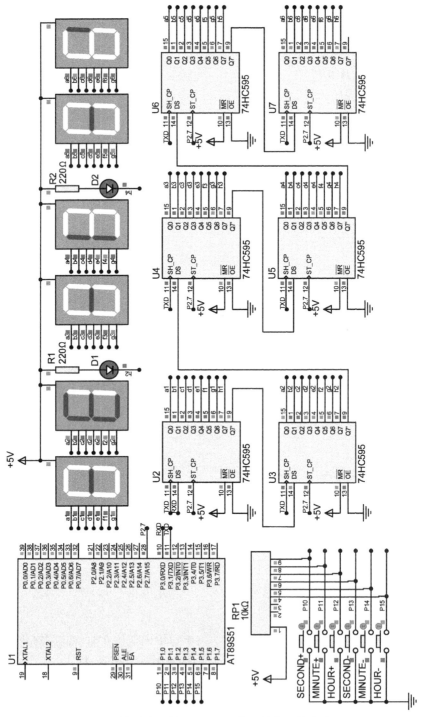

图 6-7　简易电子钟 PROTEUS 虚拟仿真硬件电路图

6. 硬件制作与调试

(1) 元器件采购。

本项目采购清单见表6-1。

表6-1 元器件清单

序号	器件名称	规格	数量	序号	器件名称	规格	数量
1	单片机	AT89S51	1	8	发光二极管	Φ5 红	2
2	电阻	10kΩ	1	9	轻触按键	8.5×8.5	6
3	电阻	270Ω	16	10	数码管	2 共阳绿	3
4	电解电容	10μF	1	11	8位串入并出移位寄存器	74HC595	6
5	瓷介电容	30pF	2	12	集成电路插座	DIP40	1
6	石英晶振	11.0592MHz	1	13	集成电路插座	DIP16	6
7	排阻	10kΩ 9PIN	1				

(2) 调试注意事项。

① 静态调试要点。

本任务元器件品种比较多,对照元器件表,检查所有元器件的规格、型号有无装配错误,按原理图检查线路接线有无错误,集成块有无接反等故障。重点检查显示时间的数码管(共阳)字选线与74HC595的连接是否正确,74HC595之间级联关系是否正确。

② 动态调试要点。

上电后,观察电路板上数码管的时间显示情况及按键的功能。正常的运行结果是:按下 SECOND +、MINUTE +、HOUR + 分别用于递增调整秒、分、时的值,按下 SECOND -、MINUTE -、HOUR - 分别用于递减调整秒、分、时的值。程序正常运行时可观察到运行结果如图6-7所示,若数码管显示不正确,对硬件电路进行静态重复检查调试。

7. 能力拓展

本项目只是数码管静态显示中一个简单的案例,在本项目的基础上,使用图6-1和图6-2电路扩展静态显示数码管,完成本任务,并比较这三种电路的不同点。

6.2 单片机键盘接口——多功能数字电子钟设计

6.2.1 键盘的结构和工作原理

键盘是由一组规则排列的按键组成,一个按键实际上是一个开关元件,也就是说,键盘是一组规则排列的开关。

1. 按键的分类

按键按照结构原理可分为两类,一类是触点式开关按键,如机械式开关、导电橡胶式开关等;另一类是无触点开关按键,如电气式按键、磁感应按键等。前者造价低,后者寿命长。目前,单片机系统中最常见的是触点式开关按键。

按键按照接口原理可分为全编码键盘与非编码键盘两类,这两类键盘的主要区别是识别键符及给出相应键码的方法不同。

全编码键盘能够由硬件逻辑自动提供与键对应的编码,一般还具有去抖动和多键、窜键保护电路,这种键盘使用方便,但需要较多的硬件,价格较贵,一般的单片机应用系统较少采用。

非编码键盘只简单地提供行和列的矩阵,其他工作均由软件完成。由于其经济实用,较多地应用于单片机系统中。本单元将重点介绍非编码键盘接口。

2. 按键结构与特点

单片机键盘通常使用机械触点式按键开关,其主要功能是把机械上的通断转换成为电气上的逻辑关系。也就是说,它能提供标准的 TTL 逻辑电平,以便与通用数字系统的逻辑电平相兼容。

机械式按键再按下或释放时,由于机械弹性作用的影响,通常伴随有一定时间的触点机械抖动,然后其触点才稳定下来。其抖动过程如图 6-8 所示,抖动时间的长短与开关的机械特性有关,一般为 5~10ms。

在触点抖动期间检测按键的通与断状态,可能导致判断出错。即按键一次按下或释放被错误地认为是多次操作,这种情况是不允许出现的。为了克服按键触点机械抖动所致的检测误判,必须采取去抖动措施,可从硬件、软件两方面予以考虑。在键数较少时,可采用硬件去抖;而当键数较多时,采用软件去抖。

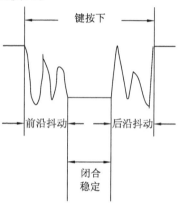

图 6-8 按键触点的机械抖动

硬件去抖是采用在键输出端加 R-S 触发器(双稳态触发器)或单稳态触发器构成去抖动电路,图 6-9 是一种由 R-S 触发器构成的去抖动电路,当触发器一旦翻转,触点抖动不会对其产生任何影响。

电路工作过程如下:按键未按下时,a = 0,b = 1,输出 Q = 1,按键按下时,因按键的机械弹性作用的影响,使按键产生抖动,当开关没有稳定到达 b 端时,因与非门 2 输出为 0 反馈到与非门 1 的输入端,封锁了与非门 1,

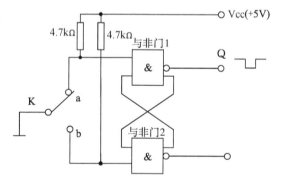

图 6-9 双稳态去抖电路图

双稳态电路的状态不会改变,输出保持为 1,输出 Q 不会产生抖动的波形。当开关稳定到达 b 端时,因 a = 1,b = 0,使 Q = 0,双稳态电路状态发生翻转。当释放按键时,在开关未稳定到达 a 端时,因 Q = 0,封锁了与非门 2,双稳态电路的状态不变,输出 Q 保持不变,消除了后沿的抖动波形。当开关稳定到达 b 端时,因 a = 0,b = 0,使 Q = 1,双稳态电路状态发生翻转,输出 Q 重新返回原状态。由此可见,键盘输出经双稳态电路之后,输出已变为规范的矩形方波。

软件去抖是在检测到有按键按下时,执行一个 10ms 左右(具体时间应视所使用的按键进行调整)的延时程序后,再确认该键电平是否仍保持闭合状态电平,若仍保持闭合状态电平,则确认该键处于闭合状态;同理,在检测到该键释放后,也应采用相同的步骤进行确认,从而消除抖动的影响。

3. 键输入原理

在单片机应用系统中,除了复位按键有专门的复位电路及专一的复位功能外,其他按键都是以开关状态来设置控制功能或输入数据。当所设置的功能键或数字键按下时,单片机应用系统应完成该按键所设定的功能,键信息输入是与软件结构密切相关的过程。

对于一组键或一个键盘,总有一个接口电路与 CPU 相连。CPU 可以采用查询或中断方式了解有无键输入并检查是哪一个键按下,将该键号送入,然后通过跳转指令转入执行该键的功能程序,执行完后再返回主程序。

4. 按键编码

一组按键或键盘都要通过 I/O 口查询按键的开关状态。根据键盘结构的不同,采用不同的编码。无论有无编码,以及采用什么编码,最后都要转换成为相对应的键值,以实现按键功能程序的跳转。

5. 编制键盘程序

一个完善的键盘控制程序应具备以下功能:

(1) 检测有无按键按下,并采取硬件或软件措施,消除键盘按键机械触点抖动的影响。

(2) 每次只处理一个按键,其间对任何按键的操作对系统不产生影响,且无论一次按键时间有多长,系统仅执行一次按键功能程序。

(3) 准确输出按键值(或键号),以满足跳转指令要求。

6.2.2 MCS-51 单片机与键盘的接口设计

1. 按键的控制方式

按键有独立式按键和矩阵式按键两种控制方式。

(1) 独立式按键方式。

所谓独立式按键,其原理是直接用 I/O 口构成的单个按键电路,其特点是每个按键单独占用一根 I/O 口,每个按键的工作不会影响其他 I/O 口的状态。独立式按键电路配置灵活,软件结构简单,但每个按键必须占用一根 I/O 口,因此,在按键较多时,I/O 口浪费较大,不宜采用。

(2) 矩阵式按键方式。

所谓矩阵式按键,其原理是每条水平线和垂直线在交叉处不直接连通,而是通过一个按键加以连接。行线通过上拉电阻接到 +5V 上。当无键按下时,行线处于高电平状态;当有键按下时,行、列线将导通,此时,行线电平将由与此行线相连的列线电平决定,这是识别按键是否按下的关键。然而,矩阵键盘中的行线、列线和多个键相连,各按键按下与否均影响该键所在行线和列线的电平,各按键间将相互影响,因此必须将行线、列线信号配合起来作适当处理,才能确定闭合键的位置。

系统设计时,采用独立式按键和矩阵式按键,需要根据使用的电路进行分析以选择合适的方案。下面分别加以叙述。

(3) 独立式按键和行列矩阵式按键的区别。

独立式按键:每个按键占用一根 I/O 口,特点是:各按键相互独立,电路配置灵活;按键数量较多时,I/O 口耗费较多,电路结构繁杂;软件结构简单。它适用于按键数量较少的场合。

矩阵式键盘：I/O口分为行线和列线，按键跨接在行线和列线上，按键按下时，行线与列线发生短路，特点是：占用I/O口较少；软件结构较复杂。它适用于按键较多的场合。

2. 独立式按键接口设计

单片机控制系统中，往往只需要几个功能键，此时，可采用独立式按键结构。

（1）独立式按键结构。

图6-10中按键输入均采用低电平有效，此外，上拉电阻保证了按键断开时I/O口有确定的高电平。当I/O口内部有上拉电阻时，外电路可不接上拉电阻。

（2）独立式按键的识别。

独立式按键软件常采用查询式结构。先逐位查询每根I/O口的输入状态，如某一根I/O口输入为低电平，则可确认该I/O口所对应的按键已按下，然后再转向该键的功能处理程序。图6-10中的8个按键的I/O口采用P1口，请读者参照独立式按键的编程方法自行编制相应的软件。

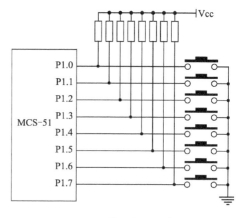

图6-10 独立式按键电路

（3）独立式按键的编程方法：

```
           MOV    P1,#0FFH          ;置P1口为输入口
           MOV    A,P1
           ANL    A,#0FFH
           CJNE   A,#0FFH,NEXT1     ;若P1.0~P1.7不全为"1"，则有键闭合
           SJMP   NEXT3
NEXT1：    ACALL  D20MS             ;去除键抖动
           MOV    A,P1
           ANL    A,#0FFH
           CJNE   A,#0FFH,NEXT2     ;若P1.0~P1.7不全为"1"，则有键闭合
           SJMP   NEXT3
NEXT2：    MOV    A,#0EFH           ;P1.4输出为"0"
           MOV    R1,A
           …
NEXT3：…
```

3. 矩阵式按键接口设计

单片机系统中，若按键较多时，通常采用矩阵式（也称行列式）键盘。

（1）矩阵式键盘的结构及原理。

矩阵式键盘由行线和列线组成，按键位于行、列线的交叉点上，其结构如图6-11所示。

一个端口（如P1口）就可以构成4×4=16个按键，比之直接将I/O口用于键盘多出了一倍，而且线数越多，区别越明显。比如再多加一条线就可以构成20键的键盘，而直接用I/O口则只多出一键（9键）。显然，在按键数量较多时，矩阵式键盘较之独立式按键键盘要节省很多I/O口。

(2) 矩阵式键盘按键的识别。

识别按键的方法很多,其中,最常见的方法是扫描法。下面以图 6-11 为例来说明扫描法识别按键的过程。

① 判断键盘中有无键按下,将全部行线置低电平,然后检测列线的状态。只要有一列的电平为低,则表示键盘中有键被按下,而且闭合的键位于低电平线与 4 根行线相交叉的 4 个按键之中。若所有列线均为高电平,则键盘中无键按下。

② 判断闭合键所在的位置,在确认有键按下后,即可进入确定具体闭合键的过程。其方法是:依次将行线置为低电平,即在置某根行线

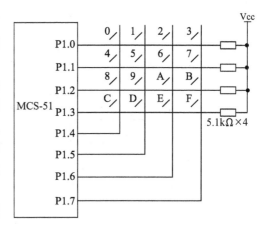

图 6-11 矩阵式键盘结构

为低电平时,其他线为高电平。在确定某根行线位置为低电平后,再逐行检测各列线的电平状态。若某列为低,则该列线与置为低电平的行线交叉处的按键就是闭合的按键。

(3) 键盘的编码。

对于独立式按键键盘,因按键数量少,可根据实际需要灵活编码。对于矩阵式键盘,按键的位置由行号和列号唯一确定。可采用依次排列键号的方式对按键进行编码。以项目 19 的 4×4 键盘为例,可将键号编码为 01H、02H、03H…0EH、0FH、10H 等 16 个键号。编码相互转换可通过计算或查表的方法实现。

(4) 键盘的工作方式。

在单片机应用系统中,键盘扫描只是 CPU 的工作内容之一。CPU 对键盘的响应取决于键盘的工作方式,键盘的工作方式应根据实际应用系统中 CPU 的工作状况而定,其选取的原则是既要保证 CPU 能及时响应按键操作,又不要过多占用 CPU 的工作时间。通常,键盘的工作方式有三种,即编程扫描、定时扫描和中断扫描。

① 编程扫描方式。

编程扫描方式是利用 CPU 完成其他工作的空余时间调用键盘扫描子程序来响应键盘输入的要求。在执行键功能程序时,CPU 不再响应键输入要求,直到 CPU 重新扫描键盘为止。键盘扫描程序一般应包括以下内容:

● 判别有无键按下。
● 键盘扫描取得闭合键的行、列值。
● 用计算法或查表法得到键值。
● 判断闭合键是否释放,如未释放则继续等待。
● 将闭合键键号保存,同时转去执行该闭合键的功能。

② 定时扫描方式。

定时扫描方式的程序流程图如图 6-12 所示。即每隔一段时间对键盘扫描一次,它利用单片机内部的定时器产生一定时间(如 10ms)的定时,当定时时间到就产生定时器溢出中断,CPU 响应中断后对键盘进行扫描,并在有键按下时识别出该键,再执行该键的功能程序。定时扫描方式的硬件电路与编程扫描方式相同。

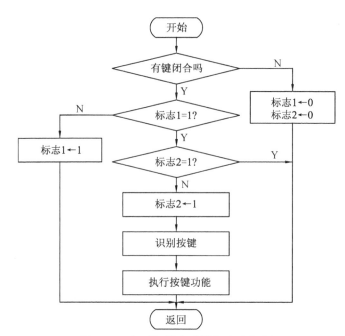

图 6-12 定时扫描方式的程序流程图

图 6-12 中,标志 1 和标志 2 是在单片机内部 RAM 的位寻址区设置的两个标志位,标志 1 为去抖动标志位,标志 2 为识别完按键的标志位。初始化时将这两个标志位设置为 0,执行中断服务程序时,首先判别有无键闭合,若无键闭合,将标志 1 和标志 2 置 0 后返回;若有键闭合,先检查标志 1,当标志 1 为 0 时,说明还未进行去抖动处理,此时置位标志 1,并中断返回。由于中断返回后要经过 10ms 后才会再次中断,相当于延时了 10ms,因此,程序无须再延时。下次中断时,因标志 1 为 1,CPU 再检查标志 2,如标志 2 为 0 说明还未进行按键的识别处理,这时,CPU 先置位标志 2,然后进行按键识别处理,再执行相应的按键功能子程序,最后,中断返回。如标志 2 已经为 1,则说明此次按键已做过识别处理,只是还未释放按键,当按键释放后,在下一次中断服务程序中,标志 1 和标志 2 又重新置 0,等待下一次按键。

③ 中断扫描方式。

采用上述两种键盘扫描方式时,无论是否按键,CPU 都要定时扫描键盘,而单片机应用系统工作时,并非经常需要键盘输入,因此,CPU 经常处于空扫描状态,为提高 CPU 工作效率,可采用中断扫描工作方式。其工作过程如下:当无键按下时,CPU 处理自己的工作;当有键按下时,产生中断请求,CPU 转去执行键盘扫描子程序,并识别键号。

图 6-13 是一种矩阵式键盘接口电路,该键盘是由 MCS-51 P1 口的高、低字节构成的 4×4 键盘。键盘的列线与 P1 口的高 4 位相连,键盘的行线与 P1 口的低 4 位相连,因此,P1.0～P1.3 是键输出

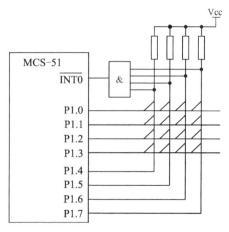

图 6-13 中断扫描键盘电路

线,P1.4～P1.7是扫描输入线。图中的4输入与门用于产生按键中断,其输入端与各列线相连,再通过上拉电阻接至+5V电源,输出端接至MCS-51的外部中断输入端。具体工作原理如下:当键盘无键按下时,与门各输入端均为高电平,输出端保持为高电平;当有键按下时,与门各输入端为低电平,向CPU申请中断,若CPU开放外部中断,则会响应中断请求,转去执行键盘扫描子程序。

6.2.3 项目19——多功能数字电子钟设计

1. 任务描述

用单片机设计一个多功能数字电子钟,要求时制式为24小时制。

(1) 采用8位LED数码管显示时、分、秒。时间显示格式为时(十位、个位)、分(十位、个位)、秒(十位、个位),用" - "分开,即HH-MM-SS。

(2) 能借助按键实现闹铃设置、定点报时功能设置、时间可调功能等。

(3) 定点报时,蜂鸣器先鸣响2s,然后停1s,如果无人干预,蜂鸣器一直鸣响。

2. 总体设计

所谓多功能数字电子钟,和简单电子钟一样,也是利用电子电路构成的计时器。多功能数字电子钟除能达到显示时、分、秒,准确计时,且对该钟进行调整之外,还能够借助更多的按键实现闹钟设置、定点报时等功能。

按照要求完成多功能数字电子钟设计任务,需要解决的问题同简单电子钟。

系统需要8位LED数码管,显示电路由于位数较多,若采用静态显示需要64个I/O口,但采用动态显示仅需要16个I/O口。所以本任务应采用动态显示接口电路,其接口电路是把所有LED显示器的8个笔划段a～h同名端连在一起,而每一个LED显示器的公共极COM则各自独立地受I/O线控制,一位一位地轮流点亮各位显示器,对每一位LED显示器而言,每隔一段时间点亮一次。显示器的亮度跟导通的电流有关,也和点亮的时间与间隔的比例有关。因此,在数码管位数较多的场合,采用动态显示可使硬件成本降低,功耗减少,适合长时间显示,因而得到广泛的应用。

分析本任务可见系统至少需要0～9、时间调整、闹铃设置、关蜂鸣器等按键,故电路中按键较多,应采用矩阵式按键技术连接。矩阵式按键技术就是将I/O端线分为行线和列线,按键跨接在行线和列线上,按键按下时,行线与列线发生短路。特点是占用I/O端线较少,但软件结构较复杂。适用于按键较多的场合。

根据上述分析,多功能数字电子钟,精度要求不高,这里主要还是学习单片机与矩阵式按键接口电路的设计,故也用单片机内部的可编程定时/计数器来实现定时时间计时,用软件编程的方法,实现秒、分、小时计时,用4×4矩阵式按键实现对该钟闹铃设置、定点报时功能设置、时间可调功能。

多功能数字电子钟系统结构图如图6-14所示。

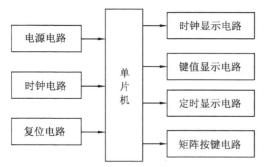 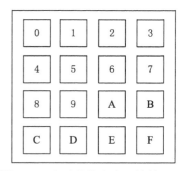

图 6-14 多功能数字电子钟的系统结构图　　图 6-15 多功能数字电子钟的 4×4 行列矩阵按键控制面板

整个系统工作时,秒信号产生由定时器产生 50ms 定时,定时中断 20 次实现标准秒信号,每累计 60s,分加 1,每累计 60min,时加 1,采用 24 进制,可实现对一天即 24 小时的累计。显示电路通过 8 个七段 LED 显示器将"时""分""秒"的值以 HH-MM-SS 形式显示出来,4×4 行列矩阵按键控制面板说明如图 6-15 所示。

3. 硬件设计

实现多功能数字电子钟的硬件电路中包含的主要元器件为:AT89S51 芯片 1 片、LED 共阳极数码管 8 个、LED 共阴极数码管 1 个、轻触按键 16 个、PNP 三极管 8 个、78L05 1 个、11.0592MHz 晶振 1 个、电阻和电容等若干。

本任务采用的是共阳极的 8 个 LED 数码管,要点亮某个数码管的某笔画,则相应的数码管阴极接低电平,相应笔画的阳极端加 +5V 电源。本方案 8 个数码管的阴极是相连的,均接到单片机的 P0 口。8 个数码管阳极通过 8 个 PNP 三极管相连到单片机的 P2 口。所以阳极必须轮流有效,只要时间合理,在人的视觉误差范围内就会看到同时亮的结果。

多功能数字电子钟的原理图如图 6-16 所示。

4. 软件设计

对大程序采用模块化设计方法,不仅易于编程和调试,也可减小软件故障率和提高软件的可靠性。本任务含如下模块:变量缓冲区定义模块、主程序模块、4×4 矩阵式按键扫描模块、任务处理模块、缓冲区设置模块、动态扫描显示模块、定时中断计时模块、软件延时模块、LED 共阴数码管 0~F 显示字形常数表。多功能数字电子钟的软件流程图如图 6-17 所示,其中图 6-17(a)为主程序流程图,图 6-17(b)为定时器中断服务子程序流程图。

AT89S51 单片机内部有 2 个可编程定时/计数器,本项目采用 T1 定时 50ms,中断 20 次实现标准秒信号。系统晶振是 11.0592MHz。

(1)软件流程图设计。

多功能数字电子钟参考流程图如图 6-17 所示。

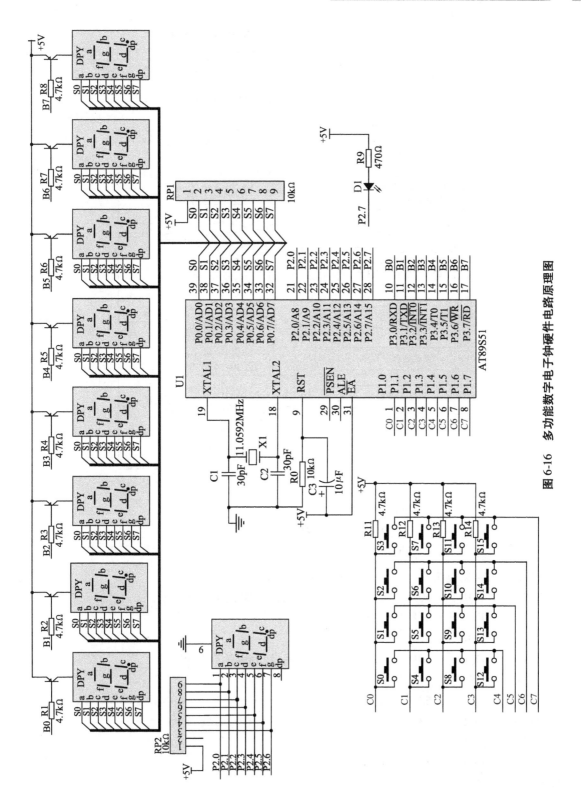

图 6-16 多功能数字电子钟硬件电路原理图

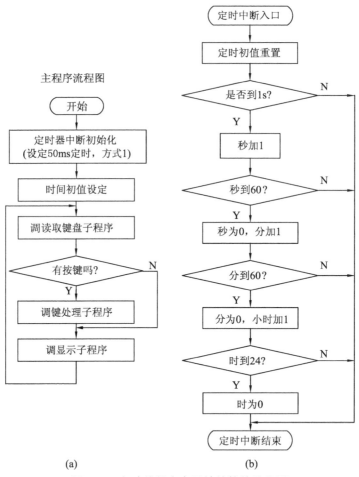

图 6-17　多功能数字电子钟的软件流程图

（2）汇编语言参考源程序。
;变量缓冲区定义模块

SECOND	EQU	30H	;初值初始化缓冲区
MINUTE	EQU	31H	
HOUR	EQU	32H	
SECONDA	EQU	50H	;闹铃设定值1缓冲区
MINUTEA	EQU	51H	
HOURA	EQU	52H	
SECONDB	EQU	53H	;闹铃设定值2缓冲区
MINUTEB	EQU	54H	
HOURB	EQU	55H	
TCNT	EQU	34H	
KEYBUF	EQU	40H	;键值缓存区
FLAG	EQU	41H	

```
                ORG     0000H
                SJMP    START
;主程序模块
                ORG     000BH
                LJMP    INT_T0
START:          MOV     SP,#60H
                MOV     TMOD,#01H       ;定时器0,方式1
                MOV     TH0,#4CH        ;定时50ms
                MOV     TL0,#00H
                MOV     IE,#82H         ;开定时器0中断
                ETB     TR0             ;启动定时器0
                MOV     TCNT,#0
                MOV     HOUR,#10        ;设置时间初始值
                MOV     MINUTE,#59
                MOV     SECOND,#30
                MOV     HOURA,#11       ;闹铃设定值1初始化
                MOV     MINUTEA,#0      ;11-00-00
                MOV     SECONDA,#0
                MOV     HOURB,#11       ;闹铃设定值2初始化
                MOV     MINUTEB,#0      ;11-00-30
                MOV     SECONDB,#30
                MOV     FLAG,#0
                MOV     P2,#80H         ;显示黑屏
MAIN:           LCALL   READKEY
                LCALL   DISPLAY
                LCALL   ALARM
                SJMP    MAIN
;按键扫描子程序模块
;判断是否有控制键按下,是哪一个键按下
READKEY:
                MOV     B,#0FEH         ;第一行扫描代码
                MOV     R7,#04H         ;4行扫描(4×4矩阵)
KEYSCAN:        MOV     A,B
                MOV     P1,A            ;送行扫描代码
                NOP
                MOV     A,P1            ;读按键输入状态
                ANL     A,#0F0H
                CJNE    A,#0F0H,KEY     ;判别是否有键按下
                MOV     A,B
```

	RL	A	
	MOV	B,A	
	DJNZ	R7,KEYSCAN	
	AJMP	KEYE	
KEY:	LCALL	DL10MS	;消抖
	MOV	A,P1	;读按键输入状态
	ANL	A,#0F0H	
	CJNE	A,#0F0H,KB	;确认是否有键按下
	AJMP	KEYE	;没有结束
KB:	ANL	B,#0FH	
	ORL	A,B	
	CJNE	A,#0EEH,KB1	;如果值为 EEH,则为 P1.4 与 P1.0 组合的键
	MOV	KEYBUF,#0	
	AJMP	KEYSE	;退出
KB1:	CJNE	A,#0DEH,KB2	;如果值为 DEH,则为 P1.5 与 P1.0 组合的键
	MOV	KEYBUF,#1	
	AJMP	KEYSE	;退出
KB2:	CJNE	A,#0BEH,KB3	;如果值为 BEH,则为 P1.6 与 P1.0 组合的键
	MOV	KEYBUF,#2	
	AJMP	KEYSE	;退出
KB3:	CJNE	A,#7EH,KB4	;如果值为 7EH,则为 P1.7 与 P1.0 组合的键
	MOV	KEYBUF,#3	
	AJMP	KEYSE	;退出
KB4:	CJNE	A,#0EDH,KB5	;如果值为 EDH,则为 P1.4 与 P1.1 组合的键
	MOV	KEYBUF,#4	
	AJMP	KEYSE	;退出
KB5:	CJNE	A,#0DDH,KB6	;如果值为 DDH,则为 P1.5 与 P1.1 组合的键
	MOV	KEYBUF,#5	
	AJMP	KEYSE	;退出
KB6:	CJNE	A,#0BDH,KB7	;如果值为 BDH,则为 P1.6 与 P1.1 组合的键
	MOV	KEYBUF,#6	
	AJMP	KEYSE	;退出
KB7:	CJNE	A,#7DH,KB8	;如果值为 7DH,则为 P1.7 与 P1.1 组合的键
	MOV	KEYBUF,#7	
	AJMP	KEYSE	;退出
KB8:	CJNE	A,#0EBH,KB9	;如果值为 EBH,则为 P1.4 与 P1.2 组合的键
	MOV	KEYBUF,#8	
	AJMP	KEYSE	;退出
KB9:	CJNE	A,#0DBH,KBA	;如果值为 DBH,则为 P1.5 与 P1.2 组合的键

	MOV	KEYBUF,#9	
	AJMP	KEYSE	;退出
KBA:	CJNE	A,#0BBH,KBB	;如果值为BBH,则为P1.6与P1.2组合的键
	MOV	KEYBUF,#10	
	AJMP	KEYSE	;退出
KBB:	CJNE	A,#7BH,KBC	;如果值为7BH,则为P1.7与P1.2组合的键
	MOV	KEYBUF,#11	
	AJMP	KEYSE	;退出
KBC:	CJNE	A,#0E7H,KBD	;如果值为E7H,则为P1.4与P1.3组合的键
	MOV	KEYBUF,#12	
	AJMP	KEYSE	;退出
KBD:	CJNE	A,#0D7H,KBE	;如果值为D7H,则为P1.5与P1.3组合的键
	MOV	KEYBUF,#13	
	AJMP	KEYSE	;退出
KBE:	CJNE	A,#0B7H,KBF	;如果值为B7H,则为P1.6与P1.3组合的键
	MOV	KEYBUF,#14	
	AJMP	KEYSE	;退出
KBF:	CJNE	A,#77H,KEYE	;如果值为77H,则为P1.7与P1.3组合的键
	MOV	KEYBUF,#15	
KEYSE:	LCALL	DISPKEY	;显示键值
KEYSEE:	LCALL	DISPLAY	;动态刷新时钟显示屏,等待键弹起
	MOV	P1,#0F0H	;行线全部输出低电平
	NOP		
	MOV	A,P1	;读列线状态
	ANL	A,#0F0H	
	CJNE	A,#0F0H,KEYSEE	;相等即键已弹起
	LCALL	PROCESS	
KEYE:	RET		

;键处理子程序模块
PROCESS:

	MOV	A,KEYBUF	;取键值
	CJNE	A,#00H,K0	
	INC	SECOND	;秒+1
	MOV	A,SECOND	
	CJNE	A,#60,PEND	
	MOV	SECOND,#0	
	SJMP	PEND	
K0:	CJNE	A,#01H,K1	
	DEC	SECOND	;秒-1

```
            MOV     A,SECOND
            CJNE    A,#-1,PEND
            MOV     SECOND,#59
            SJMP    PEND
    K1:     CJNE    A,#02H,K2
            INC     MINUTE              ;分+1
            MOV     A,MINUTE
            CJNE    A,#60,PEND
            MOV     MINUTE,#0
            SJMP    PEND
    K2:     CJNE    A,#03H,K3
            DEC     MINUTE              ;分-1
            MOV     A,MINUTE
            CJNE    A,#-1,PEND
            MOV     MINUTE,#59
            SJMP    PEND
    K3:     CJNE    A,#04H,K4
            INC     HOUR                ;时+1
            MOV     A,HOUR
            CJNE    A,#24,PEND
            MOV     HOUR,#0
            SJMP    PEND
    K4:     CJNE    A,#05H,K5
            DEC     HOUR                ;时-1
            MOV     A,HOUR
            CJNE    A,#-1,PEND
            MOV     HOUR,#23
            SJMP    PEND
    K5:     CJNE    A,#06H,K6
            SETB    TR0                 ;时钟启动
            SJMP    PEND
    K6:     CJNE    A,#07H,K7
            CLR     TR0                 ;时钟暂停
            SJMP    PEND
    K7:     CJNE    A,#08H,PEND
            MOV     HOUR,#0             ;时钟清0
            MOV     MINUTE,#0
            MOV     SECOND,#0
    PEND:   RET
```

```
;键值显示子程序模块
DISPKEY:    MOV     A,KEYBUF            ;取键值缓存区值
            MOV     DPTR,#TABLE_CC
            MOVC    A,@A+DPTR           ;查表取键显示值
            MOV     P2,A
            RET
;闹铃子程序模块
ALARM:      MOV     A,FLAG
            CJNE    A,#1,DD1
            CLR     P2.7
            SJMP    DDE
DD1:        CJNE    A,#2,DD2
            CLR     P2.7
            SJMP    DDE
DD2:        SETB    P2.7
DDE:        RET
;***************************************************
;显示控制子程序模块
DISPLAY:    MOV     DPTR,#TABLE_CA
            MOV     A,SECOND            ;显示秒
            MOV     B,#10
            DIV     AB
            MOVC    A,@A+DPTR
            MOV     P0,A
            CLR     P3.6
            LCALL   DELAY
            SETB    P3.6
            MOV     A,B
            MOVC    A,@A+DPTR
            MOV     P0,A
            CLR     P3.7
            LCALL   DELAY
            SETB    P3.7
            MOV     P0,#0BFH            ;显示分隔符
            CLR     P3.5
            LCALL   DELAY
            SETB    P3.5
            MOV     A,MINUTE            ;显示分钟
            MOV     B,#10
```

```
            DIV     AB
            MOVC    A,@A+DPTR
            MOV     P0,A
            CLR     P3.3
            LCALL   DELAY
            SETB    P3.3
            MOV     A,B
            MOVC    A,@A+DPTR
            MOV     P0,A
            CLR     P3.4
            LCALL   DELAY
            SETB    P3.4
            MOV     P0,#0BFH        ;显示分隔符
            CLR     P3.2
            LCALL   DELAY
            SETB    P3.2
            MOV     A,HOUR          ;显示小时
            MOV     B,#10
            DIV     AB
            MOVC    A,@A+DPTR
            MOV     P0,A
            CLR     P3.0
            LCALL   DELAY
            SETB    P3.0
            MOV     A,B
            MOVC    A,@A+DPTR
            MOV     P0,A
            CLR     P3.1
            LCALL   DELAY
            SETB    P3.1
            RET
;***************************************************
;定时器中断服务子程序,对秒、分钟和小时的计数
INT_T0:     PUSH    ACC
            PUSH    PSW
            CLR     TR0
            MOV     TH0,#4CH        ;定时50ms
            MOV     TL0,#00H
            SETB    TR0
```

```
            INC     TCNT
            MOV     A,TCNT
            CJNE    A,#20,RETUNE        ;计时1s
            MOV     TCNT,#0
            INC     SECOND
            MOV     A,SECOND
            CJNE    A,#60,RETUNE1
            INC     MINUTE
            MOV     SECOND,#0
            MOV     A,MINUTE
            CJNE    A,#60,RETUNE1
            INC     HOUR
            MOV     MINUTE,#0
            MOV     A,HOUR
            CJNE    A,#24,RETUNE1
            MOV     HOUR,#0
RETUNE1:    MOV     A,HOUR
            CJNE    A,HOURA,RETUNE2
            MOV     A,MINUTE
            CJNE    A,MINUTEA,RETUNE2
            MOV     A,SECOND
            CJNE    A,SECONDA,RETUNE2
            MOV     FLAG,#1             ;闹铃设定值1到
            SJMP    RETUNE
RETUNE2:    MOV     A,HOUR
            CJNE    A,HOURB,RETUNE3
            MOV     A,MINUTE
            CJNE    A,MINUTEB,RETUNE3
            MOV     A,SECOND
            CJNE    A,SECONDB,RETUNE3
            MOV     FLAG,#2             ;闹铃设定值2到
            SJMP    RETUNE
RETUNE3:    MOV     FLAG,#0
RETUNE:     POP     PSW
            POP     ACC
            RETI
;显示延时子程序
DELAY:      MOV     R6,#10
D1:         MOV     R7,#250
```

```
            DJNZ    R7,$
            DJNZ    R6,D1
            RET
;按键消抖 10 ms 延时子程序
DL10MS:     MOV     R3,#14H
DELAY1:     MOV     R2,#8EH
            DJNZ    R2,$
            JNZ     R3,DELAY1
            RET
;显示字形常数表
TABLE_CC:                           ;共阴七段显示器数据定义
            DB      3FH,06H,5BH,4FH     ;0、1、2、3
            DB      66H,6DH,7DH,07H     ;4、5、6、7
            DB      7FH,67H,77H,7CH     ;8、9、A、B
            DB      39H,5EH,79H,71H     ;C、D、E、F
            DB      80H                 ;黑屏
TABLE_CA:                           ;共阳七段显示器数据定义
            DB      0C0H,0F9H,0A4H,0B0H ;0、1、2、3
            DB      99H,92H,82H,0f8H    ;4、5、6、7
            DB      80H,90H,88H,83H     ;8、9、A、B
            DB      0C6H,0A1H,86H,8EH   ;C、D、E、F
            END                         ;程序结束
```

5. 虚拟仿真与调试

多功能数字电子钟 PROTEUS 虚拟仿真硬件电路如图 6-18 所示,在 Keil μVision3 与 PROTEUS 环境下完成任务的仿真调试。运行后,观察调试结果如下:当数码管能正确地显示如图所示的效果且按键功能作用满足设计要求,说明已实现了任务要求。

单元6 单片机键盘与显示器接口电路设计 283

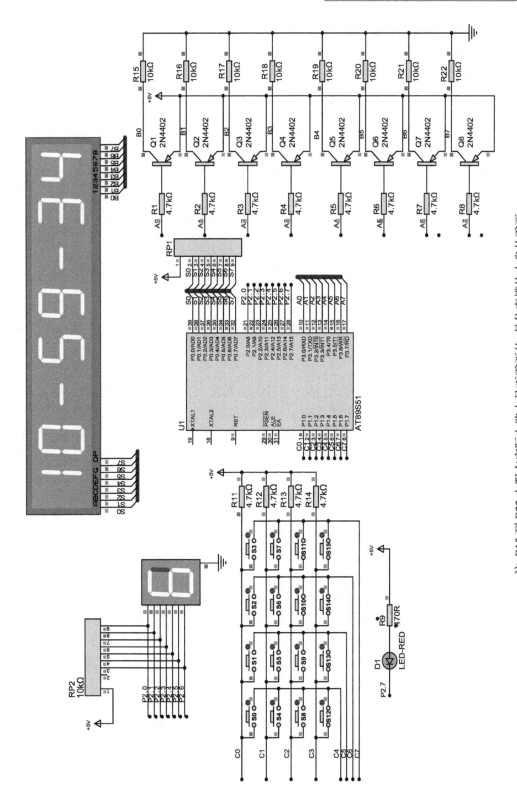

注：R15 到 R22 电阻在实际电路中是不需要的，是仿真模块本身的需要。

图 6-18 多功能数字电子钟 PROTEUS 虚拟仿真硬件电路图

6. 硬件制作与调试

（1）元器件采购。

本项目采购清单见表 6-2。

表 6-2 元器件清单

序号	器件名称	规格	数量	序号	器件名称	规格	数量
1	单片机	AT89S51	1	9	数码管	1 位共阴绿	1
2	电解电容	10μF	1	10	数码管	4 位共阳绿	2
3	瓷介电容	30pF	2	11	发光二极管	Φ5 红	1
4	晶振	11.0592MHz	1	12	轻触按键	8.5×8.5	16
5	电阻	10kΩ	1	13	印制板	PCB	1
6	电阻	4.7kΩ	12	14	三极管	2N3096 PNP	8
7	电阻	470Ω	1	15	集成电路插座	DIP40	1
8	排阻	10kΩ 9PIN	2				

（2）调试注意事项。

① 静态调试要点。

对照元器件表，检查所有元器件的规格、型号有无装配错误，按原理图检查线路接线有无错误，集成块有无接反等故障。重点检查显示时间的数码管（共阳）和显示按键的数码管（共阴）有无混淆使用，位选线和字选线的连接是否正确，所有驱动用三极管的 B、C、E 极有无接错，4×4 键盘行线和列线的连接是否正确，应特别注意电源系统的检查，防止电源短路和极性错误。

② 动态调试要点。

上电后，观察电路板上数码管的时间显示情况及按键的功能。正常的运行结果是：按下启动键 S6，电子钟开始工作，8 位共阳极数码管将从"10-59-30"开始显示时间，时制为 24 小时制，时间显示格式为时（十位、个位）、分（十位、个位）、秒（十位、个位），即 HH-MM-SS。在电子钟的工作过程中，按下 S8 键，显示值被清 0。按下 S7 键，计时暂停。S0～S5 用于调整时间，其中 S0、S2、S4 分别用于递增调整秒、分、时的值，S1、S3、S5 分别用于递减调整秒、分、时的值。在调整过程中，时钟以新的时间为起点继续刷新显示。当时间到达预设时间时，电子钟可通过蜂鸣器鸣响进行闹铃，本电路暂时用发光二极管代替。1 位共阴极数码管则可用于实时显示所按 4×4 键盘的键号。调试结果若不符合设计的要求，对硬件电路和软件进行检查重复调试。程序正常运行时可观察到运行结果是：数码管正确地对应显示 0～F。

7. 能力拓展

本项目只是单片机人机界面应用中一个简单的案例，在本项目基础上，试设计一个电子万年历。可采用 LED 数码管，也可采用 LCD 液晶模块。实现如下功能：

① 具有年、月、日、时（24 小时制）、分、秒和星期显示，可识别闰年。

② 能借助键盘设置日期、时间及报闹时间等信息。

③ 报闹时，蜂鸣器先鸣响 3s，然后停 2s，如果无人干预，蜂鸣器再鸣响 6s。

④ 要求走时准确、显示直观、精度稳定。

注意：考虑到电子万年历，时间计算比较复杂，如需要识别闰年，可考虑采用典型时钟芯片，如 DS1302、DS1307 和 SD2405 等。

单元小结

在单片机应用系统中，键盘和显示器是最常用的输入/输出设备，是实现人机对话必不可少的功能配置。键盘是由若干个按键组成的开关矩阵，它是一种廉价的输入设备。一个键盘，通常包括有数字键(0~9)，字母键(A~Z)以及一些功能键。操作人员可以通过键盘向计算机输入数据、地址、指令或其他控制命令。显示器则用来显示单片机的键入值、控制过程中间信息及运算结果等。特别是数码管显示器(LED)，由于其结构简单、价格廉价和接口容易，在单片机控制系统中得到广泛的应用。

1. 单片机与键盘接口

键盘是由若干个按键组成的。为了节省 I/O 线，通常将按键开关组成矩阵结构，采用扫描方式识别闭合键。键盘可通过一般 I/O 口与单片机连接，配合键盘扫描程序来实现单片机和键盘之间的通信。为了从键盘上取得有特定含义的数据，软件必须做好三件事：

（1）检测出当前已经有键被按下了。

（2）消除键被按下时机械触点跳动引起的脉冲列的影响。

（3）键码应译出，即识别出被按下的键处在键矩阵中具体的行、列位置。

2. 单片机与显示器接口

显示器是用来指示单片机执行程序的结果以及工作状态。常用的显示器有 LED 显示器、LCD 显示器、CRT 显示器。其中最常用的是 LED 数码显示器。

8 段 LED 数码管能显示阿拉伯数字和部分英文字母以及特殊符号，有共阴极和共阳极之分。显示方式有静态显示和动态扫描显示两种。显示程序的功能是将显示缓冲区中的数字经过字形变换后送数码管显示。

3. LED 显示电路设计时应注意静态显示和动态显示方式的区别

静态显示方式数码管较亮，且显示程序占用 CPU 的时间较少，但其硬件电路复杂，占用单片机 I/O 口线多，成本高；静态显示电路虽然电路消耗一定的功率，如果采用低功耗电路和高亮度显示器可以得到很低的功耗。

动态显示方式硬件电路相对简单，成本较低，但其数码管显示亮度偏低，且采用动态扫描方式，显示程序占用 CPU 的时间较多。具体应用时，应根据实际情况，选用合适的显示方式。动态显示需要 CPU 控制显示的刷新，会有一定的功耗。

4. 按键电路设计时应注意独立按键和行列矩阵按键的区别

（1）独立式按键：每个按键占用一根 I/O 端线，特点是：

① 各按键相互独立，电路配置灵活。

② 按键数量较多时，I/O 口线耗费较多，电路结构繁杂。

③ 软件结构简单。

适用于按键数量较少的场合。

（2）矩阵式键盘：I/O 端线分为行线和列线，按键跨接在行线和列线上，按键按下时，行线与列线发生短路。特点是：

① 占用 I/O 端线较少。

② 软件结构较复杂。

适用于按键较多的场合。

5. 编写键盘输入程序时的注意点

（1）扫描键盘，判别有无按键按下。

（2）去除键的机械抖动，其方法为：判别到键盘上有键闭合后，延时一段时间后再判别键盘的状态，若仍有键闭合，则认为键盘上有一个键处于稳定的闭合期，否则认为是键的抖动。

（3）判别闭合键的键号。

（4）使 CPU 对键的一次闭合仅作一次处理，采用的方法为等待闭合键释放以后再作下一步处理。

6. LED 动态显示硬件电路设计时的注意点

（1）点亮一个 LED 通常需要 10mA，电路应加限流电阻，阻值选 470Ω 为宜。

（2）在切至下一个数码管时，应把上一个先关闭，再将下一个数码管扫描信号输出，以避免上一个显示数据显示到下一个数码管，形成鬼影。

（3）扫描时间必须高于视觉暂留频率（即频率 16Hz 以上，扫描周期 62 ms 以下）。

巩固与提高

1. LED 静态显示方式和动态显示方式各有什么优缺点？
2. 动态显示的工作原理是什么？
3. 试说明非编码键盘的工作原理，为什么要消除键盘的机械抖动？有哪些方法？如何判断键是否释放？
4. 键盘有哪三种工作方式，它们各自的工作原理及特点是什么？
5. 独立式键盘和矩阵式键盘各有什么特点？分别用在什么场合？
6. 试说明矩阵式键盘按键按下的识别原理，解释编程扫描方式的主要工作过程，如何编程？
7. 设计一个 6 位数码管动态显示电路，试编程实现在数码管上自右向左循环显示"123456"。
8. 设计一个 4 位数码管动态显示电路和 4×4 矩阵式键盘电路，试编程实现"0000～9999"四位秒表设计，并具有启动、停止、清 0 等功能。
9. 试用 AT89S51、按键开关和 LED 显示器等器件，设计一个四路抢答器，请画出硬件电路，并编写程序。

单元 7　单片机 A/D 与 D/A 接口电路设计

> **学习目标**
> - 通过 7.1 的学习,了解 A/D 转换的基本工作原理,掌握单片机 A/D 转换接口电路设计技术。
> - 通过 7.2 的学习,了解 D/A 转换的基本工作原理,掌握单片机 D/A 转换接口电路设计技术。

> **技能(知识)点**
> - 能掌握 A/D 转换器的基本工作原理。
> - 了解 A/D 转换器的主要技术指标。
> - 了解典型 A/D 转换芯片 ADC0809 的使用方法。
> - 能掌握 MCS-51 单片机与 A/D 转换芯片接口电路的设计方法。
> - 能掌握 D/A 转换器的基本工作原理。
> - 了解 D/A 转换器的主要技术指标。
> - 了解典型 D/A 转换芯片 DAC0832 的使用方法。
> - 能掌握 MCS-51 单片机与 D/A 转换芯片接口电路的设计方法。

7.1　单片机 A/D 转换接口——电压报警器设计

7.1.1　A/D 转换芯片的结构与工作原理

单片机 A/D 转换通道又称为输入通道(也叫前向通道),用于与采集对象相连,是现场干扰进入的主要通道。由于采集对象不同,有开关量、模拟量、频率量,故有形式多样的信号变换。

本任务主要目的是介绍常用的 A/D 转换器工作原理、性能指标和选取原则。要求掌握 ADC0809 与 MCS-51 单片机的接口设计方法,掌握 A/D 转换接口的应用。

1. A/D 转换器概述

A/D 转换器用于实现模拟量向数字量的转换,由于模数转换电路的种类很多,选择 A/D 转换器件主要从速度、精度和价格方面考虑。按转换原理可分为 4 种,即计数式 A/D 转换器、双积分式 A/D 转换器、逐次逼近式 A/D 转换器、并行式 A/D 转换器。

目前最常用的是双积分式 A/D 转换器和逐次逼近式 A/D 转换器。

双积分式 A/D 转换器的主要优点是转换精度高,抗干扰性能好,价格便宜,但转换速度较慢,因此这种转换器主要用于速度要求不高的场合。

逐次逼近式 A/D 转换器是一种速度较快、精度较高的转换器,其转换时间大约在几微秒到几百微秒之间。通常使用的逐次逼近式典型 A/D 转换芯片,如 ADC0808/ADC0809 8 位 MOS 型 A/D 转换器,可实现 8 路模拟信号的分时采集,片内有 8 路模拟选通开关,以及相应的通道地址锁存用译码电路,其转换时间为 100μs 左右。ADC0816/ADC0817 这类产品除输入通道数增加至 16 个以外,其他性能与 ADC0808/ADC0809 型基本相同。

2. A/D 转换器的主要技术指标

(1)分辨率。

它表明 A/D 对输入模拟量的辨别能力,由它确定能被 A/D 辨别的最小模拟量变化。通常用二进制位数表示。

(2)量化误差。

它是在 A/D 转换中由于整量化所产生的固有误差。对于舍入(4 舍 5 入)量化法,量化误差在 $-\frac{1}{2}$LSB ~ $\frac{1}{2}$LSB 之间,这个量化误差的绝对值是转换器分辨率和满量程的函数。

(3)转换时间。

A/D 完成一次转换所需的时间。

(4)绝对精度。

对于 A/D,是指在输出端产生给定的数字代码,实际需要的模拟输入值与理论上要求的模拟输入值之差(由于有量化,在一定范围内的所有模拟值都产生相同的数字输出,所以这里的模拟值都是指该范围内的中间值)。

(5)相对精度。

对于 A/D,是指在满度值校准以后,任一数字输出所对应的实际模拟输入值(中间值)与理论值(中间值)之差。对于线性 A/D,相对精度就是非线性度。

(6)漏码。

在 A/D 中,如果模拟输入连续增加(或减小)时,数字输出不是连续增加(或减小)而是越过某一个数字,即出现漏码。

3. 典型 A/D 转换芯片 ADC0809

ADC0809 是一种 8 通道 8 位逐次逼近式 A/D 转换芯片,有 8 路模拟选通开关,可分时采集 8 路模拟信号,在时钟脉冲频率为 640KHz 时,转换时间为 100μs 左右。

(1) ADC0809 的内部逻辑结构。

ADC0809 的内部逻辑结构图如图 7-1 所示。

多路开关可选通 8 个模拟通道,允许 8 路模拟量分时输入,共用一个 A/D 转换器进行转换,这是一种经济的多路数据采集方法。

地址锁存与译码电路完成对 ADDA、ADDB、ADDC 三个地址位进行锁存和译码,其译码输出用于通道选择,转换结果通过三态输出锁存器存放、输出,因此可以直接与系统数据总线相连,表 7-1 为通道选择表。

8 位逐次逼近式 A/D 转换器,由控制与时序电路、逐次逼近寄存器、树状开关以及 2×8 阶梯形电阻网络等组成。

输出锁存器用于存放输出转换得到的数字量。

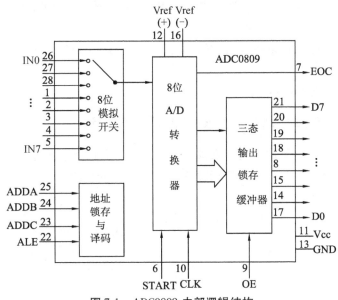

图 7-1 ADC0809 内部逻辑结构

表 7-1 ADC0809 模拟输入通道与地址译码的选通关系

被选模拟通道		IN0	IN1	IN2	IN3	IN4	IN5	IN6	IN7
地 址	ADDC	0	0	0	0	1	1	1	1
	ADDB	0	0	1	1	0	0	1	1
	ADDA	0	1	0	1	0	1	0	1

（2）引脚说明。

ADC0809 芯片为 28 引脚双列直插式封装，其引脚排列见图 7-2。

ADC0809 引脚的功能说明如下：

- IN0～IN7：8 路模拟信号输入端。
- ADDC(A2)、ADDB(A1)、ADDA(A0)：地址输入端。
- ALE：地址锁存允许输入信号，在此脚施加正脉冲，上升沿有效，此时锁存地址码，从而选通相应的模拟信号通道，以便进行 A/D 转换。
- START：启动信号输入端，在此脚施加正脉冲，当上升沿到达时，内部逐次逼近寄存器复位，在下降沿到达后，开始 A/D 转换过程；在转换期间，应保持低电平。
- EOC：转换结束输出信号（转换结束标志），高电平有效。
- OE：输出允许信号，用于控制三条输出锁存器向单片机输出转换得到的数据。OE = 1，输出转换得到的数据；OE = 0，输出数据线呈高阻状态。

图 7-2 ADC0809 引脚排列

- CLOCK(CP、CLK):时钟信号输入端,因 ADC0809 的内部没有时钟电路,所需时钟信号必须由外界提供,外接时钟频率典型值为 640kHz,极限值为 1280kHz。
- Vcc:+5V 单电源供电。
- Vref(+)、Vref(-):基准电压的正极、负极。一般 Vref(+)接+5V 电源,Vref(-)接地。
- D7~D0:数字信号输出端。

7.1.2 MCS-51 单片机与 ADC0809 的接口设计

ADC0809 与 MCS-51 单片机的连接如图 7-3 所示。电路连接主要涉及两个问题:一是 8 路模拟信号通道的选择;二是 A/D 转换完成后转换数据的传送。

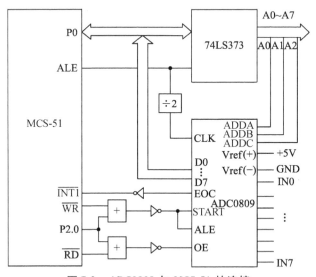

图 7-3 ADC0809 与 MCS-51 的连接

1. 8 路模拟通道选择

如图 7-3 所示,模拟通道选择信号 ADDA、ADDB、ADDC 分别接最低三位地址 A0、A1、A2 即(P0.0、P0.1、P0.2),而地址锁存允许信号 ALE 由 P2.0 控制,则 8 路模拟通道的地址为 0FEF8H~0FEFFH。此外,通道地址选择以 $\overline{WR}$ 作写选通信号,这一部分电路连接如图 7-4 所示。

从图 7-4 中可以看到,把 ALE 信号与 START 信号接在一起了,使得在信号的前沿写入(锁存)通道地址,紧接着在其后沿启动转换。图 7-5 是有关信号的时间配合示意图。

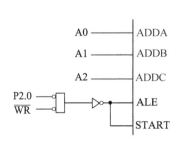

图 7-4 ADC0809 的部分信号连接

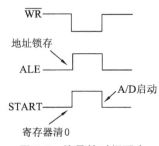

图 7-5 信号的时间配合

启动 A/D 转换只需要一条 MOVX 指令。在此之前,要将 P2.0 清 0 并将最低三位与所选择的通道对应的口地址送入数据指针 DPTR 中。例如,要选择 IN0 通道时,可采用如下两条指令,即可启动 A/D 转换:

  MOV DPTR,#FE00H   ;送入 ADC0809 的口地址
  MOVX @DPTR,A   ;启动 A/D 转换(IN0)

注意:此处的 A 与 A/D 转换无关,可为任意值。

2. 转换数据的传送

A/D 转换后得到的数据应及时传送给单片机进行处理。数据传送的关键问题是如何确认 A/D 转换的完成,因为只有确认完成后,才能进行传送。为此可采用下述三种方式。

(1) 定时传送方式。

对于一种 A/D 转换来说,转换时间作为一项技术指标是已知的和固定的。例如,ADC0809 转换时间为 128μs,相当于 6MHz 的 MCS-51 单片机的 64 个机器周期。可据此设计一个延时子程序,A/D 转换启动后即调用此子程序,延迟时间一到,转换肯定已经完成了,接着就可进行数据传送。

(2) 查询方式。

A/D 转换芯片有表明转换完成的状态信号,如 ADC0809 的 EOC 端。因此可以用查询方式,测试 EOC 的状态,即可确认转换是否完成,并接着进行数据传送。

(3) 中断方式。

把表明转换完成的状态信号(EOC)作为中断请求信号,以中断方式进行数据传送。

不管使用上述哪种方式,只要一旦确认转换完成,即可通过指令进行数据传送。首先送出口地址并以 $\overline{RD}$ 作选通信号,当 $\overline{RD}$ 信号有效时,OE 信号即有效,把转换数据送上数据总线,供单片机接收,即

  MOV DPTR,#FE00H   ;选中通道 0
  MOVX A,@DPTR   ;$\overline{RD}$ 信号有效,输出转换后的数据到 A 累加器

这里需要说明的是,ADC0809 的三个地址端 ADDA、ADDB、ADDC 既可如前所述与地址线相连,也可与数据线相连,如与 D0~D2 相连。这时启动 A/D 转换的指令与上述类似,只不过累加器 A 的内容不能为任意数,而必须和所选输入通道号 IN0~IN7 相一致。例如,当 ADDA、ADDB、ADDC 分别与 D0、D1、D2 相连时,启动 IN7 的 A/D 转换指令如表 7-2 所示。

表 7-2 A/D 转换指令表

MOV DPTR,#FE00H	送 ADC0809 的口地址
MOV A,#07H	D2D1D0 = 111 选择 IN7 通道
MOVX @DPTR,A	启动 A/D 转换

ADC0809 与 MCS-51 的硬件接口最常用的是查询方式和中断方式。

(1) 查询方式。

查询方式下 ADC0809 与 MCS-51 的硬件接口如图 7-6 所示。

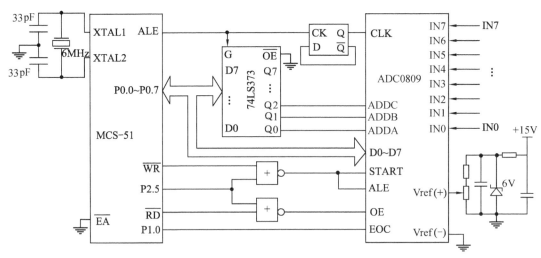

图 7-6 查询方式下 ADC0809 与 MCS-51 的接口电路

ADC0809 的时钟由 ALE 两分频后提供,其频率为 500kHz。在编程时,令 P2.5 = 0,A2A1A0 给出被选择的模拟通道地址,地址为 xx0xxxxxxxxxxA2A1A0B,执行一条外部数据存储器输出指令,锁存模拟通道地址,同时启动 A/D 转换。然后查询等待,当 P1.0 = EOC = 1,表明 A/D 转换结束,再执行一条外部数据存储器输入指令,读取 A/D 转换结果。下面的程序采用查询方式,分别对 8 路模拟信号轮流采样一次,并依次把结果转存到内部数据存储区的采样存储程序。

```
          MOV    R1,#DATA           ;置数据区首址指针
          MOV    DPH,#0DFH          ;P2.5 = 0
          MOV    DPL,#80H           ;指向模拟通道 0
          MOV    R7,#08H            ;置通道数
LP1:      MOVX   @DPTR,A            ;锁存模拟通道地址,启动 A/D 转换
LP2:      MOV    C,P0.1             ;读 EOC 状态
          JNC    LP2                ;非 1 循环等待
          MOVX   A,@DPTR            ;读 A/D 转换结果
          MOV    @R1,A              ;存结果
          INC    R1                 ;调整数据区指针
          INC    DPL                ;模拟通道加 1
          DJNZ   R7,LP1             ;8 个通道全采样完了吗? 未完继续
          RET                       ;返回
```

(2) 中断方式。

中断方式下 ADC0809 与 MCS-51 的硬件接口如图 7-7 所示。ADC0809 的时钟由 ALE 两分频后提供,其频率为 500kHz。使用 A/D 转换结束信号 EOC 作为中断请求信号,反相后接到 MCS-51 的外部中断请求INT1端。

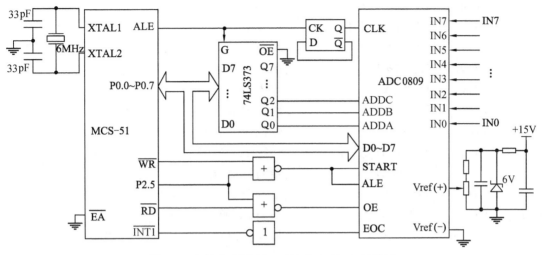

图 7-7 中断方式下 ADC0809 与 MCS-51 的接口

在编程时,令 P2.5=0,A2A1A0 给出被选择的模拟通道地址,地址为 xx0xxxxxxxxxxA2A1 A0B,执行一条外部数据存储器输出指令,锁存模拟通道地址,同时启动 A/D 转换。然后,当 A/D 转换结束时 EOC=1,$\overline{INT1}$=0,向 CPU 申请中断,在中断服务程序中,执行一条外部数据存储器输入指令,读取 A/D 转换结果,同时可根据需要再次启动 A/D 转换。

下面的程序采用中断方式,分别对 8 路模拟信号轮流采样一次,并依次把结果转存到以首址为 30H 的内部数据存储区。

```
            ORG     0000H
START:      AJMP    MAIN
            ORG     0013H           ;INT1中断入口地址
            AJMP    SUB
            ORG     0100H
MAIN:       MOV     R0,#30H         ;置数据区首址指针
            MOV     R6,#00          ;指向模拟通道0
            SETB    IT1             ;INT1边沿触发
            SETB    EX1             ;开放INT1中断
            SETB    EA              ;开放中断总开关
            MOV     DPTH,#0DFH      ;P2.5=0
            MOV     DPTL,R6         ;指向模拟通道0
            MOVX    @DPTR,A         ;锁存模拟通道地址,启动A/D转换
LOOP:       NOP                     ;处理程序
            AJMP    LOOP            ;循环等待中断
;中断服务程序
SBU:        PUSH    PSW             ;保护现场
            PUSH    ACC
            PUSH    DPL
```

```
            PUSH    DPH
            MOV     DPTH,#0DFH          ;P2.5 = 0
            MOV     DPTL,R6             ;指向 R6 给定的模拟通道
            MOVX    A,@DPTR             ;读 A/D 转换结果
            MOV     @R0,A               ;存入 R0 所指的内部 RAM
            INC     R0                  ;调整数据区指针
            INC     R6                  ;模拟通道加 1
            CJNE    R6,#08H,EXIT        ;8 个通道全采样完了吗？未完继续
            MOV     R6,#00H             ;指向模拟通道 0
            MOV     R0,#30H             ;重置数据区首址指针
    EXIT:   MOV     DPL,R6              ;指向 R6 给定的模拟通道
            MOVX    @DPTR,A             ;锁存模拟通道地址,启动 A/D 转换
            POP     DPH                 ;恢复现场
            POP     DPL
            POP     ACC
            POP     PSW
            RETI                        ;中断返回
```

7.1.3　项目 20——电压报警器设计

1. 任务描述

所谓电压报警器(Digital Voltmeter,简称 DVM),是采用数字化测量技术把连续的模拟电压量转换成不连续、离散的数字化形式并加以显示的仪表,并对监视的电压进行超压和欠压报警。

传统指针式电压表功能单一、精度低,难以满足数字化时代的需求。采用 A/D 转换器和单片机构成的电压报警器,由于具有测量精度高、抗干扰和可扩展能力强、集成性能好等优点,目前已被广泛应用于电子及电工测量、工业自动化仪表、自动测试系统等智能化测量领域。

本项目的任务是设计一个电压报警器,具体要求如下:

（1）报警方式:当监测到电压超过上限报警值、低于下限报警值、超出上限与下限设定的区间报警值时,电压报警器会立即鸣笛报警,电压测控仪会输出开关量。

（2）监测电压:DC 0~5V。

（3）测量精度:<0.02V。

（4）报警音量:≤90dB。

2. 总体设计

单片机应用的重要领域是自动控制。在自动控制的应用中,除数字量之外还会遇到另一种物理量,即模拟量。例如,温度、速度、电压、电流、压力等,它们都是连续变化的物理量。由于计算机只能处理数字量,因此计算机系统中凡遇到有模拟量的地方,就要进行模拟量向数字量、数字量向模拟量的转换,也就出现了单片机的数/模和模/数转换的接口问题。A/D 和 D/A 转换器是计算机与外部电路联系的重要途径。单片机模拟通道是单片机

应用中非常重要的一个环节。

作为有明确应用目的的单片机产品设计人员来说,只需要正确合理地选用现有的A/D转换器,了解它们的功能和接口方法,就可达到应用的目的。例如,ADC0809的性能,及其与MCS-51单片机如何连接,通道地址如何确定,如何以无条件方式、查询方式和中断方式采集模拟信号的性能特点等。

单片机中A/D转换的模拟通道,用于将传感器获取的各种信号经过信号变换,再经过A/D转换后送入计算机进行处理。测量要求和传感器输出信号的不同,单片机模拟通道的配置就不一样。

从应用的角度出发,了解常用的A/D转换器的性能指标与选取原则,并能进行其与单片机接口电路的设计。

根据任务分析,电压报警器设计可采用AT89S51单片机控制,在设计中需要引入一个8位的A/D转换电路,若干个I/O口用于显示电路及报警电路,一个电源电路,电源电路同项目1。系统结构图如图7-8所示。

该系统采用以单片机为核心的模块化结构,主要包含的硬件模块有:最小电路模块(电源电路、时钟电路及复位电路)、A/D转换模块、报警指示模块、声音报警电路模块及电压显示模块几个部分。

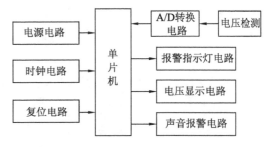

图7-8 电压报警器的系统结构图

整个系统工作时,被测电压经A/D转换后的数字量送单片机,单片机一方面将该电压值送LED数码管显示,同时,对该电压值进行判断,确定是否到达过压或欠压值,若达到过压或欠压值,则点亮报警指示灯,并且启动声音报警电路,发出一定频率的报警声。单片机与A/D转换电路的接口采用查询方式实现,电压显示采用4位LED数码管动态显示方式,过压及欠压报警指示灯采用LED灯实现,采用蜂鸣器产生报警声音。利用定时器T0产生A/D转换用的时钟信号,用定时器T1设定报警信号的频率。

3. 硬件设计

本任务采用AT89S51单片机作为主控制器。A/D转换采用8通道A/D转换芯片ADC0809,完成被测模拟电压向数字量的转换。该数字电压值由4位共阴极LED数码管显示,三极管起驱动作用。过压或欠压时有声音和指示灯两种方式报警,报警指示灯电路由两个LED组成,分别用于过压和欠压指示。声音报警由蜂鸣器产生。电压报警器的原理图如图7-9所示。

实现任务的硬件电路中包含的主要元器件为:AT89S51 1片、78L05 1个、ADC0809 1片、4位共阳数码管1个、2N3096三极管4个、LED 2个、蜂鸣器1个以及电阻和电容等若干。

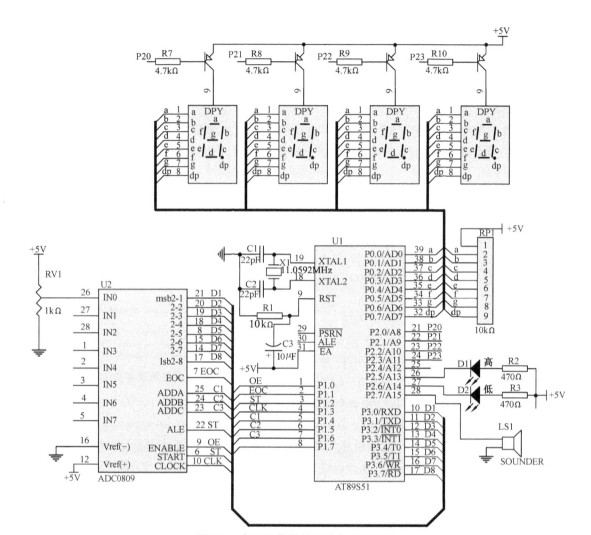

图 7-9 电压报警器的硬件电路原理图

4. 软件设计

(1) 软件流程设计。

电压报警器的软件流程图如图 7-10 所示。其中图 7-10(a) 是主程序流程图,图 7-10(b) 是用于产生 ADC0809 工作时钟的定时中断服务程序流程图,图 7-10(c) 是用于产生报警声的定时中断服务程序流程图,图 7-10(d) 是显示模块程序流程图。

软件采用模块化设计方法,不仅易于编程和调试,也可减小软件故障率和提高软件的可靠性。从软件流程图到程序设计,包含如下程序模块:变量缓冲区定义模块、主程序模块、电压显示模块、ADC0809 工作时钟产生模块、报警声鸣笛模块、缓冲区设置模块、软件延时模块、LED 共阴数码管 0~F 显示字形常数表。

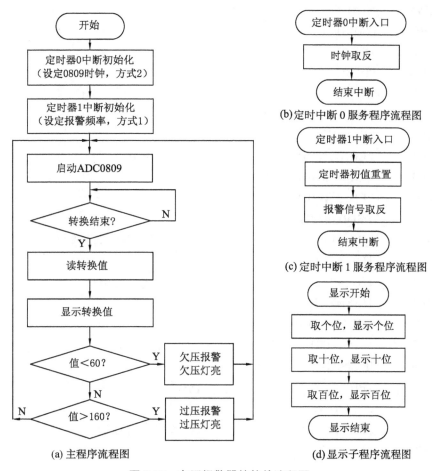

图 7-10 电压报警器的软件流程图

（2）汇编语言参考源程序如下：

```
OE      BIT     P1.0
EOC     BIT     P1.1
ST      BIT     P1.2
CLK     BIT     P1.3
H_LED   BIT     P2.5            ;报警指示灯
L_LED   BIT     P2.6
SPK     BIT     P2.7
LED_0   EQU     30H             ;存放三个数码管的段码
LED_1   EQU     31H
LED_2   EQU     32H
ADC     EQU     35H             ;存放转换后的数据
THD1    EQU     36H             ;喇叭的频率
TLD1    EQU     37H
        ORG     0000H
```

```
            LJMP    START
            ORG     000BH
            LJMP    INT_T0
            ORG     001BH
            LJMP    INT_T1
            ORG     0040H
START:      MOV     SP,#60H
            MOV     LED_0,#00H              ;显示值清 0
            MOV     LED_1,#00H
            MOV     LED_2,#00H
            MOV     TMOD,#12H
            MOV     TH0,#14H                ;设定 ADC0809 时钟频率
            MOV     TL0,#00H
            MOV     TH1,#0FEH               ;设定报警信号频率
            MOV     TL1,#00H
            MOV     THD1,#0FEH
            MOV     TLD1,#00H
            MOV     IE,#8AH                 ;开中断
            SETB    TR0                     ;启动定时器 0 为 ADC0809 提供时钟
            MOV     P2,#0FFH                ;关显示
            MOV     DPTR,#TABLE             ;送段码表首地址
            SETB    P1.4
            SETB    P1.5
            CLR     P1.6                    ;选择 ADC0809 的通道 3
WAIT:       CLR     ST
            SETB    ST
            CLR     ST                      ;启动转换
            JNB     EOC,$                   ;等待转换结束
            SETB    OE                      ;允许输出
            MOV     ADC,P3                  ;暂存转换结果
            CLR     OE                      ;关闭输出
            MOV     A,ADC                   ;将 A/D 转换结果转换成 BCD 码
            MOV     B,#100
            DIV     AB
            MOV     LED_2,A                 ;保存百位
            MOV     A,B
            MOV     B,#10
            DIV     AB
            MOV     LED_1,A                 ;保存十位
```

	MOV	LED_0,B	;保存个位
	LCALL	DISP	;显示 A/D 转换结果
	MOV	A,ADC	;对 A/D 转换结果进行判断
	CJNE	A,#60,AP0	;判断电压值是否小于下限值
AP0:	JNC	AP1	
	CLR	L_LED	;低压灯亮
	SETB	H_LED	;高压灯灭
	MOV	THD1,#0FEH	;置低压报警频率
	MOV	TLD1,#00H	
	SETB	TR1	;启动报警信号
	SJMP	WAIT	
AP1:	CJNE	A,#160,AP2	;判断电压值是否大于上限值
AP2:	JNC	AP3	
	SETB	H_LED	
	SETB	L_LED	
	CLR	TR1	
	SJMP	WAIT	
AP3:	CLR	H_LED	;高压灯亮
	SETB	L_LED	;低压灯灭
	MOV	THD1,#0FEH	;置高压报警频率
	MOV	TLD1,#80H	
	SETB	TR1	;启动报警信号
	SJMP	WAIT	

;**
;定时器中断服务程序,产生 ADC0809 工作时钟
INT_T0:	PUSH	ACC
	PUSH	PSW
	CPL	CLK
	POP	PSW
	POP	ACC
	RETI	

;**
;定时器中断服务程序,产生报警脉冲信号
INT_T1:	PUSH	ACC
	PUSH	PSW
	CLR	TR1
	MOV	TH1,#THD1
	MOV	TL1,#TLD1

	SETB	TR1	
	CPL	SPK	
	POP	PSW	
	POP	ACC	
	RETI		
DISP:	MOV	A, LED_0	;数码管显示子程序
	MOVC	A, @A+DPTR	
	MOV	P0, A	
	CLR	P2.3	
	LCALL	DELAY	
	SETB	P2.3	
	MOV	A, LED_1	
	MOVC	A, @A+DPTR	
	MOV	P0, A	
	CLR	P2.2	
	LCALL	DELAY	
	SETB	P2.2	
	MOV	A, LED_2	
	MOVC	A, @A+DPTR	
	MOV	P0, A	
	CLR	P2.1	
	LCALL	DELAY	
	SETB	P2.1	
	RET		
DELAY:	MOV	R6, #10	;延时 5ms
D1:	MOV	R7, #250	
	DJNZ	R7, $	
	DJNZ	R6, D1	
	RET		
TABLE:			;七段显示器数据定义
	DB	3FH, 06H, 5BH, 4FH	;0、1、2、3
	DB	66H, 6DH, 7DH, 07H	;4、5、6、7
	DB	7FH, 6FH, 77H, 7CH	;8、9、A、B
	DB	39H, 5EH, 79H, 71H	;C、D、E、F
	DB	80H	
	END		;程序结束

5. 虚拟仿真与调试

电压报警器 PROTEUS 虚拟仿真硬件电路如图 7-11 所示,在 Keil μVision3 与 PROTEUS 环境下完成任务的仿真调试。观察调试结果如下:使可调电位器数码管的值在 0.00~5.00V 之间变化,当可调电位器为 0%,数码管显示 0V(或 000);当可调电位器为 100%,数码管显示 5V (或 255)时,说明输入的模拟电压经 A/D 转换后的值在 4 位数码管上显示正常。当输入电压达到上限值时,上限报警 LED 灯点亮且蜂鸣器发出声音报警。同样,当输入电压达到下限值时,下限报警 LED 灯点亮且蜂鸣器发出声音报警,从而实现了电压报警器功能。

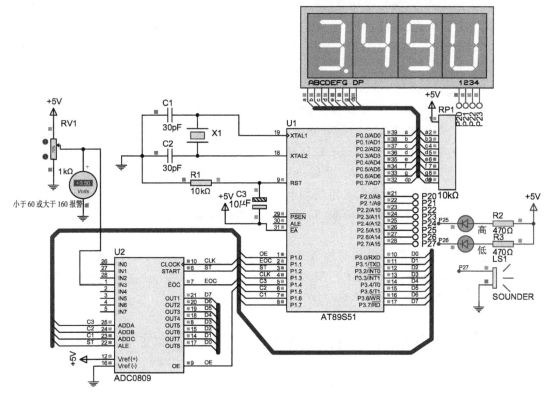

图 7-11 电压报警器 PROTEUS 仿真硬件电路图

6. 硬件制作与调试

(1) 元器件采购。

本项目采购清单见表 7-3。

表 7-3 元器件清单

序号	器件名称	规格	数量	序号	器件名称	规格	数量
1	单片机	AT89S51	1	10	电位器	1kΩ	1
2	A/D 转换 IC	ADC0809	1	11	数码管	4 位共阳	1
3	电解电容	10μF	1	12	蜂鸣器	5V	1
4	瓷介电容	30pF	2	13	发光二极管	Φ5 红	2
5	晶振	11.0592MHz	1	14	印制板	PCB	1
6	电阻	10kΩ	1	15	驱动三极管	2N3096	4
7	电阻	4.7kΩ	4	16	集成电路插座	DIP40	1
8	电阻	470Ω	2	17	集成电路插座	DIP28	1
9	排阻	10kΩ 9PIN	1				

(2) 调试注意事项。

① 静态调试要点。

对照元器件表,检查所有元器件的规格、型号有无装配错误。按原理图检查接线有无错误,集成块有无接反等故障。重点检查 ADC0809 芯片有无插反,数码管选择和字选线与位选线的连接方式是否正确,驱动三极管的类型是否为 PNP 及 E、B、C 各极判断有无错误,蜂鸣器的接法是否正确,ADC0809 与单片机的接线是否与原理图一致,尤其是控制信号线 EOC、START、ENABLE 的接法是否正确。应特别注意电源系统的检查,以防止电源短路和极性错误。

② 动态调试要点。

上电后,程序正常运行时可观察到运行结果是:通过调节可调电位器的可调端改变输入的模拟电压值,观察电路板上数码管的显示情况和 LED 报警灯及蜂鸣器的工作情况。正常的运行结果是:输入的模拟电压经 A/D 转换后的数字电压值在 4 位数码管上能正常显示,电压显示范围为 0.00～5.00V。当输入电压达到上限值时,上限报警 LED 灯点亮且蜂鸣器发出声音报警;同样,当输入电压达到下限值时,下限报警 LED 灯点亮且蜂鸣器发出声音报警。调试结果若不符合设计要求,对硬件电路和软件进行检查重复调试。

7. 能力拓展

本项目采用的是 A/D 转换器芯片 ADC0809,但并行接口形式的 A/D 转换器的引脚多,体积大,占用单片机 I/O 口多;而串行形式的 A/D 转换器的体积小,占用单片机 I/O 口少。试用 16 位 Σ-Δ 模数转换器 AD7705/AD7706 设计并完成本项目。

7.2 单片机 D/A 转换接口——简易波形发生器设计

7.2.1 D/A 转换芯片的结构与工作原理

单片机 D/A 转换通道又称为输出通道(也叫后向通道),用于输出控制系统需要的驱动控制信号。单片机的输出信号形式和控制对象的特点不同,单片机输出通道的配置就不一样。

本任务主要目的是介绍常用的 D/A 转换器的工作原理和性能指标与选取原则。要求掌握 DAC0832 与 MCS-51 单片机的接口设计方法,掌握 D/A 转换接口的应用。

1. D/A 转换器概述

D/A 转换器的基本功能是将一个用二进制表示的数字量转换为与其数值成正比的模拟量。数字量是用代码按数位组合起来表示的,对于有权码,每位代码都有一定的位权。为了将数字量转换成模拟量,必须将每 1 位的代码按其位权的大小转换成相应的模拟量,然后将这些模拟量相加,即可得到与数字量成正比的总模拟量,从而实现了数字—模拟转换。这就是 D/A 转换器的基本指导思想。

实现这种操作的基本方法是对应于二进制数的每一位,产生一个相应的电压(电流),而这个电压(电流)的大小正比于相应的位权。按解码网络结构不同,可分为 T 型电阻解码网络 D/A 转换器、倒 T 型电阻解码网络 D/A 转换器、权电流 D/A 转换器、权电阻解码网络 D/A 转换器。

2. D/A 转换器的主要技术指标

D/A 转换器输入的是数字量,经转换后输出的是模拟量。有关 D/A 转换器的技术性能指标很多,如绝对精度、相对精度、线性度、输出电压范围、温度系数、输入数字代码种类(二进制或 BCD 码)等。与接口有关的技术性能指标如下:

(1) 分辨率。

分辨率是 D/A 转换器对输入量变化敏感程度的描述,与输入数字量的位数有关。如果数字量的位数为 n,则 D/A 转换器的分辨率为 $\frac{1}{2^N-1}$。这就意味着数/模转换器能对满刻度的 n 位输入量作出反应。例如,8 位数的分辨率为 $\frac{1}{256-1}$,10 位数的分辨率为 $\frac{1}{1024-1}$ 等。因此数字量位数越多,分辨率也就越高,亦即转换器对输入量变化的敏感程度也就越高。使用时,应根据分辨率的需要来选定转换器的位数。工业控制系统采用的 D/A 转换器大多是 8 位、10 位、12 位和 16 位。

(2) 建立时间。

建立时间是描述 D/A 转换速度快慢的一个参数,指从输入数字量变化到输出达到终值误差 $\pm\frac{1}{2}$LSB(最低有效位)时所需的时间。通常以建立时间来表示转换速度。转换器的输出形式为电流时建立时间较短;而输出形式为电压时,由于建立时间还要加上运算放大器的延迟时间,因此建立时间要长一点。但总的来说,D/A 转换速度远高于 A/D 转换,如快速的 D/A 转换器的建立时间可达 $1\mu s$。

(3) 接口形式。

D/A 转换器与单片机接口方便与否,主要决定于转换器本身是否带数据锁存器。总的来说有两类 D/A 转换器,一类是不带锁存器的,另一类是带锁存器的。对于不带锁存器的 D/A 转换器,为了保存来自单片机的转换数据,接口要另加锁存器,因此这类转换器必须接在具有锁存功能的 I/O 口上;而带锁存器的 D/A 转换器,可以把它看做是一个输出口,因此可直接接在数据总线上,而不需另加锁存器。

3. 典型 D/A 转换芯片 DAC0832

DAC0832 是国内使用较为普遍的 8 位 D/A 转换器。

(1) DAC0832 主要特性。

DAC0832 是采用 CMOS 工艺制造的双列直插式单片 8 位 D/A 转换器。它可以直接与 MCS-51 单片机相连,以电流形式输出;当转换为电压输出时,应外接运算放大器。其主要特性有:

① 输出电流线性度可在满量程下调节。

② 转换时间为 $1\mu s$。

③ 数据输入可采用双缓冲、单缓冲或直通方式。

④ 增益温度系数为 20ppm/℃ (ppm:百万分之一,10^{-6}),即 0.02%。

⑤ 每次输入数字为 8 位二进制数。

⑥ 功耗为 20mW。

⑦ 逻辑电平与 TTL 兼容。

⑧ 单一电源供电，可在 5～15V 内。

（2）DAC0832 内部结构和外部引脚。

DAC0832 转换器芯片为 20 引脚，双列直插式封装，其引脚排列如图 7-12 所示。

DAC0832 内部采用 R-2R T 型电阻解码网络，由输入寄存器和 DAC 寄存器构成两级数据输入锁存。故在输出的同时，还可以接收一个数据，提高了转换速度。使用时数据输入可以采用两级锁存（双锁存）形式，或单级锁存（一级锁存，一级直通）形式，或直接输入（两级直通）形式。

当多芯片工作时，可用同步信号实现各模拟量的同时输出。DAC0832 内部结构框图如图 7-13 所示。

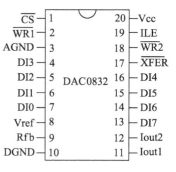

图 7-12　DAC0832 引脚图

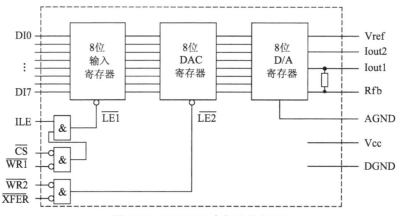

图 7-13　DAC0832 内部结构框图

此外，由三个与门电路组成寄存器输出控制逻辑电路，该逻辑电路的功能是进行数据锁存控制，当 $\overline{LE}=0$ 时，输入数据被锁存；当 $\overline{LE}=1$ 时，锁存器的输出跟随输入的数据。

D/A 转换电路是一个 R-2R T 型电阻网络，实现 8 位数据的转换。对各引脚信号说明如下：

- DI7～DI0：转换数据输入。
- $\overline{CS}$：片选信号（输入），低电平有效。
- ILE：数据锁存允许信号（输入），高电平有效。
- $\overline{WR1}$：第 1 写信号（输入），低电平有效。

上述两个信号控制输入寄存器是数据直通方式还是数据锁存方式；当 ILE=1 和 $\overline{WR1}=0$ 时，为输入寄存器直通方式；当 ILE=1 和 $\overline{WR1}=1$ 时，为输入寄存器锁存方式。

- $\overline{WR2}$：第 2 写信号（输入），低电平有效。
- $\overline{XFER}$：数据传送控制信号（输入），低电平有效。

上述两个信号控制 DAC 寄存器是数据直通方式还是数据锁存方式；当 $\overline{WR2}=0$ 和 $\overline{XFER}=0$ 时，为 DAC 寄存器直通方式；当 $\overline{WR2}=1$ 和 $\overline{XFER}=0$ 时，为 DAC 寄存器锁存方式。

- Iout1：电流输出 1。

- Iout2：电流输出 2。

DAC 转换器的特性之一是：Iout1 + Iout2 = 常数。
- Rfb：反馈电阻端。

DAC0832 是电流输出，为了取得电压输出，需在电压输出端接运算放大器，Rfb 即为运算放大器的反馈电阻端。运算放大器的接法如图 7-14 所示。
- Vref：基准电压，其电压可正可负，范围为 -10 ~ +10V。
- DGND：数字地。
- AGND：模拟地。

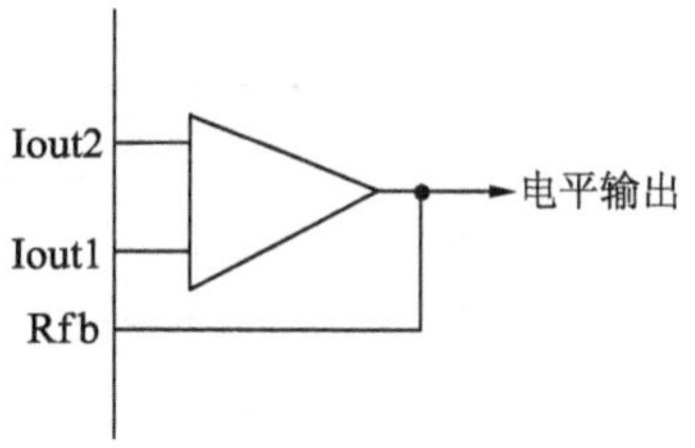

（3）DAC0832 工作方式。

DAC0832 利用 $\overline{CS}$、$\overline{WR1}$、$\overline{WR2}$、$\overline{XFER}$、ILE 控制信号可以构成三种不同的工作方式，分别是直通方式、单缓冲方式和双缓冲方式。
- 直通方式：两级锁存器都工作于直通方式，数据可以从输入端经两个寄存器直接进入 D/A 转换器。
- 单缓冲方式：两个寄存器之一始终处于直通，另一个寄存器处于受控状态。
- 双缓冲方式：两个寄存器均处于受控状态。这种工作方式适合于多模拟信号同步输出的应用场合。

图 7-14 运算放大器接法

7.2.2 MCS-51 单片机与 DAC0832 的接口设计

DAC0832 可工作在直通方式、单缓冲方式和双缓冲器方式，每一种方式所需要的控制信号有所差别，对应的驱动电路也就不一样。单缓冲器方式即输入寄存器的信号和 DAC 寄存器的信号同时控制，使一个数据直接写入 DAC 寄存器，这种方式适用于只有一路模拟量输出或几路模拟量不需要同步输出的系统。双缓冲器方式即输入寄存器的信号和 DAC 寄存器的信号分开控制，这种方式适用于几路模拟量需要同步输出的系统。

1. 单缓冲方式的接口与应用

所谓单缓冲方式，就是使 DAC0832 的两个输入寄存器中有一个（多位 DAC 寄存器）处于直通方式，而另一个处于受控锁存方式。在实际应用中，如果只有一路模拟量输出，或虽是多路模拟量输出但并不要求输出同步的情况下，就可采用单缓冲方式。单缓冲方式连接如图 7-15 所示。

为使 DAC 寄存器处于直通方式，应使 $\overline{WR2}=0$ 和 $\overline{XFER}=0$。为此可把这两个信号固定接地，或如电路中把 $\overline{WR2}$ 与 $\overline{WR1}$ 相连，把 $\overline{XFER}$ 与 $\overline{CS}$ 相连。

为使输入寄存器处于受控锁存方式，应把 $\overline{WR1}$ 接 MCS-51 的 $\overline{WR}$，ILE 接高电平。

此外还应把 $\overline{CS}$ 接高位地址线或地址译码输出，以便于对输入寄存器进行选择。

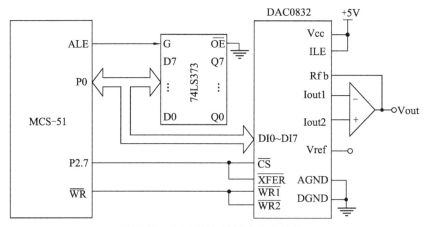

图 7-15 DAC0832 单缓冲方式接口

例 7-1 锯齿波电压发生器。

在一些控制应用中,需要有一个线性增长的电压(锯齿波)来控制检测过程、移动记录笔或移动电子束等。对此可通过在 DAC0832 的输出端接运算放大器,由运算放大器产生锯齿波来实现,其电路连接图如图 7-16 所示。

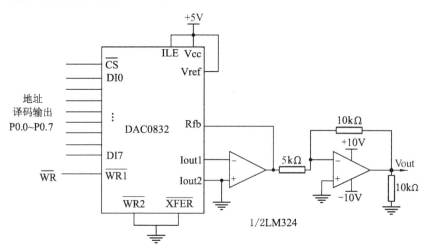

图 7-16 用 DAC0832 产生锯齿波电路

图中的 DAC0832 工作于单缓冲方式,其中输入寄存器受控,而 DAC 寄存器直通。假定输入寄存器地址为 7FFFH,产生锯齿波的汇编语言源程序如下:

```
        MOV     A, #00H           ;取下限值
        MOV     DPTR,#7FFFH       ;指向 DAC0832 口地址
MM:     MOVX    @DPTR,A           ;输出
        INC     A                 ;值加 1
        NOP                       ;延时 3 个机器周期
        NOP
        NOP
        SJMP    MM                ;循环
```

执行上述程序,就可得到如图 7-17 所示的锯齿波。

几点说明:

① 程序每循环一次,A 加 1,因此实际上锯齿波的上升边是由 256 个小阶梯构成的,但由于阶梯很小,所以宏观上看就如图中所画的线性增长锯齿波。

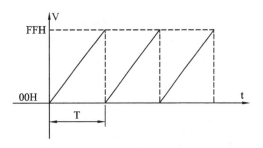

图 7-17 D/A 转换产生的锯齿波

② 可通过循环程序段的机器周期数计算出锯齿波的周期。并可根据需要,通过延时的方法来改变波形周期。若要改变锯齿波的频率,可在 SJMP MM 指令前加入延迟程序即可。延时较短时可用 NOP 指令实现(本程序就是如此);延时较长时,可以使用一个延长子程序。延迟时间不同,波形周期不同,锯齿波的斜率就不同。

③ 通过 A 加 1,可得到正向的锯齿波;反之,A 减 1 可得到负向的锯齿波。

④ 程序中 A 的变化范围是 0~255,因此得到的锯齿波是满幅度的。如要求得到非满幅锯齿波,可通过计算求得数字量的初值和终值,然后在程序中通过置初值和终值的方法实现。

例 7-2 方波电压发生器,采用单缓冲方式,若 DAC0832 端口地址设为 00FE。汇编语言源程序如下:

```
        ORG     1100H
START:  MOV     DPTR, #00FEH    ;送 DAC0832 口地址
LOOP:   MOV     A, #dataH       ;送高电平数据
        MOVX    @DPTR, A
        LCALL   DELAYH          ;调用延时子程序
        MOV     A, #dataL       ;送低电平数据
        MOVX    @DPTR, A
        LCALL   DELAYL          ;调用延时子程序
        SJMP    LOOP
```

执行上述程序就可得到如图 7-18 所示的方波。

几点说明:

① 以上程序产生的是矩形波,其低电平的宽度由延时子程序 DELAYL 所延时的时间来决定,高电平的宽度则由 DELAYH 所延时的时间决定。

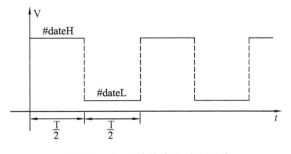

图 7-18 D/A 转换产生的矩形波

② 改变延时子程序 DELAYL 和 DELAYH 的延时时间,就可改变矩形波上下沿的宽度。若 DELAYL = DELAYH(两者延时一样),则输出的是方波。

③ 改变上限值或下限值,便可改变矩形波的幅值,单极性输出时为 0~−5V 或 0~+5V,双极性输出时为 −5~+5V。

2. 双缓冲方式的接口与应用

在多路 D/A 转换的情况下,若要求同步转换输出,必须采用双缓冲方式。DAC0832 采用双缓冲方式时,数字量的输入锁存和 D/A 转换输出是分两步进行的。

① CPU 分时向各路 D/A 转换器输入要转换的数字量并锁存在各自的输入寄存器中。

② CPU 对所有的 D/A 转换器发出控制信号,使各路输入寄存器中的数据进入 DAC 寄存器,实现同步转换输出。

图 7-19 为两片 DAC0832 与 AT89S51 的双缓冲方式连接电路,能实现两路同步输出。图中两片 DAC0832 的数据线都连到 AT89S51 的 P0 口;ALE 固定接高电平,$\overline{WR2}$ 与 $\overline{WR1}$ 都接到 AT89S51 的 $\overline{WR}$ 端;$\overline{CS}$ 分别接高位地址 P2.5 和 P2.6,这样两片 DAC0832 的输入寄存器具有不同的地址,可以分别输入不同的数据;$\overline{XFER}$ 都接到 P2.7,使两片 DAC0832 的 DAC 寄存器具有相同的地址,以便在 CPU 控制下同步进行 D/A 转换和输出。实现两路同步输出的程序如下:

```
MOV    DPTR,#0DFFFH    ;送 DAC0832(1)输入锁存器地址
MOV    A,#data1        ;data1 送 DAC0832(1)输入锁存器
MOVX   @DPTR,A
MOV    DPTR,#0BFFFH    ;送 DAC0832(2)输入锁存器地址
MOV    A,#data2        ;data2 送 DAC0832(2)输入锁存器
MOVX   @DPTR,A
MOV    DPTR,#7FFFH     ;送两路 DAC 寄存器地址
MOVX   @DPTR,A         ;两路数据同步转换输出
```

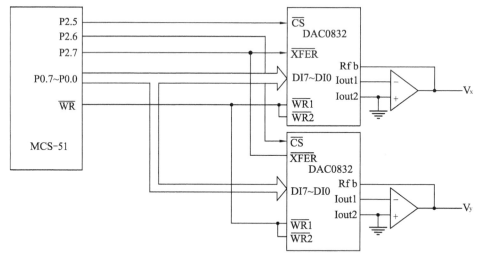

图 7-19　8051 与 DAC0832 双缓冲方式接口电路

7.2.3 项目 21——简易波形发生器设计

1. 任务描述

波形发生器是一种常见的电子设备,可用来给其他设备提供工作所需要的各种信号。本项目所设计的多功能波形发生器,是指利用单片机系统中的 D/A 转换功能,实现要

求的输出波形。

本任务是用单片机设计一个多功能波形发生器。要求：

① 波形的频率可调。具有产生方波、三角波、锯齿波、阶梯波、正弦波五种周期性波形的功能。

② 输出波形的频率范围为100Hz～20kHz，频率步进间隔小于等于100Hz。

③ 输出波形幅度为5V(峰－峰值)。

④ 具有显示输出波形的类型、频率(周期)和幅度的功能。

2. 总体设计

根据任务分析，多功能波形发生器设计可采用AT89S51单片机控制，在设计中需要引入一个8位的D/A转换电路，若干个I/O口作为按键电路，一个电源电路，电源电路同项目1。系统结构图如图7-20所示。

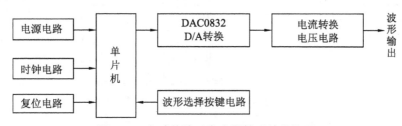

图7-20　多功能波形发生器的系统结构图

该系统采用以单片机为核心的模块化结构，主要包含的硬件模块有：最小电路模块(电源电路、时钟电路及复位电路)、D/A转换模块、电流转换电压输出电路模块及波形选择按键电路模块等几个部分。

整个系统工作时，单片机是整个波形发生器的核心部分，它从程序存储器读取程序，从按键电路接收数据，并产生相应的数字信号送到数模转换器，转换成模拟电流信号，再由电流转换电压电路转换成模拟电压输出，即为所需要的波形输出。波形选择按键电路采用独立按键实现，接单片机的P1口。D/A转换电路实现数字量向模拟量的转换，采用单缓冲工作方式。电流转换电压电路由集成运算放大器实现，并采用单极性输出，电压输出范围为0～5V。

3. 硬件设计

本任务采用AT89S51单片机作为主控制器。它的主要任务是读取用于波形选择的各独立按键的状态，根据按键的状态产生相应的波形数据(数字量)。DAC0832芯片将单片机产生的波形数据进行数模转换，输出模拟电流，运算放大器UA741将DAC0832转换后的输出电流转变成模拟电压输出，即产生的波形为模拟电压输出。

实现该任务的硬件电路中包含的主要元器件为：AT89S51 1片、78L05 1个、DAC0832 1片、集成运放UA741 1片、按键7个、电阻和电容等若干。

多功能波形发生器的原理图如图7-21所示。

4. 软件设计

(1) 软件流程设计。

软件采用模块化设计方法。模块说明如下：变量缓冲区定义模块、主程序模块、波形任务处理模块、缓冲区设置模块、软件延时模块。多功能波形发生器控制电路软件参考流程图如图7-22所示。

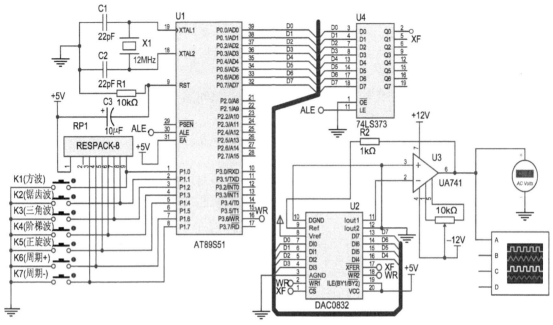

图 7-21 多功能波形发生器的硬件电路原理图

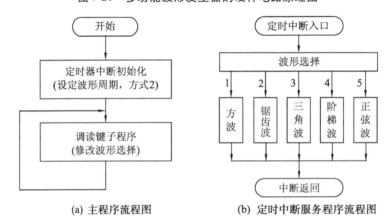

(a) 主程序流程图　　　　(b) 定时中断服务程序流程图

图 7-22 多功能波形发生器软件流程图

（2）汇编语言源程序如下：

```
F_SETA   BIT   P1.0
J_SETA   BIT   P1.1
S_SETA   BIT   P1.2
T_SETA   BIT   P1.3
Z_SETA   BIT   P1.4
TH_SETA  BIT   P1.6
TL_SETA  BIT   P1.7
DAC      EQU   0FEH
DACKEY   EQU   30H
         ORG   0000H
```

```
            SJMP    START
            ORG     000BH
            LJMP    INT_T0
            ORG     0040H
START:      MOV     SP,#60H
            MOV     TMOD,#02H
            MOV     R4,#0              ;定时 100μs
            MOV     DPTR,#TAB1
            MOV     A,R4
            MOVC    A,@A+DPTR
            MOV     TH0,A
            MOV     IE,#82H            ;开定时器 0 中断
            SETB    TR0                ;启动定时器 0
            MOV     DACKEY,#00H
            MOV     R0,#00H            ;波形时间变化量(0~255)
            MOV     R1,#00H            ;波形幅值
MAIN:       LCALL   READKEY
            SJMP    MAIN
;***************************************************
;判断是否有控制键按下,是哪一个键按下
READKEY:
            JNB     F_SETA,S1
            JNB     J_SETA,S2
            JNB     S_SETA,S3
            JNB     T_SETA,S4
            JNB     Z_SETA,S5
            JNB     TH_SETA,S6
            JNB     TL_SETA,S7
            LJMP    A1
S1:         LCALL   DELAY              ;去抖动
            JB      F_SETA,A1
            MOV     DACKEY,#01H        ;K1
            SJMP    J0
S2:         LCALL   DELAY              ;去抖动
            JB      J_SETA,A1
            MOV     DACKEY,#02H        ;K2
            SJMP    J1
S3:         LCALL   DELAY              ;去抖动
            JB      S_SETA,A1
```

	MOV	DACKEY,#03H	;K3
	SJMP	J2	
S4:	LCALL	DELAY	;去抖动
	JB	T_SETA,A1	
	MOV	DACKEY,#04H	;K4
	SJMP	J3	
S5:	LCALL	DELAY	;去抖动
	JB	Z_SETA,A1	
	MOV	DACKEY,#05H	;K5
	SJMP	J4	
S6:	LCALL	DELAY	;去抖动
	JB	TH_SETA,A1	
	MOV	DACKEY,#06H	;K6
	SJMP	J5	
S7:	LCALL	DELAY	;去抖动
	JB	TL_SETA,A1	
	MOV	DACKEY,#07H	;K7
	SJMP	J6	
A1:	RET		

;**
;等待按键抬起

J0:	JB	F_SETA,A2
	SJMP	J0
J1:	JB	J_SETA,A2
	SJMP	J1
J2:	JB	S_SETA,A2
	SJMP	J2
J3:	JB	T_SETA,A2
	SJMP	J3
J4:	JB	Z_SETA,A2
	SJMP	J4
J5:	MOV	A,R4
	CJNE	A,#8,J51
J51:	JNC	J52
	INC	R4
	MOV	DPTR,#TAB1
	MOV	A,R4
	MOVC	A,@A+DPTR
	MOV	TH0,A

```
J52:      JB      TH_SETA,A3
          SJMP    J52
J6:       MOV     A,R4
          CJNE    A,#1,J61
J61:      JC      J62
          DEC     R4
          MOV     DPTR,#TAB1
          MOV     A,R4
          MOVC    A,@A+DPTR
          MOV     TH0,A
J62:      JB      TL_SETA,A3
          SJMP    J62
A2:       MOV     R0,#00H         ;波形时间变化量0~255
          MOV     R1,#00H         ;波形幅值
          MOV     R2,#00H         ;正半波与负半波换向标志
A3:       RET
DELAY:
          MOV     R6,#10H         ;去抖动延时了程序
DELAYLOOP:
          MOV     R7,#0FFH
          DJNZ    R7,$
          DJNZ    R6,DELAYLOOP
          RET
;**********************************************************
;定时器中断服务程序,输出一次 DAC 转换结果
INT_T0:   PUSH    ACC
          PUSH    PSW
          MOV     A,DACKEY
KEY1:     CJNE    A,#01H,KEY2     ;方波
          MOV     A,R1
          MOV     DPH,#0FFH
          MOV     DPL,#DAC        ;DAC0832 端口地址
          MOVX    @DPTR,A         ;输出波形幅值
          INC     R0
          CJNE    R2,#00H,FHB
          CJNE    R0,#80H,EXITE   ;换向
          MOV     R2,#0FFH        ;方波 +
          MOV     R1,#0FFH
          SJMP    EXITE
```

FHB:
	CJNE	R0,#00H,EXITE	;换向
	MOV	R2,#00H	;方波 -
	MOV	R1,#00H	
	SJMP	EXITE	
KEY2:	CJNE	A,#02H,KEY3	;锯齿波
	MOV	A,R1	
	MOV	DPH,#0FFH	
	MOV	DPL,#DAC	
	MOVX	@DPTR,A	
	INC	R0	
	INC	R1	
JJ2:	SJMP	EXITE	
KEY3:	CJNE	A,#03H,KEY4	;三角波
	MOV	A,R1	
	MOV	DPH,#0FFH	
	MOV	DPL,#DAC	
	MOVX	@DPTR,A	
	INC	R0	
	CJNE	R2,#00H,SHB	
	ADD	A,#02H	;填三角波数据(上升部分)
	CJNE	R0,#80H,SHE	;换向
	MOV	R2,#0FFH	;换向标志置1
	SUBB	A,#02H	
	CLR	C	
	SJMP	SHE	
SHB:			;填三角波数据(下升部分)
	SUBB	A,#02H	
	CJNE	R0,#00H,SHE	;换向
	MOV	R2,#00H	;换向标志清0
	MOV	A,#00H	
SHE:	MOV	R1,A	
	SJMP	EXITE	
KEY4:	CJNE	A,#04H,KEY5	;阶梯波
	MOV	A,R1	
	MOV	DPH,#0FFH	
	MOV	DPL,#DAC	
	MOVX	@DPTR,A	
	INC	R0	

```
            INC     R2
            CJNE    R2,#3FH,SHK
            ADD     A,#40H
            MOV     R2,#00H
SHK:
            CJNE    R0,#00H,SHH
            MOV     A,#00H
SHH:        MOV     R1,A
            SJMP    EXITE
KEY5:       CJNE    A,#05H,KEY6         ;正弦波
            MOV     DPTR,#TAB2
            MOV     A,R0
            MOVC    A,@A+DPTR
            MOV     DPH,#0FFH
            MOV     DPL,#DAC
            MOVX    @DPTR,A
            INC     R0
            SJMP    EXITE
KEY6:
            MOV     A,#00H
            MOV     DPH,#0FFH
            MOV     DPL,#DAC
            MOVX    @DPTR,A
            ;MOV    DAC,A
EXITE:      POP     PSW
            POP     ACC
            RETI
TAB1:                                    ;频率定义
            DB      20H, 40H, 60H, 80H,90H    ;0、1、2、3、4 挡
            DB      0B0H,0c0H, 0d0H, 0e0H, 0f0H  ;5、6、7、8、9 挡
TAB2:                                    ;正弦波数据(正部分)
            DB      80H, 83H, 86H, 89H, 8DH, 90H, 93H, 96H
                                         ;(正上升部分)
            DB      99H, 9CH, 9FH, 0A2H, 0A5H, 0A8H, 0ABH, 0AEH
            DB      0B1H, 0B4H, 0B7H, 0BAH, 0BCH, 0BFH, 0C2H, 0C5H
            DB      0C7H, 0CAH, 0CCH, 0CFH, 0D1H, 0D4H, 0D6H, 0D8H
            DB      0DAH, 0DDH, 0DFH, 0E1H, 0E3H, 0E5H, 0E7H, 0E9H
            DB      0EAH, 0ECH, 0EEH, 0EFH, 0F1H, 0F2H, 0F4H, 0F5H
            DB      0F6H, 0F7H, 0F8H, 0F9H, 0FAH, 0FBH, 0FCH, 0FDH
```

```
        DB    0FDH, 0FEH, 0FFH, 0FFH, 0FFH, 0FFH, 0FFH, 0FFH
        DB    0FFH, 0FFH, 0FFH, 0FFH, 0FFH, 0FFH, 0FEH, 0FDH
        DB    0FDH, 0FCH, 0FBH, 0FAH, 0F9H, 0F8H, 0F7H, 0F6H
                                            ;(正下降部分)
        DB    0F5H, 0F4H, 0F2H, 0F1H, 0EFH, 0EEH, 0ECH, 0EAH
        DB    0E9H, 0E7H, 0E5H, 0E3H, 0E1H, 0DEH, 0DDH, 0DAH
        DB    0D8H, 0D6H, 0D4H, 0D1H, 0CFH, 0CCH, 0CAH, 0C7H
        DB    0C5H, 0C2H, 0BFH, 0BCH, 0BAH, 0B7H, 0B4H, 0B1H
        DB    0AEH, 0ABH, 0A8H, 0A5H, 0A2H, 9FH, 9CH, 99H
        DB    96H, 93H, 90H, 8DH, 89H, 86H, 83H, 80H
                                       ;正弦波数据(负部分)
        DB    80H, 7CH, 79H, 78H, 72H, 6FH, 6CH, 69H
                                            ;(负下降部分)
        DB    66H, 63H, 60H, 5DH, 5AH, 57H, 55H, 51H
        DB    4EH, 4CH, 48H, 45H, 43H, 40H, 3DH, 3AH
        DB    38H, 35H, 33H, 30H, 2EH, 2BH, 29H, 27H
        DB    25H, 22H, 20H, 1EH, 1CH, 1AH, 18H, 16H
        DB    15H, 13H, 11H, 10H, 0EH, 0DH, 0BH, 0AH
        DB    09H, 08H, 07H, 06H, 05H, 04H, 03H, 02H
        DB    02H, 01H, 00H, 00H, 00H, 00H, 00H, 00H
        DB    00H, 00H, 00H, 00H, 00H, 00H, 01H, 02H
        DB    02H, 03H, 04H, 05H, 06H, 07H, 08H, 09H
                                            ;(负上升部分)
        DB    0AH, 0BH, 0DH, 0EH, 10H, 11H, 13H, 15H
        DB    16H, 18H, 1AH, 1CH, 1EH, 20H, 22H, 25H
        DB    27H, 29H, 2BH, 2EH, 30H, 33H, 35H, 38H
        DB    3AH, 3DH, 40H, 43H, 45H, 48H, 4CH, 4EH
        DB    51H, 55H, 57H, 5AH, 5DH, 60H, 63H, 66H
        DB    69H, 6CH, 6FH, 72H, 76H, 79H, 7CH, 80H
        END                              ;程序结束
```

5. 虚拟仿真与调试

多功能波形发生器 PROTEU 虚拟仿真图如图 7-23 所示,图 7-23(a)为虚拟仿真硬件电器电路图。图 7-23(b)为虚拟仿真波形图。在 Keil μVision3 与 PROTEUS 环境下完成任务的仿真调试。在"Debug"菜单下,打开"Digital Oscilloscope"子菜单栏目,出现示波器界面,观察调试结果如下:选择 K1,出现方波;选择 K2,出现锯齿波;选择 K3,出现三角波;选择 K4,出现阶梯波;选择 K5,出现正弦波;各波形的频率均可由 K6 和 K7 进行调整,K6 可递增调节频率,K7 则可对频率进行递减调节。

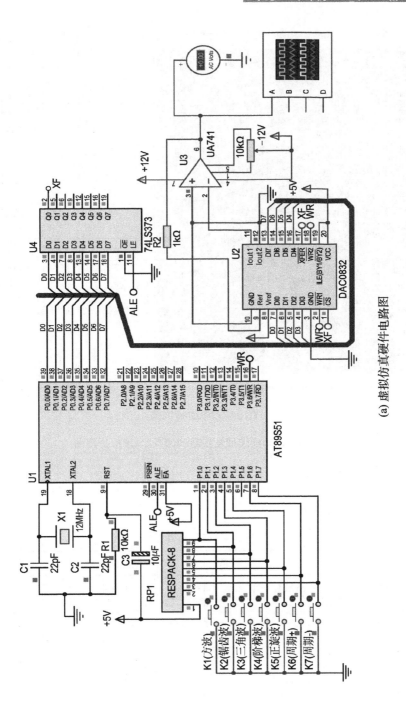

(a) 虚拟仿真硬件电路图

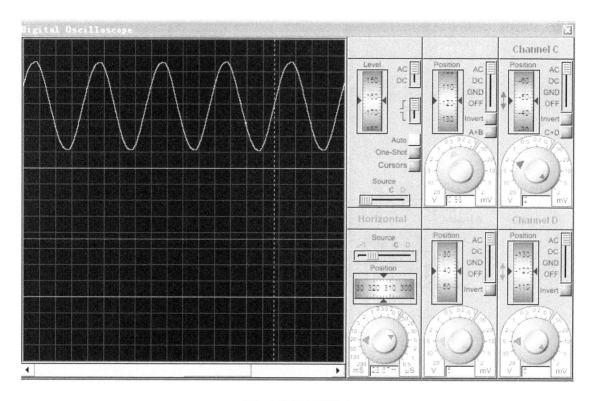

(b) 虚拟仿真波形图

图 7-23　多功能波形发生器 PROTEUS 虚拟仿真图

6. 硬件制作与调试

(1) 元器件采购。

本项目采购清单见表 7-4。

表 7-4　元器件清单

序号	元器件名称	规格	数量	序号	元器件名称	规格	数量
1	单片机	AT89S51	1	8	锁存器	74LS373	1
2	电解电容	10μF	1	9	运算放大器	UA741	1
3	瓷介电容	30pF	2	10	按键	8.5×8.5	7
4	晶振	11.0592M	1	11	瓷介电容	104	3
5	电阻	10kΩ	1	12	印制板	PCB	1
6	电阻	1kΩ	1	13	IC 插座	DIP40	1
7	D/A 转换	DAC0832	1	14	IC 插座	DIP20	1

(2) 调试注意事项。

① 静态调试要点。

对照元器件表,检查所有元器件的规格、型号有无装配错误。按原理图检查线路接线有无错误,集成块有无接反等故障。重点关注 DAC0832 芯片和集成运算放大器 UA741 芯片有无接反、DAC0832 与单片机的接线是否与原理图一致以及 DAC0832 与 UA741 的各引脚的接法是否正确。应特别注意检查电源系统,以防止电源短路和极性错误。

② 动态调试要点。

上电后,程序正常运行时可观察到运行结果是:通过示波器观察电路输出的波形。正常的运行结果是:按下 K1 ~ K5 键,该系统分别产生方波、锯齿波、三角波、阶梯波和正弦波等不同的波形,波形幅值为 0 ~ 5V,各波形的频率均可由 K6 和 K7 进行调整,K6 可递增调节频率,K7 则可对频率进行递减调节,频率调整范围为 100Hz ~ 20kHz。调试结果若不符合设计的要求,对硬件电路和软件进行检查重复调试。

7. 能力拓展

本项目中我们采用的是并行接口转换器 DAC0832,而串行形式 D/A 转换器的体积小,占用单片机 I/O 口少。在实际应用中,经常会根据实际需要,为减少线路板的面积和占用单片机的 I/O 口而采用串行 D/A 转换芯片,试选用一种常用的串行数模转换器来重新完成本项目设计。

单元小结

并行 A/D 转换芯片 ADC0809 的应用中要注意 A/D 转换后两者间的定时传送方式、查询方式和中断方式这三种数据传送方式及其对应接口电路图和程序的编写。

中断方式:该方式需要将 ADC0809 的 EOC 与单片机的 $\overline{INT0}$ 或 $\overline{INT1}$ 连接,转换结束后,ADC0809 向 CPU 发出中断请求,然后利用单片机的中断系统进行转换后的处理。

查询方式:该方式下,EOC 脚不必与 $\overline{INT0}$ 或 $\overline{INT1}$ 相连,直接与单片机的其他 I/O 口连接即可。在启动 A/D 转换后,不断查询,直到 EOC 变为高电平,表明 A/D 转换结束后,读 A/D 值。

定时传送方式:该方式下,ADC0809 的 EOC 端可不必与单片机相连,而根据时钟频率计算出 A/D 转换时间,略微延长后直接读 A/D 转换值。在启动 A/D 后,需要延迟一段时间后直接读 A/D 值,而根本不管 EOC 是低电平还是高电平,这样延迟时间必须大于 ADC0809 转换时间。

这三种方式中,中断方式最方便灵活,但要占用一个外部中断源;查询方式不占用外部中断资源,但占用 CPU 工作时间和一个 I/O 口;定时传送方式不占用 CPU 资源,但要占用 CPU 工作时间。

并行 D/A 转换芯片 DAC0832 应用时应注意内部有两个寄存器,输入信号需经过输入寄存器和 DAC 寄存器才能进入 D/A 转换器进行 D/A 转换。通过软件指令控制这两个寄存器的 5 个控制信号(ILE、$\overline{CS}$、$\overline{WR1}$、$\overline{WR2}$、$\overline{XFER}$),可实现直通方式、单缓冲方式和双缓冲方式三种接口形式。

巩固与提高

1. A/D 转换器的主要技术指标有哪些?
2. 表征 A/D 转换器输入/输出特性主要有哪些方面?
3. ADC0809 有哪几种工作方式？试分别叙述其工作原理。
4. ADC0809 与 MCS-51 单片机连接时各有哪些控制信号？其作用是什么？
5. 在一片由 AT89S51 单片机与一片 ADC0809 组成的数据采集系统中，ADC0809 的地址为 7FF8H~7FFFH。试画出有关逻辑框图，并编写出每隔一分钟轮流采集一次 8 个通道数据的程序。共采样 100 次，其采样值存入片外 RAM 3000H 开始的存储单元中。
6. 在一片 AT89S51 单片机系统中，选用 ADC0809 作为接口芯片，用于测量炉温，温度传感信号接 IN3，试画出单片机与接口的连接图，设计一个能实现 A/D 转换的接口电路及相应的转换程序。
7. D/A 转换器的主要技术指标有哪些?
8. 表征 D/A 转换器输入/输出特性主要有哪些方面?
9. 对于电流输出的 D/A 转换器，为了得到电压的转换结果，应使用什么电路?
10. MCS-51 单片机与 DAC0832 连接时，有哪三种工作方式？各有什么特点？适合在什么场合使用?
11. DAC0832 在与 MCS-51 单片机连接时各有哪些控制信号？其作用是什么?
12. 用一片 AT89S51 和一片 DAC0832 设计一个模拟量输出接口，端口地址为 FEFFH，要求其产生周期为 5ms 的锯齿波。假定系统时钟为 6MHz，试画出硬件电路图并编写相应的程序。
13. 用一片 AT89S51 和两片 DAC0832 设计一个两路波形发生器，一路端口地址为 DFFFH，一路端口地址为 BFFFH。要求产生周期可变的正弦波。假定系统时钟为 12MHz，试画出硬件电路图并编写相应的程序。

单元 8　单片机应用系统开发与设计

学习目标

- 通过三个综合性的开发案例,学会如何规划单片机应用系统结构、合理地扩展内部资源、配置外部器件等,掌握单片机应用系统开发的设计方法与调试步骤。
- 掌握温度传感器 DS18B20、DS1302 时钟芯片和 LCD1602 液晶显示器的功能、特点以及单片机控制方法。
- 了解步进电机的结构、工作原理以及步进电机的单片机控制方法。

技能(知识)点

- 能根据系统需求选取合适的器件,扩展相关的外围电路,控制相应器件工作的硬件系统及对应的应用程序。
- 掌握数字温度报警器、步进电机控制器和万年历项目的设计、制作和调试方法。

8.1　单片机应用系统设计案例——数字温度报警器

8.1.1　数字温度报警器的结构设计

1. 设计要求

所谓数字温度报警器,是指利用单片机应用系统转换外部温度,实现外部温度信号的检测,并在指定的温度上限、温度下限做出警告指示的一种设备。

温度传感技术被广泛应用于消费类电子产品、玩具、家用电子产品、工业控制等各种电子设备中,温度测量是单片机和温度传感技术的典型应用。

本项目的任务是用单片机设计一个温度报警器。要求充分利用单片机软、硬件资源,在其控制和管理下,控制温度检测器件完成温度检测,并将转换结果在液晶显示屏上显示。具体要求如下。

① 报警方式:当监测到温度超过上限报警值、低于下限报警值时,温度报警器会立即输出开关量控制灯闪烁。

② 温度测量范围:$-30℃ \sim +60℃$。

③ 测量精度:$<0.1℃$。

④ 温度超出上限与下限设定的区间报警预定值时及时发出鸣笛报警(报警音量:≤90 分贝。音波的频率可按上限与下限设定不同值)。

⑤ 能够利用字符型液晶模块显示当前温度值。

2. 任务分析

按照要求完成数字温度报警器的设计任务,需要解决以下几个问题:① 单片机的选型;② 单总线数字式温度传感器 DS18B20 与单片机的接口设计;③ 液晶显示模块的选用。

由于该系统中单片机控制功能比较简单,单片机的选型比较容易,从开始成本和人员考虑选用芯片 AT89S52。

温度测控显示系统设计前的主要任务是温度传感器的选择,典型的方式是采用热电偶或热电阻将非电学量温度转换为电学量,经放大电路放大到适当的范围,再由 A/D 转换器转换成数字量,并利用单片机实现单点温度的测控。这种电路硬件接口复杂、调试难度较大、检测精度较低,特别是易受元器件参数变化的影响。如果要将其扩展为多点温度检测与显示,更是会大大增加硬件设计难度,存在着许多不足。

本系统设计拟采用单总线数字式温度传感器 DS18B20,该器件具有硬件电路结构简单、转换精度高、显示结果清晰稳定、易扩展为多点温度检测且成本低等显著优点。在诸如粮库测温、智能建筑、中央空调等多种需要多点温度检测的场合具有较好的应用前景。

显示模块的选用,因前面各项目中大量采用了 LED 数码管,为丰富显示器件的使用,本项目中选用字符型液晶模块 LCD1602 作为显示器件。通过本项目的实践,学习字符液晶模块的工作原理及接口电路。液晶屏显示模块与数码管相比,更为专业、漂亮。液晶显示屏以其功耗低、体积小、显示内容丰富、超薄轻巧、使用方便等诸多优点,在通信、仪器仪表、电子设备、家用电器等低功耗应用系统中得到越来越广泛的应用,使这些电子设备的人机界面变得越来越直观形象,目前已广泛应用于电子表、计算器、IC 卡电话机、液晶电视机、便携式电脑、掌上型电子玩具、复印机、传真机等许多方面。本系统采用字符型液晶模块 LCD1602,它是目前工控系统中使用最为广泛的液晶屏之一,学会对它的使用,对其他液晶屏的使用也能得心应手,其基本原理相似。

3. 总体结构设计

根据任务分析,数字温度报警器设计可采用 AT89S52 单片机控制,在设计中需要引入一个温度检测电路、一个继电器控制的开关电路、一个声音报警电路及一个液晶显示电路。电源电路、单片机最小电路同前面项目。系统结构图如图 8-1 所示。

整个系统工作时,单总线数字式温度传感器 DS18B20 将外部温度转换为高精度的数字量,清晰稳定地显示在字符型液晶模块 LCD1602 上。通过扩展,可进行多点温度的检测。

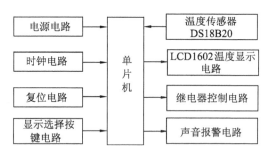

图 8-1 数字温度报警器的系统结构图

8.1.2 数字温度报警器的硬件设计

1. 系统硬件原理图

根据任务分析,数字温度报警器的硬件原理图如图 8-2 所示。

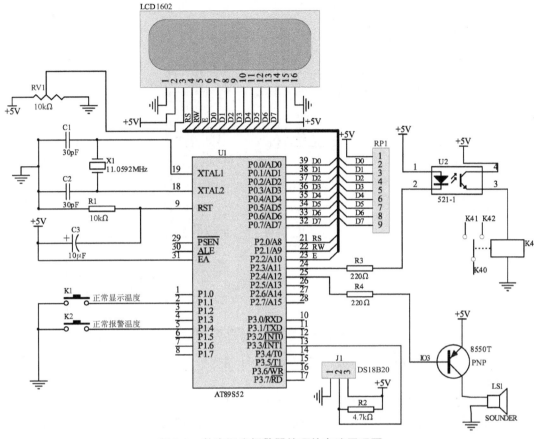

图 8-2　数字温度报警器的硬件电路原理图

从图 8-2 中可以看到,实现该任务的硬件电路中包含的主要元器件为:AT89S52 1 片、单总线数字式温度传感器 DS18B20 1 片、字符型液晶模块 1602 1 块、继电器 1 个、按键 2 个、电阻和电容等若干。

2. 温度模块 DS18B20 接口设计

(1) 单片机和 DS18B20 接口电路。

DS18B20 是美国 DALLAS 公司生产的一线式高精度数字式温度传感器。单总线是 DALLAS 的一项专有技术,它采用单根信号线,既传输时钟又传输数据信号。DS18B20 与微处理器连接仅需一根数据线即可实现双向通信,占用微处理器的端口较少,可省大量的引线和逻辑电路。以上特点使 DS18B20 非常适用于远距离多点温度检测系统。

单片机和 DS18B20 接口电路如图 8-3 所示。J1 为 DS18B20 插座。

(2) DS18B20 的主要特性。

① 适应电压范围宽(3.0~5.5V),工作电源既可在远端引入,也可采用寄生电源方式下由数据线供电。

② 独特的单线接口方式,DS18B20 在与处理器连接时仅需要一条口线即可实现处理器与 DS18B20 的双向通信。

③ 支持多点组网功能,多个 DS18B20 可以并联在唯一的总线上,实现组网多点测温。

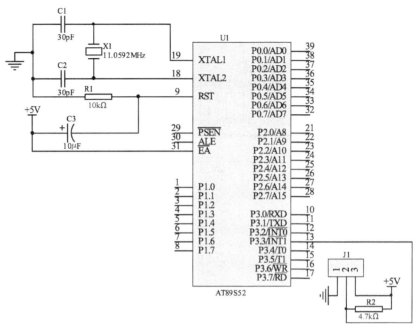

图 8-3　单片机和 DS18B20 接口电路

④ 使用中不需要任何外围元件,全部传感元件及转换电路集成在形如一只三极管的集成电路内。

⑤ 温度范围为 −55℃ ~ +125℃,在 −10℃ ~ +85℃时精度为 ±0.5℃。

⑥ 可编程的分辨率为 9 ~ 12 位,对应的可分辨温度分别为 0.5℃、0.25℃、0.125℃ 和 0.0625℃,可实现高精度测温。

⑦ 在 9 位分辨率时最多在 93.75ms 内把温度转换为数字,12 位分辨率时最多在 750ms 内把温度值转换为数字,速度更快。

⑧ 测量结果直接输出数字温度信号,以"一线总线"串行传送给 CPU,同时可传送 CRC 校验码,具有极强的抗干扰纠错能力。

⑨ 负压特性:电源极性接反时,芯片不会因发热而烧毁,但不能正常工作。

(3) DS18B20 的外形。

DS18B20 的外形及管脚排列如图 8-4 所示。

① DQ 为数字信号输入/输出端。

② GND 为电源地。

③ VDD 为外接供电电源输入端(在寄生电源接线方式时接地)。

(4) DS18B20 的内部结构简介。

DS18B20 的内部结构主要由四部分组成,分别为:

① 64 位光刻 ROM:光刻 ROM 中的 64 位序列号是出厂前被光刻好的,它可以看做是该 DS18B20 的地址序列码。

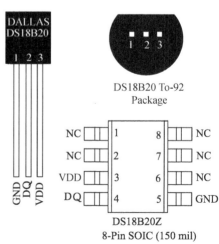

图 8-4　DS18B20 的外形和管脚排列

② 温度传感器：DS18B20 中的温度传感器可完成对温度的测量，根据设置可以输出 9 位、10 位、11 位及 12 位温度数据，见"④配置寄存器"。以 12 位转化为例，用 16 位符号扩展的二进制补码读数形式提供，以 0.0625℃/LSB 形式表达，其中最高位为符号位。

③ 非挥发的温度报警触发器 TH 和 TL：DS18B20 温度传感器的内部存储器包括一个高速暂存 RAM 和一个非易失性的可电擦除的 EEPROM，后者存放高温度和低温度触发器 TH、TL 和结构寄存器。

④ 配置寄存器：该单元低五位（D0～D4）一直都是 1 及最高位一直为 0。剩下第 7 位和第 6 位用来设置温度的分辨率，其中：00 为 9 位，01 为 10 位，10 为 11 位，11 为 12 位。例如，要设置 DS18B20 为 12 位精度，则向配置寄存器写入数据 0x7F。

3. 液晶显示模块 LCD1602 接口设计

（1）单片机和 LCD1602 接口电路。

LCD1602 是典型的字符液晶模块，显示为 16 列 2 行，即能够显示 16×02 即 32 个字符。LCD1602 内带的字符发生存储器已经存储了 160 个不同的 5×7 点阵字符，包括阿拉伯数字、英文字母的大小写、常用的符号和日文假名等。其中英文字母和数字的位置和 ASCII 码值相同，在单片机编程中向 LCD1602 写入字符型数据（如：'A'）即能显示对应的字符。

单片机和 LCD1602 接口电路如图 8-5 所示。

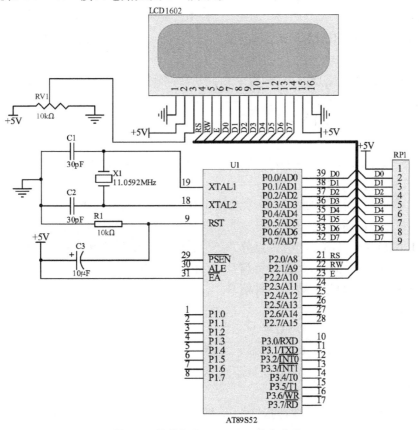

图 8-5　单片机和 LCD1602 接口电路

（2）1602 标准的 16 脚接口。

LCD1602 的 16 脚的引脚说明如表 8-1 所示。

表 8-1　LCD1602 的引脚说明

编号	符号	引脚说明	编号	符号	引脚说明
1	VSS	电源地	9	D2	Data I/O
2	VDD	电源正极	10	D3	Data I/O
3	VL	液晶显示偏压信号	11	D4	Data I/O
4	RS	数据/命令选择端（H/L）	12	D5	Data I/O
5	R/W	读/写选择端（H/L）	13	D6	Data I/O
6	E	使能信号	14	D7	Data I/O
7	D0	Data I/O	15	BLA	背光源正极
8	D1	Data I/O	16	BLK	背光源负极

（3）LCD1602 的操作说明。

① LCD1602 的基本操作时序。

读状态：

输入：RS = L, RW = H, EN = H　　　　　　　　　输出：D0 ~ D7 = 状态字

写指令：

输入：RS = L, RW = L, D0 ~ D7 = 指令码, EN = 高脉冲　　　输出：无

读数据：

输入：RS = H, RW = H, EN = H　　　　　　　　　输出：D0 ~ D7 = 数据

写数据：

输入：RS = H, RW = L, D0 ~ D7 = 数据, EN = 高脉冲　　　输出：无

② LCD1602 的指令说明。

对 1602 操作时，需要将操作的指令发给 1602，每条指令都是由 8 位二进制组成的，下面就是指令的详细说明。

- 0011 1000：16×2 显示，5×7 点阵，8 位数据接口（在器件复位时为 4 位接口）。
- 0000 0001：显示清屏，数据指针清 0，所有显示清 0。
- 0000 0010：显示回车，数据指针清 0。
- 0000 1DCB：

　　D = 1 开显示　　　　D = 0 关显示

　　C = 1 显示光标　　　C = 0 不显示光标

　　B = 1 光标闪烁　　　B = 0 光标不显示

- 0000 01NS：

N = 1：读或写一个字符后地址指针加 1，且光标加 1。

N = 0：读或写一个字符后地址指针减 1，且光标减 1。

S = 1：当写一个字符时，整屏显示左移（N = 1）或右移（N = 0），实现光标不移动而屏幕移动的效果。

S = 0:当写一个字符时,整屏显示不移动。
- 80H~A7H:设置数据地址指针(第1行)。
- C0H~E7H:设置数据地址指针(第2行)。

8.1.3 数字温度报警器的软件设计

1. 软件流程图

数字温度报警器的软件流程图如图 8-6 所示。

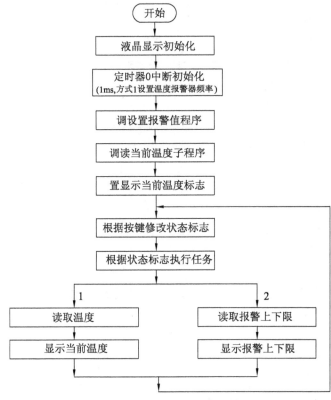

图 8-6 数字温度报警器的软件流程图

软件采用模块化设计方法,模块说明如下:变量缓冲区定义模块、DS18B20 芯片驱动模块、LCD1602 驱动模块、温度检测与显示模块、DS18B20 的 ROM CODE 转换与显示模块、报警温度显示模块、定时中断控制报警声音模块、软件延时模块和主程序模块等。

温度报警器控制电路的各模块参考源程序既可用汇编语言编写,也可用 C51 语言编写,在本项目中仅以汇编语言为例,C51 程序留给读者自行编制。

2. 汇编语言参考源程序(鉴于篇幅,部分源程序省略)

(1) 变量缓冲区定义。

```
;************************************************************
TEMP_ZH         DATA    24H         ;实时温度值存放单元
TEMPL           DATA    25H         ;温度值低位存放单元
TEMPH           DATA    26H         ;温度值高位存放单元
```

```
TEMP_TL      DATA   27H        ;低温报警值存放单元
TEMP_TH      DATA   28H        ;高温报警值存放单元
TEMPLC       DATA   29H        ;个位、小数部分 BCD
TEMPHC       DATA   2AH        ;百位、十位 BCD
;**********************************************************
FLAG1        EQU    20H.0      ;DS18B20 是否存在标记
KEY_PAGE     EQU    20H.1      ;设定 KEY 的标记
SING         EQU    20H.2      ;设定符号的标记
BUSY_CHECK   BIT    20H.3
DATE_LINE    EQU    P3.3
;**********************************************************
K1           EQU    P1.1
K2           EQU    P1.4
;**********************************************************
BEEP         BIT    P2.4
RELAY        BIT    P2.3
;**********************************************************
BUSY         BIT    P0.7
LCD_RS       BIT    P2.0       ;LCD 控制管脚定义
LCD_RW       BIT    P2.1
LCD_EN       BIT    P2.2
DATAPORT     EQU    P0         ;定义 LCD 的数据端口
LCD_X        EQU    2EH
```

（2）主程序。

```
;**********************************************************
        ORG    0000H
        AJMP   START
        ORG    0040H
;**********************************************************
START:
        MOV    SP,#60H          ;设置堆栈指针
        MOV    A,#00H
        MOV    R0,#20H          ;将 20H~2FH 单元清 0
        MOV    R1,#10H
CLEAR:
        MOV    @R0,A
        INC    R0
        DJNZ   R1,CLEAR
        MOV    P1,#0FFH
```

```
        MOV     TEMP_TH,#60
        MOV     TEMP_TL,#-30
        SETB    RELAY                   ;继电器释放
        ACALL   LCD_INIT                ;LCD初始化
        CALL    MENU1
START1:
        CALL    Init_18B20              ;DS18B20复位子程序
        JNB     FLAG1,START2            ;DS18B20不存在
        CALL    SET_18B20
        CALL    TEMP_BJ                 ;显示温度标记
        SJMP    MAIN
START2:
        CALL    MENU_ERROR
        CALL    TEMP_BJ                 ;显示温度标记
        SJMP    $
MAIN:
        CALL    Init_18B20
        JNB     FLAG1,START2            ;DS18B20不存在
        CALL    PROC_KEY                ;键扫描
        CALL    READ_TEMP
        CALL    CONVTEMP
        CALL    DISPBCD
        JB      KEY_PAGE,START3
        CALL    DISPLAY_1               ;LCD显示子程序
        CALL    TEMP_COMP
        CALL    TEMP_BJ1
        SJMP    MAIN
START3:
        CALL    LOOK_ALARM              ;LCD显示子程序
        SJMP    MAIN
```

（3）读温度子程序。

```
READ_TEMP:
        MOV     A,#0CCH                 ;跳过程序号
        CALL    WRITE_18B20
        MOV     A,#44H                  ;发出温度转换命令
        CALL    WRITE_18B20
        CALL    Init_18B20
        MOV     A,#0CCH                 ;跳过序列号
        CALL    WRITE_18B20
```

```
            MOV     A,#0BEH              ;发出读温度命令
            CALL    WRITE_18B20
            CALL    READ_18B20           ;温度低8位、温度高8位
            RET
```

（4）温度比较子程序。

```
TEMP_COMP:
            MOV     A,TEMP_TH
            SUBB    A,TEMP_ZH            ;减数>被减数,则
            JC      CHULI1               ;借位标志位 C=1,转
            MOV     A,TEMP_ZH
            SUBB    A,TEMP_TL            ;减数>被减数,则
            JC      CHULI2               ;借位标志位 C=1,转
            MOV     DPTR,#BJ5
            CALL    TEMP_BJ3
            CLR     RELAY                ;继电器吸合
            RET

CHULI1:
            MOV     DPTR,#BJ3
            CALL    TEMP_BJ3
            SETB    RELAY                ;继电器释放
            CALL    BEEP_BL
            RET

CHULI2:
            MOV     DPTR,#BJ4
            CALL    TEMP_BJ3
            CALL    BEEP_BL
            CLR     RELAY                ;继电器吸合
            RET

;***************************************************
TEMP_BJ3:
            MOV     A,#0CEH
            CALL    WCOM
            MOV     R1,#0
            MOV     R0,#2
BBJJ3:
            MOV     A,R1
            MOVC    A,@A+DPTR
            CALL    WDATA
            INC     R1
```

```
            DJNZ       R0,BBJJ3
            RET
BJ3:       DB          ">H"
BJ4:       DB          "<L"
BJ5:       DB          "=!"
```

（5）菜单显示子程序。

```
MENU1:
            MOV        B,#00H
            MOV        DPTR,#INFO1           ;指针指到信息字符串表1
            ACALL      W_STRING1
            MOV        B,#00H
            MOV        DPTR,#INFO2           ;指针指到信息字符串表2
            ACALL      W_STRING2
            RET
;*******************************************************
MENU2:
            MOV        B,#00H
            MOV        DPTR,#INFO3           ;指针指到信息字符串表3
            ACALL      W_STRING1
            MOV        B,#00H
            MOV        DPTR,#INFO4           ;指针指到信息字符串表4
            ACALL      W_STRING2
            RET
;*******************************************************
;信息字符串表
;*******************************************************
INFO1:     DB          "Current Temp：    ",0
INFO2:     DB          " TEMP：           ",0
INFO3:     DB          "ALARM TEMP Hi Lo ",0
INFO4:     DB          "Hi：     Lo：     ",0
```

8.1.4　数字温度报警器的虚拟仿真

（1）打开PROTEUS ISIS软件，装载本系统的硬件仿真图。

（2）将Keil μVision3软件开发环境下编译生成的HEX文件装载到PROTEUS虚拟仿真硬件电路中的AT89S52芯片里。

（3）运行PROTEUS ISIS软件，仔细观察运行结果，如果有不完全符合设计要求的情况，调整源程序并重复上述步骤，直至完全符合本项目提出的各项设计要求为止。

数字温度报警器PROTEUS仿真硬件电路图如图8-7所示，数字温度报警器显示仿真结果如图8-8和图8-9所示。

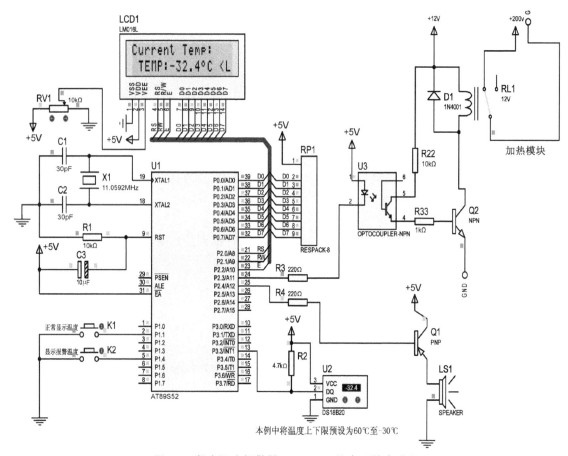

图 8-7　数字温度报警器 PROTEUS 仿真硬件电路图

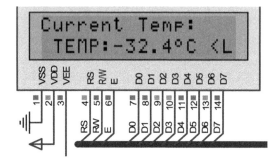

图 8-8　数字温度报警器显示仿真结果 1

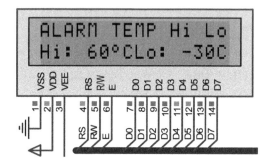

图 8-9　数字温度报警器显示仿真结果 2

8.2 单片机应用系统设计案例——步进电机控制器

8.2.1 步进电机控制器的结构设计

1. 设计要求

步进电机作为控制执行元件,是机电一体化的关键产品之一,广泛应用在各种自动化控制系统和精密机械等领域。随着微电子和计算机技术的发展,步进电机的需求量与日俱增,在各个国民经济领域都有广泛应用。步进电机控制也是单片机应用系统的一个典型示例,步进电机和普通电动机的不同之处是步进电机接受脉冲信号的控制。

本项目要求利用单片机设计一个简易步进电机控制器,实现以下功能:
(1) 步进电机正反转控制。
(2) 八级速度可随意调整,且由数码管显示当前速度值。
(3) 可单步、连续运行。
(4) 要求运行准确、显示直观、精度稳定。

2. 任务分析

按照要求完成步进电机控制器设计任务,需要解决以下几个问题:① 单片机的选型;② 按键控制接口电路;③ 步进电机驱动接口电路;④ 状态显示接口电路。

由于本系统精度要求不高,主要学习单片机与步进电机的接口电路的软硬件设计,故系统可采用目前比较流行的 MCS-51 系列单片机 AT89S51。本系统中采用一位数码管显示速度调节的挡位,用 6 个 LED 灯显示电机运行的状态。电机的启/停和升/降速调节采用独立式按键控制。步进电机的驱动器则选用高压大电流达林顿晶体管阵列系列产品 ULN2003 芯片。

3. 总体结构设计

根据任务分析,步进电机控制器设计可采用 AT89S51 单片机控制,在设计中需要引入步进电机的驱动电路模块、电机状态显示电路模块和用于控制的按键电路。系统结构图如图 8-10 所示。

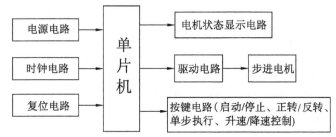

图 8-10 步进电机控制器的系统结构图

整个系统工作时,以四相八拍(电机线圈由 A、B、C、D 四相组成)步进电机为例,实现其启动/停止、正转/反转、升速/降速以及单步执行的功能。

8.2.2 步进电机控制器的硬件设计

实现该任务的硬件电路中包含的主要元器件为:AT89S51 1 片、78L05 1 个、ULN2003A 1 片、四相步进电机 1 个、LED 共阴数码管 1 个、LED 发光二极管 6 个、按键 6 个、电阻和电容等若干。

步进电机控制器的原理图如图 8-11 所示。

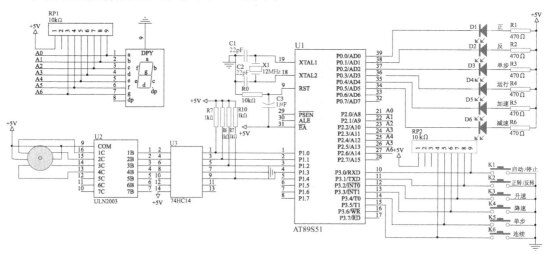

图 8-11 步进电机控制器的硬件电路原理图

1. 步进电机结构和工作原理

步进电机的转动可以有正转、反转、变速、定时启动等工作方式,不同的工作方式可以用于不同的目的。步进电机外形图如图 8-12 所示。

（1）步进电机的内部结构。

图 8-12 步进电机外形图

步进电机是一种可以自由回转的电磁铁,其工作原理是依靠气隙磁导的变化来产生电磁转矩的。步进电机主要由定子和转子构成。定子的主要结构是绕组。二相、三相、四相、五相步进电机分别有两个、三个、四个、五个绕组,其他以此类推。绕组按一定的通电顺序工作,这个通电顺序我们称为步进电机的"相序"。转子的主要结构是磁性转轴,当定子中的绕组在相序信号作用下,有规律地通电、断电工作时,转子周围就会有一个按此规律变化的电磁场,因此,一个按规律变化的电磁力就会作用在转子上,使转子发生转动。

20 世纪 80 年代后,用计算机控制步进电机的工作方式由于更好地挖掘出了电动机的潜力,已经成了一种必然的趋势。图 8-13 是四相反应式步进电机工作原理示意图。

（2）步进电机的控制原理。

步进电机的驱动原理是通过对它每相线圈中的电流的顺序切换来使电机做步进式旋转的。驱动电路由脉冲信号来控制,所以当步进电机控制电路接收到一个脉冲信号时,它就驱动步进电机按设定的方向转动一个固定的角度(即步距角)。通过控制脉冲个数来控制角位移量,从而达到准确定位的目的;同时也可以通过改变脉冲输入频率来控制电机转动的速度。

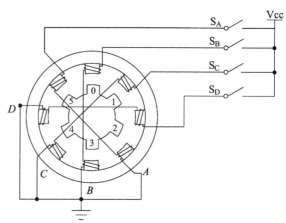

图 8-13 四相反应式步进电机工作原理示意图

改变通电顺序,即改变定子磁场旋转的方向,就可以达到控制步进电动机正反转的目的。因此,用微机控制步进电机最合适。

以四相反应式步进电机为例,其工作方式可以分为单相四拍、双相四拍与四相八拍几种,这几种工作方式的电源通电时序与波形分别如图 8-14(a)、(b)、(c)所示。

(1) 单相四拍方式(按单相绕组施加电流脉冲):
—A—B—C—D　正转
—A—D—C—B　反转

(2) 双相四拍方式(按双相绕组施加电流脉冲):
—AB—BC—CD—DA　正转
—AD—DC—CB—BA　反转

(3) 四相八拍方式(单相绕组和双相绕组交替施加电流脉冲):
—A—AB—B—BC—C—CD—D—DA　正转
—A—AD—D—DC—C—CB—B—BA　反转

单相四拍方式的每一拍步进角为 3°,四相八拍方式的步进角则为 1.5°,因此,在四相八拍下,步进电机的运行反转平稳柔和,但在同样的运行角度与速度下,四相八拍驱动脉冲的频率需提高 1 倍,对驱动开关管的开关特性要求较高。

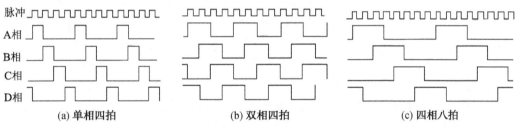

图 8-14　步进电机工作时序波形图

2. 步进电机的单片机控制系统设计——脉冲分配

步进电机的转动可以有正转、反转、变速、定时启动等工作方式,步进电机的驱动电路是根据控制信号来工作的。在步进电机的单片机控制中,控制信号由单片机产生。其基本控制作用如下:

① 控制换相顺序。
② 控制步进电机的转向。
③ 控制步进电机的速度。

如果给步进电机发一个控制脉冲,它就转一步,再发一个脉冲,它会再转一步。两个脉冲的间隔时间越短,步进电机就转得越快。因此,脉冲的频率决定了步进电机的转速。调整步进电机发出脉冲的频率,就可以对步进电机进行调速。

实现脉冲分配(也就是通电换相控制)的方法有两种:软件法和硬件法。

所谓软件法,是指完全用软件的方式,按照给定的通电换相顺序,通过单片机的 I/O 口向驱动电路发出控制脉冲。软件法在电动机运行过程中,要不停地产生控制脉冲,但会占用大量的 CPU 时间。

所谓硬件法,实际上是采用脉冲分配芯片,来进行通电换相控制。脉冲分配器有很多种,如8713集成电路芯片、三洋公司生产的PMM8713、富士通公司生产的MB8713、国产的GB8713等,它们的功能一样,可以互换。现在也可用PLD芯片实现。由于采用了脉冲分配器,单片机只需要提供步进脉冲,进行速度控制和转向控制,脉冲分配的工作交给脉冲分配器来自动完成。因此,CPU的负担减轻许多。

3. 步进电机的单片机控制系统设计——运行控制

步进电机的运行控制涉及位置控制和加减速控制。

(1) 步进电机的位置控制。

步进电机的位置控制,是指控制步进电机带动执行机构从一个位置精确地运行到另一个位置。步进电机的位置控制是步进电机的一大优点,它可以不借助位置传感器,而只需要简单的开环控制就能达到足够的位置精度,因此应用很广。

步进电机的位置控制需要两个参数。第一个参数是步进电机控制的执行机构当前的位置参数,我们称为绝对位置。绝对位置是有极限的,其极限是执行机构运动的范围,超过了这个极限就应报警。第二个参数是从当前位置移动到目标位置的距离,我们可以用折算的方式将这个距离折算成步进电机的步数。这个参数是外界通过键盘或可调电位器旋转输入的,所以折算的工作应该在键盘程序或A/D转换程序中完成。

对步进电机位置控制的一般做法是:步进电机每走一步,步数减1,如果没有失步存在,当执行机构到达目标位置时,步数正好减到0。因此,用步数等于0来判断是否移动到目标位,作为步进电机停止运行的信号。绝对位置参数可作为人机对话的显示参数,或作为其他控制目的的重要参数,因此也必须要给出。它与步进电机的转向有关,当步进电机正转时,步进电机每走一步,绝对位置加1;当步进电机反转时,步进电机每走一步,绝对位置减1。

(2) 步进电机的加减速控制。

步进电机驱动执行机构从A点移动到B点时,要经历升速、恒速和减速过程。如果启动时一次将速度升到给定速度,由于启动频率超过极限启动频率,步进电机要发生失步现象,因此会造成不能正常启动。如果到终点时突然停下来,由于惯性作用,步进电机虽然不会产生失步和过冲现象,但影响了执行机构的工作效率。所以,对步进电机的加减速有严格的要求,那就是保证在不失步和过冲的前提下,用最快的速度(或最短的时间)移动到指定的位置。为了满足加减速要求,步进电机运行通常按照加/减速运行曲线进行。

最简单的是匀加速和匀减速曲线,其加减速曲线都是直线,因此容易通过编程实现。按直线加速时,加速度是不变的,因此要求转矩也是不变的。

加/减速运行曲线是非线性关系,因而加速度与频率也应该是非线性关系。因此,实际上当转速增加时转矩下降,所以按直线加速时有可能造成因转矩不足而产生失步现象。采用指数加减速曲线或S形加减速曲线是最好的选择,因为电动机的电磁转矩与转速的关系接近指数规律。

单片机在用定时器法调速时,用改变定时常数的方法来改变输出的步进脉冲频率,以达到改变转速的目的。对于MCS-51系列单片机,其定时器属于加1定时器。因此,在步进电机加速时,定时常数应增加,减速时定时常数应减小。

如果采用非线性加减速曲线,要用离散法将加减速曲线离散化。将离散所得的转速序列所对应的定时常数序列做成表格,存储在程序存储器中,在程序运行中使用查表的方式重装定时常数。这样做比用计算法节省时间,提高了系统的响应速度。

4. 步进电机的单片机控制系统设计——电机驱动器 ULN2003

ULN2003 是高耐压、大电流、内部由 7 个硅 NPN 达林顿管组成的驱动芯片。它属于高压大电流达林顿晶体管阵列系列产品,具有电流增益高、工作电压高、温度范围宽、带负载能力强等特点,适用于各类要求高速大功率驱动的系统。多用于单片机、智能仪表、PLC、数字量输出卡等控制电路,通常作为显示驱动、继电器驱动、照明灯驱动、电磁阀驱动和伺服电机与步进电机驱动器件使用。

(1) ULN2003 芯片引脚及封装形式。

ULN2003 封装:常采用 DIP - 16 或 SOP - 16 塑料封装,如图 8-15 所示。

ULN2003 芯片的引脚:该芯片有 16 个引脚,如图 8-16 所示。各引脚说明见表 8-2。

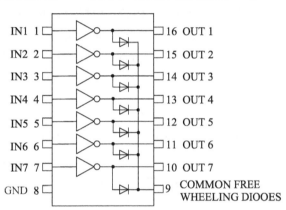

图 8-15　外形封装图　　　　　　　图 8-16　ULN2003 引脚图

表 8-2　ULN2003 芯片引脚说明

引脚号	引脚功能	引脚号	引脚功能
引脚 1	CPU 脉冲输入端	引脚 9	该脚是内部 7 个续流二极管负极的公共端
引脚 2	CPU 脉冲输入端	引脚 10	脉冲信号输出端,对应 7 脚信号输入端
引脚 3	CPU 脉冲输入端	引脚 11	脉冲信号输出端,对应 6 脚信号输入端
引脚 4	CPU 脉冲输入端	引脚 12	脉冲信号输出端,对应 5 脚信号输入端
引脚 5	CPU 脉冲输入端	引脚 13	脉冲信号输出端,对应 4 脚信号输入端
引脚 6	CPU 脉冲输入端	引脚 14	脉冲信号输出端,对应 3 脚信号输入端
引脚 7	CPU 脉冲输入端	引脚 15	脉冲信号输出端,对应 2 脚信号输入端
引脚 8	接地	引脚 16	脉冲信号输出端,对应 1 脚信号输入端

(2) ULN20003 的内部结构及功能特点。

ULN2003 的内部结构可参看图 8-17。

在该芯片内部为达林顿阵列,ULN2003 的每一对达林顿都串联一个 2.7kΩ 的基极电阻,在 5V 的工作电压下它能与 TTL 和 CMOS 电路直接相连,可以直接处理原先需要标准逻辑缓冲器来处理的数据。ULN2003 工作电压高,工作电流大,灌电流可达 500mA,并且能够在关态时承受 50V 的电压,输出还可以在高负载电流下并行运行。

ULN2003 的内部集成了一个消线圈反电动势的续流二极管,可用来驱动继电器及其他开关型感性负载。ULN2003 可以驱动 7 个继电器,具有高电压输出特性,每对达林顿管的额定集电极电流是 500mA,达林顿对管还可并联使用以达到更高的输出电流能力。它的输出端允许通过电流为 200mA,饱和压降 V_{CE} 约 1V 左右,耐压 BVCEO 约为 36V。用户输出口的外接负载可根据以上参数估算。

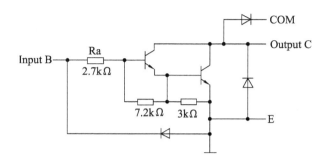

图 8-17 ULN2003 的内部结构

ULN2003 的输出结构是集电极开路的,所以要在输出端接一个上拉电阻,在输入低电平的时候输出才是高电平。在驱动负载的时候,电流是由电源通过负载灌入 ULN2003 的。此外,因为采用集电极开路输出,输出电流大,故可直接驱动继电器或固体继电器,也可直接驱动低压灯泡。通常单片机驱动 ULN2003 时,上拉 2kΩ 的电阻较为合适,同时,COM 引脚应该悬空或接电源。

(3) ULN2003 的参数。

ULN2003 的参数如表 8-3 和表 8-4 所示(若无其他规定,$T_{amb}=25℃$)。

表 8-3 ULN2003 参数表(一)

参数名称	符号	数值
输入电压/V	VIN	30
输入电流/mA	IIN	25
功耗/W	PD	1
工作环境温度/℃	T_{opr}	-20 ~ +85
贮存温度/℃	T_{stg}	-55 ~ +150

表 8-4 ULN2003 参数表(二)

参数名称	符号	测试条件	最小值	典型值	最大值
输出漏电流/μA	I_{CEX}	$V_{CE}=50V, T_{amb}=25℃$			50
		$V_{CE}=50V, T_{amb}=70℃$			100
饱和压降/V	$V_{CE(SAT)}$	$I_C=100mA, I_S=250μA$		0.9	1.1
		$I_C=200mA, I_S=350μA$		1.1	1.3
		$I_C=350mA, I_S=500μA$		1.3	1.6
输入电流/μA	$I_{IN(ON)}$	$V_{IN}=3.85V$		0.93	1.35
	$I_{IN(OFF)}$	$I_C=500μA, T_{amb}=70℃$	50	65	
输入电压/V	$V_{IN(ON)}$	$V_{CE}=2.0V, I_C=200mA$			2.4
		$V_{CE}=2.0V, I_C=250mA$			2.7
		$V_{CE}=2.0V, I_C=300mA$			3
输入电容/pF	C_{IN}			15	25
上升时间/μs	t_{PLH}	$0.5E_{in} ~ 0.5E_{out}$		0.25	1

续表

参数名称	符号	测试条件	最小值	典型值	最大值
下降时间/μs	t_{PHL}	$0.5E_{in} \sim 0.5E_{out}$		0.25	1
钳位二极管漏电流/μA	I_R	$V_R = 50V, T_{amb} = 25℃$			50
		$V_R = 50V, T_{amb} = 70℃$			100
钳位二极管正向压降/V	V_F	$I_F = 350mA$		1.7	2

8.2.3 步进电机控制器的软件设计

步进电机控制器的软件流程图如图 8-18 所示。

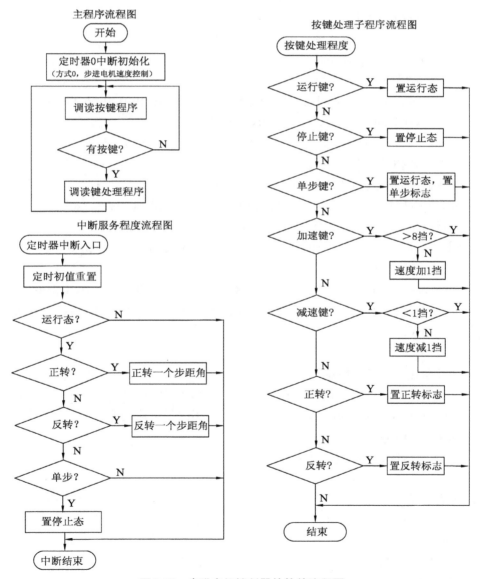

图 8-18 步进电机控制器的软件流程图

软件采用模块化设计方法,不仅易于编程和调试,也可减小软件故障率和提高软件的可靠性。同时,对软件进行全面测试也是检验错误、排除故障的重要手段。

模块说明:变量缓冲区定义模块、主程序模块、按键读取模块、任务处理模块、定时中断速度调整模块、四相八拍环分表缓冲区设置模块、速度调整值缓冲区设置表、软件延时模块、LED 共阴数码管 0~F 显示字形常数表。各模块参考源程序既可用汇编语言编写,也可用 C51 语言编写,在此项目中,特地采用 C51 编程,以供学习者参考。

```
//--------------------------------------------------------
//名称:步进电机控制器
//--------------------------------------------------------
//要求:可正反转、可调速和单步运行,且采用四相八拍工作方式
//--------------------------------------------------------
#include <reg51.h>
#define uchar unsigned char
#define uint unsigned int
/*字型码*/
code unsigned char tableled[16] = {0x3f,0x06,0x5b,0x4f,0x66,0x6d,0x7d,0x07,
    0x7f,0x6f,0x77,0x7c,0x39,0x5e,0x79,0x71};
/* 0  1   2   3   4   5   6   7  8   9   a   b   c   d   e   f */
//四相八拍环分表'1'有效
//正转励磁方式为 A-AB-B-BC-C-CD-D-DA
uchar code FFW[] = {0x01,0x03,0x02,0x06,0x04,0x0c,0x08,0x09};
//反转励磁方式 A-AD-D-DC-C-CB-B-BA
uchar code REV[] = {0x09,0x08,0x0C,0x04,0x06,0x02,0x03,0x01};
/*速度调整值*/
code unsigned char speedt[24] = {0x00,0x00,0x00,0x08,0x00,0x10,0x00,0x30,
    0x00,0x50,0x00,0x70,0x00,0x80,0x00,0x90,0x00,0xA0,0x00,0xB0,0x00,
    0xC0};

//变量缓冲区定义模块
unsigned char idata dtl0,dth0;          //T0 计数
unsigned char idata speed,flag;         //当前设定速度值
char idata usp,uabs;
bit start_stop,p_n,start,runp_n,step;

//管脚定义
sbit K1 = P3^0;                         //启动/停止
sbit K2 = P3^1;                         //正转/反转
sbit K3 = P3^2;                         //升速
sbit K4 = P3^3;                         //降速
```

```c
sbit K5 = P3^4;                    //单步
sbit K6 = P3^5;                    //连续

//函数定义
unsigned char readkey(void);       //延时函数
void delayMS(uint x)
{   uchar i;
    while(x--)
      for(i=0;i<120;i++);
}

//定时器初始化
void init_timer0()
{   TMOD = 0x01;
    TH0 = 0x4b;
    TL0 = 0x00;
    ET0 = 1;
    EA = 1;
}

//按键读取函数
unsigned char readkey(void)
{   unsigned char keyin = 0;
    if(K1==0)
    {  delayMS(5);
       if(K1==0)
       {if(start_stop==0){keyin=1;start_stop=1;}
        else {keyin=10;start_stop=0;}
        while(K1==0);
       }
    }
    else if(K2==0)
    {  delayMS(5);
       if(K2==0)
       {if(p_n==0){keyin=2;p_n=1;}
        else {keyin=20;p_n=0;}
        while(K2==0);
       }
    }
```

```c
        else if(K3==0)
        {delayMS(5);
            if(K3==0)
            {keyin=3;
              while(K3==0);
            }
        }
        else if(K4==0)
        {   delayMS(5);
            if(K4==0)
            {keyin=4;
              while(K4==0);
            }
        }
        else if(K5==0)
        {   delayMS(5);
            if(K5==0)
            {keyin=5;
              while(K5==0);
            }
        }
        else if(K6==0)
        {   delayMS(5);
            if(K6==0)
            {keyin=6;
              while(K6==0);
            }
        }
        return(keyin);
    }

//显示函数
void display()
{
    if(flag==0xff)
    {   P2=tableled[speed];
        flag=0x00;
    }
}
```

//任务处理函数
```
void process(unsigned char key)
{ switch(key)
    { case 1:    start=1;TR0=1;P0&=0xF7;           //D4 点亮
                 break;
      case 10:   start=0;TR0=0;P0|=0x08;break;
      case 2:    runp_n=1;P0&=0xFE;P0|=0x02;break;
      case 20:   runp_n=0;P0&=0xFD;P0|=0x01;break;
      case 3:    if(speed<8) speed++;
                 dtl0=speedt[speed*2];dth0=speedt[speed*2+1];
                 flag=0xff;P0&=0xEF;P0|=0x20;
                 break;
      case 4:    if(speed>1) speed--;
                 dtl0=speedt[speed*2];dth0=speedt[speed*2+1];
                 flag=0xff;P0&=0xDF;P0|=0x10;
                 break;
      case 5:    step=1;P0&=0xFB; start=1;TR0=1;break;
      case 6:    step=0;P0|=0x04;break;
    }
}
```

//主程序模块
```
main()
{ unsigned char key;
  init_timer0();
  usp=0;
  uabs=0;
  flag=0xff;
  start=0;
  speed=3;
  while(1)
  { if((key=readkey())!=0) process(key);
    display();
  }
}
```

//定时中断速度调整处理程序
```
void timer_0 (void) interrupt 1 using 2
{ TH0=dth0;
```

```
            TL0 = dtl0;
            if( start == 1 )
              { if( runp_n == 1 )                    //电机正转
                  { P0& = 0xFE;                      //D1 点亮
                    uabs ++ ;
                    usp ++ ;
                    if( usp > 8 ) usp = 0;
                  }
                else                                 //电机反转
                  { P0& = 0xFD;                      //D2 点亮
                    if( uabs > 0 )  uabs -- ;
                    else uabs = 65535;
                    usp -- ;
                    if( usp < 0 )  usp = 7;
                  }
                if( step == 1 ) {TR0 = 0;start = 0;}
                P1 = FFW[ usp ];
              }
            }
```

8.2.4 步进电机控制器的虚拟仿真

步进电机控制器 PROTEUS 仿真硬件电路图如图 8-19 所示。

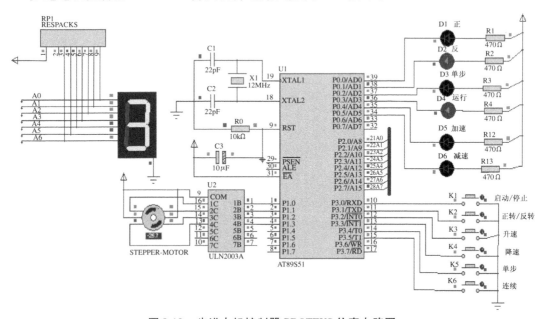

图 8-19　步进电机控制器 PROTEUS 仿真电路图

在 Keil μVision3 与 PROTEUS 环境下完成任务的仿真调试,所设计系统可以实现步进电机的启动、停止、加速、减速、正转和反转的控制要求,达到了检查本项目提出的各项设计要求。

8.3 单片机应用系统设计案例——万年历

8.3.1 万年历的结构设计

1. 设计要求

本项目是设计一个万年历,具体要求如下:
① 能够用液晶显示年、月、日、星期、时、分、秒。
② 能借助按键实现日期、星期和时间的调整。

2. 任务分析

按照要求完成万年历设计任务,需要解决以下几个问题:① 单片机的选型;② 单片机与液晶显示模块接口的构建;③ 单片机与按键接口的构建;④ 系统标准定时时间的实现方法。

单片机的选型为 AT 89S51。万年历日期、时间和星期的显示采用字符型液晶显示器实现,在此选用 LCD1602 液晶显示模块。在单片机与按键接口电路的构建中,由于本项目只需要 7 个按键用于万年历的调整,且单片机的 I/O 线充裕,因此采用独立按键。系统的标准定时用专门的典型时钟芯片 DS1302 实现。

3. 总体结构设计

根据任务分析,万年历设计可采用 AT89S51 单片机控制,需要 11 个 I/O 口控制液晶显示器 LCD1602。在设计中需要引入 7 个独立按键电路,所以需要 7 个 I/O 口。系统工作时的时间、日期和星期由专用芯片 DS1302 产生,需要单片机提供 3 个 I/O 口连接该时钟芯片。系统结构图如图 8-20 所示。

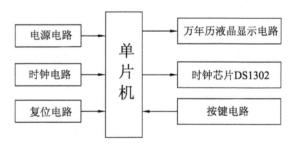

图 8-20 万年历的系统结构图

8.3.2 万年历的硬件设计

实现该任务的硬件电路中包含的主要元器件为:AT89S51 1 片、DS1302 1 片、LCD1602 模块 1 个、按键 7 个、电阻和电容等若干。单片机的 P0 口接 LCD1602 的数据端,P1.0~P1.2 依次连接 LCD1602 的控制端 RS、RW、E。DS1302 的三个控制端 I/O、SCLK 和 $\overline{RST}$ 则分别接至单片机的 P1.5~P1.7。用于调节万年历的按键接至 P3.0~P3.6 口。万年历的原理图如图 8-21 所示。

1. DS1302 芯片简介

DS1302 是由美国 DALLAS 公司推出的具有涓细电流充电能力的低功耗实时时钟芯片。它可以对年、月、日、周、时、分、秒进行计时,且具有闰年补偿等多种功能,可以通过配置 AM/PM 来决定采用的时间格式为 24 小时制还是 12 小时制。DS1302 采用串行数据传输方式,与单片机的连接仅需要三条线(SCLK、I/O 和 $\overline{RST}$)即可。DS1302 采用主电源和后备电源双电源供电,同时提供了对后备电源进行滑细电流充电的能力。它广泛应用于电话传真、便携式仪器以及电池供电的仪器仪表等产品领域。

(1) DS1302 的主要特性。
- 实时时钟具有能计算秒、分、时、日、星期、月和年的能力和闰年调整的能力。
- 31×8 位暂存数据存储 RAM。
- 串行 I/O 口方式,简单 3 线通信接口。
- 宽范围的工作电压为 2.0~5.5V。
- 工作电流:2.0V 时,小于 300nA。
- 读/写时钟或 RAM 数据时有两种传送方式:单字节传送和多字节传送字符组方式。
- 8 脚 DIP 封装或 8 脚 SOIC 封装。

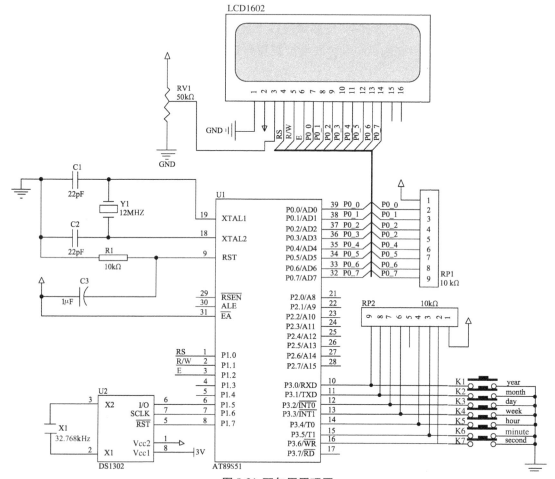

图 8-21 万年历原理图

- 与 TTL 兼容 Vcc=5V。
- 温度范围为 -40℃ ~ +85℃。

(2) DS1302 的外形和引脚。

时钟芯片 DS1302 的外形及引脚排列如图 8-22 所示,其引脚说明见表 8-5。

单元8 单片机应用系统开发与设计

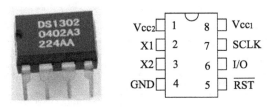

图 8-22 DS1302 的外形及引脚图

表 8-5 DS1302 引脚说明

引脚号	引脚名称	引脚功能	备注
2、3	X1、X2	外接晶振	外接 32.768kHz 晶振
4	GND	地	
5	$\overline{RST}$	复位	
6	I/O	数据输入/输出	
7	SCLK	串行时钟	
1	Vcc2	主电源	在主电源关闭的情况下,通过备用电源能保持时钟的连续运行
8	Vcc1	备用电源	

（3）DS1302 的控制字说明。

DS1302 的控制字如图 8-23 所示。控制字节的最高有效位(位 7)必须是逻辑 1,如果它为 0,则不能把数据写入 DS1302 中;位 6 如果为 0,则表示存取日历时钟数据,为 1 表示存取 RAM 数据;位 5 至位 1 指示操作单元的地址。最低有效位(位 0)如为 0 表示要进行写操作,为 1 表示进行读操作。控制字节总是从最低位开始输出。

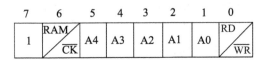

图 8-23 DS1302 的控制字

（4）DS1302 的复位。

DS1302 通过把 $\overline{RST}$ 输入驱动置高电平来启动所有的数据传送。$\overline{RST}$ 输入有两种功能:首先,$\overline{RST}$ 接通控制逻辑,允许地址/命令序列送入移位寄存器;其次,$\overline{RST}$ 提供了终止单字节或多字节数据的传送手段。当 $\overline{RST}$ 为高电平时,所有的数据传送被初始化,允许对 DS1302 进行操作。如果在传送过程中置 $\overline{RST}$ 为低电平,则会终止此次数据传送,并且 I/O 引脚变为高阻态。上电运行时,在 Vcc≥2.5V 之前,$\overline{RST}$ 必须保持低电平。同样只有在 SCLK 为低电平时,才能将 $\overline{RST}$ 置为高电平。

（5）DS1302 的数据输入/输出。

在控制指令字输入后的下一个 SCLK 时钟的上升沿时数据被写入 DS1302,数据输入从低位(即位 0)开始。同样,在紧跟 8 位的控制指令字后的下一个 SCLK 脉冲的下降沿读出 DS1302 的数据,读出数据时从低位 0 至高位 7,数据读写时序见图 8-24。

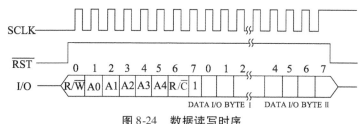

图 8-24 数据读写时序

(6) DS1302 的寄存器。

DS1302 共有 12 个寄存器,其中有 7 个寄存器与日历、时钟相关,存放的数据位为 BCD 码形式。其日历、时间寄存器及其控制字见表 8-6。

表 8-6 DS1302 的日历、时间寄存器及其控制字

寄存器名	命令字		取值范围	各位内容							
	写操作	读操作		7	6	5	4	3	2	1	0
秒寄存器	80H	81H	00～59	CH	10SEC			SEC			
分寄存器	82H	83H	00～59	0	10MIN			MIN			
时寄存器	84H	85H	00～11 或 00～23	$12/\overline{24}$	0	$10/\overline{AP}$	HR	HR			
日寄存器	86H	87H	01～28,29,30,31	0	0	10DATE		DATE			
月寄存器	88H	89H	01～12	0	0	0	10M	MONTH			
周寄存器	8AH	8BH	01～07	0	0	0	0	0	DAY		
年寄存器	8CH	8DH	00～99	10 YEAR				YEAR			

此外,DS1302 还有控制寄存器、充电寄存器、时钟突发寄存器及与 RAM 相关的寄存器等。时钟突发寄存器可一次性顺序读写除充电寄存器外的所有寄存器内容。DS1302 与 RAM 相关的寄存器分为两类:一类是单个 RAM 单元,共 31 个,每个单元组态为一个 8 位的字节,其命令控制字为 C0H～FDH,其中奇数为读操作,偶数为写操作;另一类为突发方式下的 RAM 寄存器,此方式下可一次性读写所有的 RAM 的 31 个字节,命令控制字为 FEH(写)、FFH(读)。

8.3.3 万年历的软件设计

1. 软件流程图

万年历的软件流程图如图 8-25 所示。软件采用模块化设计方法,模块说明如下:变量缓冲区定义模块、主程序模块、按键扫描模块、按键任务处理模块、缓冲区设置模块、液晶显示模块、DS1302 时钟产生模块、软件延时模块等。

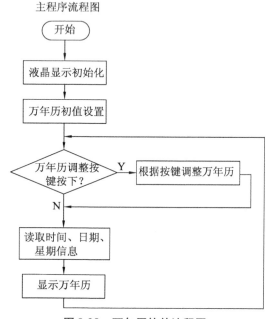

图 8-25 万年历软件流程图

2. 参考源程序
(1) 主程序
```c
#include <REG51.h>
#include <DS1302.h>
#include <LCD1602.h>
sbit K1 = P3^0;                              //调节 year
sbit K2 = P3^1;                              //调节 month
sbit K3 = P3^2;                              //调节 day
sbit K4 = P3^3;                              //调节 week
sbit K5 = P3^4;                              //调节 hour
sbit K6 = P3^5;                              //调节 minute
sbit K7 = P3^6;                              //调节 second
uchar code write_add[7] = {0x8c,0x8a,0x88,0x86,0x84,0x82,0x80};
                                             //DS1302 寄存器写地址
uchar code read_add[7] = {0x8d,0x8b,0x89,0x87,0x85,0x83,0x81};
                                             //DS1302 寄存器读地址
unsigned long int year,week,mon,day,hou,min,sec;  //DS1302 日期时间变量
uchar time_data[7] = {18,2,9,30,10,57,11};   //DS1302 初始化实时时间
uchar time_data2[7];
uchar time_data3[7];
uchar code lcd_data[] = {'0','1','2','3','4','5','6','7','8','9'};
                                             //LCD 显示数组
uchar code data1[] = {"data:"};
uchar code data2[] = {"time:"};
unsigned char read_keyboard(void);
void process(uchar key);

/*----------------------------延时函数模块----------------------------*/
void DelayMS(uint x)                         //x ms 延时函数
{   uchar t;
    while(x--)
    {   for(t = 120;t > 0;t--);
    }
}

/*----------------------------时间设置----------------------------*/
void set_time()                              //初始化实时时间
{   uchar i,j;
    write_ds1302(0x81,0x10);
```

```c
    for(i=0;i<7;i++)                    //把原来的数转换成 BCD 码
    { j = time_data[i]/10;              //把 time_data[i]十位给 j
      time_data2[i] = time_data[i]%10;  //把 time_data[i]个位给 time_data[i]
      time_data2[i] = time_data2[i] + j*16;
                                        //把个位和十位合在一起转换成 BCD 码
    }
    write_ds1302(0x8e,0x00);            //去除写保护
    for(i=0;i<7;i++)                    //给寄存器中写初始化时间
    { write_ds1302(write_add[i],time_data[i]);
    }
    write_ds1302(0x8e,0x80);            //加上写保护
    write_ds1302(0x80,0x7f&time_data2[6]);
}


/*-------------------------独立式按键扫描模块-------------------------*/
unsigned char read_keybord()
{ unsigned char key_returnE = 0;
  if(K1 == 0)
  { DelayMS(1);
    if(K1 == 0)
      {key_returnE = 1;while(K1 == 0);}
  }
  else if(K2 == 0)
  { DelayMS(1);
    if(K2 == 0)
      {key_returnE = 2;while(K2 == 0);}
  }
  else if(K3 == 0)
  { DelayMS(1);
    if(K3 == 0)
      {key_returnE = 3;while(K3 == 0);}
  }
  else if(K4 == 0)
  { DelayMS(1);
    if(K4 == 0)
      {key_returnE = 4;while(K4 == 0);}
  }
  else if(K5 == 0)
  {DelayMS(1);
```

```c
        if( K5 ==0 )
          {key_returnE =5;while( K5 ==0 );}
      }
    else if( K6 ==0 )
    {DelayMS(1);
        if( K6 ==0 )
          {key_returnE =6;while( K6 ==0 );}
      }
    return( key_returnE );

}


/* 根据按键的情况选择调整相应项目并写入 DS1302,用于时间和日期的调节 */
void Adjust_time( unsigned char sel, bit sel_1 )
{ signed char address,item;
    signed char max,mini;
    if( sel ==1 )    {address =0x8c; max =99; mini =0;}     //年
    if( sel ==2 )    {address =0x88; max =12;mini =1;}      //月
    if( sel ==3 )    {address =0x86; max =31;mini =1;}      //日
    if( sel ==4 )    {address =0x8a; max =7;mini =1;}       //星期
    if( sel ==5 )    {address =0x84; max =23;mini =0;}      //小时
    if( sel ==6 )    {address =0x82; max =59;mini =0;}      //分钟
    if( sel ==7 )    {address =0x80; max =0;mini =0;}       //秒
/*------------读取1302 某地址上的数值转换成十进制赋给 item------------*/
    item =((read_ds1302(address +1))/16) *10 +(read_ds1302(address +1))%16;
    if( sel_1 ==0 )
        item ++ ;
    else
        item -- ;
    if( item > max ) item = mini;
    if( item < mini ) item = max;
    write_ds1302(0x8e,0x00);                    //允许写操作
    write_ds1302( address,(item/10) *16 + item%10);
                                                //转换成十六进制写入 1302
    write_ds1302(0x8e,0x80);                    //写保护,禁止写操作
}


/*------------------------读出日期、星期和时间等信息------------------------*/
void read_time()
```

```c
    { year = read_ds1302(read_add[0])/16*10 + read_ds1302(read_add[0])%16;
                                            //读寄存器把BCD变为一般数
      week = read_ds1302(read_add[1])/16*10 + read_ds1302(read_add[1])%16;
      mon  = read_ds1302(read_add[2])/16*10 + read_ds1302(read_add[2])%16;
      day  = read_ds1302(read_add[3])/16*10 + read_ds1302(read_add[3])%16;
      hou  = read_ds1302(read_add[4])/16*10 + read_ds1302(read_add[4])%16;
      min  = read_ds1302(read_add[5])/16*10 + read_ds1302(read_add[5])%16;
      sec  = read_ds1302(read_add[6])/16*10 + read_ds1302(read_add[6])%16;
    }

/*------------------------显示日期、星期和时间等信息------------------------*/
void lcd_time()
{ uchar i;
  lcd_write_com(0x80);
  for(i=0;i<5;i++)
     {lcd_write_data(data1[i]);}              //显示"data:"
  lcd_write_data(0x20);                       //显示空格
  lcd_write_data(lcd_data[year/10]);          //显示年
  lcd_write_data(lcd_data[year%10]);
  lcd_write_data(0x2d);
  lcd_write_data(lcd_data[mon/10]);           //显示月
  lcd_write_data(lcd_data[mon%10]);
  lcd_write_data(0x2d);
  lcd_write_data(lcd_data[day/10]);           //显示日
  lcd_write_data(lcd_data[day%10]);
  for(i=0;i<8;i++)
     lcd_write_data(0x20);                    //显示空格
  lcd_write_com(0x80+0x40);                   //从第二行开始显示实时时间
  for(i=0;i<5;i++)
     {lcd_write_data(data2[i]);}              //显示"time:"
  lcd_write_data(0x20);                       //显示空格
  lcd_write_data(lcd_data[hou/10]);           //显示小时
  lcd_write_data(lcd_data[hou%10]);
  lcd_write_data(0x3a);                       //显示:
  lcd_write_data(lcd_data[min/10]);           //显示分钟
  lcd_write_data(lcd_data[min%10]);
  lcd_write_data(0x3a);                       //显示:
  lcd_write_data(lcd_data[sec/10]);           //显示秒
  lcd_write_data(lcd_data[sec%10]);
```

```c
        lcd_write_data(0x20);                    //显示空格
        lcd_write_data(lcd_data[week]);
        lcd_write_com(0x80);
    }

/*------------------------------主函数------------------------------*/
    void main()                                  //主函数
    { uchar sel;
        lcd_init();
        set_time();
        while(1)                                 //无穷循环
        { if((sel = read_keybord())!=0) Adjust_time(sel,0);
                                                 //有按键按下,则调整万年历
            read_time();                         //读取日期、星期和时间等信息
            lcd_time();                          //显示万年历
        }
    }
```

(2) LCD1602 驱动程序

```c
/*------------------------------定义LCD1602引脚------------------------------*/
    sbit lcdrs = P1^0;                           //数据/命令选择端(H/L)
    sbit lcdrw = P1^1;
    sbit lcden = P1^2;                           //使能信号

/*------------------------------定义LCD1602函数------------------------------*/
    void delay2(uint z)                          //廷时1MS
    {
        uint x,y;
        for(x = z;x > 0;x--)
            for(y = 110;y > 0;y--);
    }

    void lcd_write_com(uchar com)                //LCD 写命令函数
    {
        lcdrs = 0;
        lcdrw = 0;
        P0 = com;
        delay2(5);
        lcden = 1;
        delay2(5);
```

```c
        lcden = 0;
    }

    void lcd_write_data(uchar date)                //LCD 写数据函数
    {
        lcdrs = 1;
        lcdrw = 0;
        P0 = date;
        delay2(5);
        lcden = 1;
        delay2(5);
        lcden = 0;
    }

    void lcd_init()                                //LCD 初始化函数
    {
        lcden = 0;
        lcdrw = 0;
        delay2(15);
        lcd_write_com(0x38);                       //设置显示模式
        delay2(5);
        lcd_write_com(0x0c);                       //不显示光标
        delay2(5);
        lcd_write_com(0x06);                       //当写一个字符后地址指针加
                                                   // 一,且光标加一
        delay2(5);
        lcd_write_com(0x01);                       //显示清屏
        delay2(5);
        lcd_write_com(0x80);                       //字符初始显示位置
        delay2(5);
    }
```

(3) DS1302 驱动程序

```c
    /*---------------------------定义 DS1302 引脚---------------------------*/
    sbit rst = P1^7;
    sbit sck = P1^6;
    sbit io = P1^5;


    /*---------------------------定义 DS1302 函数---------------------------*/
```

```c
void write_ds1302_byte(uchar dat)              //单字节写
{
    uchar i;
    for(i=0;i<8;i++)
    {
        sck=0;                                 //准备传数据
        _nop_();_nop_();
        io=dat&0x01;                           //写入最低位
        _nop_();_nop_();
        dat=dat>>1;                            //右移一位准备写入下一位
        sck=1;                                 //开始传数据
        _nop_();_nop_();
    }
}

void write_ds1302(uchar add,uchar dat)         //写多字节
{
    rst=0;
    _nop_();
    sck=0;
    _nop_();
    rst=1;                                     //传送开始
    _nop_();
    write_ds1302_byte(add);                    //寄存器传地址
    write_ds1302_byte(dat);                    //传数据
    rst=0;                                     //传送停止
    _nop_();
    io=1;
    sck=1;
}

uchar read_ds1302(uchar add)                   //读寄存器
{
    uchar i,value;
    rst=0;
    _nop_();
    sck=0;
    _nop_();
    rst=1;
```

```
        _nop_();
        write_ds1302_byte(add);                    //写要读寄存器地址
        for(i=0;i<8;i++)
        {
            value = value >> 1;
            sck = 0;
            if(io)                                  //当 io = 1 时
            value = value|0x80;                     //value 所应的位为 1
            sck = 1;
        }
        rst = 0;                                    //停止读操作
        _nop_();
        sck = 0;
        _nop_();
        sck = 1;
        io = 0;
        return value;                               //返回所读数据
    }
```

8.3.4 万年历的虚拟仿真

万年历的 PROTEUS 仿真硬件电路图如图 8-26 所示。在 Keil μVision3 与 PROTEUS 环境下完成任务的仿真调试,所设计系统可以实现万年历的各项功能,DS1302 芯片能产生实时日期、星期和时间,并由液晶显示器显示。

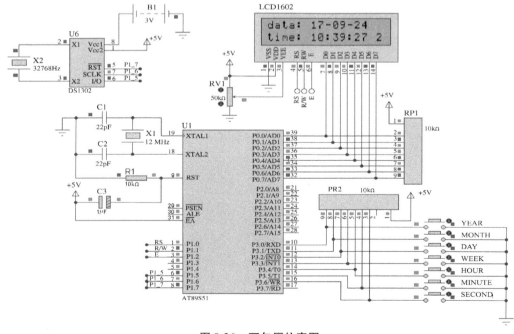

图 8-26 万年历仿真图

附录 A MCS-51 系列单片机指令表

(按照功能排列的指令表)

表 A-1 数据传送类指令(29 条)

类型	助记符	指令功能	操作码	对 PSW 影响 Cy	AC	OV	P	字节数	执行周期数
片内 RAM 传送指令	MOV A,Rn	(A)←(Rn)	E8～EF	×	×	×	✓	1	1
	MOV A,direct	(A)←(direct)	E5	×	×	×	✓	2	1
	MOV A,@Ri	(A)←((Ri))	E6,E7	×	×	×	✓	1	1
	MOV A,#data	(A)←data	74	×	×	×	✓	2	1
	MOV Rn,A	(Rn)←(A)	F8～FF	×	×	×	×	1	1
	MOV Rn,direct	(Rn)←(direct)	A8～AF	×	×	×	×	2	2
	MOV Rn,#data	(Rn)←data	78～7F	×	×	×	×	2	1
	MOV direct,A	(direct)←(A)	F5	×	×	×	×	2	1
	MOV direct,Rn	(direct)←(Rn)	88～8F	×	×	×	×	2	2
	MOV direct1,direct2	(direct1)←(direct2)	85	×	×	×	×	3	2
	MOV direct,@Ri	(direct)←((Ri))	86,87	×	×	×	×	2	2
	MOV direct,#data	(direct)←data	75	×	×	×	×	3	2
	MOV @Ri,A	((Ri))←(A)	F6,F7	×	×	×	×	1	1
	MOV @Ri,direct	((Ri))←(direct)	A6,A7	×	×	×	×	2	2
	MOV @Ri,#data	((Ri))←data	76,77	×	×	×	×	2	1
	MOV DPTR,#data16	(DPTR)←data16	90	×	×	×	×	3	2
读 ROM	MOVC A,@A+DPTR	(A)←((A)+(DPTR))	93	×	×	×	✓	1	2
	MOVC A,@A+PC	(A)←((A)+(PC))	83	×	×	×	✓	1	2
片外 RAM 传送	MOVX A,@Ri	(A)←((P2)+(Ri))	E2,E3	×	×	×	✓	1	2
	MOVX A,@DPTR	(A)←((DPTR))	E0	×	×	×	✓	1	2
	MOVX @Ri,A	((P2)+(Ri))←(A)	F2,F3	×	×	×	×	1	2
	MOVX @DPTR,A	((DPTR))←(A)	F0	×	×	×	×	1	2

续表

类型	助记符	指令功能	操作码	对 PSW 影响				字节数	执行周期数
				Cy	AC	OV	P		
堆栈指令	PUSH direct	(SP)←(SP)+1 ((SP))←(direct)	C0	×	×	×	×	2	2
	POP direct	(direct)←((SP)) (SP)←(SP)-1	D0	×	×	×	×	2	2
交换指令	XCH A,Rn	(A)↔(Rn)	C8~CF	×	×	×	✓	1	1
	XCH A,direct	(A)↔(direct)	C5	×	×	×	✓	2	1
	XCH A,@Ri	(A)↔((Ri))	C6,C7	×	×	×	✓	1	1
	XCHD A,@Ri	$(A)_{3\sim0}$↔$(Rn)_{3\sim0}$	D6,D7	×	×	×	✓	1	1
	SWAP A	$(A)_{3\sim0}$↔$(A)_{7\sim4}$	C4	×	×	×	✓	1	1

表 A-2 算术运算类指令(24 条)

类型		助记符	指令功能	操作码	对 PSW 影响				字节数	执行周期数
					Cy	AC	OV	P		
加法	不带Cy	ADD A,Rn	(A)←(A)+(Rn)	28~2F	✓	✓	✓	✓	1	1
		ADD A,direct	(A)←(A)+(direct)	25	✓	✓	✓	✓	2	1
		ADD A,@Ri	(A)←(A)+((Ri))	26,27	✓	✓	✓	✓	1	1
		ADD A,#data	(A)←(A)+data	24	✓	✓	✓	✓	2	1
	带Cy	ADDC A,Rn	(A)←(A)+(Rn)+CY	38~3F	✓	✓	✓	✓	1	1
		ADDC A,direct	(A)←(A)+(direct)+CY	35	✓	✓	✓	✓	2	1
		ADDC A,@Ri	(A)←(A)+((Ri))+CY	36,37	✓	✓	✓	✓	1	1
		ADDC A,#data	(A)←(A)+data+CY	34	✓	✓	✓	✓	2	1
减法		SUBB A,Rn	(A)←(A)-(Rn)-CY	98~9F	✓	✓	✓	✓	1	1
		SUBB A,direct	(A)←(A)-(direct)-CY	95	✓	✓	✓	✓	2	1
		SUBB A,@Ri	(A)←(A)-((Ri))-CY	96,97	✓	✓	✓	✓	1	1
		SUBB A,#data	(A)←(A)-data-CY	94	✓	✓	✓	✓	2	1
加1指令		INC A	(A)←(A)+1	04	×	×	×	✓	1	1
		INC Rn	(Rn)←(Rn)+1	08~0F	×	×	×	×	1	1
		INC direct	(direct)←(direct)+1	05	×	×	×	×	2	1
		INC @Ri	((Ri))←((Ri))+1	06,07	×	×	×	×	1	1
		INC DPTR	(DPTR)←(DPTR)+1	A3	×	×	×	×	1	2

类型	助记符	指令功能	操作码	对PSW影响				字节数	执行周期数
				Cy	AC	OV	P		
减1指令	DEC A	(A)←(A)−1	14	×	×	×	✓	1	1
	DEC Rn	(Rn)←(Rn)−1	18~1F	×	×	×	×	1	1
	DEC direct	(direct)←(direct)−1	15	×	×	×	×	2	1
	DEC @Ri	((Ri))←((Ri))−1	16,17	×	×	×	×	1	1
乘法	MUL AB	(B)(A)←(A)×(B)	A4	0	×	✓	✓	1	4
除法	DIV AB	AB←(A)/(B)	84	0	×	✓	✓	1	4
BCD调整	DA A	对A进行十进制调整指令	D4	✓	✓	×	✓	1	1

表A-3 逻辑操作类指令(24条)

类型	助记符	指令功能	操作码	对PSW影响				字节数	执行周期数
				Cy	AC	OV	P		
与	ANL A, Rn	(A)←(A)∧(Rn)	58~5F	X	X	X	✓	1	1
	ANL A,direct	(A)←(A)∧(direct)	55	×	×	×	✓	2	1
	ANL A,@Ri	(A)←(A)∧((Ri))	56,57	×	×	×	✓	2	1
	ANL A,#data	(A)←(A)∧data	54	×	×	×	✓	2	1
	ANL direct,A	(direct)←(direct)∧(A)	52	×	×	×	×	2	1
	ANL direct,#data	(direct)←(direct)∧(data)	53	×	×	×	×	3	2
或	ORL A, Rn	(A)←(A)∨(Rn)	48~4F	×	×	×	✓	1	1
	ORL A,direct	(A)←(A)∨(direct)	45	×	×	×	✓	2	1
	ORL A,@Ri	(A)←(A)∨((Ri))	46,47	×	×	×	✓	1	1
	ORL A,#data	(A)←(A)∨data	44	×	×	×	✓	2	1
	ORL direct,A	(direct)←(direct)∨(A)	42	×	×	×	×	2	1
	ORL direct,#data	(direct)←(direct)∨data	43	×	×	×	×	3	2
异或	XRL A, Rn	(A)←(A)⊕(Rn)	68~6F	×	×	×	✓	1	1
	XRL A,direct	(A)←(A)⊕(direct)	65	×	×	×	✓	2	1
	XRL A,@Ri	(A)←(A)⊕((Ri))	66,67	×	×	×	✓	1	1
	XRL A,#data	(A)←(A)⊕data	64	×	×	×	✓	2	1
	XRL direct,A	(direct)←(direct)⊕(A)	62	×	×	×	×	2	1
	XRL direct,#data	(direct)←(direct)⊕data	63	×	×	×	×	3	2
清0	CLR A	(A)←0	E4	×	×	×	✓	1	1

续表

类型	助记符	指令功能	操作码	对PSW影响 Cy	AC	OV	P	字节数	执行周期数
取反	CPL A	(A)←(Ā)	F4	×	×	×	×	1	1
循环移位	RL A	A7←----←A0 (循环)	23	×	×	×	×	1	1
	RLC A	Cy←A7←----←A0	33	√	×	×	√	1	1
	RR A	A7→----→A0	03	×	×	×	×	1	1
	RRC A	Cy→A7→----→A0	13	√	×	×	√	1	1

表 A-4 控制转移类指令(22 条)

类型		助记符	指令功能	操作码	对PSW影响 Cy	AC	OV	P	字节数	执行周期数
无条件转移	子程序调用	ACALL addr11	PC←(PC)+2,SP←(SP)+1 (SP)←(PC)L,SP←(SP)+1 (SP)←(PC)H,PC10~PC0←addr11	&1 (注)	×	×	×	×	2	2
		LCALL addr16	PC←(PC)+3,SP←(SP)+1 (SP)←(PC)L,SP←(SP)+1 (SP)←(PC)H,PC←addr16	12	×	×	×	×	3	2
	返回	RET	PCH←((SP)),SP←(SP)-1 PCL←((SP)),SP←(SP)-1 子程序返回	22	×	×	×	×	1	2
		RETI	PCH←((SP)),SP←(SP)-1 PCL←((SP)),SP←(SP)-1 中断返回	32	×	×	×	×	1	2
	转移类	AJMP addr11	(PC)←(PC)+2 PC10~PC0←addr11 PC15~PC11 不变	&0 (注)	×	×	×	×	2	2
		LJMP addr16	(PC)←addr16	02	×	×	×	×	3	2
		SJMP rel	(PC)←(PC)+2 (PC)←(PC)+rel	80	×	×	×	×	2	2
		JMP @A+DPTR	(PC)←(A)+(DPTR)	73	×	×	×	×	1	2
条件转移		JZ rel	(PC)←(PC)+2 若(A)=0,则(PC)←(PC)+rel	60	×	×	×	×	2	2
		JNZ rel	(PC)←(PC)+2 若(A)≠0,则(PC)←(PC)+rel	70	×	×	×	×	2	2

续表

类型	助记符	指令功能	操作码	对PSW影响 Cy	AC	OV	P	字节数	执行周期数
条件转移	CJNE A,direct,rel	$(PC) \leftarrow (PC)+3$ 若$(A) \neq (direct)$,则$(PC) \leftarrow (PC)+rel$	E5	✓	×	×	×	3	2
	CJNE A,#data,rel	$(PC) \leftarrow (PC)+3$ 若$(A) \neq data$,则$(PC) \leftarrow (PC)+rel$	B4	✓	×	×	×	3	2
	CJNE Rn,#data,rel	$(PC) \leftarrow (PC)+3$ 若$(Rn) \neq data$,则$(PC) \leftarrow (PC)+rel$	B8~BF	✓	×	×	×	3	2
	CJNE @Ri,#data,rel	$(PC) \leftarrow (PC)+3$ 若$((Ri)) \neq data$,则$(PC) \leftarrow (PC)+rel$	B6,B7	✓	×	×	×	3	2
	DJNZ Rn,rel	$(PC) \leftarrow (PC)+2$,$(Rn) \leftarrow (Rn)-1$ 若$(Rn) \neq 0$,则$(PC) \leftarrow (PC)+rel$	D8~DF	×	×	×	×	2	2
	DJNZ direct,rel	$(PC) \leftarrow (PC)+2$, $(direct) \leftarrow (direct)-1$ 若$(direct) \neq 0$,则$(PC) \leftarrow (PC)+rel$	D5	×	×	×	×	3	2
	JC rel	若$Cy=1$,则$(PC) \leftarrow (PC)+2+rel$	40	×	×	×	×	2	2
	JNC rel	若$Cy=0$,则$(PC) \leftarrow (PC)+2+rel$	50	×	×	×	×	2	2
	JB bit,rel	若$(bit)=1$,则$(PC) \leftarrow (PC)+3+rel$	20	×	×	×	×	3	2
	JNB bit,rel	若$(bit)=0$,则$(PC) \leftarrow (PC)+3+rel$	30	×	×	×	×	3	2
	JBC bit,rel	若$(bit)=1$,则$(PC) \leftarrow (PC)+3+rel$,$(bit)=0$	10	✓	×	×	×	3	2
	NOP	空操作	00	×	×	×	×	1	1

注:&1 = $a_{10}a_9a_8 10001B$
&0 = $a_{10}a_9a_8 00001B$

表A-5 位操作类指令(12条)

类型	助记符	指令功能	操作码	对PSW影响 Cy	AC	OV	P	字节数	执行周期数
清0	CLR C	$(C) \leftarrow 0$	C3	✓	×	×	✓	1	1
	CLR bit	$(bit) \leftarrow 0$	C2	×	×	×	✓	2	1
置1	SETB C	$(C) \leftarrow 1$	D3	✓	×	×	✓	1	1
	SETB bit	$(bit) \leftarrow 1$	D2	×	×	×	✓	2	1
取反	CPL C	$(C) \leftarrow (/C)$	B3	✓	×	×	×	1	1
	CPL bit	$(bit) \leftarrow (/bit)$	B2	×	×	×	×	2	1

续表

类型	助记符	指令功能	操作码	对PSW影响				字节数	执行周期数
				Cy	AC	OV	P		
与	ANL C,bit	(C)←(C)∧(bit)	82	√	×	×	×	2	2
	ANL C,/bit	(C)←(C)∧(/bit)	B0	√	×	×	×	2	2
或	ORL C,bit	(C)←(C)∨(bit)	72	√	×	×	×	2	2
	ORL C,/bit	(C)←(C)∨(/bit)	A0	√	×	×	×	2	2
位传送	MOV C,bit	(C)←(bit)	A2	√	×	×	×	2	1
	MOV bit,C	(bit)←(C)	92	×	×	×	×	2	1

附录 B ASCII 码字符表

ASCII(美国信息交换标准码)字符表

高3位 低4位	000 (0H)	001 (1H)	010 (2H)	011 (3H)	100 (4H)	101 (5H)	110 (6H)	111 (7H)
0000(0H)	NUL	DLE	SP	0	@	P	`	p
0001(1H)	SOH	DC1	!	1	A	Q	a	q
0010(2H)	STX	DC2	"	2	B	R	b	r
0011(3H)	ETX	DC3	#	3	C	S	c	s
0100(4H)	EOT	DC4	$	4	D	T	d	t
0101(5H)	ENQ	NAK	%	5	E	U	e	u
0110(6H)	ACK	SYN	&	6	F	V	f	v
0111(7H)	BEL	ETB	'	7	G	W	g	w
1000(8H)	BS	CAN	(	8	H	X	h	x
1001(9H)	HT	EM	)	9	I	Y	i	y
1010(AH)	LF	SUB	*	:	J	Z	j	z
1011(BH)	VT	ESC	+	;	K	[	k	{
1100(CH)	FF	FS	,	<	L	\	l	|
1101(DH)	CR	GS	-	=	M	]	m	}
1110(EH)	SO	RS	.	>	N	^	n	~
1111(FH)	SI	US	/	?	O	_	o	DEL

参 考 文 献

1. 张志良.单片机原理及应用技术［M］.北京:机械工业出版社,2007.
2. 邹振春.MCS-51系列单片机原理及接口技术[M].北京:机械工业出版社,2006.
3. 周润景,张丽娜.基于PROTEUS的电路及单片机系统设计与仿真[M].北京:北京航空航天大学出版社,2006.
4. 周润景,袁伟亭,景晓松.PROTEUS在MCS-51&ARM7系统中的应用百例［M］.北京:电子工业出版社,2006.
5. 周坚.单片机项目教程[M].北京:北京航空航天大学出版社,2013.
6. 李庭贵.单片机应用技术及项目化训练[M].成都:西南交通大学出版社,2009.
7. 彭伟.单片机C语言程序设计实训100例:基于8051+Proteus仿真[M].2版.北京:电子工业出版社,2012.
8. 何立民.MCS-51系列单片机应用系统设计-系统配置与接口技术［M］.北京:北京航空航天大学出版社,1990.
9. 胡汉才.单片机原理及其接口技术[M].4版.北京:清华大学出版社,2018.
10. 张筱云,成友才.单片机应用技术[M].北京:高等教育出版社,2012.